陕北矿业智慧矿区及其智能化管理体系建设与工程实践

习 晓 叶 鸥 周晓明 著

中国矿业大学出版社

·徐州·

图书在版编目(ＣＩＰ)数据

陕北矿业智慧矿区及其智能化管理体系建设与工程实践 / 习晓，叶鸥，周晓明著. —徐州 ：中国矿业大学出版社，2021.12

ISBN 978 - 7 - 5646 - 5281 - 4

Ⅰ.①陕…　Ⅱ.①习…②叶…③周…　Ⅲ.①智能技术－应用－矿山建设－研究－陕北地区　Ⅳ.①TD2-39

中国版本图书馆 CIP 数据核字(2021)第 251452 号

书　　　名	陕北矿业智慧矿区及其智能化管理体系建设与工程实践
著　　　者	习　晓　叶　鸥　周晓明
责任编辑	章　毅
出版发行	中国矿业大学出版社有限责任公司
	(江苏省徐州市解放南路　邮编221008)
营销热线	(0516)83885370　83884103
出版服务	(0516)83995789　83884920
网　　　址	http://www.cumtp.com　E-mail：cumtpvip@cumtp.com
印　　　刷	苏州市古得堡数码印刷有限公司
开　　　本	787 mm×1092 mm　1/16　印张 23.25　字数 595 千字
版次印次	2021 年 12 月第 1 版　2021 年 12 月第 1 次印刷
定　　　价	128.00 元

(图书出现印装质量问题,本社负责调换)

前　言

　　《中华人民共和国国民经济和社会发展第十三个五年规划纲要》(以下简称"十三五"规划纲要)将重点培育人工智能、移动智能终端、第五代移动通信(5G)、先进传感器等技术。在国家信息化战略、规划等政策相继发布之后,信息化顶层设计框架基本形成,各地纷纷出台信息化发展的相关政策文件,开启了信息化发展新征程。

　　人工智能、虚拟现实、智能感知等一批智能技术不断取得新突破。云计算中心、大数据平台、物联感知等应用基础设施成为生产智能化转型的关键。基于工业互联网和信息技术应用的数字经济正在高速发展,已成为培育经济新动能、构筑竞争新优势的先导力量。目前,信息技术发展的趋势由典型的技术驱动发展模式向应用驱动与技术驱动相结合的模式转变,高速率大容量存储器、智能化装备、以智能感知技术为基础的物联网、人工智能等新一代信息技术的应用已成为"两化"深度融合的关键。

　　针对煤炭行业,《全国矿产资源规划(2016—2020年)》中提出要加快资源开发,利用科技创新,大力推进"互联网＋矿业"发展,加快建设智慧矿山,促进企业组织结构和管理模式变革,加快传统矿业转型升级。《煤炭工业发展"十三五"规划》中制定了积极发展先进产能的目标,指出要"依托大型煤炭企业集团,应用大数据、物联网等现代信息技术,建设智能高效的大型现代化煤矿,实现生产、管理调度、灾害防治、后勤保障等环节智能感知及快速处理,全面提升煤矿技术水平和经济效益"。总体来说,以国家政策为导向,煤炭行业正在向资源整合管理转变,并朝着系统集成度高、综合信息价值优、系统开放性强、管控一体化的方向发展。

　　为推动煤炭行业"两化"深度融合,贯彻落实习近平总书记提出的"四个革命、一个合作"能源安全新战略,加快推进煤炭行业供给侧结构性改革,推动智能化技术与煤炭产业融合发展,促进矿山数字化转型升级,在陕西煤业化工集团有限责任公司(以下简称陕煤化集团)发展战略目标的指导下,其下属二级单位陕北矿业公司根据自身发展目标和管理模式变革诉求,结合所属煤炭行业信息化方面的实践经验和对最新信息技术发展能力及趋势的掌握,坚持世界眼光、国际标准、国企担当、抢抓机遇、乘势而上,全力推进智能矿井、智慧矿区、一流企业的建设工作。

　　陕煤化集团陕北矿业公司以八部委《关于加快煤矿智能化发展的指导意见》为指导,贯彻落实陕煤化集团"系统智能化、智能系统化"工作要求,确立了"安全生产为基、智能智慧提质"的工作思路,以智能化项目研究、智能化示范矿井建设、智慧矿区打造为抓手,强化专班推进,加强与王国法院士团队、华为煤矿军团、中煤科工集团、中国矿业大学、西安科技大学及行业龙头企业、各领域专家展开合作,深入探索实践绿色智能开采新模式,将智能化建设作为厚植煤炭产业发展优势、重构产业模式、赢得发展先机的重要战略举措。在此背景下,陕煤化集团陕北矿业公司首先确立了"安全生产为基、智能智慧提质"的工作思路,强化战略引领，做好煤矿智能化建设的顶层设计；其次，结合陕煤化集团陕北矿业公司及所属各矿井的实际现状，确定了智能矿井、智慧矿区的发展目标，建成了智慧中心、智能化数字决策系统、智能化数字移动管理系统，并按照"两横八纵一平台"的整体架构，完成一期项目的部署投用，智慧矿区取得阶段性成果，同时，强化自主创新，增强核心实力，在智能矿井关键技术取得了新突破，打造了智能矿井"大脑"示范标杆，明确了智慧矿区蓝图规划的新目标，取得了标准体系建立的新成效；最后，强化示范工程，分类推进实施，分别打造了"两级"智能信息平台、管理贯通智慧矿区典型应用、国内领先的全系统智能化示范煤矿和国内领先的智能化选煤厂示范工程，从而全面推进矿井和矿区的智能化建设工作。

本书在上述已有工作成果的基础上，提出了新的智慧矿山理论架构，梳理了智慧矿区及智能矿井建设的基本内容及关键技术，总结了各矿井的智能化建设成果。此外，本书还尝试构建一种新的针对智慧矿区的智慧化管理体系，为未来智慧矿区建设的管理工作提供理论依据。总体来说，目前我国智慧矿区的建设还处于起步阶段，本书总结的关键技术及经验方法可以为其他各矿井和矿区的智慧化运行体系建设和管理提供参考。

本书所撰写的内容凝结了集体的智慧和各团队创新的成果，在此首先需要特别感谢王国法院士团队提供的理论指导和热情帮助，以及中煤科工集团、中国矿业大学、西安科技大学等科研机构提供的理论与技术支持。其次，感谢中国博士后科学基金面上项目（No. 2020M673446）、陕西省自然科学基金计划项目（No. 2019JLM-11）、西安科技大学重大科研培育项目、陕北矿业公司智慧矿区建设项目等的支撑。此外，还要感谢华为煤矿军团等各参与企业在陕北矿业智能矿井和智慧矿区建设过程中的全力支持与配合。本书的写作也离不开陕北矿业公司各矿井的鼎力配合，在此一并感谢。最后，对所有参与本书撰写工作的科研工作者、技术人员及其他参与人员表示衷心的感谢和崇高的敬意！

习晓，叶鸥，周晓明
2021 年 12 月

目　录

1　概述 ··· 1
　1.1　智慧矿山建设现状 ··· 1
　1.2　关键技术 ·· 3
　1.3　存在问题 ·· 13
　1.4　发展趋势 ·· 14

2　陕北矿业智慧矿区建设与系统设计 ····················· 15
　2.1　陕北矿业公司信息化建设现状 ······················ 16
　2.2　陕北矿业智慧矿区建设目标 ·························· 18
　2.3　安全管控系统设计 ··· 20
　2.4　生产管控系统设计 ··· 36
　2.5　物资管控系统设计 ··· 60
　2.6　资产管控系统设计 ··· 74
　2.7　项目管控系统设计 ··· 87
　2.8　销售管控系统设计 ··· 94
　2.9　经营管控系统设计 ·· 103
　2.10　组织管控系统设计 ······································ 119

3　矿山工业互联网混合云平台设计 ························ 132
　3.1　概述 ·· 132
　3.2　建设目标 ·· 134
　3.3　总体设计 ·· 138
　3.4　功能设计 ·· 144
　3.5　实践应用 ·· 156

4　智能化矿井建设及系统设计 ······························ 169
　4.1　"红柳林"矿井的智能系统设计 ···················· 169
　4.2　"张家峁"矿井的智能系统设计 ···················· 189
　4.3　"中能袁大滩"矿井的智能系统设计 ·············· 208
　4.4　"韩家湾"矿井的智能系统设计 ···················· 220
　4.5　"柠条塔"矿井的智能系统设计 ···················· 236
　4.6　"涌鑫安山"矿井的智能系统设计 ················· 248

    4.7 "孙家岔龙华"矿井的智能系统设计 ·· 257

5 智慧矿区的智能化管理体系 ·· 278
    5.1 绪论 ·· 278
    5.2 智慧矿区信息化基础设施管理体系 ······························ 285
    5.3 智慧矿区数据管理体系 ··· 288
    5.4 智慧矿区综合应用管理体系 ····································· 298
    5.5 智慧矿区系统运维管理体系 ····································· 339
    5.6 智慧矿区网络与信息安全管理体系 ······························ 341

6 创新性工作 ··· 343

7 结论与展望 ··· 347
    7.1 陕北矿业智慧矿区建设的关键技术成果 ························· 347
    7.2 陕北矿业公司智慧矿区建设展望 ································· 349

附件 ··· 350
    附件一 数据导入/修改流程 ·· 350
    附件二 数据提取流程 ··· 352
    附件三 数据导入/修改/提取申请表 ································· 354
    附件四 数据导入/修改/提取汇总表 ································· 356
    附件五 考核相关表单 ··· 357

参考文献 ··· 364

1　概　　述

1.1　智慧矿山建设现状

　　长期以来,煤炭作为我国的主体能源,是保障国家经济发展的重要矿产资源。随着我国国民经济由高速增长阶段转向高质量发展阶段,煤炭的需求增速放缓、产能过剩以及煤炭工业结构性调整等问题[1]凸显,依靠资源要素投入、规模扩张的粗放式发展已经难以为继,如何在深度"两化"融合的形势下,促进煤矿企业转型升级,加大创新驱动能力已经成为煤炭行业新的发展主题[2-3]。

　　近年来,随着信息化技术的快速发展,云计算、大数据、人工智能、物联网、虚拟现实、三维可视化和智能采矿等领域的理论方法和先进技术已经开始逐步应用于煤矿行业,为数字化矿山转向智能化矿山提供了理论支撑和技术支持。将智能化理论方法及相关技术与煤矿行业传统技术装备、管理方式和网络建设等方面相结合,已成为煤炭行业越来越重要的发展趋势和研究热点[4]。在此背景下,智慧矿山的概念被提出。根据智慧矿山建设理念,采用智能化理论方法可以提升煤矿企业的信息化和智能化水平,从而为推动传统矿业的可持续发展提供原动力,也可以在日益激烈的国际市场竞争中保持核心的竞争力。

　　智慧矿山的相关理念最早可追溯到 20 世纪 90 年代美国副总统提出的"智慧地球"概念[5]。此后,加拿大、英国和澳大利亚等国家也纷纷提出相关的智能采矿技术,并进一步推出了采矿设计、测绘图像等方面的矿用产品化软件工具。例如,2001 年,澳大利亚利用虚拟现实建模语言(VRML)和 Java 编程语言实现了采矿数据的四维可视化功能,可用于煤矿井下瓦斯、水文和矿压等方面数据的可视化展示,有利于煤矿井下的数据分析和数据挖掘。Maptek 公司开发了 Vulcan 软件,利用地质统计学方法进行采矿设计和生产。2018 年澳大利亚 Koodaideri 矿启动了"纯智能化矿山"项目[6]。此外,英国矿山计算有限公司开发了 Datamine 软件系统,可解决地质勘探数据分析和矿山调度等问题。Surpac 国际软件公司通过开发三维交互式图形软件系统,可进行地表测量数据和地质勘探数据的分析[6]。在理论研究方面,陈静等[7]提出一种基于非线性规约的动态模型,用于煤矿数据的宏观分析。文献[8]提出一种粗糙集与支持向量机分类器相结合的 RS-SVM 模型,用于煤矿安全的风险预测。近年来,日本、美国和新加坡等国家也在通过开发智能采掘系统等带有智能化的信息系统不断加深智慧煤矿的建设工作。由于国外采矿技术和计算机理论研究的起步较早,在智慧矿山领域的理论研究和技术应用较为领先。

　　我国于 20 世纪末开始智慧煤矿的相关研究。文献[9]提出采用智能化等技术加速从劳动密集型产业转向技术密集型产业的煤矿行业发展之路。此后,孟磊等[10]通过开发的智慧煤矿信息平台进行数据融合,并在此基础上提出利用机器学习和数据挖掘的理论方法分析融合的静态和动态信息,进行煤矿井下的突水预警。文献[11]提出利用可视化三维场景仿真和数据编码管理等方法实现煤矿的遥感式无人智能开采和综合智慧通信。文献[12]通过元数据的自动抽取,可实现煤层气的数据管理工作。在文献[13]的工作中,提出构建整合煤矿采、掘、提、运等环节数据的大数据处理,为智慧煤矿建设提供大数据技术的支撑。李树刚等将射频识别技术、ZigBee 网络协议和定位系统相结合,通过云数据中心的构建,对煤矿底层数据进行挖掘,为改善煤矿安全提供理论依据[14]。文献[15]利用大数据、云计算和人工智能等理论方法研究和分析了人员安全感知、姿态监控和防碰撞等煤矿生产中的问题。文献[4]利用信息技术优化物质流、控制流和知识流,构建了复杂的智慧矿山系统。文献[16]结合煤矿信息化与智能化的特点,从通信层、生产与安全管理层和经营管理与决策支持层构建煤矿智能化的基本框架和建设思路。此外,国内研发的 DIMINE、3DMINE 和 GIS 等采矿设计软件也为推动我国的智慧矿山建设提供了技术支持[6]。通过上述研究可知,我国正在借助各种智能化理论方法和技术不断完善智慧矿山的建设。

总体来说,针对智慧矿山建设的研究是一个综合性的研究领域,涉及多学科交叉融合的理论方法,具有较强的理论性和实践性。目前,国内外针对智慧矿山建设的研究还处于起步阶段,并没有对智慧矿山的概念、框架设计和技术方案等具有统一和完整的科学认知。此外,已有研究还存在以下三个方面问题:① 目前智慧矿山的架构设计主要以业务逻辑为基础,然而,由于煤矿企业之间业务的差异性,所提架构的通用性和扩展性会有一定的局限;② 已有研究较少从数据运营、技术服务和业务逻辑等多方面深入研究智慧矿山的体系架构问题,造成单一的架构设计难以满足技术和数据等不同维度的设计要求;③ 已有研究较少考虑以智慧矿山架构设计的标准化为着力点,推动通用一体化的智慧矿山建设。

鉴于此,本书在分析已有智慧矿山建设理论的基础上,通过引入数据标准化、网络协同化、系统一体化和技术智能化的建设理念,探讨和研究智慧矿山的顶层架构设计及其关键技术。

目前,尽管针对智慧矿山的理解并不统一,但研究人员已经从不同角度针对智慧矿山进行了深入研究。有学者以数字化矿山建设为基础,提出智慧矿山是利用各种信息化技术全面感知煤矿中的事物,并在此基础上实现智能化煤矿安全生产和管理的全过程[17-18]。文献[19]从生产系统智慧的角度,提出将多种智能技术进行融合,形成矿山感知、互联、分析、自学习等具有完整智能的矿山系统,实现全过程智能化煤矿安全生产管理和环境保护。文献[20]基于现代智慧理念,提出将各种智能化技术与现代煤矿开发技术深度融合,通过自主学习和动态预测等功能实现矿区完整的智慧系统和全面的智能运行。文献[21]将已有的智慧矿山概念进行了对比分析,并针对信息孤岛和系统架构不清等问题提出了智慧煤矿建设的总体技术架构。文献[22]从大数据应用的角度,提出了智能矿山大数据的相关概念。此外,文献[6]从露天矿山生产要素角度考虑,提出智慧露天矿山可通过各种信息化手段实现矿山生产管理的智能感知、记忆、分析和决策评估等功能,最终达到矿山无人化或少人化的绿色开采。

通过上述研究可知,从不同的角度研究智慧矿山具有不同的理解,并且智能化方法是构建智慧矿山的核心要素之一。然而,因多源异构数据造成的信息孤岛问题、因网络协议不兼容造成的通信问题、因多系统叠加造成的功能冗余问题和因不同矿区情况造成智能化方法的泛化问题等是制约智慧矿山建设的重要因素。如果不能解决这些问题,会影响智慧矿山建设的深入发展和智能化技术的深入应用。为此,在建立智慧矿山时,需要引入数据标准化、网络协同化、系统一体化和技术智能化的综合性建设理念。

① 数据标准化是智慧矿山建设的基本要求。针对数据冗余、信息孤岛和多源异构数据的分布式存储等问题,只有利用如数据编码、数据纠错和数据清洗等方法进行数据的标准化处理,才能从数据模式层消除冗余或者孤立的数据属性,进而减少甚至消除实例层的信息孤岛问题。

② 网络协同化是智慧矿山建设的通信保障。不同的网络通信协议之间缺乏良好的兼容性,造成实际应用过程中部分设备或技术较难直接应用,不利于数据共享和智能化技术的深入应用。通过将不同网络协议接口进行标准化处理和协同化管理,可搭建对外访问的统一网络接口平台,进而减少网络兼容性问题对系统应用层的影响。

③ 系统一体化是智慧矿山建设的实现方式。目前,煤矿企业业务系统之间存在兼容性低、功能耦合度高的问题,容易产生因信息系统堆叠造成的功能冗余问题,影响数据访问和存储等功能。此外,已有智慧矿山仍以数据获取为核心架构,而不是以数据利用为核心架构[18,23],因此需要通过系统一体化的建设,加强系统间的兼容性,并减少系统内功能模块的耦合度。

④ 技术智能化是智慧矿山建设的核心要素。智慧矿山建设必须借助机器学习、神经网络等智能化理论方法及相关技术,才能实现业务系统的智能化管理、分析、预测和决策等功能,从而真正从数字矿山转向智慧矿山。

在此基础上,本书认为智慧矿山是指以煤炭开采的相关领域知识为基础,利用数据标准化、网络协同化、系统一体化和技术智能化的综合性建设理念,借助人工智能、数据科学、物联网等领域的理论方法及技术,通过高度集成化的信息系统,实现矿山生产和管理的智能感知、分析预测和智能决策等功能,最终达到少人化或无人化的智能化绿色矿山开采。

1.2　关键技术

本书以上述数据标准化、网络协同化、系统一体化和技术智能化的综合性智慧矿山建设理念为指导,以前瞻性、先进性、可靠性、实用性和开放性相结合的总体设计为原则,从数据运营、技术服务和业务逻辑等多方面,深入研究智慧矿山的顶层架构建设问题,并分别提出智慧矿山的总体架构、业务逻辑架构、数据架构和技术架构,从不同的角度可以较为综合和全面地构建智慧矿山。

如图 1-1 所示,智慧矿山的总体架构基于云计算架构体系,主要包括基础设施服务层(IAAS)、平台服务层(PAAS)和软件服务层(SAAS)。此外,该架构支持大数据分析能力和边缘计算的能力,并且融合"1＋4"体系结构,即 1 个数据中心和 4 类业务场景下的软件服务综合体系结构。

在智慧矿山的总体架构中,基础设施服务层主要针对数据中心、调度中心、网络中心等其他部门,提供与大数据分析、信息安全和边缘计算相关的网络资源、计算资源、存储资源及其他硬件设备资源,并可实现上述资源的智能部署、管理和运维等相关服务。

平台服务层主要由三个部分组成:业务中台、数据中台和技术中台。其中,技术中台主

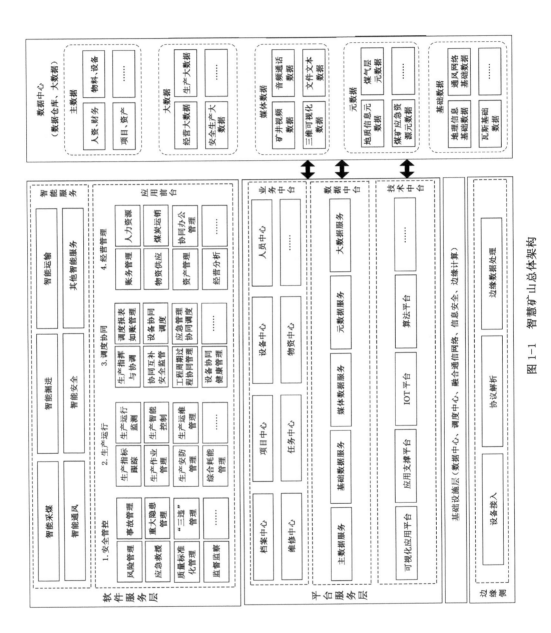

图 1-1 智慧矿山总体架构

要包含与智慧矿山建设相关的底层技术平台,例如可视化应用平台、物联网应用平台、针对不同智能化服务需要的算法模型平台和与智慧矿山其他应用相关的支撑平台,可以起到技术支撑的作用;数据中台主要针对智慧矿山建设中涉及的主数据、基础数据、媒体数据、元数据和大数据等不同类型数据,进行与各系统业务逻辑相关的数据操作和管理;业务中台主要围绕档案中心、项目中心和人员中心等服务中心,进行业务逻辑的统一管理,并提供与业务逻辑相关的边缘计算能力,包括设备接入、协议解析和边缘数据处理能力等。

软件服务层主要实现智慧矿山的应用服务功能。其中,在应用前台,主要实现煤矿企业中4类业务场景下(安全管控、生产运行、调度协同和经营管理)不同软件系统的功能模块,并以统一接口的形式对不同具体功能模块进行封装和管理。此外,该部分功能模块和接口设计可满足系统一体化和技术智能化的服务方式。在此基础上,通过对外统一的软件服务接口,针对具体不同的业务场景和应用需求,可提供智能采煤、智能挖掘、智能安全和智能通风等智能化软件服务,最终实现智慧矿山的深入应用。

此外,由于传统数据和大数据在数据存储、数据访问和数据读写等方面具有明显的差异性,因此在数据中心分别针对不同类型的传统规模数据和大数据,进行数据存储、访问、读写和保护等与数据管理、数据运营和数据维护相关的具体服务。

上述智慧矿山总体架构是一种粗粒度的体系架构,较难细粒度地描述智慧矿山建设中业务逻辑关系等信息。为此,本书在智慧矿山总体架构的基础上,通过业务场景的划分,建立智慧矿山的业务逻辑架构,如图1-2所示。智慧矿山的业务逻辑架构主要描述的是智慧矿山不同业务场景下各信息化系统之间的业务逻辑关系。

由图1-2可见,该架构以云计算和大数据平台为基础,通过实现一体化的综合管控业务功能,减少因业务操作等因素引起的信息孤岛问题,最终实现智慧矿山的智能化管控服务。具体在生产运行业务场景下,主要涵盖两类信息化系统平台:智能监测控制云平台和生产管理系统平台。其中,智能监测控制云平台主要包括生产监控系统和安全监控系统。前者侧重于监测监控煤炭生产的全过程,主要包括综采工作面监控系统、煤矿胶带运输监控系统、综掘工作面监控系统等;后者侧重于监测监控有关煤矿生产的安全信息,主要包括矿井水文监测系统、煤矿火灾监控系统和瓦斯突出监控系统等。生产管理系统平台涵盖与生产和安全监控相关的管理类信息系统,主要包括综合耗能管理系统、生产衔接计划管理系统和生产装备管理系统等。在此基础上,通过建立综合性的生产运行平台可以实现生产管理、机电管理和地测管理等方面有关生产运行的具体业务。

为了能够协同调度生产运行过程中的各种资源,保障煤矿安全生产的顺利进行,需要建立协同调度业务场景下的各类信息化系统平台,主要包括生产指挥与协调系统平台、调度台账管理信息系统平台、调度报表管理信息系统平台、工程周期过程协调调度系统平台、应急管理协调调度系统平台和设备协调调度系统平台等。通过实现上述不同方面的业务功能,可以进行生产运行过程中各类资源和安全应急等方面的协调调度与管理。

此外,在安全管控业务场景下,通过安全风险预控系统、安全隐患管理系统、事故管理系统和纠违管理系统等有关应急救援和安全质量管理方面的信息化系统,可实现煤矿生产的安全管控。

最后,在经营管理业务场景下,通过人力资源管理系统、财务管理系统、成本管理系统和设备资产管理系统等可实现煤矿企业的资源管理和商业运营等相关业务。其中,需要借助

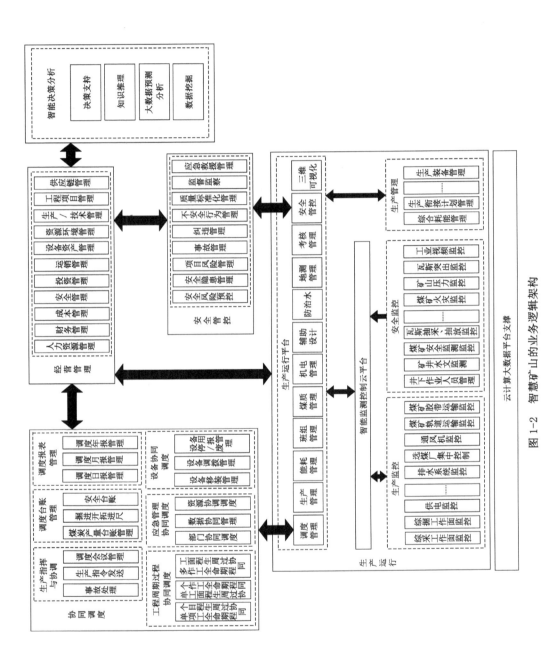

图 1-2 智慧矿山的业务逻辑架构

智能决策分析模型实现系统的决策支持、知识推理、大数据分析及数据挖掘等智能化功能，最终实现智慧矿山建设中各种业务的智能化管控。

为实现上述智慧矿山的业务逻辑，需要进一步明确智慧矿山建设的技术需求，并在此基础上，组织和搭建智慧矿山的技术架构。为此，本书在已有智慧矿山总体架构和业务逻辑架构的基础上，建立了智慧矿山的技术架构，如图 1-3 所示。该技术架构主要包括七个部分：数据获取层、数据整合层、数据存储层、数据访问层、数据分析层、业务逻辑层和应用表示层。此外，还包括安全控制和管理配置等相关技术。

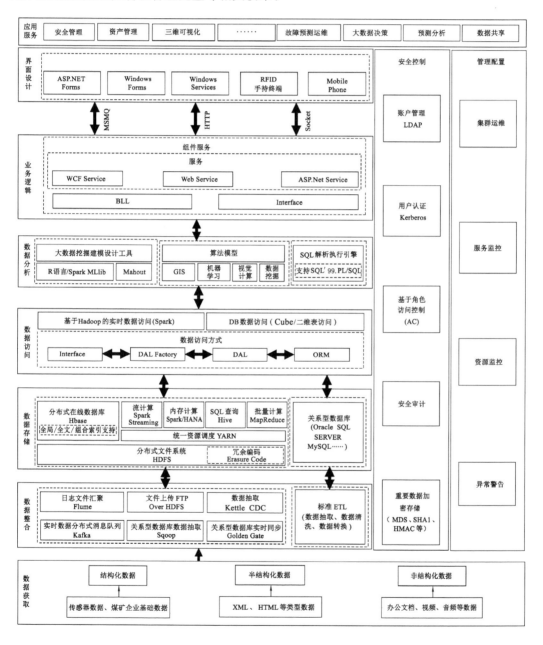

图 1-3　智慧矿山的技术架构

数据获取层主要负责从传感器等设备或者其他输入端获取多源异构的数据。这些数据根据不同类型,可分为结构化数据、半结构化数据和非结构化数据。其中,结构化数据主要包括传感器获取的数值数据和煤矿企业信息化系统中的关系型基础数据;半结构化数据主要包括 XML 文件数据、HTML 脚本书件数据等其他相关的具有层次结构或者树形结构类型的非关系型数据;非结构化数据主要包括煤矿企业的办公文件数据、监控视频数据、语音通话数据等多媒体类型数据。

数据整合层主要负责对获取的多源异构数据进行数据标准化和数据清洗等预处理操作。由于传统规模数据与大数据在存储方式、数据规模或是数据管理等方面具有差异性,可将数据整合层主要分为大数据的数据整合和传统规模数据的数据整合两部分。在大数据的数据整合过程中,需要利用 Flume 服务实现大数据日志文件的汇聚,利用 Over HDFS 管理文件传输协议(FTP)的文件上传,通过融合 Kettle 和变更数据捕获(CDC)技术服务,实现非结构化大数据的数据抽取和数据清洗过程,借助 Kafka 服务可完成实时数据的消息队列管理。此外,通过 Sqoop 和 Golden Gate 等技术服务可实现关系型大数据的抽取与同步实时处理等功能。针对传统规模数据,主要利用标准化数据仓库技术(Extract-Transform-Load,ETL)可实现数据抽取、数据清洗和数据转换,完成数据整合的工作。

在数据存储层,针对大数据的存储问题,主要利用 HDFS 和非关系型数据库(NoSQL)等进行大数据的分布式存储和统一管理,并通过另一种资源协调者(YARN)服务进行统一的资源调度。此外,通过 Spark Streaming、高性能分析应用软件(HANA)等技术服务可支持大数据的计算。针对大数据的检索、挖掘和分析,需要借助 Hive、MapReduce 和 Erasure Code 等技术支撑。对于传统规模数据,可通过关系型数据库(如 Oracle 和 SQL Server 等)进行数据的存储。

数据访问层(DAL)主要负责对存储的数据进行读写访问等相关具体操作。对于大数据的访问需要基于 Hadoop 或者 Spark 分布式系统平台,可实现对实时数据或者非实时数据的读写访问。对于传统关系型数据,主要利用关系型二维表或者 Cube 数据立方体的形式实现数据的读写访问。具体的访问方式主要包括 Interface 服务接口访问,DAL Factory 工厂模式访问,DAL 基本增加、删除、修改和查询访问,对象关系映射(ORM)访问。

数据分析层主要负责数据的进一步挖掘和分析工作。具体包括三部分内容:大数据挖掘与分析建模平台、算法模型服务平台和结构化查询语言(SQL)解析执行引擎平台。在大数据挖掘与分析建模平台中,主要利用 Spark 的大数据机器学习 MLlib 库和 Hadoop 的 Mahout 大数据机器学习库处理实时大数据和非实时大数据的数据挖掘功能。在算法模型服务平台,主要利用传统机器学习算法模型、视觉计算算法模型、数据挖掘算法模型和地理信息系统(GIS)空间信息技术等算法模型实现煤矿传统规模数据的挖掘与分析。此外,通过支持 SQL´99 和 PL/SQL 等执行引擎机制可实现 SQL 数据的解析。

在业务逻辑层(BLL),针对煤矿企业不同系统的业务逻辑实现问题,以 BLL 动态链接库和 Interface 服务接口为基础,可利用 WCF Service、Web Service 和 ASP.Net Service 不同类型的服务方式,将各系统之间相对独立的业务逻辑以 Web 服务的形式进行封装和统一管理,并以组件服务的形式部署和运行具有不同功能的软件服务,由此可实现系统一体化管理和服务的机制。

在应用表示层主要通过微软消息队列(MSMQ)管理、超文本传输协议(HTTP)脚本技术和 Socket 协议机制,利用 Web 端或移动端等终端界面展示具体的应用服务。其中,针对用户界面设计的主要技术包括 ASP.NET 表单、Windows 表单、Windows 服务及其他终端设备相关技术。由此,可向用户提供安全管理、三维可视化、大数据决策和预测分析等应用服务,实现智慧矿山的软件智能服务。

此外,智慧矿山建设需要考虑安全控制和管理配置等问题。为此,可利用账户管理轻量目录访问协议(LDAP)、用户认证 Kerberos、角色访问(AC)、安全审计和信息-摘要算法 5(MD5)加密技术等技术手段实现智慧矿山系统的安全控制。针对管理配置问题,可通过集群运维技术、服务监控技术、资源监控技术和异常警告技术等方式,实现智慧矿山各系统之间的综合管理配置功能。

在构建业务逻辑架构和技术架构的基础上,为更好地挖掘和利用数据,提供智能化服务,需要改变以数据获取为核心的架构方式,构建以数据利用为核心的智慧矿山数据架构,如图 1-4 所示。该架构主要包括五个部分:基础建设、系统运维、数据应用、数据管理和统一规划与部署。

在数据的基础建设方面,需要借助通信网络传播数据,通过服务器、磁盘和硬盘等硬件设备存储数据,利用数据库和操作系统等软件访问数据。此外,虚拟化技术可以有效改善不同设备之间数据整合问题。在此基础上,通过基础建设所获得的不同数据来源可以作为数据流向的起始点。这些煤矿企业生产和运营等过程中产生的多源异构数据主要包括地测数据、水文数据、通防数据、环境数据和人员管理数据等业务数据。按照数据规模分类,可以将上述数据划分为传统规模数据和大数据。

在获得数据来源的基础上,需要经过数据采集、数据存储、数据分析和数据建模等阶段对数据进行处理和应用。其中,在数据采集阶段可将数据分为实时数据采集和非实时数据采集两类。实时采集的数据主要包括生产系统数据、视频数据、井下环境监测数据和人员定位数据等。非实时采集的数据主要包括基本工作人员信息数据、静态设备信息数据等。在此基础上,根据数据的结构化,可将结构化数据和半结构化数据存储在数据仓库或者关系型数据库中,而将非结构化数据保存在分布式数据库中,可通过 Hadoop 和 Spark 平台进行大数据访问。在数据存储的基础上,可通过数据分析阶段进行数据的进一步挖掘和处理。其中,常见的数据处理方式包括数据共享、数据交换、数据分发和数据挖掘。利用数据分析的方法可以针对不同的应用需求进行数据建模,并以软件服务的形式对建模方法进行封装。常见的数据建模及服务内容包括视频图像数据传输、模型分析服务、工厂模型服务、业务数据服务和实时数据服务等。通过上述不同类型的软件服务,利用接口可以实现智能采煤、智能掘进、智能通风和智能运输等智能化应用功能,服务于系统运维人员、业务人员和技术人员等具有不同角色和权限的用户。

除了上述的数据应用部分,还需要解决数据管理的问题。针对该问题,需要从数据资源、数据标准、元数据、数据质量和数据安全等不同方面,对智慧矿山产生的多源异构数据进行统一的调度和管理,才能保障数据的正常应用。

当出现设备异常、人员操作异常和软件系统异常等问题时,会影响数据的正常流转和智慧矿山的智能化应用。为此,在管理数据的同时,需要对与数据处理相关的信息化系统进行维护。系统运维主要保障信息化系统的正常运行,具体内容涉及数据操作的规范与流程、数据配置与变更、数据调度与监控、数据灾害与恢复、数据安全与审计等。

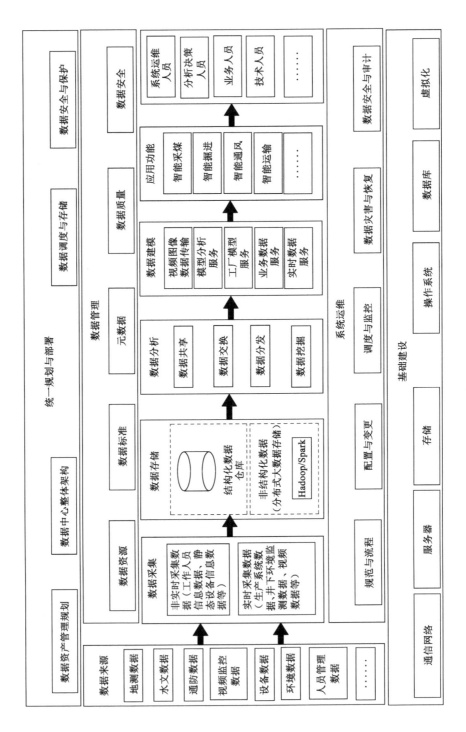

图 1-4 智慧矿山的数据架构

在上述基础上,通过建立数据资产管理规划、数据中心整体架构、数据调度与存储和数据安全与保护,统一规划和部署智慧矿山的智能化应用系统,实现智慧矿山中数据的深入应用。

智慧矿山建设是一个综合性的研究领域,涉及多学科交叉融合的理论方法,具有较强的理论性和实践性。目前,针对智慧矿山建设中的关键技术已进行深入的研究。本书在智慧矿山顶层架构设计的基础上,分析并研究了智慧矿山建设中涉及的一些关键技术。

1.2.1　智能控制技术

智能控制技术是实现煤矿企业综合自动化管控平台的一类重要技术。目前,该类技术已广泛应用于智能综采工作面、综掘工作面、智能主运输系统等智能控制系统,可有效解决煤炭安全生产过程中设备控制及安全预测等问题。智能控制技术的实现是以 ARM 芯片等嵌入式设备为基础,利用软件完成 I/O 的逻辑控制、脉冲宽度调制(PWM)数据信号处理和通信的交互,进而通过人工智能理论、最优化理论和控制论等理论模型实现设备的智能控制。由于矿井设备之间存在不兼容等问题,可利用控制器局域网络(CAN)总线协议,RS485、RS232 现场总线协议,ZigBee 协议等不同的通信协议,实现软硬件系统之间的通信交互。此外,通过调用已有的库函数和开发包含智能化理论的算法模型可实现不同方式的智能化应用。

1.2.2　通信网络技术

通信网络技术是实现智慧矿山各个系统之间互联互通的重要技术,可广泛应用于智慧矿山的网络互联、标识解析和应用支撑等方面。目前,无论是基于煤矿企业内部环网网络拓扑结构,或是基于不同煤矿企业层级间的星形网络拓扑结构,都可以通过 WiFi、4G/5G 等通信技术实现各系统之间网络数据的无障碍传输及获取。此外,工业互联网标识解析技术主要包括标识注册、协议解析、标识搜索、标识查询、标识认证、报文格式响应和通信协议等内容,可用于数据的高效传递和共享。随着工业互联网和物联网的深入应用,利用 OPC UA TSN 通信技术,可以有效解决语义互操作的问题,实现语义互操作的标准规范,加快信息技术(IT)和运营技术(OT)深度融合。

1.2.3　空间信息技术

空间信息技术已广泛应用于煤矿企业,可以有效解决人员定位、地质测量和工作面管理等问题。以 GIS 系统为例,目前煤矿企业主要以管理软件计算机辅助设计(CAD)矿图作为 GIS 系统的底层图,在此基础上构建矢量化地图,并可实现基于矢量化地图的数据编辑、查询和分析等操作功能。此外,已有的 GIS 系统可以实现空间数据库和关系型数据库之间的数据连接、数据同步和数据融合等功能,使得空间信息可以与关系型数据信息进行交互,由此便可利用空间信息技术实现智慧矿山的数据实时采集、融合分析和智能决策,形成空间信息数据与其他类型信息数据融合统一的信息管理机制,服务于智慧矿山的建设。

1.2.4　物联网技术

物联网技术可以利用传感器设备,按照约定的协议,通过互联网实现物与物(人)之间的互联互通。目前,该技术已经在煤矿生产中的信息监控、煤矿供电、安全隐私及感知矿山等方面得到广泛应用。物联网感知的关键技术主要包括传感器技术、射频识别技术(RFID)、二维码技术、ZigBee 技术和蓝牙技术等。其中,RFID 对于智慧矿山的智能感知起到重要的作用,对于安全生产也起到重要的监测作用;RFID 和二维码技术可以在设备管理和人员管理等方面起到智能监管的作用;ZigBee 技术已广泛应用于煤矿井下网络数据的传播与通信;蓝牙技术可在物联网感知层解决短距离的数话音/数据接入的无线传输,简化设备与因特网(Internet)之间的通信,迅速高效地实现数据传输。总体来说,上述物联网技术有助于智慧矿山的综合监控。

1.2.5　大数据分析与挖掘技术

大数据分析与挖掘技术主要涉及分布式协调服务、分布式存储、大数据分析、大数据的数据仓库、分布式日志数据聚合和分布式锁服务等技术服务。以 Hadoop 2.0 大数据处理平台为例,需要采用 HDFS 进行大数据的分布式存储;通过 MapReduce 技术进行大数据的分布式处理;利用 Flume、Avro、Chukwa 和 Sqoop 进行大数据的传输;借助 Mahout、Giraph、Hama 和 RHadoop 等机器学习库可实现大数据的分析。此外,在大数据处理的过程中,利用 ZooKeeper 技术可提供分布式的协调服务;利用 Apache Hive 数据仓库可实现大数据的数据挖掘;通过 Apache HCatalog 技术服务可实现基于 Hadoop 的数据表存储。总体来说,大数据分析与挖掘技术可实现智慧矿山的智能化数据分析。

1.2.6　多机器学习理论

机器学习理论是人工智能理论的核心,该理论涉及统计学、逼近理论、神经网络、优化理论、类脑科学和系统辨识等内容,可被广泛应用于智慧矿山建设。其中,统计学理论中的贝叶斯模型、马尔可夫模型和逻辑回归模型等方法可用于智慧矿山的基础数据分析;系统辨识理论和逼近理论中的分类预测和决策模型(如支持向量机模型、随机森林算法、神经网络模型、决策树算法和近邻聚类算法模型等)可用于智能识别煤矿安全生产中的不安全行为、突水事故等异常事件,也可预测开采沉陷、钻机寿命,并可智能规划逃生路径,提供决策信息;神经网络模型、类脑科学方法和优化理论相结合,可用于煤矿安全形势预测分析、煤矿液压支架的智能控制等智能化分析和控制工作。总体来说,通过利用机器学习理论方法,可以实现智能化的矿山建设。

1.2.7　多媒体智能技术

目前,在煤矿企业多媒体数据不断涌现,如文档文件、监控视频数据和语音通话数据。这些数据都属于非结构化数据,并且数据自身蕴含着大量的语义信息。智能化挖掘这些多媒体数据的语义信息,有助于人们深入认知和理解视频、文本和音频的多媒体数据,为智慧矿山的建设提供更加智能化的技术手段。已有多媒体智能技术主要包括人脸检测与识别、行人再识别及分析、不安全行为的视频异常检测、井下运输场景分析、空间影像数据分析、故障诊断发现和文本检索与舆情监测等。针对上述不同类型的多媒体数据,研究人员已经在自然语言处理、视频图像处理、跨媒体检索与语义分析等方面开展了深入的研究。在人工智能领域中的这些重要研究方向所产生的多媒体智能技术及理论成果将有助于不断完善和丰富智慧矿山建设的智慧化技术手段。

1.2.8　三维可视化技术

三维可视化技术是以数据模拟仿真的方式,显示描述和理解井下诸多地质现象特征和事物特征的一类技术。该类技术利用三维模型构建和模拟仿真、视觉渲染、视觉标定和视觉绘制等方法,可实现虚拟现实(VR)和增强现实(AR)。三维可视化技术可被应用于矿井三维场景的虚拟仿真、基于 VR 技术的岗位培训、基于三维点云场景下的语义分割和多媒体内容理解等方面。总体来说,利用三维可视化技术有助于工作人员更加直观和深入地了解煤炭生产工作状况及相关信息,为智慧矿山的建设提供更加丰富的智能化技术手段。

1.3　存在问题

目前,虽然我国在智慧矿山建设方面已经取得了很多理论成果和实践经验,然而各矿区企业如何借助新一代信息化、智能化技术带动整个矿区的工业化跨越发展,进一步优化、调配和管理矿区内各煤矿企业的资源配置,降低整个矿区企业的运营成本,提高矿企业的竞争力,仍是亟须解决的重要问题,具体表现在以下三个方面。

1.3.1　各煤矿企业的智慧矿山建设缺乏标准指导,缺少规范化和统一化的顶层设计

尽管国家在智能煤矿建设方面先后出台了《煤炭工业智能化矿井设计标准》(GB/T 51272—2018)、《智能化煤矿(井工)分类、分级技术条件与评价》(T/CCS 01—2020)、《智能化采煤工作面分类、分级技术条件与评价指标体系》(T/CCS 002—2020)、《煤矿智能化建设指南(2021 年版)》等一系列标准规范,但是各煤矿企业的智慧矿山建设工作缺乏标准指导,差异性较大。从整个矿区管理角度来看,对各矿井企业开展的智慧矿山建设缺少规范化和统一化的顶层设计指导,缺少权威的标准规范、缺少成熟的技术路线、缺少成功的经验可供借鉴等。

1.3.2　智能矿井建设发展不平衡,建设目标定位不明确

目前,因受到煤层赋存条件、矿井发展理念、智能化装备资金投入等多方面的影响,我国各矿区企业及各矿井单位的智能化建设思路和智能化技术应用推进路线不统一,也未能根据各矿井的实际条件,对智慧矿山建设的技术路线和管理模式进行分析与评价,各矿井企业智慧矿山建设的目标定位不够清晰,缺乏对各矿井企业智能化建设的整体统筹部署、规划与资金安排,智慧矿山建设缺乏连贯性与持续性。

1.3.3　信息技术人才短缺,专业人才培养机制有待完善

目前,在煤炭行业,自动化、信息化及综合管理等方面的创新人才不足,现有人员素质与智慧矿区建设人才需求不匹配,人才培养渠道单一。各煤矿企业在自动化、信息化方面的专业技术和管理人才来源仅仅依靠各所属煤矿单位发展培养,人才培养周期长,人才留存问题比较突出,已无法适应新形势下智慧矿山建设的需要。

1.4 发展趋势

本书认为未来针对智慧矿山建设的研究主要涉及四个方面。

① 目前智慧矿山建设中的很多智能化方法仅应用于煤炭生产管理等环节,该理论方法的泛化性较弱,技术的可扩展性有一定的局限。因此,如何针对跨学科、跨领域、跨媒体和跨模态的智能化方法研究是智慧矿山建设未来需要研究的重点内容之一,这就需要进一步研究跨媒体和跨模态智能化理论方法及相关技术。

② 尽管针对智慧矿山的架构理论已经进行深入的研究,但针对智慧矿山顶层架构的设计及优化问题较少有研究成果。因此,如何在已有智慧矿山建设框架的基础上利用最优化理论等方法实现智慧矿山体系架构的优化问题也是未来需要研究的重点问题之一,为此需要将最优化理论与系统控制理论相结合进行进一步研究。

③ 由于各煤矿企业生产和管理具有一定的差异性,已有的标准化建设和管理机制不一定适用于煤炭行业内所有企业,这会给智慧矿山建设带来一定的困难。因此,如何完善智慧矿山的标准化建设和智能化管理是需要解决的一个基本问题。为此,需要进一步研究具有通用性的智能化建设理念和方法。

④ 目前,由于智慧矿山建设发展不平衡,建设目标定位不明确,从矿区管理的角度来看,缺乏对矿区下辖的各矿井企业智能化建设进行整体统筹部署、规划与资金安排,这严重制约了智慧矿山建设的连贯性与持续性。因此,如何利用新一代的信息化、智能化技术和先进的管理方法,统筹规划、协同调度、高效管理各矿井企业的智能化建设工作是需要解决的一个重要问题。为此,需要进一步研究智慧矿区建设及智能化管理体系的方式。

2　陕北矿业智慧矿区建设与系统设计

为深入推进煤炭行业供给侧结构性改革,推动企业结构优化调整,实现供需基本平衡和煤炭行业效益的提升,国家陆续推出相关政策,推进煤炭行业数字化转型建设,并明确了先进、少人、提效是智能化煤矿的主攻方向。

2016年3月,国家发展改革委、国家能源局发布的《能源技术革命创新行动计划(2016—2030年)》指出要提升煤炭开发效率和智能化水平,研发智能化工作面等技术,到2030年重点矿区基本实现工作面无人化。2020年2月,国家发展改革委等八部委联合发布《关于加快煤矿智能化发展的指导意见》提出"煤矿智能化是煤炭工业高质量发展的核心技术支撑","对于提升煤矿安全生产水平、保障煤炭稳定供应具有重要意义",这标志着煤矿智能化建设上升为国家层面的重点工作。2020年12月,国家能源局、国家矿山安全监察局印发《智能化示范煤矿建设管理暂行办法》和《煤矿智能化专家库管理暂行办法》,规范了智能化示范煤矿在申报、建设、验收、监督及专家人员等方面的管理工作。2021年3月发布的《中华人民共和国国民经济和社会发展第十四个五年规划和2035年远景目标纲要》提出,"要围绕强化数字转型、智能升级、融合创新支撑","促进数字技术与实体经济深度融合,赋能传统产业转型升级",在智慧能源等重点领域开展试点示范。

根据上述文件精神,加快煤炭企业的"两化"融合建设,促进煤炭企业转型升级,已成为煤炭行业发展的必然趋势。在此背景下,煤炭行业各企业如何借助新一代信息化、智能化技术带动工业化跨越发展,进一步优化企业资源配置,降低企业运营成本,提高企业竞争力,已成为亟待解决的重要问题。

"十四五"期间,国内煤炭工业领域数字化转型将进入实施阶段。大数据、云计算、物联网等更为高级的数字化技术在煤炭工业领域得到广泛应用。云计算、物联网、大数据、移动互联网和智能终端等新一代信息技术的应用将催生大量新业态、新模式和新产业,将有效促进煤炭企业的数字化转型,实现生产环节的工艺创新和过程创新,提高自动化生产水平和生产效率,实现管理环节的商业模式创新、管理方式创新、营销创新和品牌创新,提高煤炭企业生产效率和资源配置效率。在此条件下,基于现代管理理念和新一代信息技术,将物联网、云计算、大数据、人工智能(AI)、自动控制、移动互联网技术、机器人、智能化装备等与现代煤矿开发技术深度融合,通过建设智慧矿区,可以形成矿区全面感知、实时互联、分析决策、自主学习、动态预测、协同控制的完整智能系统,并实现矿区开拓、采掘、运通、安全保障、生产管控等全过程智能化运行。

智慧矿区的建设不仅有助于矿区企业基础网络、数据中心、技术平台、应用系统、保障体系和数据服务的逐步完善,而且整体上可以形成平台化技术架构、一体化应用系统、专业化组织保障和共享化数据服务,具有智能化生产、透彻化感知、可视化管理和数字化决策的能力。此外,智慧矿区建设与深入应用不但有助于智慧矿山建设发展和规范化、统一化智能矿山的顶层设计,而且可以实现煤炭企业从传统管理模式向智能化管理模式的跃升,在国民经济各行业中达到先进的管理水平,从而实现生产的自动化与远程化、资源的精益化、安全的智能化与超前化管控,对于加快推进煤炭行业数字化转型建设,进一步推动企业结构优化调整,促进煤炭行业供给侧结构性改革,实现煤炭安全、智能、绿色开发和实现企业经济效益、环境效益、社会效益的统一具有非常重要的意义。

2.1 陕北矿业公司信息化建设现状

"十三五"期间,陕北矿业公司大力推广智能化综采工作面、地质可视化、井下智能巡检机器人等新技术应用,推动煤炭开采向优化系统,减头、减面、减人"一优三减"转变,将煤炭开采由"智能达标"向"智慧提升"转变。

2.1.1 智能化管控平台建设

"十三五"期间,陕北矿业公司建立矿区端工业互联网平台,建设了"1+8"一体化区域协同管控云平台,实现了对 8 个下辖矿井人、机、物的跨设备、跨系统、跨地域的全面联通,构建起互联互通的安全生产和服务体系。目前,该平台已实现 130 个数据源、106 个系统接口的融合对接,15 个通信协议标准化的转换和 1 000 余个物模型的构建。

此外,以矿井地质"一张图"为基础,建设了陕北矿业公司全范围主要业务集成、重要数据共享、智能分析管控于一体的安全生产信息共享平台。该平台集成了综合调度、安全管理、生产技术等 13 个专业领域的应用服务,可以实时采集安全监控、人员定位、生产辅助自动化系统等 7 类子系统的数据,实现了陕北矿业公司"以图管矿、预测预警、集中管控"的目标。

2.1.2 智能采掘系统建设

截至 2020 年年底,陕北矿业公司已建设完成了 14 个智能化综采工作面,分别包括红柳林煤矿 3 个智能化综采工作面、柠条塔煤矿 3 个智能化综采工作面、张家峁煤矿 3 个(含 14301 薄煤层工作面科研项目)智能化综采工作面、韩家湾煤矿 1 个智能化综采工作面、涌鑫安山煤矿 1 个智能化综采工作面、中能袁大滩煤矿 2 个智能化综采工作面和孙家岔龙华煤矿 1 个智能化综采工作面。智能化综采工作面生产班平均作业人员减至 5~7 人,煤机自动化割煤速度平均可达 7 m/min,自动化开机率平均保持在 90% 以上。

红柳林煤矿 3 个综采工作面均实现常态化智能化生产,15205 工作面是我国首个 7 m 大采高智能化综采工作面,工作面平均推进速度达到 7 m/min,自动化平均生产率达到 90.79%,最高自动化生产率达 97.7%,生产班平均人数不超过 6 人,实现了"少人则安、减人增效"。

韩家湾煤矿 214201 工作面是全国首个中厚煤层"110 工法+智能化"综采工作面。2020 年 3 月份开始试采,日推进度最高达 15 m。工作面以"切顶短臂梁"为理论支撑,采用切顶自成巷 110 工法,实现了采区内安全无煤柱开采。其中,工作面液压支架能够自动跟随采煤机完成降移升及推溜;采煤机通过记忆割煤功能可自动调整摇臂高度;利用采煤机澳大利亚综采长壁工作面自动控制委员会(LASC)惯性导航系统,实现了工作面自动调直功能;

工作面建立了集成单机控制系统的井下顺槽集控中心,实现了对主要设备的一键启停控制。"110 工法＋智能化"的融合应用相比传统掘进工艺,使韩家湾煤矿 214201 工作面减少掘进费用 235 万元,多回收煤柱约 8 万 t,增收约 2 400 万元,智能化生产班编制仅为 8 人,在提升经济效益的同时也降低了安全风险。

孙家岔龙华煤矿 20112 工作面目前已实现采煤机记忆割煤、支架跟机自动化、远程一键启动等功能。支架电液控制器采用智能型网络控制器,集成网络、视频、定位、传感等功能。

张家峁煤矿、红柳林煤矿、柠条塔煤矿、孙家岔龙华煤矿分别建设了一个全断面掘锚一体化装备快速掘进工作面。该全断面掘锚一体化装备快速掘进工作面在保持进尺的前提下满足了掘支平衡。同时,各矿井在现有设备基础上持续优化支护及运输后配套装备。

张家峁煤矿快速掘进系统采用"掘锚一体机＋锚杆转载机组＋长跨距转载机组",通过建设掘进工作面数字化监控系统,实现了工作面三维可视化远程集控、全息感知与场景再现;通过安全监控、实时视频、人员精确定位(电子围栏)、无线通信等系统的后续建设,达到了远程监控掘锚一体机与锚杆钻机协同作业、可视化集中控制带式输送机等功能。截至2020 年 10 月,月进尺突破 2 700 m,创出新高。

2.1.3　智能化辅助运输系统建设

陕北矿业公司下辖各煤矿均采取信息化技术手段管理井下运行的无轨胶轮车,目前都已实现现场测速、精确定位及无线通信等功能,张家峁煤矿正在建设基于智能终端设备的井下网络约车和智能调度派车系统。

2.1.4　智能化通风系统建设

陕北矿业公司下辖各煤矿均已实现远程实时监测主要通风机运行状态和工况。其中,张家峁煤矿和韩家湾煤矿已建成智能通风综合管控系统。该系统包含了图形化建模、实时网络解算、智能决策、风量远程定量化调节、多点移动式测风、局部反风和智能局部通风等技术,整体提高了通风管理的自动化、信息化和智能化水平。此外,该系统还能够超前感知、预警通风事故,及时采取防灾减灾措施,防止风流异常和有害气体超标,避免了瓦斯、火灾、煤尘爆炸等事故的发生,提高了通风系统可靠性及抗灾变能力。

2.1.5　智能机器人应用

在智能机器人应用方面,巡检机器人已在红柳林选煤厂实现应用;柠条塔煤矿已应用带式输送机巡检机器人、管路安装机器人、危险环境侦查机器人;张家峁煤矿已应用矿区无人机系统及扫地机器人;韩家湾煤矿已应用带式输送机巡检机器人。目前,安山变电所巡检机器人、中能带式输送机巡检机器人及变电所巡检机器人正在建设当中。

2.1.6　智能安全监控系统建设

陕北矿业公司下辖 8 个煤矿的安全监控系统目前已全部按要求完成升级改造,陕北矿业公司调度室可实时采集数据,随时掌握本矿的安全生产环境信息。

此外,陕北矿业公司及各煤矿建设了双重预防机制信息化管理平台,对标最新标准化管理体系,引入"信息化＋安全管理"创新模式,将 24 类风险划分为 4 种状态,采用 7 种针对性措施进行预防与管控,结合安全监控、人员定位系统,向信息化终端智能推送各风险点风险和预防措施,目前已实现透明化、实时化、集中化的安全管控,形成了陕北矿业公司和煤矿两个层面的双重预防信息"一张图"。

2.1.7　智能化选煤厂建设

自 2018 年起,陕北矿业公司以张家峁煤矿智能化选煤厂为标杆,陆续对其他单位的选煤厂进行了智能化升级改造。截至 2020 年年底,已完成红柳林煤矿井 1 000 万 t/a、韩家湾矿井 300 万 t/a 的智能化选煤厂改造项目;柠条塔矿井 1 800 万 t/a 和安山矿井 300 万 t/a 两座智能化选煤厂正在建设中。

2.1.8　智慧矿区建设

陕北矿业公司推进经营、生活管理智能化应用,建设了产、供、销三张网络和煤炭产供销全过程财务实时管理平台,实现了制造、供应、销售等信息的数据一体化集成。

陕北矿业公司是陕西省首批"智慧工会"建设的试点单位,"智慧工会"包含工会维权服务、网上练兵、"双创"工作、职工之家建设、工会协调办公等功能模块,实现了"一键找到工会,上网就找到工会服务"的目标。

张家峁煤矿、柠条塔煤矿、红柳林煤矿通过车号识别系统、防冻液喷洒系统、装车智能化系统、整平压实系统、抑尘剂喷洒系统的优化、集成,达到降低工作强度和消除安全隐患的效果,提高了工作效率。

柠条塔煤矿积极探索建设智能后勤系统,主办公楼引入智能机器人,实现迎宾接待、智能导览、人脸识别、语音交互等功能。张家峁煤矿探索通过无人机技术,实现智能安防(地面安全检查),覆盖范围增大,管理效率提高。

陕煤集团神南产业发展有限公司(以下简称神南产业公司)"煤亮子"煤炭生产综合服务平台利用区块链等先进技术,服务上游厂商 4 000 多家、下游终端客户 515 家,"煤亮子"商城上架商品 15 万余种,累计实现销售收入 23 亿元。

总体来说,尽管目前陕北矿业公司下辖的 8 个煤矿单位已经在智能矿山建设方面进行了深入的探索和实践,具有很多实践应用成果和经验。但是,依然存在智能矿山建设发展不平衡,建设目标定位不明确,智慧矿山[24]建设缺乏标准指导和缺少规范化、统一化的顶层设计等问题,这是制约陕北矿业公司深入"两化"融合和供给侧结构性改革的重要因素。为此,需要通过陕北矿业公司统筹规划、统一标准、协同管理,才能更加均衡地开展各矿井的智能化建设,以便加快推进陕北矿业公司及下辖各煤矿单位的数字化转型建设,进一步推动矿区企业结构的优化调整,促进矿区企业的供给侧结构性改革。

2.2　陕北矿业智慧矿区建设目标

2.2.1　总体目标

陕北矿业智慧矿区通过全面数据采集、全过程的数据管理、混合云化架构、融合化应用系统,形成平台化技术架构、一体化应用系统、专业化组织保障、共享化数据服务,建设"运营一大脑,矿山一张网,数据一片云,资源一视图"和八大应用系统,建立"1+3+8"架构的覆盖生产、生活、办公、服务各个环节的煤矿综合生态圈,向上服务陕煤股份业务平台,对下实现矿井透视化管控,对外实现业务协同,对内实现融合分析,最终全面实现智能化生产、全面化感知、可视化管理、数字化决策的智慧矿区。陕北矿业智慧矿区建设的总体目标如图2-1所示。

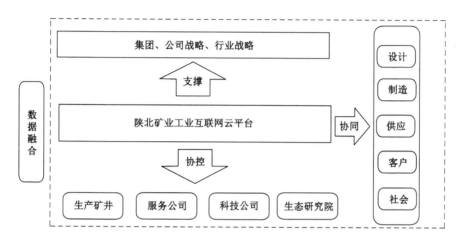

图 2-1　智慧矿区建设总体目标

① 智能生产(采掘)目标:所有采煤工作面(除沙梁煤矿外)全部实现智能化开采;掘进工作面实现智能化高效快掘装备系统;所有生产辅助系统全部实现智能化运行;固定岗位实现无人值守,机器人巡视;支、喷、钻等危险岗位实现机器人作业。

② 智能矿井目标:基于智能化综合管控平台,围绕监测实时化、控制自动化、管理信息化、业务流转自动化、数字模型化、决策智能化的目标,实现煤矿地质勘探、掘进、开采、运输、通风、排水、供液、供电、安全防控、园区管理、经营管理等各业务系统的数据融合与智能联动控制,红柳林、柠条塔、张家峁矿井实现高级智能化矿井,选择示范矿井打造行业标杆智能化示范矿井;韩家湾、涌鑫安山、中能袁大滩、孙家岔龙华矿井实现初级以上智能矿井。

③ 智慧矿区目标:基于矿区智能化综合管控平台建设,围绕矿区"人、财、物"数据实时上传,实现数据共享、智能分析,为区域协同、生产安排、分布式调度、物资调配、业务管理、职工生活等提供智能解决方案,实现"生产智能化、运营精细化、管理标准化、决策科学化"的发展目标。

2.2.2　分项目标

陕北矿业智慧矿区以提升四项核心目标为中心开展智能化建设,构建生产、安全、资产、物资、项目、销售、经营、组织八个二级管控系统,全面实现生产、管理数字化、信息化目标。

2.2.2.1　四项核心目标

（1）提升矿区核心管控能力

重点提升对矿区战略的控制及决策能力,对生产、运输、销售全过程的平衡协同能力,对物资采供及供应商和客户关系的统一管理能力,对人力资源的资源整合能力,对投资、资金、财务、成本的控制能力,对共享服务及其他专业业务的管理能力。

（2）建立信息化标准体系

重点推动建立统一的标准化业务流程、基础设施标准、技术支撑标准、安全保障标准、管理服务标准以及标准化考核体系。

（3）加强信息化运维服务能力

培养专业化的系统运维队伍,确保从开发到运维的平稳过渡及后续的高质量服务,保证信息化运维管理与服务能力的可持续发展。

（4）构筑专业信息化应用系统

实现纵向贯通、横向整合和信息共享,对各类资源实行数字化精细描述、信息化精准管理、科学化精确调度、流程化精益操作。

2.2.2.2　八个二级管控系统目标

① 生产管控系统:通过业务标准化技管融合化建立知识库实现生产管理的状态明确、报警及时、超前预案和组织高效;

② 安全管控系统:通过清单检查知识化、人员履职数字化、处理提醒自动化实现安全管理的风险管控全面化、隐患处理及时化和安全责任全员化;

③ 物资管理系统:通过自有寄售一体化、统存统购统用、需求预测和库存控制实现降库存、调结构、保维修;

④ 资产管理系统:通过资源库、任务库、知识库实现设备资产管理的家底清楚、状态明确、共享共用、维护有序和预测有方;

⑤ 项目管理系统:通过流程管控、过程可视化、预警节点化实现项目管理的合规、透明和可控;

⑥ 经营管理系统:通过业务与财务的融合实现对内对外结算管理的合规、高效、有序和可控;

⑦ 销售管理系统:通过订单驱动实现销售管理的服务最优、质量达标和市场领先;

⑧ 组织管理系统:实现人力、党建、工会等组织体系运行的高效、便捷、科学、规范。

2.3　安全管控系统设计

2.3.1　设计思路与目标

2.3.1.1　建设思路及原则

（1）建设思路

• 以数据驱动为中心的建设理念

以陕北矿业安全生产业务为中心、以服务企业为导向的理念进行设计,不仅覆盖陕北矿业生产管理部、机电装备部的业务流程,同时建立与二级单位用户之间的联系,通过以业务流数据驱动、过程管控、调度指挥、决策分析等业务处理为核心的数据中心,使陕北矿业职能部门能够更好地实施安全监管、应急救援、指挥调度等工作。

• 提供强大的决策支持

安全管控系统不仅要能满足安全管理业务工作和业务流程的需求,同时要提供有效的细分和管理手段,配合系统提供基于多维数据仓库的分析手段,利用矿井安全生产的业务数据,建立直观的多维数据模型,进行图形对比分析和数据挖掘,通过对安全生产业务数据联机的在线分析,为领导提供决策支持和分析手段。

- 基于统一平台的集成思想

该思想旨在建立一个一体化、标准化的安全管理业务集成系统,为陕北矿业公司提供统一的、基于自动化数据处理模式的技术支撑平台。因此,我们在设计系统时,充分考虑安全生产监督和调度系统内外部之间的关系,贯彻系统集成的思想。我们所设计的应用系统是一个一体化的系统,业务系统之间既相互隔离又紧密集成。接口适配系统是实现系统集成的技术关键,也是系统统一平台管理的思想。

- 适应用户业务不断发展

建设方案充分考虑陕北矿业公司生产管理部的现有业务,同时考虑下属煤矿企业安全生产和信息化建设不断调整的业务需求,采用前瞻性的需求进行设计,充分适应于未来的发展方向,尽可能充分适应未来业务、需求的变化,极大降低未来系统的调整成本。此外,系统还具备与陕北矿业公司其他相关部门的接口,使系统上线使用更能满足企业的整体业务要求。

- 以点带面、迭代提升

安全管控系统的建设实施从矿井覆盖面较广、参与人数较多的典型专业管理业务出发,获取反馈、总结经验,带动其他管理专业的整体实施。不断根据实施过程中的问题进行分析调整、迭代优化,不断提升平台的实施效果。

- 协同共享、拓宽视野

安全管控系统的建设支持跨区域、跨部门、跨层级的业务协同和信息资源共享,广泛吸收国内外有关专家、行业部门、先进企业、优秀厂商的成熟经验,把系统建设、优化、升级进行统一规划,协调推进。

- 稳固基础、扩展创新

从技术、人员、管理制度多个层面加强基础平台的建设和安全管理的标准化流程建设,不断沉淀、优化安全管理业务流程,深入挖掘可在集团扩展推广的业务功能和技术手段,保证安全管控系统具有强大的生命力,可以持续满足陕北矿业公司及下属矿井发展的需求。

- 应用信息化新技术,提升信息化应用效果

应用信息化新技术,提升信息化在矿井安全生产管控方面的效果,减少工作量,提高效率。使用手机 App,适合煤矿安全生产管理的特点,可实时查询信息或进行业务操作。使用大数据应用和分析技术,挖掘知识,提升智能化水平,为科学管理和决策提供支持。

(2)建设原则

考虑到安全管控系统的实际应用需求和将来的发展趋势,同时兼顾技术快速更新的特点,方案设计需遵循以下设计原则,为建设安全管控系统制定相关的数据交互规范,为后期各基层单位装备系统提供规范要求。

- 先进性

应当有一定的前瞻性,尽可能采用先进的数据挖掘技术和软件开发工具,以保证系统和产品的先进性。

- 实用性

在兼顾系统具有先进性的同时,按照实用性的原则,整个系统的操作以方便、简洁、高效、易维护为目标,多操作平台整体设计、统一操作,既充分体现快速反应的特点,又便于决策层、管理层及时了解各项统计信息和决策信息,进行业务处理和综合管理。

- 高可靠性

安全管控由于系统涉及面较广,使用环境特殊,必须保证系统工作稳定可靠。系统各个软件模块采用分布式设计,每个模块稳定地独立运行,发生故障时不影响其他模块运行;系统采用成熟、可靠的操作系统及数据库,并进行实时备份。

- 安全性与保密性

涉及的数据存在敏感、涉密信息,专业数据采用分布式存储并相互隔离。

- 大容量

涉及信息内容较多、服务对象较多,具有大容量和高度的容量扩展功能。

- 开放性与标准性

因涉及系统数量众多,安全管控系统所支撑的平台应是一个开放的、易扩展的、分布式的系统,提供不同层次、不同需求的接入服务,系统的数据应该统一规范。本项目建设所采用的技术和选用的产品应是业界公认的主流产品,尽量符合业界最新标准,并具有良好的开放性。

- 应用功能模块化

系统针对不同角色需求,设计不同功能模块,便于系统功能组合、扩展和提升。

2.3.1.2　建设依据

安全管控系统建设需遵照并依据以下国家规范、标准:

①《煤矿安全监察条例》(国务院令第 296 号);

②《国务院关于预防煤矿生产安全事故的特别规定》(国务院令第 446 号);

③《煤矿领导带班下井及安全监督检查规定》(国家安全生产监督管理总局令第 33 号);

④《安全生产事故隐患排查治理暂行规定》(国家安全生产监督管理总局令第 16 号);

⑤《煤矿安全规程》(国家安全生产监督管理总局令第 87 号);

⑥《国家安全监管总局 国家煤矿安监局关于印发＜煤矿安全规程执行说明(2016)＞的通知》(安监总煤装〔2016〕95 号);

⑦《生产安全事故应急预案管理办法》(国家安全生产监督管理总局令第 88 号);

⑧《国家安全监管总局办公厅关于印发安全生产信息化领域 10 项技术规范的通知》(安监总厅规划〔2016〕63 号);

⑨《国家安全监管总局关于印发安全生产信息化总体建设方案及相关技术文件的通知》(安监总科技〔2016〕143 号);

⑩《国家安全监管总局办公厅关于印发全国安全生产"一张图"地方建设指导意见书的通知》(安监总厅规划〔2017〕69 号);

⑪《国家煤矿安监总局办公室关于印发＜煤矿企业安全培训违法违规行为处罚情形一览表＞的通知》(煤安监函办〔2017〕30 号);

⑫《陕西省安全生产条例》(新修订)(陕西省人民代表大会常务委员会 2017 年 9 月 29 日通过,2018 年 1 月 1 日起施行);

⑬《陕西省煤矿事故隐患和安全风险分级标准及管控办法(试行)》(陕煤局发〔2016〕83号);

⑭《安全生产事故隐患排查治理暂行规定(修订稿)》(国家安全生产监督管理总局2016);

⑮《煤矿安全风险预控管理体系　规范》(AQ/T 1093—2011);

⑯《煤矿建设项目安全预评价实施细则》(AQ 1095—2014);

⑰《煤矿建设项目安全验收评价实施细则》(AQ 1096—2014)。

2.3.1.3　建设目标

在统一的矿井建设框架下,科学合理地组织矿山安全类海量异构信息,以安全、生产、管理、经营、决策为主线对信息进行全面、高效、有序的整合,对"采、掘、机、运、通"相关监测监控系统无缝集成,实现采掘工作面可视化监管;构建企业安全管理信息化,实现安全量化、质量标准化、重大隐患跟踪督办的闭环管理系统;建设生产计划管理、工程施工管理、风险隐患管理、证照管理等内容,从而有效管控各矿井单位生产环节的安全状态,为管控一体、产运销全面衔接、人财物同步提供数据和技术支持。

安全管控系统的建设采用面向服务软件体系架构,基于企业服务总线、微服务,实现多种异构系统无缝融合;以业务为主线,以用户为中心,构建友好直观的人机表达模式。综合二维 GIS 界面、在线组态技术、报表图表技术、数据挖掘分析量化技术等为一体,提供闭环的煤矿安全风险和隐患处理业务功能,并实现有关安全管理业务各方面的数据查询与分析,最终达到陕北矿业公司及下属煤矿企业降本提效、科学管控、强化安全管理能力的建设目标。

2.3.2　总体设计

2.3.2.1　矿井侧安全管控系统

矿井侧安全管控系统建设主要分为四个部分,即安全管控系统感知与执行层各子模块、安全管控系统数据层、安全管控平台层和安全管控系统应用层等。

(1)安全管控系统感知与执行层各子模块

安全管控系统感知与执行层各子模块主要实现基础数据的采集和控制执行,是整个安全管控系统的数据来源和控制执行终端,包含了安全监控监测、环境安全监测、动态目标识别各子模块环境传感器参数、设备开停状态参数、人员标识卡信息、电源箱直流电源参数及电源箱电池充放电参数采集等内容。

(2)安全管控系统数据层

安全管控系统数据层基于整个建设项目的云计算数据中心架构设计,包含了各类危险源因素、作业环境危险因素、地质构造危险因素、设备故障因素等一系列安全相关因素数据库及瓦斯、粉尘、温度、压力、风速、设备开停等基础数据的实时数据库,该部分的建设是安全管控系统非常重要的基础工作。只有通过积累大量的历史和实时数据,才能通过数据挖掘为安全管控系统提供决策支持。

数据管理系统建设的要求如下:

• 正确性

正确性主要指历史和实际数据的正确性。依据可靠的数据,挖掘出的数据才具有科学的指导性,因此正确性是数据中心的核心要求之一。

- 全面性

数据的全面性是指数据涵盖的内容要全面。数据涵盖面越广,大数据分析的结果与事实越接近、越真实。

- 完整性

数据的完整性是指数据能够覆盖不同类别的数据来源。不完整的数据对分析结果具有不确定性,容易失真。

（3）安全管控平台层

平台层（或支撑层）提供基础设备设施、通用性基础软件平台与共性服务接口。该层具备多类型数据采集,大数据处理、存储、检索和交互控制,实现全矿井数据资源的统一管理、维护和调配,为应用层提供统一应用服务接口和应用支撑。

（4）安全管控系统应用层

安全管控系统应用层是面向用户的指导安全生产的决策应用系统,主要包括基础信息管理、"一通三防"管理、安全风险管理、事故隐患管理、安全生产资料管理、工程安全任务管理等内容。

基础信息管理主要包括公共信息管理、基础信息管理和规则信息管理三个方面,用于维护安全管理涉及的基础数据。

事故隐患管理主要针对煤矿企业的事故隐患问题,实现闭环式的业务流管理。具体的隐患管理内容主要包括事故隐患检查处理和事故隐患信息查询两个方面。

针对已有安全风险管控系统中存在的"信息孤岛"、缺乏专业支撑的数据分析等问题,构建了具有标准化、一体化的联动安全风险管控机制,可以实现安全风险的有效管理。

安全风险管理通过安全评估,对危险因素可以进行定性、定量分析,查找出危险因素的分布位置、数量,事故概率和事故严重程度等。在此基础上,预防并提出相应的安全措施和对策。

"一通三防"管理是实现"一通三防"工作的有效方式,主要包括以下功能:通风管理、防瓦斯管理、防灭火管理、防尘管理和通防报表管理等。

安全生产资料管理以夯实安全工作为基础,积累数据资料,落实安全生产工作,规范生产技术标准和规范工程施工作业。

工程安全任务管理用于陕北矿业公司各级单位之间管理日常工作,记录各种事务性工作任务,便于各部门更好地管理、审视日常工作中涉及多人协同的事务性工作的过程,可记录工作痕迹,追踪工作效果,提高工作效率。

2.3.2.2 矿区侧安全管控系统

矿区侧安全管控系统总体架构分为四层:子系统层、矿端平台层、矿区平台层、融合中心层。其中,子系统层包括各矿井企业的安全管控系统;矿端平台层将各矿井单位与安全管控业务域相关的系统功能通过融合协同,形成一体化云平台;矿区平台层完成各矿井平台在矿区层面的数据融合;融合中心层站在矿区视角整合业务逻辑,构建陕北矿业公司安全管控系统。

管控云平台按照工业互联网模式,采用云计算、边缘节点和井下智能设备架构进行建设,适应工业环境下高可靠、低时延运行要求。管控云平台的整体业务逻辑如图2-2所示。

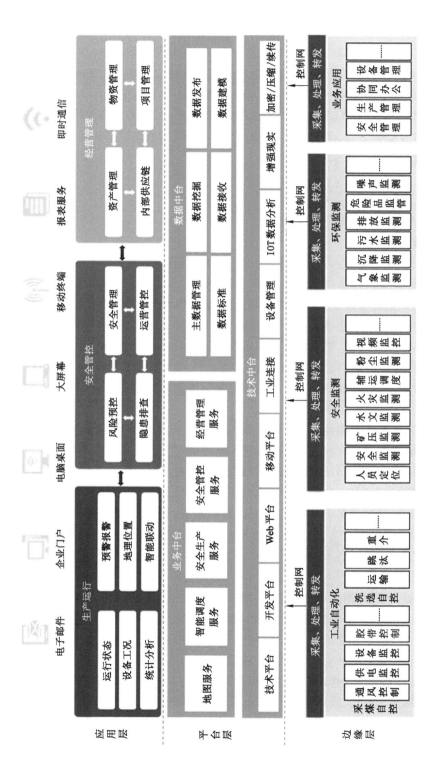

图 2-2 管控云平台的整体业务逻辑

第一层是边缘层，通过大范围、深层次的数据采集，以及异构数据的协议转换与边缘处理，构建云计算大数据基础支撑平台的数据基础。

第二层是平台层，基于通用工业互联网平台叠加大数据处理、工业数据分析、工业微服务等创新功能，构建可扩展的开放式矿山工业互联网开发应用平台。

第三层是应用层，构建满足陕北矿业公司安全管理应用场景下的软件应用需求，实现依托云计算大数据基础支撑平台构建跨区域协同管控的最终价值。

系统总体架构体现了泛在连接、虚拟服务、知识复用、应用创新等特点，在本项目实现自动化、监测监控数据融合、功能集成、综合统计分析基础上，支撑安全管控信息系统的融合应用，满足陕北矿业公司未来发展的需要。

2.3.3 功能设计

2.3.3.1 矿井侧安全管理的功能设计

（1）基础信息管理

基础数据管理主要包括公共信息管理、基础信息管理和规则信息管理三个方面。其中，公共信息管理涉及法律法规信息维护、安全管理制度信息维护和安全生产标准化信息维护三个部分；基础信息管理涉及工种岗位职责信息维护、事故隐患库信息维护、安全风险信息维护、隐患/风险分类信息维护/风险评估模板/指南维护、巡检路线维护、施工作业表分类维护、救护队基本信息维护、矿井设计图文信息维护和评估统计分析模板维护等；规则信息管理主要涉及隐患推送规则预设、隐患上报规则维护、隐患预警规则维护、催办/罚单生成规则维护、风险预警信息规则维护、风险推送信息规则维护和风险上报信息规则维护等。

（2）隐患处理过程管理

隐患处理过程管理主要针对煤矿企业的事故隐患问题，实现闭环业务流管理。具体的隐患管理内容主要包括事故隐患检查处理和事故隐患信息查询两个方面。

其中，事故隐患检查处理包括巡检计划/重点检查信息维护、领导带班计划表维护、隐患登记、隐患整改信息维护、整改验收、巡检完成交接、隐患上报审核确认、"三违"登记、"三违"帮教、罚单信息维护、罚单审批的相关功能；事故隐患信息查询包括巡检路线信息查询、隐患分类查询、事故隐患库查询、隐患信息规则查询、隐患清单统计查询、隐患整改信息查询和推送/催办信息查询的功能。

（3）安全风险管理

为加强安全管理，消除或降低危害，增强事故管控能力，有效遏制重特大安全生产事故，降低安全风险，全面体现预防为主的思想，实现对风险的超前预控，以预防各类事故的发生，针对已有安全风险管控系统中存在的"信息孤岛"、缺乏专业支撑的数据分析等问题，构建了具有标准化和一体化的联动安全风险管控机制，可以实现安全风险的有效管理。

总体来说，安全风险管理包括的主要功能模块有：专业机构风险评估信息维护、上级安全检查信息维护、安全风险库维护、评审、安全风险辨识、风险点分级管控、风险整改过程、整改完成申请验收、风险整改验收、安全风险信息上报确认、工程施工规程及安全措施编制、工程施工安全风险措施审批、施工作业安全监督、施工作业记录、工程施工质检验收、风险分类查询、安全风险信息规则查询、专业机构风险评估查询、上级安全检查跟踪查询、安全风险库查询、安全风险清单查询、风险整改信息查询、安全检查记录查询、工程施工安全风险措施查询和工程施工质检验收查询等。

安全风险管理主要包括以下几个方面的内容：

① 依据煤矿安全风险知识和工程施工分类信息,优化和完善安全风险库的信息。在此基础上,通过安全管理部门及相关部门的评审,完成风险库的构建。

② 利用隐患清单、安全风险评估信息、安全检查报告等知识内容,辨识和标识安全风险和预警级别。在此基础上,通过风险检查、风险整改、风险验收的业务功能实现风险闭环管控流程。

③ 针对工程施工作业的风险问题,通过实现作业审批、宣贯、施工作业记录、施工验收、资料归档等业务功能,构建工程施工作业的风险闭环管控流程。

④ 针对不同的风险预警级别等相关信息,及时将安全风险信息报给上级单位。

⑤ 利用已有的安全风险数据,通过统计分析模型进行风险的预警分析。

（4）安全风险评估管理

安全风险评估管理的目的是通过安全评估找出安全生产过程中潜在的危险因素,分析引起煤矿安全事故的工程技术状况,论证安全技术措施的合理性。

安全评估可以对危险因素进行定性和定量分析,查找出存在的危险因素分布位置、数目、事故发生概率和事故严重程度。在此基础上,预防并提出应该采取的安全措施和相关对策。

安全风险评估管理是指公司安全风险评估及管理小组必须定期对矿井安全风险进行评估,提供符合实际的评估报告,提出相应的安全管理对策和措施,指导公司的安全生产工作。公司应针对安全风险评估报告制订矿井灾害预防和处理计划、事故应急救援预案、安全生产责任制度,层层落实安全责任,认真贯彻执行"安全第一,预防为主"的安全生产方针,加强矿井生产各系统、各环节危险、有害因素的现场管理,从而降低风险等级,实现公司安全生产的总目标。

安全风险评估管理的主要功能模块包括:风险评估报告模板/指南编制、统计分析模板维护、风险评估报告编制、风险评估报告评审、风险评估模板/指南查询、风险评估报告查询和专业机构风险评估报告查询。

（5）"一通三防"管理

安全生产事关员工群众的生命安全,反映广大人民群众的根本利益,高度重视和坚定不移抓好"一通三防"工作,是忠实实践"三个代表"和构建社会主义和谐社会的现实需要,是坚持"以人为本""关爱生命"的具体体现。抓好"一通三防"工作是有效遏制重特大事故频发的保证,对推动煤矿安全生产稳定发展具有重要意义。

"一通三防"管理是实现"一通三防"工作的有效方式,主要包括以下功能:通风管理、防瓦斯管理、防灭火管理、防尘管理和通防报表管理。

通风管理主要包括:矿井通风、矿井测风、通用设备管理台账、局部通风机切换记录、主要通风及参数填报和风量阻力记录填报等功能。

防瓦斯管理主要包括:瓦斯检查单、瓦斯检查点管理、瓦斯检查台账制作和瓦斯日报功能。

防灭火管理主要包括:矿井防火防尘情况管理、防灭火主材料消耗管理、采煤工作面防灭火监测和采区"三带"防灭火监测功能。

防尘管理主要包括:矿井综合防尘月报和防尘设施检查记录等功能。

通防报表管理主要包括:技术基础资料登记、月度报表填报、"一通三防"各系统统计、通防专业人员信息采集、采煤工作面相关情况通报和季度统计等功能。

(6) 安全监测监控

要充分发挥安全监测监控系统的业务功能,强化煤矿单位的安全管理能力,通过安全监控和矿压监测功能,及时捕捉潜在的风险隐患问题,为减少安全事故提供技术支持。同时,与安全监测监控系统进行通信,以约定的协议完成实时数据传输和交换并实现以下功能。

• 监测显示

在矿井地理信息图中将安全监测监控系统的分站、传感器位置以及测数值($CO/CO_2/CH_4$ 等气体浓度值、温度值、风速、风量等参数)实时显示;以不同图层显示不同监测类型;监测局部通风机断电状态、馈电状态。

• 报警功能

当瓦斯超限时,"瓦斯监测全局图"中显示报警及联动提示信息;按颜色区分不同报警等级;以列表形式展现报警信息,报警信息按事件类型分类和归档;对各报警信息进行存储,以便日后进行查询和处理(包括报警事件、报警事件、报警条件等)。

• 趋势功能

能够实现模拟量、开关量的实时曲线和历史曲线的显示;系统对各监测值进行存储,可实现自定义时间段的监测值曲线显示和查询功能。

• 矿压监测

集成接入矿压监测系统,具备巷道顶板离层、锚杆应力、围岩应力等数据的在线监测,建立相应的数据库,可在线形成压力曲线,及时准确地判断矿压变化情况。在矿压超限的情况下,可实现自动报警,同时能对数据进行存储和查询功能,也能对历史数据进行分析和比较。

(7) 人员定位

在人员定位系统应用集成中,重点实现对移动对象(井下人员)的实时定位和跟踪、路径回放等功能。

(8) 安全生产资料管理

企业的安全生产是企业得以发展的保证。要加强安全生产管理,夯实安全工作基础,积累数据资料,落实安全生产工作,规范生产技术标准和规范工程施工作业,必须实现安全生产资料的管理功能。安全生产资料管理主要包括:资料分类目录维护、资料录入与关联、资料整理/审核、资料催缴信息推送/催办、资料内容查询权限分配、资料查询和资料数据的统计分析等。

(9) 安全任务管理

安全任务管理是工作协同和沟通的工具,用于解决陕北矿业公司各单位内部或各单位之间的事务性工作的协同办理,安全任务管理的主要作用包括以下方面:

• 事务性工作的协同

陕北矿业公司的十大管控系统之间有很多事务性工作通过此安全任务管理工具协调沟通。

• 日常工作的记录与跟踪

此即事务性工作流水账。用于陕北矿业公司各级单位之间管理日常工作,记录日常工作中各种事务性的工作任务,便于各部门更好地管理、审视日常工作中涉及多人协同的事务性工作的过程,记录工作痕迹,追踪工作效果,提高工作效率。此外,通过本协同工作工具来管理的事务性工作内容主要包括工作调度会(派工)、协调会等。

安全任务管理模块作为一个实用的工作协同工具,在陕北矿业公司的十大管控系统中充当重要的角色。

2.3.3.2 矿区侧安全管理的功能设计

安全管理在矿井生产单位的整个生产过程中占据着非常重要的地位,直接关系到职工的生命安全与身体健康,也直接影响到企业的正常生产与发展、企业的形象与声誉。

在企业经营环境的要求和国家政策的促进下,大多数煤炭企业对安全管理工作高度重视,提供专项资金,购置设备,安排专业人员开展工作。然而,在安全管理的初始阶段,由于安全管理的离散性,安全管理有关数据和信息的集中性收集、分析缺乏,采集的大量数据并没有发挥出支持预防决策的作用,企业较难进一步改进安全管理,分析事故原因,因此很难达到防患于未然的目标。

为此,需要构建针对矿区侧的安全管理中心,进而规范安全管理工作,优化管理流程,提高执行效率,实现将"安全三角形"的理论与企业管理实践相结合,规划、跟踪和控制煤矿企业安全管理工作的整个过程,达到"无伤害、无损伤或险肇事件"的目的,实现"预防为主"的目标,为改进安全管理提供先进可靠的手段。

在矿区侧的安全管理方面主要从三个方面着手建设,包括:安全信息综合查询、安全监察督办和安全任务管理。其中,安全信息综合查询主要包含风险分类/区域查询、专业机构风险评估查询、安全检查信息查询、重大安全风险清单查询、隐患信息查询、"三违"信息查询等;安全监察督办方面主要包括重大安全风险督办跟踪、安全隐患督办跟踪、专业机构风险评估整改跟踪等;安全任务管理方面主要包括基本信息维护(机构人员信息)、工作计划维护、任务来源信息维护、发起/认领任务、申请任务变更、审批任务变更和线上协同沟通等。

(1)安全信息综合查询

• 风险分类/区域查询

风险清单可以让安全管理部门人员全面了解各不同等级的安全风险信息,对于上级安全部门及领导了解安全风险问题提供重要的数据支撑。

该模块不仅能够全面查看安全风险信息,而且能够通过设定风险区域、风险类别的筛选条件,进行风险的分类查询。

• 专业机构风险评估查询

具有针对专业机构风险评估的相关文档资料进行查询的功能。

用户可以根据文件上传时间查看最新的专业机构风险评估文件及文件数据的使用状态。文件列表信息按照时间顺序或逆序排列和显示。

为了能够让用户快速了解文件数据的来源,还可以将相关组织机构的树型结构与上传的文件信息进行关联,便于用户管理。

• 安全检查信息查询

安全管理部门人员对上级安全检查的相关文件数据进行统一的管理和维护。

该模块通过设置关键词、专业机构/上级单位、文件名称、编号、文件类别等筛选条件,可查询安全检查文件的相关信息及使用记录。

- 重大安全风险清单查询

该模块主要用于了解和掌握各矿井公司的重大安全风险信息,为管控和减少矿区的安全风险问题提供数据支撑。

- "三违"信息查询

当公司员工具有"三违"行为时,该"三违"人员会被记录到"三违"黑名单,进而可以有针对性地重点进行"三违"帮教,减少"三违"行为的出现,降低安全风险。

"三违"黑名单信息管理主要内容包括:单位名称、违章人员、违章日期、所在单位、违章班次、违章性质、违章地点、违章行为。在此基础上,可以通过违章人员、所在单位、违章日期、违章次数等筛选条件,进一步检索相关信息。

- 工程施工安全风险措施查询

编制工程施工安全风险措施所需要的主要内容包括:编号、单位名称、文件名称、文件类别(施工规程/安全措施)、发布单位、发布部门、关键词、摘要/电子版、适用范围、时限、状态、发布日期、上传人、部门、上传日期、附件文件(文档、图片等格式)、要求/备注。

- 矿井上报安全信息查询

在风险信息上报方面,当风险管控小组人员通过安全风险验收之后,风险信息将上报相关部门的领导进行风险信息的确认。如果风险信息确认无误,各矿井单位的风险信息将上报陕北矿业公司,进行风险信息的统计分析和查询。

在隐患信息上报方面,当隐患整改验收通过之后,一方面将隐患整改信息保存到矿井单位本地数据库,用于综合查询统计分析;另一方面,将隐患上报陕北矿业公司。此外,安全隐患整改验收的信息将上报陕北矿业公司的系统报表中,在陕北矿业公司的上报系统中完成隐患信息等多源数据的融合和分析。

- 安全风险评估报告查询

该模块具有针对专业机构风险评估的相关文档资料进行查询的功能。用户可以根据文件上传时间查看最新的专业机构风险评估文件及文件数据的使用状态。文件列表信息按照时间顺序或逆序排列和显示。为了让用户快速了解文件数据的来源,还可以将相关组织机构的树型结构与上传的文件信息进行关联,便于用户管理。

- 安全培训统计查询

通过该模块,陕北矿业公司可以查询各矿井单位的安全培训情况,查询的主要内容包括:培训单位名称、安全培训次数、安全培训工种、培训负责人、培训时间、培训地点、培训进度、附件(包含培训计划等资料)、备注。

- 安全专项资金查询

为了防范各矿井单位专项项目的资金风险问题,该模块实现了安全专项资金的查询,让陕北矿业公司可以及时了解各矿井单位针对专项项目的资金使用情况和剩余资金情况。对于存在风险较大的专项项目,可以及时停止,减少经济损失。

- 安全检查基本资料查询

陕北矿业公司或政府为督促煤矿企业落实安全生产主体责任,全面排查治理事故风险隐患,促进煤矿安全状况稳定好转,会下发安全检查文件。在安全检查文件中,明确指出安全检查的具体内容和安全检查工作的要求。上述内容能够反映出上级领导关注的安全风险信息,这些信息为安全风险管控工作提供了指导方向,明确了安全管控的重点内容。

（2）安全监察督办

矿区侧的安全管理主要是监察管理,对矿井公司安全工作、效果进行检查、跟踪、评估和督办。

• 重大安全风险督办跟踪

陕北矿业公司需要进一步对安全风险问题进行督办跟踪,尤其针对重大风险问题,陕北矿业公司重点关注风险的规模、规避措施、所需资源、责任人、整改责任单位和部门、协作部门和负责人等相关信息。

在重大安全风险督办的全过程,陕北矿业公司的风险管控小组或安全管理部门记录重大安全风险督办跟踪的全部过程信息,并以附件的方式将信息上传至服务器。如果陕北矿业公司的安全管理部门发现各矿业单位存在重大安全风险问题整改逾期等情况,可及时沟通,并要求加快整改进度,从而加强风险管控的能力。

• 安全隐患督办跟踪

安全隐患督办跟踪管理主要针对煤矿企业的安全隐患问题,实现闭环式的业务流管理。具体的隐患管理内容主要包括安全隐患检查处理和安全隐患信息查询两方面。

陕北矿业公司通过安全隐患督办跟踪模块,可以查询到各矿井单位安全隐患闭环处理的进度情况,为深入了解和掌握各矿井的安全隐患问题提供数据支撑。

• 专业机构风险评估整改跟踪

该模块针对各矿井单位的专业机构风险评估整改情况进行跟踪和查询。

陕北矿业公司可以根据各矿井单位文件上传的时间,查看最新的专业机构风险评估文件及文件数据的使用状态。为了让陕北矿业公司快速了解各矿井公司风险评估和整改的进度,还可以将相关组织机构的树型结构与上传的文件信息进行关联,并通过整改进度,查看部门的风险评估整改情况。

• 安全检查整改跟踪

该模块具有针对各矿井单位的安全检查文档资料进行查询的功能。

陕北矿业公司可以根据文件上传时间,查看各矿井单位安全检查下发的最新文件及文件数据的使用状态。为了让用户快速了解文件数据的来源,还可以将相关组织机构的树型结构与上传的文件信息进行关联,便于用户管理。

• 重点安全检查清单

陕北矿业公司安全管理部门人员对各矿井单位的安全检查文件进行统一的管理和维护。文件管理主要涉及的内容包括:编号、文件名称、文件类别、发布的专业机构、关键词、摘要/电子版、适用范围、时限、文件状态、发布日期、上传人、发布单位、发布部门、发布人员、上传日期、附件文件(文档、图片等格式)、要求/备注等。

• 安全检查管理

按照规定要求,定期开展安全质量工作,制订安全检查计划,按照安全检查指南,设计安全检查表,包括项目、内容、基本要求、标准分值、评分办法、检查方式、所需资料、扣分细则、得分、加权、问题描述等。同时,可通过安全检查整改跟踪查询整改过程信息,也可指定整改项为督办。

（3）安全任务管理

安全任务管理是上下级工作沟通的工具,通过安全任务管理模块,将工作进行多层级的任务分解、领取,实现任务链管理,协同工作,提高效率。矿区安全任务管理功能与矿井公司安全任务管理功能相同。

- 基本信息维护

该模块用于管理各矿井单位领导及部门负责人的基本信息,同时提供与主数据移动设备管理(MDM)系统同步组织机构信息的接口。

- 工作计划维护

各部门按照要求和安排的任务,制订事务性工作计划。一个工作计划可以有多个工作任务。

- 任务来源信息维护

任务来源在任务发起时进行说明,任务来源信息包括会议纪要、工作计划、红头文件、报告、上级单位交办任务、领导交办任务。

- 发起/认领任务

任务内容包括:任务号、任务名称、任务来源、任务标识、日期时间、内容、要求、要求完成日期时间、附件、任务级别、公司、部门、负责人、参加人。

发起任务时,应选择任务来源,发起一个任务,填写任务内容。部门主管有发起任务的权限。认领任务时,个人在任务栏认领栏认领分配给自己的任务。

- 召开碰头会/调度会

碰头会是线下流程。任务发起人部门指派一位员工写会议纪要。

- 会议纪要维护

会议纪要记录任务碰头会中的重要内容,主要包括:碰头会/调度名称、部署的工作内容、来源依据、时限要求等。

- 分配任务

任务分配主要针对个人的工作任务,按照内容要求,需要进行向下分配时,可以下发给其他部门和人,填写部门、人员、内容、时限、要求。任务下级人接收到任务后,填写计划方案。

在分配任务前,可点击"协同沟通"打开多人对话窗口进行协商,具体内容参见后文"线上协同沟通"部分。

- 关注任务

所有人都可以关注本单位的任务并查看办理进度,任务发起人所在部门的领导还可对任务进行督办。查询到某个任务后选中,点击关注,在"我的任务"中"我的关注"部分就可以看到用户关注的任务。

- 更新任务进度

任务承担人打开在办任务,提交办理状态,如进度、完成内容、出现的问题、方案、预计完成时间等,并可与任务协同人员交流,简洁高效。

- 任务看板

任务看板主界面可以看到所有任务及当前状态,可对某个任务进行修改、删除、复制、加关注等操作,并可随时刷新任务看板中的任务列表。

待办状态栏显示待办理的任务,包括待办审批、催办等内容,点击待办上的数字,可切换到待办理的任务清单。

- 提交完工申请

任务办结完成后,提交验收申请,包括完成内容、情况、附件、图片等,提交日期时间、附件等。申请序号自动生成,可以多次提交。申请验收时,可定位到可以申请验收的任务,点击"申请验收",录入完成情况,提交申请。

- 验收任务

任务发起人或其领导定位到可以审批的任务,点击"审批",弹出"审批验收申请"界面,录入审批意见,点击"审批通过"核准申请,或者驳回申请。

- 设置催办规则

进入设置界面,设置催办规则,系统会按催办规则自动推送催办信息。

- 催办任务

任务发起人或任务发起人主管催办任务。

- 申请任务变更

任务有变化或按时限不能完成时,可提出变更申请,包括编号、原因申诉等。

- 审批任务变更

有关领导对变更进行审批,并按照要求、时限确认考核情况。

- 线上协同沟通

跟某个任务有关的人都可以在线上就该任务的情况进行即时聊天沟通。

在每个任务的各处理阶段,所有角色(任务发起人及其领导、任务承担人及其领导、任务关注人、申请人、审批者等)都可在对应的功能界面上随时发起在线协同沟通(参见以上各功能点说明)。

2.3.3.3　矿区侧和矿井侧之间的对接方案

(1) 对接方式

安全管控系统与外部系统的对接采用以 Web Service 接口的方式进行系统间的功能对接。

总体来说,利用面向服务的软件体系架构(SOA),通过服务总线和 Web Service 接口技术,实现数据交换以及各业务子系统之间、外部业务系统之间的信息共享和数据集成,完成系统间功能模块的对接工作。因此,SOA 体系标准是本项目采用的接口对接核心标准,主要包括以下方面。

① 服务目录标准:服务目录应用程序接口(API)格式参考国家以及关于服务目录的元数据指导规范,对于 W3C UDDI v2 API 结构规范,采取 UDDI v2 的 API 模型,定义 UDDI 的查询和发布服务接口,定制基于 Java 和简单对象访问协议(SOAP)的访问接口。除了基于 SOAP 1.2 的 Web Service 接口方式,对于基于消息的接口采用 Java 消息服务(JMS)或者消息队列(MQ)的方式。

② 交换标准:基于服务的交换,采用 HTTP/HTTPS 作为传输协议,而其消息体存放基于 SOAP 1.2 协议的 SOAP 消息格式。SOAP 的消息包括服务数据以及服务操作,服务数据和服务操作采用网络服务描述语言(WSDL)进行描述。

③ Web 服务标准:用 WSDL 描述业务服务,将 WSDL 发布到 UDDI 用以设计/创建服务,SOAP/HTTP 服务遵循 WS-I Basic Profile 1.0,利用 J2EE Session EJB,实现新的业务服务,根据需求提供 SOAP/HTTP or JMS and RMI/IIO 接口。

④ 业务流程标准：使用没有扩展的标准的 BPEL4WS，对于业务流程以 SOAP 服务形式进行访问，业务流程之间的调用通过 SOAP。

⑤ 数据交换安全：与外部系统对接需考虑外部访问的安全性，通过网协（IP）白名单、安全套接层协议（SSL）认证等方式保证集成互访的合法性与安全性。

⑥ 数据交换标准：制定适合双方系统统一的数据交换数据标准，支持对增量的数据自动进行数据同步，避免人工重复录入。

（2）接口规范性设计

安全管控系统建设的接口众多，依赖关系复杂，通过接口交换的数据与接口调用必须遵循统一的接口模型进行设计。接口模型除了遵循工程统一的数据标准和接口规范标准，实现接口规范定义的功能外，需要从数据管理、完整性管理、接口安全、接口的访问效率、性能以及可扩展性等多个方面设计接口规格。

接口规格主要包括以下方面：

• 接口定义约定

客户端与安全管控平台以及系统之间的接口消息协议采用基于 HTTP 协议的表述性状态传递（REST）风格接口实现。

• 业务消息约定

请求消息统一资源定位符（URL）中的参数采用 UTF-8 编码，并经过 URLEncode 编码。

• 响应码规则约定

响应结果码在响应消息的"Status"属性中，相应的解释信息在响应消息的"Message"属性中。解释消息为终端用户可读的消息，终端应用不需要解析，可直接呈现给最终用户。

（3）数据管理

• 业务数据检查

接口提供业务数据检查功能，即对接收的数据进行合法性检查，对非法数据和错误数据则拒绝接收，以防止外来数据非法入侵，减轻应用支撑平台系统主机处理负荷。

• 数据压缩/解压

接口根据具体的需求应提供数据压缩/解压功能，以减轻网络传输压力，提高传输效率，从而使整个系统能够快速响应并发请求，高效率运行。

（4）接口的可扩展性规划与设计

各系统之间的通信接口版本信息限定了各系统平台之间交互的数据协议类型、特定版本发布的系统接口功能特点、特定功能的访问参数等接口规格。通过接口协议的版本划分，为客户端升级、其他被集成系统的升级以及系统的部署提供了较高的自由度和灵活性。

安全管控平台可根据接口请求中包含的接口协议版本实现对接口的向下兼容，系统平台可按照协议版本分别部署，也可多版本并存部署，由于系统平台可同时支持多版本的外部系统及客户端应用访问系统，从而支持系统的客户端与系统平台分离的持续演进。

（5）对接的安全性设计

为了保证安全管控平台的稳定运行，各种集成的外部系统都应该保证对接接入的安全性。需要根据对接的方式和业务特色制定专门的安全技术实施策略，保证系统对接的数据传输和数据处理的安全性。

系统对接的接口安全控制在逻辑上主要包括：安全评估、访问控制、入侵检测、口令认证、安全审计、防(毒)恶意代码、加密等内容。

（6）业务功能对接

安全管理包含的数据来源较为广泛，类型较为多样，涉及的业务部门较为复杂，因此需要在矿井侧和矿区侧进行系统的业务对接，以便实现数据的融合和"信息孤岛"的消除。

为此，需要进行业务功能和数据对接的内容主要包括以下方面：

- 基础信息数据的对接

基础信息数据主要包括法律法规、安全管理制度、岗位职责、安全风险知识库、安全隐患知识库、工程施工分类等内容。因此，针对基础信息数据的管理需要对接的系统主要包括：陕煤集团安全共享平台系统与陕北矿业公司的安全管控平台之间基础数据的对接、安全管控平台与各矿井相关基础数据管理的业务对接。

- 风险隐患数据的对接

由于风险隐患的管控是各煤矿单位的重点工作内容，因此无论各矿井单位还是陕北矿业公司都需要进行相关数据及内容的对接和融合。为此，需要将各煤矿的安全管理系统与陕北矿业公司的安全管控系统进行风险隐患数据处理业务方面的对接。

- "一通三防"数据的对接

由于"一通三防"涉及通风监测、瓦斯监测和防灭火方面的相关业务，各煤矿的安全管理系统需要与生产管理系统进行数据对接，从生产管理系统中获取相关数据。此外，安全管控平台的"一通三防"数据来自各矿井安全管理系统，因此安全管控平台还要与各矿井单位的安全管理系统进行业务和数据对接。

- 安全生产资料数据的对接

安全生产资料管理是安全管理业务流程中非常重要的环节，陕北矿业公司会对各矿井单位开展安全生产资料的检查工作，以便掌握安全管理工作的相关情况。为此，各矿井有关安全生产资料的业务功能需要与陕北矿业公司安全管控平台进行对接，实现矿区侧和矿井侧安全生产资料数据的共享，也为陕北矿业公司信息化的安全管理工作提供技术支撑。业务功能和数据对接的内容主要包括：基础信息数据的对接、风险隐患数据的对接、"一通三防"数据的对接、安全生产资料数据的对接。

2.3.4 平台特点

陕北矿业公司安全管控系统建设项目具有以下特色：

2.3.4.1 强化系统集成，深化云计算和云存储技术的应用，确保系统经济高效

利用数据云存储、云计算技术将系统资源统一规划、统一管理，基础数据冗余存储，节省了硬件投资，增强了数据的安全管理和高效利用。

采用先进的一体机虚拟化技术，将矿区侧和矿井侧安全管理子系统业务所需的硬件资源统一规划、动态分配，为应用系统提供 IT 基础云平台资源，极大地提升了系统硬件整合度和利用效率。

2.3.4.2 消除"信息孤岛"，实现智能协同，全面提升信息化管控能力

规范数据格式，统一数据存储管理，通过强大的区域协同管控云平台及标准化、一体化

安全管控软件系统,可以有效分析处理安全管控系统的各类数据,实现矿区侧和矿井侧之间安全管理全业务流程的协同管控,为陕北矿业公司的安全管理工作提供可靠依据,增强陕北矿业公司信息化的分析和决策支持能力。

2.3.4.3 完善安全管理全业务流程功能,全面覆盖跨区域安全管理的业务范围

在已有安全管理的闭环业务流程基础上,通过构建和实现安全知识库、风险知识库、工程施工风险管控业务功能等内容,可以完善跨区域的安全管理业务流程和扩展安全管理业务范围,实现各单位和各部门的协同安全管理,为建立智能化的安全管理中心提供必要的知识积累和信息共享。

2.3.4.4 以数据驱动模式带动安全管理的业务流转

传统的安全管理系统建设以业务驱动为主,通过业务功能的实现,完成煤矿的安全管理工作。然而,业务流程的变化会使得系统的应用受到严重的影响。为此,本项目以数据驱动为中心,利用数据流转的过程和数据处理的方式实现安全管控系统的不同业务功能,也能够适应安全管理业务流程的变更等问题,使得安全管控系统具有较强的鲁棒性。

2.3.4.5 采用"集约化＋分布式"的管理模式

借助管控云平台,实行"集约化＋分布式"的管理模式,尝试通过各类专家资源,以适应新技术、新设备不断应用的业务场景。这不仅对一线矿工在技术应用方面提出越来越高的要求,也对探索具有陕北矿业公司特色的智慧化发展之路有着重大意义。

2.4 生产管控系统设计

2.4.1 设计思路与目标

2.4.1.1 建设目标

矿井侧的应用系统和矿区侧的应用系统由于应用场景不同,数据加工、数据管理、应用管理的模式也不同,这两侧的应用对接与协同在生产管控系统管理信息化、智能化建设过程中需要被重点考量。

生产管控系统的建设目标共包括六个方面:

① 实现信息共享。建设矿井安全生产精益管理平台,将采掘机运通中的人、机、料、法、环、安等数据集中在一个平台;可以使更多人更充分地使用已有数据资源,减少资料收集、数据采集等重复劳动和相应费用;通过不同人员分散提供录入数据,解决了集中录入量大、周期长带来的问题;解决了数据在部门间和系统间的流动与共享问题,大大缓解计划、统计、分析、提醒、存档等工作的压力,使数据资产作用得到极大发挥;所有数据在有效安全权限管理下,可以获得相应信息,破除"信息孤岛"桎梏;提升数据信息的标准化水平,为数据沉淀、应用、交换打下基础。

② 实现工作协同。解决全员协作工作问题,包括人与人、人与系统等之间的协作。有效提高工作效率。随着作业计划比例提升,临时派工减少,实现工单自动派发回收(按人、按时),同样可使多部门交叉项目协同更加有序开展。

③ 实现信息集成。平台部署于矿井信息中心服务平台,接入综合自动化保护、安防监控和人员管理等系统,将自动采集开停、告警、工况等信息,完成相关处理,必要时故障告警

等可以自动推送工单派工查证。与陕煤集团企业资源规划（ERP）、设备云、煤质（发运）接口，通过上报模块上报信息或获取信息，打通上下系统消除"信息孤岛"。

④ 实现精益化管理。矿井安全管理、生产管理、作业管理全面实现作业计划管理；实现计划指导、派工执行、检查验收、优化改进等全盘闭环（PDCA）管理，工作变得更加主动，工作量统计更加精准；发挥人的主观能动性，发挥监管的主动性，使每项工作都明确、按时、有效、可考。

⑤ 实现人、机、料、法、环、安有机结合。首先实现管理纵向和横向打通，建立区队人、机、料、法、环、安等全面管理；其次，全矿、各专业口、各单位都部署相应的专业管理功能模块，通过电脑、手机开展工作（上报/接收信息）；最后，手机还有 RFID、iBeacon、二维码扫描等功能，实现以安全预判为核心、以生产秩序为基础的运行体系。

⑥ 实现降本提效基础建设。本期平台上线后能更加合理地贯彻和执行相关计划；工作安排更加科学，材料发放回收更加细化，工艺工序更加优化，设备设施更加完好，矿井面貌进一步提升；基于计划管理的贯彻有利于矿井成本的降低，合理的预判和决策有利于矿井的提质增效。

2.4.1.2　建设思路

深刻理解陕北矿业公司关于大数据工程建设的要求，深入分析陕北矿业公司下属煤矿的实际需求，以保障企业安全生产为根本，明确陕北矿业公司下属煤矿陕北矿业公司生产管控系统信息化平台建设工作的指导思想、基本原则、标准范围、总体目标、重点任务、规划布局、实施路线等主要内容。

陕北矿业公司下属煤矿陕北矿业公司生产管控系统信息化平台的建设实施应遵循以下原则：

① 统筹规划、因地制宜。紧密结合安全生产核心业务，以需求为导向，加强科学规划，统筹推进陕北矿业公司下属煤矿陕北矿业公司生产管控系统信息化平台的建设发展。加强与陕煤集团顶层设计的融合，综合考虑基础条件的差异，注重建设和应用实效。

② 以点带面、迭代提升。陕北矿业公司下属煤矿陕北矿业公司生产管控平台的建设实施从矿井覆盖面较广、参与人数较多的典型专业管理业务出发，获取反馈、总结经验，带动其他管理专业的整体实施，并根据实施过程中的问题不断进行分析调整、迭代优化，不断提升平台的实施效果。

③ 协同共享、拓宽视野。支持跨区域、跨部门、跨层级的业务协同和信息资源共享。广泛吸收国内外有关专家、行业部门、先进企业、优秀厂商的成熟经验，把握系统建设优化、升级换代与规划思路统一协调推进。

④ 稳固基础、扩展创新。从技术、人员、管理制度多个层面加强平台的基础和标准化的建设，不断沉淀、优化业务管理，挖掘可在集团扩展推广、创新的内容，保证陕北矿业公司下属煤矿陕北矿业公司生产管控平台具有生命力，持续满足企业发展的需求。

2.4.1.3　建设依据

陕北矿业公司生产管控系统信息化设计、建设遵循的依据包括但不限于以下规范、规程：

① 《煤矿安全规程》；

② 《煤矿工人安全技术操作规程指南》；

③《作业规程》；

④《安全生产与职业病危害防治责任制》；

⑤《"红黄牌""三违"隐患执行标准》；

⑥《2020年安全培训计划》；

⑦《局部通风管理规定》；

⑧《煤矿井下瓦斯检查若干规定》；

⑨《矿井风量计算方法》；

⑩《计算机软件开发规范》(GB 8566-88)；

⑪《信息处理 程序构造及其表示的约定》(GB 13502—1992)。

2.4.2 总体设计

生产管控系统是陕北矿业公司十大系统之一。陕北矿业公司十大系统的总体架构如图2-3所示：

由图2-3中可见，生产管控系统与安全管控系统、保障管控系统一样，是陕北矿业公司信息化、智能化的关键部分。

生产管控系统的建设涵盖矿井侧的信息化建设以及矿区侧信息化建设。

智慧矿区智能矿井领域就业务分层而言共分为五层，从上至下依次为L5决策控制层、L4经营管理层、L3生产执行层、L2控制层、L1设备层。矿区侧的生产经营管理主要涵盖L5和L4；矿井侧的生产管控工作主要涵盖L3、L2和L1，其中L3层（即生产执行层）连接L4经营管理层和L2控制层，起到承上启下的作用，实现生产数据及计划、指令的上传和下达，这一层应用系统可根据需要综合部署在陕北矿业公司及下属煤矿公司，本书将其归到矿井侧。

矿井侧的生产管控系统支撑着陕北矿业公司及下属煤矿公司生产执行层的管理工作和生产控制层的管理工作的信息化。生产执行层工作指陕北矿业公司及下属煤矿公司跟煤炭生产直接相关的生产职能部门的生产经营管理工作，比如生产技术管理部、机电管理部、通风管理部等部门生产管理执行工作；生产控制层工作指跟煤炭开采各过程中的工业自动化控制过程直接相关的生产管理部门工作，如设备管理部、调度指挥中心、机修车间、综采区、掘进区、机电运输公司、通风维护区等部门的工作。

矿区侧信息化建设指建设陕北矿业公司总体经营管理、统计分析、决策支持等方面业务的管理信息化。

2.4.2.1 矿井侧生产管控

（1）系统建设范围

矿井侧生产管理建立在统一的框架平台基础上，集中部署在公司，支持公司级和矿级的两级应用，统一人员、统一用户及统一权限管理，实现煤矿生产相关业务的统一管控，消除煤矿生产过程中涉及的人、机、料、法、环、安等因素的壁垒，将业务流和数据流进行统一设计，同时对经营管理层、控制监测层等信息系统进行集成，实现了数据的互联互通、高度共享和就源录入，统一了业务流程、业务表单和业务数据，有利于建立一体化的管理运营模式，实现了煤矿生产业务的智能协同管理。生产管控系统在建设实施过程中涉及公司级业务部门、矿井级业务部门等，具体组织范围如图2-4所示。

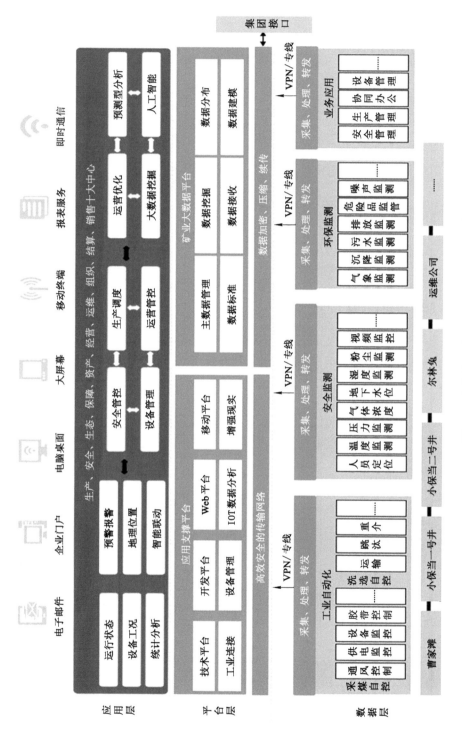

图 2-3　生产管控系统架构图

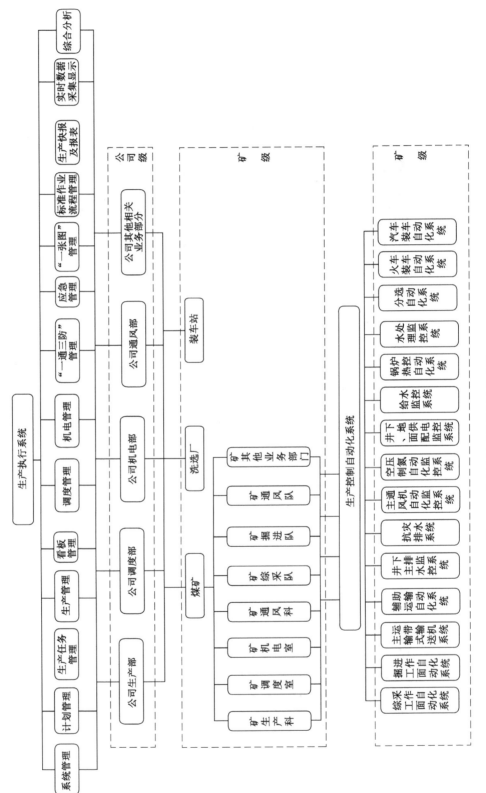

图 2-4　生产管控系统组织实施范围

陕北矿业智慧矿区生产管控系统的建设范围包括1个平台(综合智能一体化生产管控平台)和18类自动化监控子系统。

(2)系统架构及部署

矿井侧生产管控系统主要包括运行管理中心、服务支撑中心、数据中心、运行支撑、业务逻辑、门户等六部分功能和服务,系统总体应用架构如图2-5所示。

运行管理中心、服务支撑中心、运行支撑为系统后台服务程序,其中运行管理中心主要完成系统的配置、部署、管理和监控,包括策略管理、部署管理、配置管理、流程管理、运行监控及运行维护;服务支撑中心包括统一认证服务、统一消息服务、统一安全服务、统一通信服务、统一元数据服务、.NET开发服务和J2EE开发服务;运行支撑依托SOA的服务框架,提供开发业务系统的工具,包括工作流引擎、报表引擎、消息引擎、服务管理、工程组态、.NET支撑环境和J2EE支撑环境等服务功能;业务逻辑部分主要提供生产管理、计划管理、调度管理、机电管理、"一通三防"管理、综合分析、"一张图"管理、应急管理、实时数据显示和系统管理等功能;生产执行系统一体化集成门户,集成体现生产执行系统的主要功能和应用入口,集成体现生产执行系统首要体现的信息和内容,展示与煤矿生产相关的数据。

生产执行系统拥有统一的技术架构和技术标准规范,支持Java、.NET等多种开发语言,支持RIA客户端+Java后台服务,可以实现组件化开发实施。业务系统模块通过菜单集成融合在一个框架中,集成后形成一个整体的生产执行系统。模块被要求按照统一的格式提供菜单服务,集成系统通过菜单服务获取菜单进行组合,如有必要,可以再进行过滤,最终展示给用户的是一个集合多系统功能的新系统。这样做的优点是各系统可以分别开发、分别部署,最终系统不受子系统开发和部署形式的影响。

2.4.2.2　矿区侧生产管控

(1)系统建设范围

① 生产计划(审批)。矿井侧的各类生产计划到达陕北矿业公司层面后,由各相关审批部门进行审批。

② 经营管理系统。包括供应商关系管理系统(SRM)、战略资源管理系统、造价管理、科技管理。

③ 智能决策支持系统。包括区域协同决策支持系统、计划与全面预算管理系统、经营绩效管理系统。

(2)系统架构及部署

陕北矿业公司协同决策支持系统主要基于PI-IOT的物联网平台(主要由Thingworx等多个部分组成),主要分设备连接层、数据中台层、应用使能层以及UI与管理应用层四层架构,实现各种应用的快速构建与运行。

通过如图2-6所示的架构,可以为快速融合原有多个子系统形成整合协同的数据应用提供了支撑。

• 设备连接层

设备连接层主要是通过基于C语言的平台软件开发工具包(SDK)编写边缘侧程序连接开轩的数采网关,将数据上传至数据中台,并能够通过绑定边缘侧程序方法的方式进行设备控制。部分煤矿上的独立系统如安监定位系统,则通过直接提供接口方式与应用使能层直接发生关系。部分开轩数采结果数据存储于Redis数据库中,则通过Java SDK编写边缘

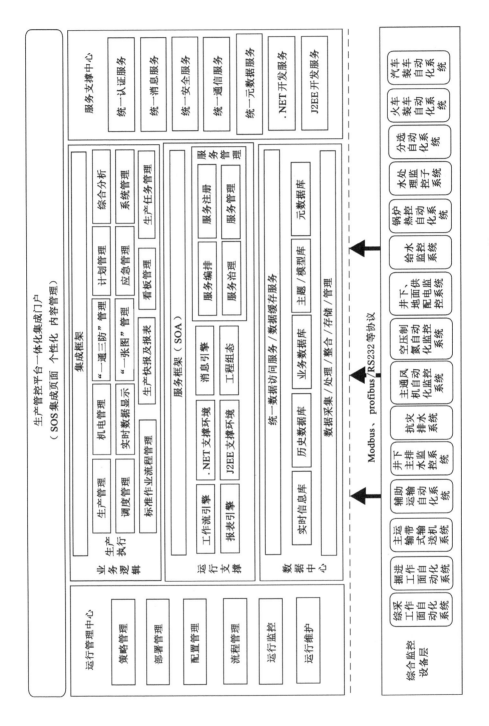

图 2-5　生产管控（执行）系统总体应用架构

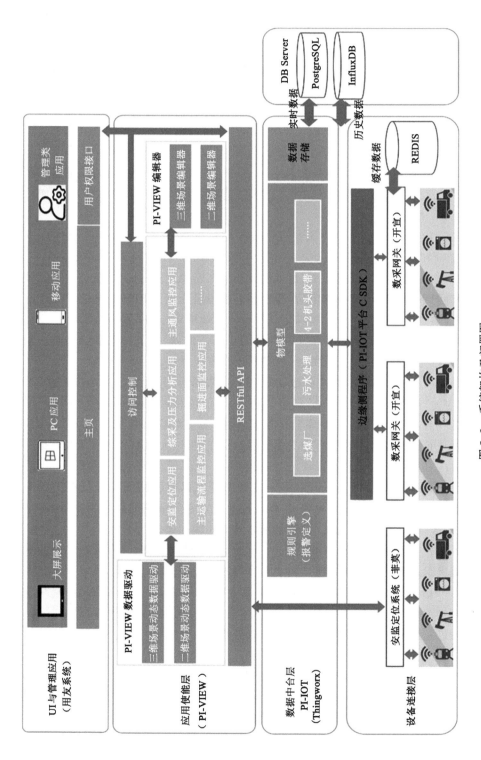

图 2-6 系统架构及部署图

侧程序连接上传数据至中台。

平台侧可通过监控界面查看各个边缘侧程序运行状况,并可通过日志了解连接出错的问题追踪。

• 数据中台层

数据中台层是将接入数据进行物模型的建设,以便于前台使能。另外,引入规则引擎便于定制事件以及对事件处理的逻辑。中台也应有向其他层提供数据互通的能力。

① 物(Thing)。事物是对物理设备、资产、产品、系统、人员或具有属性和业务逻辑的流程的表示。所有事物均基于事物模板(继承),并且可以实现一个或多个事物形态(组合)。事物可以有其自己的属性、服务、事件和订阅,且可以从其事物模板和事物形态继承其他属性、服务、事件和订阅。通过网络(Intranet/Internet/WAN/LAN)访问的设备或数据源由远程事物表示,定义了模型将要包含的事物类型(使用事物形态和事物模板)后,便可以开始创建特定的事物实例。

② 事物属性(Property)。事物属性可用于描述与事物相关的数据点。属性可以是静态的(如制造商和型号),也可以是动态的(如自动化系统中采集来的各种数据点)。

在陕北矿业公司协同系统架构中,当远程设备首次连接到平台时,服务器会将远程设备绑定到其相应的事物。远程设备绑定后,要在该远程设备上定义的每个属性和平台中表示该设备的远程事物之间创建一个远程绑定。平台使用此绑定,通过活动的 WebSocket 连接远程设备发送和接收来自远程设备每个属性值的更新。例如,井下污水事物的属性即该子系统所有数采数据点,其中,包括开关量、模拟量以及警报量等。

③ 数据存储。如需将这些属性值数据存入平台数据库,并且记录其历史数据,只需要对该属性设定为“持久化”和“已记录”即可。其中,当前值将被记录到 PostgreSQL 结构化数据库中,随着值的不断变化,数据库只记录最新值;历史数据将被记录到 InfluxDB 数据中,该数据库是专门针对时序数据进行了优化的数据库,可以大大提高时序历史数据存取速度,减少存取压力。

④ 规则引擎—事物事件(Event)。平台规则引擎可以对各种属性进行规则设定。例如,警报量等于真的情况下触发某种警报,模拟量大于或小于阈值时触发警报等,警报可通过设定其优先级(1 为最高,10 为最低)来触发不同的处理方式。

⑤ 规则引擎—事物订阅(Subscription)。平台订阅引擎可以定义警报触发后的响应机制,通过编程组织业务逻辑实现如通知相关人员等的响应逻辑。

⑥ RESTFul API。使用 URL 定位资源,用 HTTP 动词(GET,POST,PUT,DELETE)来描述操作的新型的系统互联接口架构设计标准,因此,平台可以快速接入与发布,使能层通过调用不同物模型的属性接口获取需要的数据。

• 应用使能层

① PI-VIEW 前端可视化支撑平台。应用使能层提供的 PI-VIEW 前端可视化工具可对 2D 场景、3D 场景进行快速绘制构建,PI-VIEW 基于 HTML5 标准的企业应用图形界面提供一站式解决方案,具备易学易用、轻量级、高性能、跨平台的特性。

② 2D 编辑器。通过 2D 编辑器利用拖拉配置方式可以快速构建 WEB SCADA 监控系统画面。

2D 编辑器除了绘制监控画面之外还能够构建数据可视化界面,如各种数据列表或者各种图报表。这些图报表通过数据驱动引擎可以展示出实际图形效果。

③ 3D编辑器。3D编辑器可将三维模型布置到场景中,并进行位置标注等操作,形成三维数字孪生场景基础。

2D/3D编辑器制作的场景发布成Java Script对象简谱(JSON)格式文件发布后,通过PI-VIEW数据驱动引擎可以将这些场景展示到应用中,并通过数据驱动其进行动态展示,实现动画效果以及一系列数据可视化应用。

④ PI-VIEW数据驱动引擎。数据驱动引擎打通了PI-VIEW编辑器中的2D/3D图形组件与Thingworx中各个数据点或数据集合之间的关系,使得静态的场景动态展示出来并可进行交互。

通过在编辑器编辑场景中各元素的标签与中台层物模型上的属性名称关联,即可绑定属性与元素展示之间的关联关系,场景发布后即可在驱动引擎的驱动下自动进行动态展示。

2.4.3　功能设计

2.4.3.1　矿井侧生产管控设计

（1）基础平台管理

生产执行系统各业务模块是基于一体化软件平台提供的基础功能实现的,平台主要支持不同业务维度的组织机构,实现异构系统的数据共享和系统集成,各个不同应用系统之间的数据交换、整合以及数据的可视化展现,数据的集成、共享和应用等功能。

平台提供的主要功能有以下几种:

① 提供服务框架,为大规模高并发的系统提供高性能、透明化的远程服务调用方案和服务治理方案,服务框架包括服务注册、服务调用、服务监控、负载均衡、服务治理、服务版本;

② 提供企业服务总线,为系统间的数据和服务集成提供完美解决方案,包括服务代理、服务路由、服务协议;

③ 提供前端集成框架,方便多个模块（系统）和外部系统的集成,便于集成应用和访问方式一体化,前端集成框架包括菜单集成、布局模板、页面通信机制、外链等其他集成方式;

④ 提供统一认证服务,包括中央认证和单点登录;

⑤ 提供工作流程管理,符合BPMN2.0规范,实现工作流程的定义与修改,灵活嵌入业务系统;

⑥ 提供了包括人员机构管理、权限管理、字典管理、登录日志、系统使用情况统计、工作流管理、待办任务管理等前端管理功能。

（2）施工作业管理业务流程

① 巡检员登记隐患信息,包括隐患区域、内容、图片、处理区队、管理室、时限等。

② 专业管理室按照规程填写施工联系单,包括施工作业规程、安全规程和操作规程、图纸等。

③ 各专业管理室和有关领导对技术措施进行标准化审批,对风险辨识内容进行审查和修改,确保施工过程满足标准化要求和风险管控要求。

④ 学习宣贯及签字:对批准生效的施工联系单,对施工作业人员进行学习贯彻,确认理

解施工技术规程和安全措施,具体内容包括学习贯彻人员、讲解人、学习地点、学习时间、内容简介和签字。

⑤ 填写施工记录单:施工完成后,填写施工过程记录,内容包括地点、开始时间、结束时间、施工内容、施工人员、安全监督人员、与施工联系单偏差、是否严格按照技术规程和安全措施进行、说明、建议。

⑥ 填写施工质检记录单:施工过程中和施工完成后,由质检员对施工内容进行质量检验,填写施工质检记录单,内容包括地点、日期时间、施工内容、检验内容、标准要求、实际测量、是否合格、检验员、说明等。

⑦ 施工验收:施工完成后,填写验收申请,由专业管理室进行检查验收。验收内容包括联系单、技术规程、安全风险措施、审批记录签字、学习贯彻签字、施工记录、施工过程和施工后的质检记录和工程完成情况等。

(3) 生产计划管理

• 计划管理模型

计划管理模型将煤矿生产涉及的生产接续计划、搬家倒面计划、矿务工程计划、地测防治水计划、设备配套计划、月度作业计划的数据进行关联,形成一体化的计划管理数据。

• 主要功能

以煤炭生产中长期规划为指导,以计划管理、执行管理、技术管理为核心,全面支持煤炭生产安全高效运行,主要包含基础数据管理、产量计划、采掘接续计划、搬家倒面计划、地勘计划、防治水计划、生产准备计划、巷道掘进、生产准备、工作面安装、工作面回采、工作面回撤、工作面封闭、冲击地压、水害、作业规程及措施管理和技术管理等业务功能。

(4) 生产管理

• 主要业务模型

工程管理模型:工程管理包括计划内工程和计划外工程,由工程管理部编制工程施工任务书,审核通过后下达至区队/施工队伍,区队/施工队伍依据施工任务书内容及注意事项,编制施工的开工报告、作业规程、安全措施等开工准备工作。准备阶段完成后进入施工阶段,施工阶段填报施工记录台账,做好自检记录。工程管理部定期对区队/施工队伍施工进行质量检查并填报质量检查记录,汇总成工程相关资料,由工程管理部人员负责整理归档。归档资料、盘点表留存备查。

巷道贯通业务模型:根据月作业计划,区队进行掘进项目、综采项目,巷道掘进将近贯通前,由驻矿地测站/生产办编制巷道贯通通知书并发布至系统,显示在系统门户位置,通风组/通风科接到通知后,根据《巷道贯通通知书》,编制《通风系统调整方案及安全技术措施》下达至通风队。通风队接到后,对通风系统实施调整。巷道贯通后,驻矿地测站上传竣工报告,并归档留存待查。

• 主要功能

生产管理主要功能包括基础数据管理,生产作业管理,矿务工程管理,离层仪管理,矿图管理,地物巡查管理,地测管理,单产单进统计管理,探放水工程管理,地质、水情预测预报管理,涌水量管理,水文观测孔管理,工作面安装工程管理,工作面回撤工程管理,带式输送机安装工程管理和回撤通道支护工程管理等。

(5) 生产任务管理

任务管理是一个工作协同和沟通的工具,用于解决陕北矿业公司各单位内部或各单位之间的生产任务工作的协同办理,其主要的作用如下:

生产任务工作的协同:陕北矿业公司的十大管控系统之间有很多生产任务工作可通过此任务管理工具进行管理。

日常工作的记录与跟踪:即生产任务工作流水账。用于陕北矿业公司各级单位之间管理日常工作,记录日常工作中的各种工作任务,便于各部门更好地管理、审视日常工作中涉及多人协同的生产任务工作的过程,以便记录工作痕迹、追踪工作效果、提高工作效率。

必须通过本协同工作工具来管理的任务主要有:工作调度会(派工)、协调会等。

任务管理模块作为一个实用的工作协同工具,在陕北矿业公司的十大管控系统中心中扮演重要角色。

- 管理业务流程

任务管理工具包括三大块功能:定义任务、执行及跟踪任务、变更任务、线上协同沟通。

- 维护机构/人员信息

人力资源部维护公司部门、人员信息是任务管理的基础信息。具体内容参见"人员机构管理"。

- 维护工作计划

各部门按照要求和安排的任务制订生产任务工作计划;一个工作计划可以有多个工作任务。

- 维护任务来源信息

任务来源在任务发起时进行说明,任务来源信息包括会议纪要、工作计划、红头文件、报告、上级单位交办、领导交办等。

- 发起任务/认领任务

任务内容包括:任务号、任务名称、任务来源、任务标识、日期时间、内容、要求、要求完成日期时间、附件、任务级别。除此之外还有公司、部门、负责人、参加人等信息。

任务发起:选择任务来源,发起一个任务,填写任务内容。

任务认领:个人在任务栏认领栏认领分配给自己的任务。

- 召开任务碰头会

碰头会是线下流程。任务发起人部门指派一位员工记录会议纪要。

- 维护会议纪要

会议纪要记录任务碰头会中的重要内容。具体记录内容有:碰头会/调度名称、部署的工作内容、来源依据、时限要求等。

- 分配任务

任务分配:个人的工作任务,按照内容要求需要进行向下分配时,可以下推给其他部门和人,填写部门、人员、内容、时限、要求等内容。

任务下级人接收到任务后,填写计划方案。

- 关注任务

所有人都可以关注本单位的任务并查看办理进度;任务发起人所在部门的领导还可对任务进行督办,查询到某个任务后选中它,点击关注。

- 更新任务进度

任务承担人打开在办任务,提交办理状态,如进度、完成内容、出现的问题、方案、预计完成时间等,并可与任务协同人员交流,简洁高效。

- 任务看板

任务看板主界面可以看到所有任务及其当前状态;可对某个任务进行修改、删除、复制、加关注;可随时刷新任务看板中的任务列表。

待办状态栏显示待办理的任务,包括待办审批、"催我办"等,点击待办上的数字,可切换到待办理的任务清单。

- 提交完工申请(申请验收)

任务办结完成后,提交验收申请,包括完成内容、情况、附件、图片等,提交日期时间、附件等。申请序号自动生成,可以多次提交。

定位到可以申请验收的任务,点击"申请验收",录入完成情况后提交申请。

- 验收任务

任务发起人或其领导定位到可以审批的任务,点击"审批",弹出"审批验收申请"界面,录入审批意见,点击"审批通过"核准申请,或者驳回申请。

- 设置催办规则

进入到设置界面,设置催办规则,系统会按催办规则自动推送催办信息。

- 催办任务(手工)

任务发起人或任务发起人主管催办任务。

发起催办:任务监督人看到处于进行中的任务时,打开任务详情,可进行催办。

处理"催我办":任务承担人打开"催我办"的任务卡片,进入到任务更新窗口,填入任务进度、上传附件并提交更新。

- 申请任务变更

任务有变化或按时限不能完成时,可提出变更申请,包括编号、申诉原因等。

- 审批任务变更

有关领导对变更进行审批,并按照要求、时限确认考核情况。

- 线上协同沟通

跟某个任务有关的所有人都可以在线上就该任务的情况发起即时聊天沟通。

在每个任务的各处理阶段,所有角色(任务发起人及其领导、任务承担人及其领导、任务关注人、申请人、审批者等)都可在对应的功能界面上随时发起在线协同沟通(具体参见以上各功能点说明)。

(6)看板管理

生产可视化是实现安全生产精益化管理的重要工具,看板集合设备各类运行大数据、生产日志、全员工效及人员工时节点考核等数据,简洁易懂。其作为科学分析、合理配置、降本增效的信息媒介体,能直观、准确地反映出生产过程中存在的问题。

(7)调度管理

调度管理模块主要包括调度计划管理、调度作业管理、调度报表管理、调度事务管理、基础数据管理五部分功能,对煤炭生产过程进行全面协调指挥,建立贯穿公司、矿井、区队等层级的协同指挥管控模式,实现生产作业全程管控指挥,实现原煤生产、分选加工、装车外运的协同指挥,确保日、月、年生产计划的有效执行和精细化管控,实现生产数据报表的自动统计。具体的调度管理模块功能如图2-7所示。

图2-7 调度管理模块功能

调度管理的主要业务模型有原煤生产、分选加工及装车外运的日数据共享和就源录入,调度来文处理和生产问题解决及落实跟踪模型。

主要业务模型有以下功能:基础数据管理、调度计划管理、原煤生产管理、运销数据管理、日常事务管理和报表分析管理等。

(8)"一通三防"管理

• 主要业务模型

"一通三防"管理的主要业务模型为:配风计划、瓦斯检测和监控设备标校。

配风计划:生产接续计划分解出生产作业月计划,而生产作业产生风量需求,由此产生配风计划。生产作业执行过程中随着生产作业推进导致的需风变化,在原配风计划基础上变更配风计划。

瓦斯检测:根据《煤矿安全规程》及瓦斯防治技术相关要求,矿井每月编制瓦斯检查计划,详细列出瓦斯检查地点、每班检查次数,通过审批后由通风队瓦斯检查班执行检查。瓦斯检查班根据瓦斯检查计划和任务分配,生成瓦斯检查员巡检路线,瓦斯检查员循线根据要求进行瓦斯检查并记录;如遇超限情况,按照超限管理规定执行。之后汇总生成瓦斯检查日报,报瓦斯技术员及煤矿相关管理人员审阅。

监控设备标校:矿监测技术员每月提交监控设备标校申请,制定标校安全措施并提交审核,通过后,由系统监测人员与监控设备标校执行人员配合,执行监控设备标校,标校结束后系统正常运行。监控设备标校应做好作业记录,记录标校时间,系统设置自动提醒功能,到期后自动提示监控设备标校。

- 主要功能

"一通三防"管理覆盖矿井通风、瓦斯防治、防灭火、防尘及通风监测监控等核心业务,对井下风量、风压、瓦斯、粉尘、采空区/火区标志性气体及其他有害气体等指标的动态监测,实现"一通三防"领域的各项业务计划、作业、设备安装与使用的动态管理。

- 手机移动端功能

"一通三防"模块提供了手机移动端 App,方便用户在井下进行数据采集。用户在井下通过手机自动或手动采集相关数据,升井后将数据同步给生产执行系统服务器,极大地提高了工作效率。

(9) 机电管理

机电管理模块以实现机电设备前期、中期和后期的全生命周期有效管理为目标,通过信息化手段完成矿机电设备台账、设备维修、设备运行、技术、机电考核、机电工程等业务流程的管理;实现设备管理业务数据和实时数据的自动采集、汇总统计、分析计算以及故障信息报警和维修提醒,为煤矿机电设备安全高效运行提供技术保障,实现机电设备维修管理的一体化以及运行管理的智能化,并对设备运行效能进行实时分析、动态评估。

- 主要业务模型

机电管理的主要业务模型包括:故障处理与统计业务、巡检管理、设备效能分析、技术管理、运行管理、维修管理、统计分析、系统管理、计划管理、前期管理和机电工程。

故障处理与统计业务:通过自动与手动记录功能,实现数据的完整记录,通过历史数据积累,分析数据生成分析图表。

设备效能分析:通过停机时间管理功能,对重点设备每次停机时长、每次停机的具体原因进行详细记录,并基于记录进行设备效能指标的计算与分析。

技术管理:包括技术文档管理、设备试用、整定管理、性能测定管理、设备技术配套方案编审管理。

运行管理:包括设备停机管理、调度跟踪管理、调度报告管理、设备检修记录等功能。设备停机的数据需要从控制系统中将设备的停机信号采集过来。

维修管理:包括周期性检修、故障抢修、预防性检修、设备加工维修管理、设备大项修、近期设备检修进度、预防性检修安全技术措施编审管理、外委申请管理、外委协议签订管理、外委验收管理。

统计分析:提供对主要机电设备或系统运行情况的分析,包括运行分析、效能分析、设备调度日报、设备运行分析周报及调度管理报告等功能。

系统管理:提供机电模块的基础数据的管理、运行监控指标、流程图配置等的管理,主要包括机电配置管理、机电后台管理、审批流程图查看功能。

计划管理:主要对年度设备需求计划的管理,提供编制和审核的过程管理。

前期管理:对设备到货、调试等的管理工作,包括设备验收项目管理、设备(系统)安装调试管理、设备(系统)选型管理等功能。

机电工程:是对机电安装工程的设置管理,包括工程计划、工程验收和工程统计等功能。

• 手机移动端功能

针对机电管理部分业务数据录入量大、业务流程审批环节多、工作地点不方便等特点,手机移动端提供了设备发放、调剂、安装、回撤、回收、调试、巡检等功能。

(10)实时数据采集及显示

实时数据采集由面向煤矿现场数据管理系统组成,包括采集器,实时、历史数据库及数据展示等三种功能组成,该功能与生存执行系统的其他模块实现了无缝集成,作为生产执行系统的一个独立模块,可以实现实时采集煤矿生产控制系统的数据和数据的存储转换及数据的分析利用。该部分在部署方式上可以采用单机部署、双机部署及集群部署模式,可以根据实际数据采集需要进行灵活部署。

• 数据采集

数据采集提供面向煤矿行业的人员定位系统采集器、安全监测系统采集等专用采集器,及通用的 OPC 采集器,也可以根据实际数据采集需要提供基于其他通信协议的采集器。

• 数据存储

数据存储由实时、历史数据库组成,系统支持 10 万点双机,在不受物理设备限制的情况下可以支持 100 万点以上双机。

• 系统管理

系统管理主要包括采集器管理、测点管理、趋势管理、报警管理、用户管理、字典管理、计算测点管理、趋势组管理等功能。

• 测点管理

测点管理提供对各类采集器测点的管理,对测点的名称、类型、测量范围、单位、报警上下限、存储模式、存档周期、存档死档、描述信息等属性的管理,可以方便地添加、修改及删除测点,也可以批量导入或导出测点。

(11)标准作业流程管理

• 主要功能

标准作业流程管理是在生产执行系统管理业务功能上,以流程管理为基础,围绕流程的"编、审、发、学、用、评",建立集中存储的流程库,自动记录流程管理和执行应用过程数据,并将数据按多组织层、不同阶段辅助各管理层级全过程优化,提升流程的管理与应用支持能力。标准作业流程管理模块可以有效掌握煤矿岗位标准作业流程业务推进情况及使用效果,利用信息化有效解决作业经验的积累和传承,解决员工作业技能的参差不齐,预防"零打碎敲"事故的发生。主要包括流程管理、流程宣贯、流程执行、流程评价和回首页等功能。

• 手机移动端功能

为了打通流程应用在"最后一公里的障碍",解决流程覆盖海量矿工、信息化设备不足、传统信息传递方式局限、应用效率不高、流程须及时下发和更新等难点,模块提供了手机移动端应用功能,包括流程的提交、检查、审阅、学习、统计分析等。

(12)生产快报及报表

• 总体运作构想

总体由流程驱动变革为数据驱动、结果驱动。

现状及痛点：目前，各生产单位的作业流程、管理规定都有，但没有管理信息系统推动，另外，相关生产班组及管理部门的数据质量意识有待加强，生产数据反馈不及时或者不准确。

平时，各班组生产统计员不定时地将生产动态信息发送到微信群或者打电话告知各级领导，没有管理信息系统支持，这种运作不便于各级人员及时、准确掌握生产动态。亟待生产管理平台开发相应软件模块来响应此管理诉求。具体解决方法为开发如下软件功能模块，满足生产管理诉求。

日报填报及推送：调度中生产日报中心每日定时或者不定时地触发生成生产日报，系统及时推送给各级管理人员。

快报填报及推送：各区队统计员每日定时或者不定时地填写生产快报并由系统及时推送给各级管理人员。

我要快报（快报催办）：各级管理人员随时可以查看当日生产快报（如整点快报），可以索取、催办快报；区队统计员看到领导的催办后可进入系统填写整点快报。该功能点在"查看生产日报"模块中。

我要日报（日报催办）：各级管理人员随时可以看生产日报，当看不到日报时，可以索取、催办日报；调度中心人员看到领导的催办后可手动生成日报，若发现日报数据没有数据来源则调度员可催办相关班组填写日报数据。该功能点在"查看生产日报"模块中。

- 生产快报管理（App 版）

在一个煤矿内生产快报指跟生产基本工作单位有关的生产动态情况通报，方便该煤矿公司内矿井、矿区有关部门、公司领导及时知晓生产过程中的重要事件、特殊事件，以便采取措施提前处置突发情况。

生产快报所反映出来的实时的生产过程动态通报，是生产过程中的流水账，这类信息是公开的，需要看到这类信息的部门、领导都可以看到。

生产快报由各生产单位的生产统计员在手机端编辑、推送；在推送前，需要设置生产快报推送规则。

- 生产日报管理

填写生产日报（明细表）：每个班组下一次井上来后和下一个班组交接时填写。具体填写内容有：工作面、班组名称、日期、班次、掘进深度、采煤量、堆放量、洗煤量、煤仓煤量、装车量；出勤人数、入井人数，瓦检班人数、检测班人数、设施班人数、值班人（汇报人）、带班人；进尺（机头机尾）、风量、氧气、二氧化碳、一氧化碳、备注等。

生成生产日报：调度人员每天按照时间要求查看数据汇报情况，点击汇总，完成班次的数据转接，交接、填报数据不能再进行修改，按照设置的推送规则推送给有关领导和管理人员。即本表是基于日报明细表做出的日报汇总。

查看生产日报：查询生产日报，查询条件有日期、煤矿、班组等。

- 生产月报管理

生产月报管理分为：生成生产月报、查看生产月报、掘进接续情况月汇总、煤炭生产月报汇总、煤炭生产月报（单产）、煤炭生产月报（工效）、掘进月报（单进）、掘进月报（工效）、掘进月报（采掘工作面个数月报）、生产综合统计查询、产量查询统计表、巷道进尺查询统计表和煤质统计表。通过管理生产月报,实现对生产的数据进行汇总和管理。

(13)自动化系统功能说明

• 综采工作面自动化系统

① 采煤机。

监测功能:在采煤机本身支持的条件下,系统实现数据的实时监测。

分析显示功能:基于综采机行走位置分析生成工作面顶板压力色谱图像。

控制功能:可根据采煤机本身功能开放情况,完成远程对采煤机的启停操作控制。

② 液压支架。

监测功能:在液压支架本身数据支持的条件下,系统实现对以下数据的实时监测。

分析显示功能:显示综采工作面所有支架的状态,不同颜色代表不同支架在该时间点的顶板压力分析随时间和顶板压力变化的情况,得到工作面压力分析图像。

控制功能:根据液压支架本身功能开放情况,完成对液压支架的远程控制。

③ "三机"(刮板运输、转载机、破碎机)。

可系统实现对三机设备的运行及状态参数监测。具体有:实时监测"三机"的启停状态;电机电流、功率、温度与压力、耦合状况与旋转速度等;"三机"的故障信息等。根据"三机"本身功能开放情况,完成远程对"三机"的启停操作控制。

④ 移动列车上相关设备。

可系统实现对移变列车相关设备的运行及状态参数监测。具体可实现移变、开关、泵站、水过滤、综采工作面集中控制系统运行参数监测和电气故障信息根据就地设备的功能实现情况,完成远程对移变列车设备的启停操作控制。

• 掘进工作面自动化系统

通过对物联网技术的跟进与研究,系统实现掘进工作面设备状态的数据上传及掘进工作面相关设备的运行及状态参数监测。

• 主运输带式输送机系统

在就地允许的情况下,系统可完成对所有带式输送机的远程控制,在不同的视图上显示带式输送机的各种信息。视情况实现在矿井地理图上根据带式输送机运行状态显示的不同符号,在结构示意图上显示基本信息(开/关状态、速度、装载量等),并在细节图上显示所有的参数信息。

操作员可以在 GIS 图里根据需要具体定位某个带式输送机,同时在 GIS 图上用不同的颜色(运行、停机、故障)来标识带式输送机的不同状态。操作员在矿井地理图上只用鼠标点击某个带式输送机,便可进入该带式输送机的工艺流程细节图。

主煤流图提供整个传送系统概况,包括掘进胶带、顺槽胶带及其他带式输送机各自的过程状态(开/关、故障等),操作员可通过拖放功能选择相关明细图,了解选定设备(胶带、煤仓等)更加具体的值和状态信息。操作员从中可以得知带式输送机的运行速度、开/关状态、装载量等信息。

在胶带秤的支持下,操作员能直观地看到煤量的变化情况,还能注意到带式输送机的过载并判断是否需要进行停机操作。一旦胶带的负载超限,操作员就能收到此状态的提示,可对采煤工作面进行减产调度。

主运输带式输送机系统可实时监测原煤仓、井下煤仓状态实时监测的运行参数;检测胶带秤的瞬时煤量及累计煤量；冷却水的温度、制动闸故障状态、所有驱动滚筒轴承温度（目前没有）、主电机的三相定子温度与轴承温度；变频器的主要运行参数；刮板运输机运行参数补充。实时监测带式输送机、刮板运输机保护运行参数；实时监测主运输系统相关设备的故障信息。

带式输送机有三种控制方式：就地控制、调度室遥控及检修。

- 辅助运输自动化系统

在系统中集成接入交通灯信号控制系统和无轨胶轮车定位系统，可实现交通信号灯远程监测与调度功能、显示功能、实时报警显示功能、查询功能、定位及轨迹跟踪功能。

- 井下主排水监控系统

此系统实现的功能有：在调度室实现对井下主排水系统设备的远程控制、一键启停；在GIS图中显示排水管网状态，在排水总图中显示基本信息，在细节示意图中显示水泵房所有设备的状态变量；监测排水系统中设备的运行及状态参数；实现水仓水位、排水流量及累计、排水管压力等参数的监测和预警；监测水泵电机三相定子绕组及轴承温度、电压、电流和功率等；实时监测排水系统的故障信息（电机超温、过载、短路、缺相、漏电等）。

- 空压制氮自动化监控系统

在地理信息图中显示压风设备及压风主要管路走向位置，并可关联到压风系统细节示意图，可实现监测功能和控制功能。

监测功能：实现对压风系统的实时数据监测；实时采集氮气纯度、氮气压力、氮气流量；监测空压机、冷干机的运行状态；监测制氮机组中各阀门的运行状态等。当现场发生紧急情况时，系统自动弹出报警，提示报警信息，并转入相关监控画面。

控制功能：登录拥有操作权限的用户，对系统进行控制操作。拥有操作权限的用户可进行压风机起停控制，冷却水泵，冷却风机起停控制和高压配电柜的分闸、合闸的操作。

- 井下、地面供配电监控系统

系统中针对井上、井下供配电系统的主要变电所进行集成，实现的功能有：在地理信息图中显示变电所房及线路走向位置，在供电总图中显示各变电所主要电缆的连接关系；实时监测供电网络中所有参数与测量值；实时监测所有变电所变配电设备各回路及主变压器的运行状态参数和电气参数；实时监测变配电设备各回路及主变压器的故障信息；在调度室实现对井下变电所高压回路断路器和隔离开关的遥控开合控制；实现电能监测管理。

系统中集成了为矿井通信网络和综合分站设备统一设计的后备电源管理系统，实现的功能有：在地理信息图中显示所有后备电源的位置和工作状态；实时监测每一个后备电源的所有参数与测量值；实时监测每一个后备电源的运行状态；在调度室实现对井下后备电源的遥控充放电管理。

- 给水监控系统

实时监测供水系统的设备主要运行参数（即状态参数）。

- 锅炉热控自动化系统

系统可实时监测锅炉房设备的运行状况，包括水、气的温度和压力等。

- 水处理监控子系统

在系统中集成接入生活污水和矿井水处理系统，在系统中能够显示各种处理流程图，并显示污水厂流入污水量、排出污水量、水池水位、排出污水的成分等关键指标。

• 分选自动化系统

在系统中集成接入分选系统,可实现对选煤厂重要设备和参数的实时监测,便于矿调度人员及时掌握分选系统的工作情况,合理安排煤矿生产。

• 火车装车自动化系统

系统中集成接入火车装车监控系统,通过系统界面可查看装车工艺流程,了解装车现状,实时显示设备运行参数与运行状态。考虑到现场装车的实际情况,建议使用原有装车监控系统进行控制,该系统的集成仅用于调度室实时了解装车情况。

• 汽车装车自动化系统

系统中集成接入汽车装车外运系统,实现汽车装车外运的在线监测,主要功能有:图像采集及存取子系统和称重过程控制子系统。

(14)自动化系统基础模块

• 人机交互模块

人机界面采用统一的图形用户界面,用层次化、生动丰富的画面,如动态画面、多图层画面、视频画面插入、细节渐进画面体系等,将系统和各子系统总貌图、流程图、趋势图等显示出来。

能够直观、快速显示各子系统设备的工作状态。一幅总貌显示画面可以划分为多个图层,操作员可以控制一个图层是否显示以及显示的亮度,以保证想要看的信息以及报警信息显示得更清楚或更醒目。

对每个专业接入生产综合监控系统的设备,用矿级布置图形式显示设备的各种状态,方便调度人员、设置人员等能及时找到设备的具体位置及故障的主要原因。

• 大屏幕管理模块

在调度室设计中,大屏幕作为可视化媒体,主要用来显示整个矿井的概况。完成矿井概览图设计后,可确定像素的大小(水平和垂直)、大屏幕的尺寸和背投显示单元的数量,同时各种细节定义也会显示在这些图中。

大屏幕显示的目的是给概览图提供一个无缝的显示区域,这种显示方式属于数字矿区的概念,它使得操作员可以看到相关背景下的各种活动。

• 智能报警管理模块

系统的各级操作员站都具备完善的报警功能,可将报警信息进行分级,筛选重组,建立一个报警体系。当出现灾害或重大事件时,对调度员、生产现场工作人员进行声音报警,并能根据事件严重性以不同形式分类报警。

报警信息分类别显示,如按区域划分、按子系统划分,按级别划分、按设备划分等,报警类别灵活配置。同时,系统可以对跨子系统的信息进行组合分析,实现智能报警。

不同设备和系统的报警可推送给不同的操作站,任何一个操作站都可以确认报警。

不同报警等级用不同颜色区分,具体颜色在组态实现中确定。故障未解除且未确认的报警信息闪烁,颜色为报警等级的相应颜色,确认后停止闪烁;故障已解除但未确认的报警信息绿色闪烁,确认后在报警窗口中消失。

拾取"过滤报警"工具之后,点选画面名称或设备图元拖放至另一屏幕,则另一屏幕中显示报警表画面,并显示与指定画面或设备相关的报警;若报警表画面已经打开,则进行报警筛选,仅显示与指定画面或设备相关的报警。

- 智能联动模块

系统接入 29 个监测、监控子系统后，要通过广播、视频、语音电话、安全监控、人员定位等多个系统进行分析，实现智能联动，减少由于人工干预不及时产生的不安全后果，为提升矿区安全运营管理水平提供基础保障。

系统提供全系统一致并唯一有效的权限控制与管理，系统所有用户信息存储在实时库服务器中，便于系统统一设置。系统通过用户编码、密码识别并分配操作权限来实现系统安全管理。

相同位置的任何一个操作站均能对系统进行相同模式的操作。当相同位置任一个操作站出现故障时，另外一个操作站可接管其工作，完成其功能。

由于可能存在多个位置均能对某个受控对象进行控制操作，如果不进行管理，可能造成人为操作事故，因此必须对控制权限进行管理。

- 日志管理模块

日志负责记录和存储系统发生的所有事件信息，并按事件发生的时序存放，事件本质上是开关量和模拟量的变化情况，包括设备故障信息和操作员的操作记录。主要包括测点状态变化和异常情况、设备故障、人工操作记录、系统内部提示信息以及其他系统有关的事件。

可以查询全部日志信息，也可以按特定条件分类检索，用鼠标左键拾取"过滤日志"工具之后，点选画面名称或设备图元拖放至另一屏幕，则另一屏幕中显示日志画面，并显示与指定画面或设备相关的日志；若日志画面已经打开，则进行日志筛选，以显示与指定画面或设备相关的日志，查询结果可以显示、打印。

- 打印管理模块

打印管理实现的功能有：图形打印，反色打印和列表打印。

图形打印：选择"图形打印"后，用户可以对当前屏幕的整个屏幕或者主显示区进行打印输出。

反色打印：可通过配置文件进行配置，用 RGB 颜色定义需要反色打印的颜色及相应的替代颜色，若打印时屏幕上背景色与配置的 RGB 颜色一致时，背景色用配置的替换 RGB 颜色进行替代打印。

列表打印：对报警记录、日志记录等采用表格形式的数据列表，可以采用列表打印的方式分页输出。

- 实时数据库模块

系统提供实时和历史数据服务功能、遥控功能、禁止或允许任何数据点的功能以及支持在线对一个或多个设备的控制禁止功能。

- 历史数据库模块

该模块中可以进行历史数据存档和查询，查询历史趋势记录，实时显示模拟量趋势记录图、测量值或者状态，查询操作记录并在事件打印机上打印以及对历史数据记录进行分析和统计、导出或备份，以趋势或数值等方式显示。

- 时钟同步模块

系统具备接受来自网络时钟或 GPS 系统的标准时钟消息的能力，并通过网络实现各个服务器、操作站、前置处理器的时间同步功能，保证系统设备之间的时间一致性，对时精度优于 0.5 s。系统可向下层的监控子系统发送时钟同步信号。

• 系统自诊断模块

在线诊断组件周期收集系统内部关键软件组件和硬件设备的运行信息,诊断系统设备状态,在发现设备或组件异常时发出报警信息,提示操作员尽快进行处理,并将信息记录在历史数据库中。

• 通信接口模块

系统与各子系统接口采用通信服务器(FEP),各子系统通过 FEP 与系统平台连接。系统通过 FEP 获得子系统的数据,同样,也通过 FEP 完成发往各子系统的数据和命令。

• 在线帮助模块

在操作员工作站显示文本的帮助功能,文本功能包含帮助或指导信息,帮助操作员的工作,并提供操作员帮助/关键字检索的功能。

• 数据接口模块

系统软件平台提供的二次开发接口包括以下几种:实时数据库服务接口;历史数据库服务接口;事件服务接口。

2.4.3.2 矿区侧生产管控设计

(1)生产计划管理

生产计划管理包括编制生产计划和审批生产计划。

编制生产计划时,可细到每个生产单位(生产班组),也可按矿井填写,具体参考陕北矿业生产计划编制规范;提交审批时,可按每个生产班组提交,也可统一提交。

生产计划由生产单位提交过来后,矿井侧职能管理部门、矿井侧领导、矿区(陕北矿业公司)依次审批;审批的层级事先设置好工作流程。审批人打开待申请审批后,可批准申请,也可驳回申请(必须录入驳回意见)。

(2)综合分析

生产执行系统业务覆盖了煤矿生产的全业务链,建立了煤矿生产数据的共享数据中心,统一了生产数据规范和编码标准,综合分析模块以生产执行系统建立的生产数据中心为依托,围绕 17 个业务主题的一百多项关键指标,对海量数据进行挖掘,实现了综合统计、图形化展示、对比分析、趋势预警等方面的数据分析,为各级业务管理人员科学决策提供数据支持,辅助业务管理人员对生产环节进行优化调整。综合分析模块可根据生产实际对统计指标和预警指标进行灵活配置,自动统计分析。

• 区域协同决策系统

数据仓库是面向主题的、集成的、稳定的且随时间不断变化的数据集合,用以支持经营管理中的决策制定过程。企业决策支持系统是基于数据仓库/商业智能技术对信息进行收集、整合、分析和展现,为公司高层及管理人员提供及时、准确的分析报表和数据,提升企业整体生产经营决策水平,增强企业的竞争能力。

系统的功能要求包括:矿区协同自动化调度中心,实行集约化＋分布式管理模式;区域中心,整合各专业专家,为煤矿生产提供技术支持;综合分析——管理与自动化系统结合。

• 计划与全面预算管理系统

计划与全面预算管理系统是公司年度综合计划和预算管理的信息平台,是对全公司范围内业务运营活动的全面管理和监控,实现企业从战略规划到计划、计划到预算、执行到反馈、分析到考核评价的年度综合计划与预算信息闭环管理体系,有效提升公司整体的年度综合计划管理水平。

系统功能要求主要是：年度计划编制及审批；年度计划外事项审批；年度计划分析；年度计划调整；年度计划考评；预算管理。

- 经营绩效管理系统

企业经营绩效管理系统通过平衡计分卡建立公司的绩效指标体系，以计划、实施、检查、处理循环(PDCA)绩效闭环为管控主线，将战略、计划和绩效管理融合为一体，为公司高层、部门和员工建立高效的管理沟通机制与协作平台，保证企业在战略的指导下能够有效持续地发展。

系统功能要求有：年度绩效目标设置；工作计划管理；绩效数据采集；绩效日常监控；绩效评估与反馈。

- 战略资源管理系统

煤炭资源管理主要实现资源管理涉及的矿业权、探矿权、资源勘查、土地(矿业用地和建设项目用地)、资源拓展等方面的管理信息化，对已经运行的资源储量管理信息子系统和资源数据库管理子系统进一步升级改造，在全集团范围内建立统一的煤炭资源管理平台和空间数据库平台。系统功能要求：矿区储量管理、远程储量、矿业权。

- 造价管理

造价管理系统的主要目的是收集材料、设备、人工、机械台班价格信息，建立材料、设备、人工、机械台班价格信息库，提供价格信息的查询、统计及对比分析功能。

- 科技管理

科技管理系统是对企业科技项目和生产技术工艺进行有效的管理，以促进科技创新，增强企业的核心竞争能力。

功能要求对于科技项目需要项目初始化，项目实施管理，项目验收，项目后评估，项目信息维护，项目综合查询。对于知识产权管理子系统需专利申请管理、专利费用管理、专利数据检索、技术标准管理、技术秘密管理。

2.4.3.3 矿井侧和矿区侧之间的对接方案

矿井侧的应用系统和矿区侧的应用系统的应用场景不同，数据加工、数据管理、应用管理的模式也不同，这两侧的应用对接与协同在生产管控系统管理信息化、智能化建设过程中需要考虑好。

(1) 管控模式分析

在生产控制端、生产执行端都部署有 IT 系统，生产控制端的系统是控制系统，生产执行端的系统是管理系统，二者的目标在管理末端上其实都显示出对资源控制权的争夺上，这也体现出 IT 管控模式的核心，即解决对资源的控制问题。

(2) 业务层面的对接

当前，陕北矿业公司在生产智能化、管理智慧化的发展方面存在矿井综合自动化水平不一的问题，围绕自动化体系，系统数据和信息相互独立，分散控制和监测，控制系统与管理系统之间缺乏的中间层，对要求传送到上级单位的数据，面临多口径难题。

对接需要关注控制系统与管理系统之间缺乏的中间层，因此建立有效的协同机制就是解决这个问题的最好方法。建立此协同机制主要从以下几方面考虑：

- 梳理组织结构与管理对象的关系

理顺组织结构与管控对象的关系,做到控制权限清楚,每个生产控制对象都有清楚的主责控制主体。这样,每个管理对象产生的数据就能被主责的管理主体记录、上报、跟踪。

- 建立矿井侧门户和矿区侧门户

分别建立矿区层级门户(即生产执行侧门户)、矿井层级门户(即生产控制侧门户),方便各自统一管理自己的对象域及活动。

- 对用户进行分类

按照岗位、角色进行分类,按照岗位、角色定义登录系统的展现内容,数据按权限过滤。

- 建立清晰的业务分析指标体系

建立清晰的业务指标分析体系能充分体现流程管理带来的商业价值。

(3)技术层面的对接

本项目利用SOA,通过服务总线和Web Service接口技术,实现数据交换以及各业务子系统之间、外部业务系统之间的信息共享和数据集成,完成系统间功能模块的对接工作。

矿区安全管控系统建设的接口众多,依赖关系复杂,通过接口交换的数据与接口调用必须遵循统一的接口模型进行设计。

- 数据管理

接口应提供业务数据检查功能,即对接收的数据进行合法性检查,对非法数据和错误数据则拒绝接收,以防止外来数据非法入侵,减轻应用支撑平台系统主机处理负荷。

接口根据具体的需求应提供数据压缩/解压功能,以减轻网络传输压力,提高传输效率,从而使整个系统能够快速响应并发出请求,进而高效率运行。

- 接口的可扩展性规划与设计

各系统之间的通信接口版本信息限定了各系统平台之间交互的数据协议类型、特定版本发布的系统接口功能特点、特定功能的访问参数等接口规格。

通过接口协议的版本划分,为客户端升级、其他被集成系统的升级,以及系统的部署提供了较高的自由度和灵活性。

- 对接的安全性设计

为了保证矿区生产管控系统平台的稳定运行,各种集成的外部系统都应该保证能够对接和接入的安全性。

根据对接的方式和业务特色,需要制定专门的安全技术实施策略,保证系统对接的数据传输和数据处理的安全性。

2.4.4　平台特点

从技术、流程及业务规则等方面分析,该系统具有以下几个显著特点:

① 数据汇总及数据支撑。汇总各个煤矿各子系统数据到统一平台,打破各个子系统数据隔阂,消除信息孤岛,打造数据融合的协同平台,为实现多数据混搭的智能化应用提供数据支撑。

通过对各个矿井海量信息的统计、汇总、挖掘,实时、快捷地掌握下属矿井的产量、运量、销量,了解设备的工况、能耗、告警,为后续打造精细化矿井提供有力的数据支撑。

② 三维场景。采用三维方式展示煤矿巷道以及工作面场景,更直观洞察煤矿各区域业

务数据与警报,快速定位业务场景。

③ 多种展示方式。B/S 重构传统数据采集与监视控制系统(SCADA)只能采用客户端才能展示的监控界面,采用矢量图形展示生产工艺画面,支持无极缩放展示,并支持多画面切换,支持 WEB 端、大屏端、移动端不同方式展示。

④ 数据权限控制。系统具备用户角色及访问控制管理功能,能够根据不同角色查看不同数据内容。

⑤ 丰富的图形报表。提供快速数据可视化构建工具,提供丰富的图表形式展示数据信息或者数据分析结果。

⑥ 正确的数据传递。全面复现下属各个矿井的生产过程,达到对每个一线矿井"人、设备、系统"的准确掌控,以建设"安全、高效、准确、协同"为目的,确保在正确的时间将正确的信息以正确的方式传给正确的人。

⑦ 集约化＋分布式管理模式。借助于陕北矿业公司云平台,实行集约化＋分布式的管理模式,尝试如何借助于各类专家资源,以适应新技术、新设备不断应用的今天对一线矿工在技术应用方面越来越高的要求,探索出一条具有陕北矿业公司特色的智慧化发展之路。

2.5 物资管控系统设计

2.5.1 设计思路与目标

2.5.1.1 设计背景

信息化水平是衡量企业发展水平的重要标志。党的十九大报告明确提出"推动互联网、大数据、人工智能和实体经济深度融合",信息已经成为重要的生产要素,渗透到生产经营活动的全过程。大力推进信息化建设已成为贯彻科学发展观、建设现代企业的迫切需要。

企业信息化发展规划,是指在企业发展战略目标的指导下,在理解企业发展战略目标与业务规划的基础上,诊断、分析、评估企业管理和信息化现状,结合所属行业信息化方面的实践经验和对最新信息技术发展趋势的掌握,提出企业信息化建设的愿景、目标和战略,明确企业信息化建设的重点任务与工程,确定信息化实施计划,提出保障措施的过程。

为全面指导陕北矿区信息化建设进程,统筹协调信息技术的应用与推广,经过深入诊断、分析矿区管理和信息化现状,结合集团发展战略目标与指导思想,制订了矿区侧信息化总体规划。

陕北矿业公司智慧矿区物资保障平台建设方案是总体规划的建设平台之一。

2.5.1.2 存在问题

目前,虽然各矿物资管理工作近年来取得了长足进步,但就全矿业公司来讲,因为物资的来源广、种类多、数量大、价值高、影响大、随机性强等原因依然存在呆滞突出、报废严重、重复采购、存储难、矿际调拨难以开展等问题。形成局部井井有条,整体弱不禁风的典型现象。

(1)问题长期未解

呆滞物料所占用的大量资金被沉淀了,没有被有效利用,还埋下了巨额报废的隐患。

(2)报废损失难以杜绝

随着设备改造、机型淘汰等,报废损失难以杜绝。

（3）重复存储较为突出

各矿生产设备事实上具有很高的通用性,但同一种物资被各矿同时储备的状况依然屡见不鲜。

（4）重复采购难以杜绝

重复采购既有矿内重复（对本矿库存已有的物资进行重复采购且形成呆滞）,又有矿际重复（甲矿的物资处于长期呆滞状态而乙矿要进行采购）。相较矿内重复,矿际重复现象则要普遍得多,其金额也更加巨大。

（5）矿际调拨难以开展

矿区管理部门虽每月向各矿下发兄弟煤矿的物资库存明细,并要求各矿在提报需求计划时优先进行调拨,但由于各矿库存种类繁多,依靠人工进行比对,工作量相当巨大,加之人员限制,所以导致矿际调拨工作一直难以有效展开。

2.5.1.3　原因分析

基于物资管理的现状和存在问题,分析其产生的原因,我们认为核心原因在于缺乏一个全矿业公司范围的陕北矿业公司物资管控平台及适用于各矿的物资管控系统,导致无法将各煤矿的业务和数据进行整合、优化,无法形成共同存储、共同使用、智能调拨的全矿业矿区一盘棋的管控局面。

（1）信息共享度低

虽然各矿已使用陕煤集团大市场和西煤云仓,所有库存数据也可传送至陕煤集团大市场、西煤云仓系统,但各煤矿却无法看到兄弟煤矿的数据,这就导致很多矿际业务的打通缺乏最基本的数据支撑。

（2）流程化程度低

虽然制定了业务流程及规范,但没有用信息化对流程进行固化和自动流转,所以只能靠口头命令,相同的业务不同的流程先后顺序不一样。

（3）标准化程度低

虽然集团公司已对物资进行了统一编码,但现实中依然存在一物多码、一物多名的现象;经常发生所买非所需、所领非所要的情形。

（4）智能化程度低

信息共享其实很容易做到,但它不是最终目的;信息共享的目的是驱动和处理现实业务。即使在陕煤大市场、西煤云仓中将数据相互开放而不对业务进行规划、重构和智能化处理,也无法解决呆滞、重复存储和重复采购等现实问题。每领一个物资、每做一个需求计划都要作业人员去看其他煤矿的数据显然是不合理的要求。只有在工作人员领取物资、提报计划时,信息系统能够按照科学合理的规则和算法对业务进行自动处理,并告诉工作人员应该怎么做或有哪些可能做法让工作人员去选择,才能既保证业务的顺利执行又能不断消化并降低库存资金。

综合而言,物资管理存在诸多问题主要归因于缺乏一个陕北矿业公司层面的能够打通信息孤岛、对业务和流程进行统筹统管的集数据和业务于一身的智能物资管控系统;正是因为没有矿区级的陕北矿业物资管控平台,才导致了重复采购难以杜绝、呆滞库存无法调拨,进而造成呆滞严重、库存高、报废损失巨大等现象的发生。

2.5.1.4 解决思路

陕北矿业公司智慧矿区的建设内容包括矿业公司层级的陕北矿业物资管控平台及下属煤矿的煤矿物资管控系统。

陕北矿业物资管控平台主要包含计划管理、调拨管理、入库管理、出库管理、报废管理、寄售管理、预警管理、业务监管、数据中心、单据中心、数据分析、策略中心及系统管理等。

煤矿物资管控系统主要包含计划管理、入库管理、出库管理、库存盘点、报废管理、寄售管理、预警管理、信息查询、报表管理、智能分析及系统管理等。

为了改变现状、解决问题、实现目标,我们认为以下措施既可行又急需。

(1) 引入联合存储机制

联合存储即联合库存管理,是供应商与客户同时参与、共同制定库存计划,实现利益共享与风险共担的供应链库存管理策略,目的是解决供应链系统中由于各企业相互独立运作库存模式所导致的需求放大现象,提高库存利用率。如果我们将每个煤矿相互视为供应商,就可以引入联合存储机制,每个煤矿同时参与、共同制定库存计划,实现利益共享,解决由于各煤矿相互独立运作所导致的需求放大现象。通俗来讲,就是每个煤矿既为自己储备、也为别人储备,既不买自己有的、也不买别人有的,既用自己的、也用别人的,既有的用、也不浪费。

(2) 强化预警

各煤矿应按照借力使力法则制定物资的最低和最高库存限额管理,在此基础上,更应在全矿业公司范围内对每种物资进行最低和最高库存限额管理。但这种限额并不是对各矿限额的简单相加。假如某物资甲乙丙煤矿的最低库存设置为 4、2、2,最高库存设置为 8、4、4,全矿业矿区的最低库存不是 8,而可能是 4,最高库存不是 16,而是 8 甚至 6。各矿每月提报采购计划时,陕北矿业物资管控平台会根据最高和最低库存对需求进行自动预警,以保证计划的合理性。此举在降低物资存储数量的基础上既扩大覆盖保障范围,又把各矿从买了怕积压、不买又怕用的时候没有的两难困境中解脱出来。

(3) 完善标准

完善标准的核心是完善物资的编码标准,杜绝一物多码、一物多名现象的发生。编码标准是整个信息系统得以有效运行并发挥效用的基础,不能杜绝一物多码、一物多名的发生,就相当于在信息系统中人为打开了许多缺口,既会造成业务的混乱,也会造成管理的失控,更会带来库存"合理"的增长。这就要求对物资编码进行统一管控、集中梳理、随时纠正,形成全矿业公司统一的物资标准编码库。

(4) 加强信息化建设

无论是标准的完善、预警的强化,还是体系化的引入联合存储理念及管理,都需要通过信息化建设予以实现和承载,没有信息化支撑的理念和方法,注定是空中楼阁。实践已经证明,即使在完善甚至严格的制度、流程约束下,依靠人工作业依然无法达到理想的管理目标。

为节约采购资金、消化呆滞库存、避免大量报废、切实提高全矿业公司的物资管理水平,我们应该以时不我待的使命感加快陕北矿业公司物资管控平台的建设步伐。

2.5.2 总体设计

2.5.2.1 方案概述

陕北矿业公司物资管控平台将通过对现有编码进行集中审查,完成编码的标准化;通过引入联合存储理念,对全矿业公司物资进行统调统管;通过加大寄售力度,减少自有资金的占用;通过重树计划申报业务模型和流程,管住入口,控制增量;通过建设各矿的物资管控系统,管住出口盘活存量;通过引入工作流引擎技术,实现业务流程的标准化和自动流转。也就是说,要通过引入新理念、新机制重树业务规则和业务流程,建立一个标准化、流程化、智能化的陕北矿业物资管控平台和煤矿物资管控系统,形成一套完整、可行、有效的信息化解决方案,为矿业公司物资管理探索出一条业界领先的管理路径。

陕北矿业物资管控平台建设是在对所有物资进行编码的基础上,在矿业公司部署一套陕北矿业物资管控平台,在下辖各矿部署物资管控系统。陕北矿业物资管控平台不但能够实时接入各煤矿的基础信息和业务数据,更能对入口(采购)和出口(领料)进行全矿业公司范围内的管控和智能调度,形成数据互通共享、采购联合统一、领料全矿业公司调度的业务局面。煤矿物资管控系统不仅可以实现物资的出入存基本业务,引发物资管理模式和流程的变革,同时做到了物资管理的信息化,实现了物资管理从"所有即所需"(我有什么你就用什么)到"所需即所有"(你用什么我就有什么)的转变。

2.5.2.2　系统功能组成

物资管控平台的设计、开发充分考虑了物资管理的制度、流程和现状,对管理流程、操作规范进行了梳理和优化,在实现物资管理信息化和规范化的基础上,使得物资管理顺畅而高效。

陕北矿业物资管控平台由计划管理、入库管理、出库管理、报废管理、寄售管理、预警管理、监管管理、数据中心、单据中心、数据分析、策略中心及系统管理十二大模块和七十余个业务功能组成。

煤矿物资管控系统由计划管理、入库管理、出库管理、寄售管理、报废管理、预警管理、保管员作业系统、库房可视化等十五大模块和一百二十三个业务功能组成。

2.5.2.3　系统用户及环境

"陕北矿业物资管控平台"是采购平台、物流平台、财务部、其他相关管理部门、各矿和矿区领导开展有关业务和管理工作的信息化服务平台。适用的用户对象包括计划员、采购员、财务人员、部门主管、矿区领导及各矿相关人员。

陕北矿业物资管控平台系统用户如图 2-8 所示。

"煤矿物资管控系统平台"是物资供应部门、物流部门、财务部、其他相关管理部门、各矿领导开展有关业务和管理工作的信息化服务平台。适用的用户对象包括计划员、采购员、检验员、财务人员、部门主管、保管员及各矿相关人员。

煤矿物资管控系统用户如图 2-9 所示。

2.5.2.4　系统关键技术

(1) RFID(无线射频识别)技术

无线射频识别技术(Radio Frequency Identification Technology,简称为 RFID 技术)是一种非接触式的自动识别技术,通过射频信号自动识别目标并获取相关数据。典型的RFID 硬件系统由电子标签、天线和读写器组成。

(2) 工作流系统及管理技术

工作流管理(Workflow Management)即支持业务流程及信息过程重组的技术,主要包括以下三方面:

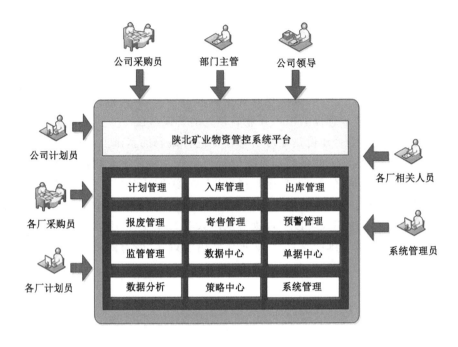

图 2-8　陕北矿业物资管控平台系统用户图

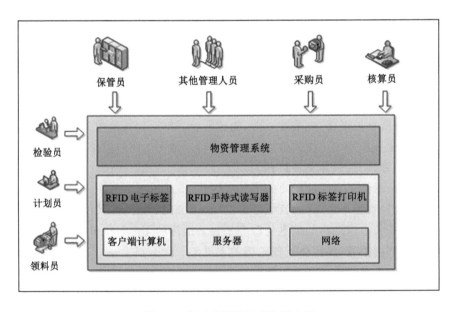

图 2-9　煤矿物资管控系统用户图

- 业务流程建模及工作流描述

业务流程建模是对一个业务流程的工作流描述。建模方法有两种基本类型——基于通信和基于活动，其中：

基于通信的方法：该方法使顾客和执行者之间的活动简化成四步工作流环——准备、协商、执行和接受。多个工作流环组成完整的业务流程。然而此方法存在明显不足之处：不能表明活动可否并行发生或者是否存在联系;不适合以其他对象为目标的业务流程建模;不支持工作流的演化。

基于活动的方法:这种方法重在对工作的建模而不是人们之间的承诺。现有系统大多采用此方法,通常系统支持任务的嵌套,各抽象层次是工作流描述的视图。

工作流模型包括一系列描述过程、任务、任务间关系及角色的定义。工作流有图形化描述语言和基于规则的描述语言,它们都支持描述任务结构(控制流)和任务间信息交换(数据流)。

• 业务流程重组

业务流程重组的目的是设计一个"更好"的工作系统,流程优化策略依赖于重组目标,例如提高顾客满意度、降低业务成本、提供新产品和新服务等。

业务流程重组有两类设计方法:

① 体系的重设计。从评价现有业务流程入手改进它们,进行消除、简化、综合,从而产生新的业务流程,并得到理想输出。

② 全新的设计。从产品或服务角度考虑的思想,即以重组目标为出发点重新设计业务流程。

• 工作流执行和自动控制

现有系统利用工作流描述来产生相对应的工作流执行,多采用紧密耦合方式。相关问题涉及工作流模型、描述语言、测试分析和指导工具、系统结构和互操作性、执行支持、可靠性和正确性。

2.5.2.5　接口方案

主要涉及标签发行系统与煤矿物资管控系统的对接、煤矿物资管控系统与手持机作业系统的对接和陕北矿业物资管控平台与各矿煤矿物资管控系统的对接。

(1)标签发行系统与煤矿物资管控系统的对接

• 接口连接技术

RFID标签打印机通过有线网络获取待打印标签数据。

RFID标签打印机通过无线射频识别技术向RFID标签写入数据。

• 接口功能

设置打印机参数。

打印普通标签。

打印多位置标签。

(2)煤矿物资管控系统与手持机作业系统的对接

• 接口连接技术

接口采用WebService方式进行数据交互。

RFID手持机通过无线网络访问服务获取系统数据。

RFID手持机通过无线射频识别技术读取RFID标签数据。

• 接口功能

接口主数据由物资管控系统进行管理,与RFID手持机相关的包括入库、出库及盘点作业。

接口业务功能包括入库作业(包括自有库入库、出库冲红、返厂入库、调拨入库、退库入库）、出库作业（包括自有库出库、寄售库出库、入库冲红、调拨出库、返厂出库、报废出库）、寄售接收作业、寄售退回作业、自有库盘点作业、寄售库盘点作业。

陕北矿业物资管控平台与各矿煤矿物资管控系统的对接。

• 接口方案图

本节主要介绍了用户登录接口方案、入库作业接口方案、出库作业接口方案、寄售接收作业接口方案、寄售退回作业接口方案、自有库盘点作业接口方案和寄售库盘点作业接口方案。以登录接口方案为例。

用户登录接口方案：

手持机用户登录时，需先验证手持机设备 ID，当设备 ID 为有效 ID 时，再进行用户名密码的验证；当有效设备 ID 验证通过时，验证用户名密码，用户名密码通过验证后，再判定该用户名所属角色是否为保管员；判定用户名为保管员时，用户登录状态返回真值，手持机与 WMS 建立连接成功，进入待办事项界面；

待办事项界面显示接收到的属于该保管员的未处理的所有作业单号。

RFID 手持机用户登录流程如图 2-10 所示。

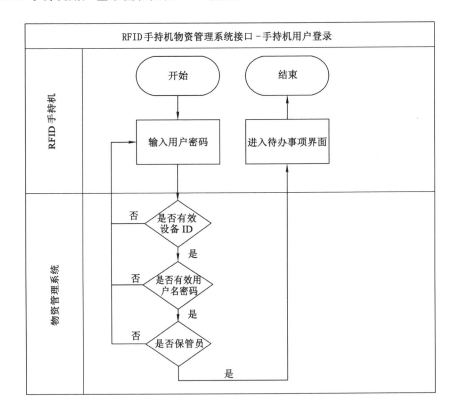

图 2-10　RFID 手持机用户登录流程

（3）陕北矿业物资管控平台与煤矿物资管控系统的对接

• 接口连接技术

接口采用 WebService 方式进行数据交互。

- 接口功能

物资管控系统将物资基础数据信息实时上传至物资管控平台。

物资管控系统可将业务数据(需求计划、拟调拨计划、报废申请单、入库数据、出库数据、寄售数据等)实时上传至物资管控平台。

物资管控平台可将业务数据(拟调拨计划、调拨计划、寄售补货计划、采购计划、报废审批单等)实时下发至各矿物资管控系统。

- 接口方案图

主要包括主数据接口方案、采购订单接口方案、入库单接口方案、出库单接口方案、寄售接收单接口方案、寄售退回单接口方案、需求计划单接口方案、拟调拨计划单接口方案、调拨计划单接口方案、寄售补货计划单接口方案和采购清单接口方案。以主数据接口方案为例，如图 2-11 所示。物资管控平台将物资主数据下发至矿端物资管控系统，包括物资主数据、物资分类主数据、供应商信息(供应商编码、供应商名称、供应商类型、地址、联系人、联系电话、邮政编码等)、寄售信息记录(物资编码、供应商编码、单价、开始日期、结束日期等)以及单位(单位编码、单位名称等)信息。

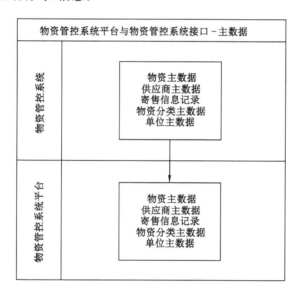

图 2-11　主数据接口流程

2.5.2.6　系统设计原则

物资管控系统在设计时遵照以下原则：

(1)可靠性原则

在需求分析、软件设计、软件测试阶段，严格遵照软件产品的相关规范，建立严格的程序编制规范以及详尽的软件测试用例，并模拟不同环境进行全面验证，保证系统运行的稳定与可靠；硬件选型综合参考产品技术指标、产品成熟度、厂商的技术服务与维护响应能力，物资供应能力等方面，在规定的时间和条件下不出故障、持续运行的程度。

(2)准确性原则

在业务分析建模中充分考虑到业务逻辑的完备性，逻辑不完备的业务不出现在系统设计中,杜绝由于业务逻辑产生的业务混乱或错误数据,软件测试进行数据验证,特别是对临界值、特殊值、业务中断、滞后操作等可能性进行测试验证。

（3）容错性原则

系统在测试过程中故意模拟非正常或错误的操作,并根据出现的结果进行有针对性的设计补充和完善,从而使得系统不至于因为某些非正常或错误的操作而无法使用甚至崩溃。

（4）易用性原则

系统的界面全部采用表单式设计,界面格式、内容最大限度地保留了原来纸质单据的格式和内容;从而使得操作人员按照原来填写纸质单据的方法就能轻松使用本系统。系统内置了工作流引擎,任一角色只要登录系统,其所有待办事项就自动弹出;无论该角色申请、批准还是驳回业务事项,单据就会自动派发到下一环节。所有提示（包括出错的提示）以及在线帮助都使用中文,方便阅读。

（5）可扩展性原则

系统在设计时已经考虑了诸如借用、返修等功能的扩展,随着用户需求的增加,我们可以很便捷地定制增加某些功能;另外,系统还预留了与其他管理系统的软件接口,可以通过WEB SERVICE 的方式予以实现。

（6）可维护性原则

系统在实施中对维护人员进行细致全面的培训,使其掌握系统维护的知识和方法,我矿区还提供完整的技术手册指导用户开展维护工作,并对数据进行定期备份。

2.5.3 功能设计

2.5.3.1 陕北矿业物资管控平台

陕北矿业物资管控平台主要包含计划管理、调拨管理、入库管理、出库管理、报废管理、寄售管理、预警管理、业务监管、数据中心、单据中心、数据分析、策略中心及系统管理等。下面详细介绍了各模块的功能设计。

（1）计划管理

计划管理是指陕北矿业对各矿的需求计划按照调拨第一、寄售第二、采购第三的原则进行审核、审批,最终形成调拨计划、寄售补货计划和采购清单的业务过程。调拨第一是指如果 A 需要使用 3 个某物资,该物资在 C、B 各有 2 个,那么平台会自动从 C 和 B 向 A 调拨 3个,从而避免重复采购的发生。寄售第二是指无法通过调拨满足需求时,则优先使用本矿的寄售库存来保障维修领料的需要。采购第三是指在调拨和寄售都无法满足需要时,才会通过采购的方式来实现。

（2）调拨管理

调拨是指为满足设备维修需要,根据各煤矿库存和需求情况由陕北矿业或各煤矿发起的将某种物资由甲矿转移至乙矿的业务过程。根据调拨业务的发起人不同,可以将调拨分为矿际调拨和矿区调拨两种方式。

（3）入库管理

入库管理是指物资进入库房进行存储或多出的物资办理入账手续而进行的一系列活动,并生成相应的入库凭证。平台虽然不办理具体的入库业务,但会对入库结果按照煤矿、入库类别、时间、供应商等进行分类和汇总,方便陕北矿业全局性掌握采购和入库概况。这就需要各煤矿的物资管控系统把入库单据通过接口传给平台,平台根据入库单进行相应的账务处理和分类汇总。按照物资的来源,平台将入库业务分为采购入库、调拨入库、盘盈入库、转采入库和入库冲销五种类型。

（4）出库管理

出库管理是指仓库根据领料部门办理的出库凭证或库房账务调整的业务凭证,按照信息组织出库的一系列活动的总称。平台虽然不办理具体的出库业务,但会对出库结果按照部门、出库类别、时间、用途、设备等进行分类和汇总,方便陕北矿业全局性掌握出库和消耗概况。这就需要各煤矿的物资管控系统把出库单据通过接口传给平台,平台根据出库单进行相应的账务处理和分类汇总。按照物资的去向,平台将出库业务分为领料出库、调拨出库、报废出库、盘亏出库以及出库冲销五种类型。

（5）报废管理

报废是指库存物资不能继续使用或由于设备改造不再使用,按照管理制度进行申请、审批并报废下账的业务过程。各煤矿在物资管控系统中进行报废申请和矿内审批,然后将报废信息通过接口上传至陕北矿业物资管控平台,陕北矿业相关部门人员按照流程进行审批,审批通过后下发各矿进行报废处理,审批不通过,将报废申请单发回各矿进行调整,再次提交审批。

（6）寄售管理

寄售管理是指寄售商按照矿区寄售管理制度,根据煤矿需要将物资寄存在煤矿库房,寄售品被使用部门领料后,再与供应商进行结算的业务过程。陕北矿业物资管控平台的寄售管理包括寄售品接收、寄售品退回、寄售转采、寄售品目录以及由此产生的寄售台账和寄售品往来明细。

（7）预警管理

预警管理是针对全矿业矿区的库存数据按照事先设定的规则向相关人员进行警示提醒,通过预警可以帮助业务和管理人员提前对一些特殊情况采取措施、降低损失,陕北矿业物资管控平台提供超储、短缺、呆滞、定额四种预警方式。

超储预警就是对全矿业矿区库存数量高于最高库存的物资进行汇总展示;短缺预警就是对全矿业矿区库存数量低于最低库存的物资进行汇总展示;呆滞预警就是将各矿入库后超过一年尚未领料的物资进行汇总展示;定额预警是按照物资属性对各矿库存金额高于用户设置的库存定额的情况进行预警。

（8）业务监管

业务监管平台是在对陕北矿业的需求和业务进行梳理分析的基础上,为方便管理人员对陕北矿业范围内的入库、出库、寄售等所有特殊或异常业务信息进行全面掌握而专门设计的功能模块。该模块以智能化方式从多个维度对容易导致浪费或积压的特殊或异常业务进行了分类汇总,是管理人员快速直接地查明原因、采取措施的有力帮手,监管平台将从超定额需求、可调未调、矿内重复采购、矿际重复采购、超清单采购、调入未执行、调出未执行和寄售补货未执行这八个维度对特殊或异常业务进行了解析,需要说明的是,上述八种监管的前四种是基于业务行为的,后四种是基于业务结果的。

（9）数据中心

数据中心是在对陕北矿业的业务和需求进行梳理分析的基础上,为方便公司管理人员对全矿区范围内的入库、出库、寄售等所有业务数据进行全面掌握而专门设计的功能模块。该模块支持业务人员按照业务性质、类别、时间、矿等维度对业务数据进行统计和查询。

数据中心从以下五个方面为系统用户提供数据查询服务,分别为库存台账、收入明细、支出明细、寄售台账和寄售往来明细。

（10）单据中心

单据中心是为了方便业务和管理人员对业务进行追溯分析而专门设置的功能模块,在单据中心,可以根据单据种类、单据编号、创建日期等信息对管控平台所有单据进行查询追溯。

（11）数据分析

数据分析是在对各种业务数据进行分类的基础上,以可视化方式直观反映库存、收入、支出及呆滞的分布与变化,方便管理人员发现问题并总结规律,为总体业务的改进及提高提供数据依据。

本系统站在陕北矿业的角度对全矿区及各矿的库存资金分布、库存资金变化、收入资金变化、支出资金变化、库存周转率、呆滞资金及占比等多个维度对陕北矿业物资的收支存数据进行全方位的分析,并通过相关性对各种维度进行合理组合,方便管理人员直观、全面地掌握业务现状及变化趋势。例如在库存分析会以柱状图、饼状图、折线图的方式对全矿区及各矿的当前库存、全矿区及各矿近一年的历史库存及全矿区及各矿当前库存的分布（通用/专用及 A/B/C 类）情况进行组合分析。

（12）策略中心

策略中心需求预测和库存控制一直以来都是供应链管理的重点和难点。虽然大家都知道,所有的预测都是错的,但有预测总比没预测好;虽然大家都对高库存深恶痛绝,但为了保障供给,供应链从业者又不得不屡屡妥协。通常来说,需求本身的不确定性、需求与供应的失配、库存结构的不合理和基于人性本然的长鞭效应是造成预测不准和库存高企的主要因素;寻求提高预测准确性和降低库存的方法与手段就显得尤为重要。

客观地说,对于物资,由于设备维修的高度或然性,导致其物料需求几无规律可循,这就意味着要对物资的库存规模和结构进行控制、规划并对需求进行预测是一件非常困难的事。系统的策略中心,就是立足数据,以大数据的视觉和思想,通过建立独特的可修正、可验证式算法模型,试图从多个维度为供应链管理者提供有价值的体系性、结构化数据,以帮助他们提高预测的准确性,并将库存量控制在合理的范围。

（13）系统管理

系统管理是系统数据定义、维护的功能模块,由系统管理员进行操作,对系统用户进行授权,对系统运行所需的基础数据进行集中管理。系统管理主要包括部门管理、用户管理、大类管理、中类管理、单位管理、物料管理、供应商管理、寄售品管理、标段和有效期管理、标段-明细、标段-供应商-供货配额等。

2.5.3.2 煤矿物资管控系统

煤矿物资管控系统主要包含计划管理、入库管理、出库管理、库存盘点、报废管理、寄售管理、预警管理、信息查询、报表管理、智能分析及系统管理等。下面详细介绍了各模块的功能设计。

（1）计划管理

系统的计划管理是煤矿根据设备维修需要,结合库存状况,按照流程申报、审批库存补充计划的业务过程。计划管理中的处理过程主要包括编制需求申请单、汇总需求申请单、审批需求汇总单、审批需求计划单、拟调拨计划、调拨计划、寄售补货计划、分发采购任务。

（2）入库管理

入库是指物资进入库房进行存储或多出的物资办理入账手续,而进行登记、检验、接收、上架等一系列活动,活动结束后生成相应的入库凭证。入库共分为采购入库、返厂入库、退库入库、调拨入库及盘盈入库和转采入库六种入库类型。

（3）出库管理

出库模块包括以下六种出库方式:领料出库、返厂出库、调拨出库、盘亏出库、报废出库和寄售品出库。"领料出库"是指库房根据车间或业务部门的领料出库凭证,按照凭证中所列零配件编码、零配件名称等信息,对零配件进行出库的工作总称。领料出库的处理过程主要有编制领料申请单、车间设备主任审批、车间主任审批、自动备货、补货、取消备货、分发出库作业单和出库八个步骤。

（4）库存盘点

库存盘点是指定期或临时对库存物资的实际数量进行清查、清点的作业,对仓库现有物资的实际数量与保管账上记录的数量相核对,以便准确地掌握库存数量。库存盘点主要包括盘点任务、盘点作业、盘点差异、盈亏审批和盈亏平衡五个步骤。

（5）报废管理

报废管理是指库房核算员根据上级下发的报废清单、在库损坏物资、超过保质期物资清单等创建报废申请单;报废管理主要包括报废申请、报废审批和报废出库三个步骤。

（6）寄售管理

寄售管理包括按照寄售商进行库位分配、寄售接收、退回及转采。由于机型淘汰某些寄售品不再被使用、或某些寄售品长期未被使用且不需储存、或某些寄售品未在新年度招标中进入寄售品目录(即寄售品目录更换)等原因而带来的寄售零配件需要退回给寄售商,根据寄售品台账进行登记下架的过程。

寄售管理主要包括寄售接受、寄售退回和寄售盘点三部分。

（7）冲红管理

冲红管理是指如果业务单据完成并保存后,企业发现业务单据中的某些数据错误,而整个业务单据已经通过审批并完成,那么就需要进行"单据冲红",即把业务单据及对应的记账凭证以红字的方式进行冲红处理。采购入库、调拨入库可以进行入库冲红处理,调拨出库可以进行出库冲红处理。单据冲红,即用红字做一张和蓝字一模一样的红字凭证,就可以把原凭证冲了,然后再重新做一张正确的凭证就可以了。冲红管理主要包括入库冲红和出库冲红两种方式。

（8）库房可视化

库房可视化主要是指对库房和库位进行规划、布局和设置操作;在本模块可以实现库房设置、库房布局、库位设置、库位定义、移库和分区设置等操作。例如在库房设置栏中,管理人员可以选择库房类型,填写库房编码、库房名称、启用时间和停用时间。

（9）预警管理

预警管理主要是通过预警可以帮助业务和管理人员提前对一些特殊情况采取措施、降低损失。预警管理部分包括:超储预警、短缺预警、呆滞预警、定额预警。

超储预警就是对库房内所有物料的库存数量,和在物料定义的最高库存数量进行比较、分析,将库存数量高于最高库存的物料列出来进行提示的分析报表。短缺预警就是对库房内所有物料的库存数量,和在物料定义的最低库存数量进行比较、分析,将库存数量低于最低库存的物料列出来进行提示的分析报表。呆滞就是不流动,呆滞物料就是物料存量过多,耗用量极少,而库存周转率极低的物料。定额预警就是对库房内各部门所属物料的库存金额,和在定额设置中定义的库存定额进行比较、分析,将库存金额超出库存定额的定额单元列出来进行提示的分析报表。

(10)结算管理

结算管理指根据采购入库、调拨入库、转采入库、调拨出库的单据,和供应商、调拨厂提供的发票同供应商、调拨厂在系统中进行结账的过程,并用于统计库存资金报表。

(11)信息查询

信息查询为系统用户根据工作需要,对台账、明细等进行查询,满足业务过程的信息查看需要,或根据统计需要查询各种明细,为生成其他形式的报表提供数据信息。通过信息查询功能可以实时掌握系统业务信息及实时库存情况。例如可以查询库存台账、寄售台账、收入明细、支出明细、寄售品往来明细、采购订单、自有历史库存、寄售历史库存等信息查询。

(12)单据查询

系统可按单据种类、单据编号、日期范围等条件查询本矿所有业务单据。涉及上下账业务的单据支持打印输出,且打印样式可定制。

(13)流程查询

流程查询是为了方便业务和管理人员对业务流程进行到哪一步而专门设置的功能模块,在流程查询中,可以根据单据编号查询与该单据相关联的业务进行到流程的哪一步,以便业务人员提前做好业务准备;

(14)统计报表

报表管理是指系统可按照人工指定时间生成指定格式的报表,其中报表包括收支存明细报表、收支存(ABC)报表、收支存(中类)报表、消耗(部门)报表、消耗(工段)报表、消耗(机组)报表、消耗(机号)报表、寄售品(寄售商)报表和寄售品收支存明细报表等。

(15)智能分析

数据的智能分析分别按照大类和ABC类属性设计,包括库存资金分布图、收入资金分布图、支出资金分布图、库存资金变化图、收入资金变化图、支出资金变化图,展示了库存、收入、支出的分布状态及近几年的变化趋势;

(16)系统管理

系统管理用于配置系统菜单、定义访问角色、设置各角色对菜单的访问权限以及定义和维护系统运行所使用的各项基础数据,对系统运行所需的基础数据进行集中管理。系统管理的职能主要包括部门管理、大类管理、中类管理、物料管理和角色权限管理。

2.5.4 平台特点

物资管控系统在设计、开发时充分考虑了物资管理的难度、特点和目标,结合"工作流"引擎和大数据分析技术的特点,宏观上,对管理流程、业务规则进行了梳理和优化,并对库存结构进行整体规划(解决应该存什么的问题);微观上,按照物料给出应备、可备及持续改进策略(解决应该存多少的问题)。整套系统通过将先进的管理理念与技术的融合,形成了一套逻辑自洽、功能完备、使用简便、效果显著的信息化解决方案,该方案的实施必将创新性、革命性地改变陕北矿业公司的物资管理方式。

具体特点和效果表现在以下几个方面:

2.5.4.1　库存实时化

系统将 RFID 技术与移动通信技术相结合,使得库存信息能够动态地自动传输和获取;物资上架/下架的同时手持机也将数据上传到系统,杜绝了业务发生后忘录、晚录数据的发生,在实现业务和数据同步的(物流和信息流的同步)同时真正实现了实时库存管理。

2.5.4.2　库位精确化

在给每个库位贴上电子标签后,系统对库位、标签和物资进行了匹配设计,入库、出库时系统都会自动指定库位,并将库位和数量信息显示在手持机上,实现了快速定位库存物品位置、避免了找不到物资的发生;保管员只需按手持机提示操作即可,而不用查账、拨盘和记账操作;而且当扫描的是错误库位标签时手持机会报警提示。

2.5.4.3　库存结构化

在算法保证下,清晰地明确了哪些物料必须储备、哪些物料可以储备,以及每种物料的最低和最高库存应该是多少,从而避免了库存的随意性,保证并实现了结构化库存。

2.5.4.4　数据可视化

系统以数据为基础、以可视化为手段,力图探索物资从采购到使用过程中的各种规律和趋势。面对繁杂、庞大、无序和枯燥的数据,要求管理者洞悉规律、把握趋势、预见风险几乎是不可能的;通过将多个维度的数据进行组合分析,并以可视化的方式呈现给管理者,必然会提高管理的预见性,并为及早发现问题、采取应对措施做好准备。

2.5.4.5　预测准确化

虽说所有的预测都是错的,但预测的准确性还是有高低之分,传统上都是依靠业务人员的工作经验和敬业精神来改善预测的准确性,系统采用大数据分析技术,利用矿区长期的供应链管理经验和独特的算法,通过效果验证和参数配置,极大提高了预测的准确性,该数据可以帮助业务人员快速确定需求边界和数量,如果业务人员能够利用自身的工作经验并结合设备状况对数据进行适当修正,准确性则会更高。

2.5.4.6　调拨智能化

异地多仓业务最复杂、最难解决的是如何对整个矿区的资源进行合理的匹配,面对数万种物料、上万种库存和千余种需求,靠人工给出匹配策略显然是不可能的。系统充分考虑了物料价值、配送集约化、优先自用等约束条件,并通过算法保证了上述约束条件被自动地、智能地执行,业务人员只需要点击一次鼠标,系统就能给出最合理的匹配方案。

2.5.4.7　盘点简单化

库存盘点作业只需按盘点单用手持机扫描库位标签、输入物料实际数量并确认即可,系统自动生成盘盈盘亏单据;再也不用翻阅卡片账、手工建立盘点单、手工记录数量、手工拨盘、人工统计等烦琐操作。

2.5.4.8　预警智能化

系统通过最低库存、最高库存和预警周期设置,对短缺物料(低于安全库存)、积压物料

（高于最高库存）和呆滞物料提前做出预警，从而有利于管理人员及时采取处置措施。

2.5.4.9　报表自动化

系统除能够生成常规的进销存报表外，还能按照物料类别、设备类型、领料部门、领料人、供应商等条件进行分类统计，方便各种对账、结算业务的处理；所有数据、单据和报表都可被查询、打印，库管员和财务人员再也不用花费大量的时间精力进行对账作业。

2.5.4.10　流程标准化

在梳理并优化各种业务流程后，系统用工作流解析引擎将流程固化，业务人员将单据提交后，系统会自动将其派发到下一个用户的待办事项列表之中，在规范业务流程的同时，提高了工作效率、降低了业务执行成本。

2.5.4.11　操作规范化

出库、入库、报废、盘点四个基本业务被定义为创建单据、扫描标签和操作货物（上架、下架、清点）三个连续且不可更改的步骤，作业结果不会因为作业人的不同而不同，并杜绝了无单据业务的发生。

2.5.4.12　录入最小化

通过数据共享、单据关联、手持机确认等功能设计使人工录入量和失误率达到最小。当领料员建立出库申请单后，系统会自动将单据和信息（名称、数量、型号等）推送给下一个用户，计划员、部门主管、检验员和保管员都不用进行数据录入；系统根据用户名、单据类型还自动生成领料部门、领料人、保管员、单据号、单据日期等信息，在提高效率的同时降低了出错的概率。

2.5.4.13　改进持续化

系统不仅给出了库存策略，还基于领料、采购和库存数据的变化，通过数据分析，给出了库存策略的调整方案，从而保证了业务改进的持续性。如截齿 A 和截齿 B 现在的最低库存都为 2，一段时间后（如一年）这两种物料的最低库存还应该是 2 吗？显然不一定。库存策略应该不断被加以修正，一成不变的策略显然没有意义。

2.6　资产管控系统设计

2.6.1　设计思路与目标

2.6.1.1　项目背景

煤矿的资产管理工作，因所管理的资产种类多、数量大、变化频繁且信息化建设滞后而存在着资产状态不清、盘点清查耗时长且准确性差、难以共享共用、难以开展多维度的统计分析工作等问题。

为提高资产管理水平、充分发挥资产效用，实现以下建设目标，资产平台的建设刻不容缓。

① 实现矿业公司资产的全寿命周期管理；

② 实现资产在整个公司及下属煤矿之间的共享共用；

③ 实现资产的追踪；

④ 实现资产多维度的统计分析。

资产全寿命周期管理,是指资产的采购、使用、维修、闲置、报废等阶段的全寿命管理。全寿命周期管理理念强调的是资产在整个寿命周期内达到综合最优,同时通过建设完善的管理模式实现资产的全过程管理。

资产全寿命周期管理的理念、方法虽已提出数十年,但受制于各种主客观因素的影响,企业在践行资产全寿命周期管理的过程中都会遇到巨大的阻力和障碍,如领导层观念分歧、部门间职能冲突、执行层缺乏有力工具以及成本高昂、数据庞大且繁杂、流程再造难以推行等。但随着企业以智慧化为目标而展开的全方位信息化建设拉开帷幕,冲开各种阻力、排除各种障碍实现资产的全寿命周期管理既成为一种必要,也成为一种可能。

资产全寿命周期管理的实现首先要求建立健全资产管理的组织部门、合理设置各部门所承担的职责与任务、明确各部门之间工作成果流转的方式;其次要求按照完整且无重复的原则对所有业务流程进行定义和固化;最后还需为保证资产全寿命周期管理信息系统的运行配套一定的评估和考核办法。

企业进行资产全寿命周期管理实践是一件任重道远的工作,应先立足于企业资产管理现状,结合企业资产目标,进行管理模式的规划。英国电网公司(NG公司)是一个大型的民营能源企业,具有良好的资产运营及信息化管理经验。其资产管理核心理念是资产全寿命周期管理(LifeCycle Asset Management,LCAM),其管理模式的起点是以数据为依据的"资产状态信息",正是基于资产状态的清晰透明才为资产的使用和管理提供了最准确和最直观的信息支撑,从而为流程的贯通、节点关系的明确创造了条件,最终形成了一套完善、高效的资产管理模式。

基于资产管理的成熟理念及其他企业的成功经验和教训,结合陕北矿业公司的资产管理状况及目标,我们提出了一套全业务覆盖、全流程管控的既有针对性又面向未来的资产管理解决方案。

2.6.1.2　术语解释

资产分生产用固定资产、非生产用固定资产、租出固定资产、未使用固定资产、不需用固定资产、融资租入固定资产、资产弃置成本、无形资产、其他资产和低值易耗品资产十大类。

固定资产是企业的劳动手段,也是企业赖以生产经营的主要资产。目前资产管理业务主要以人工记账为主,远未达到资产全寿命周期管理的要求。

（1）固定资产

固定资产是指企业使用期限超过1年的房屋、建筑物、机器、机械、运输工具以及其他与生产、经营有关的设备、器具、工具等。不属于生产经营主要设备的物品,单位价值在2 000元以上,并且使用年限超过2年的,也应当作为固定资产。

（2）资产原值

固定资产余额＝固定资产的账面原价,也就是原值。

（3）资产净值

固定资产净值＝固定资产的折余价值＝固定资产原价－计提的累计折旧。

（4）固定资产折旧

固定资产折旧是指在固定资产使用寿命内,按照确定的方法对应计折旧额进行系统分摊。其中,应计折旧额是指应当计提折旧的固定资产的原价扣除其预计净残值后的金额;已计提减值准备的固定资产,还应当扣除已计提的固定资产减值准备累计金额。

2.6.1.3 存在问题

陕北矿业资产管理工作,因所管理的资产种类多、数量大、变化频繁且信息化建设滞后而存在着资产状态不清、维修保养基本依靠工人经验、盘点清查耗时长且准确性差、难以共享共用、难以开展多维度的统计分析工作等问题。具体表现在以下几个方面。

(1)难掌握:难以掌握所有资产的真实状态

经常出现在册不在库、在库不在位等异常情况,导致资产清查、维修等部门和矿领导无法准确掌握真实的资产状态。

(2)难盘点:数量多、分布广,难以高效准确地进行资产清查

资产遍布陕北矿业及下属煤矿,加之资产在使用过程中因生产、保养、维修、改造需要,导致其位置经常发生变化,给高效准确开展资产盘查工作带来巨大障碍;另外,目前资产清查任务归口至财务部门,人手紧张和对设备的不熟悉也加剧了资产清查的难度。

(3)难共享:一边闲置一边短缺

由于缺乏共享机制和信息系统的支撑,经常发生某些资产在某矿区处于闲置状态,而其他矿区急需该资产却无法及时得到。

(4)难统一:人工作业没有统一的业务规范

不同的人完成相同的业务会有不同的方法,随意性很大;有人可能先办手续然后进行业务办理;有人可能先进行业务办理然后办理手续,极易导致单据凭证缺失。

(5)难分析:有数据、无分析

面对庞大而分散的数据量,依靠人工根本无法做到对资产的出入盘存及状态进行及时、有效、全面、灵活的统计分析,更谈不上对设备寿命、租期等进行有效管理,所以不得不通过增加人力物力的消耗来满足相关业务的需求。

(6)效率低、失误率高

每次出入库业务记录人工账,每次出入库业务都要将设备名称、型号、数量等信息进行重复书写,不但效率低下,还大大增加数据出错的概率。

2.6.1.4 原因分析

基于资产管理的现状和存在问题,分析其产生的原因,我们认为核心原因在于缺乏一个陕北矿业范围的资产管理平台,导致无法将各煤矿的业务和数据进行整合、优化,无法形成共同存储、共同使用、智能调拨的全陕北矿业一盘棋的管控局面。

(1)信息共享度低

虽然各矿已使用陕煤大市场和西煤云仓,所有资产数据可传送至陕煤大市场、西煤云仓系统,但各煤矿却无法看到兄弟煤矿的数据,这就导致很多矿际业务的打通缺乏最基本的数据支撑。我急着用,却不知道你有;我长期呆滞,却不知道你想要。

(2)智能化程度低

信息共享其实很容易做到,但它不是目的;信息共享的目的是驱动和处理现实业务。即使在陕煤大市场、西煤云仓中将数据相互开放而不对业务进行规划、重构和智能化处理,也无法解决资产的共享共用等现实问题。

(3)流程化程度低

虽然制定了业务流程及规范,但没有用信息化对流程进行固化和自动流转,所以只能靠口头命令,谁要求谁催促谁监督,相同的业务今天和昨天不一样,张三和李四不一样。

（4）标准化程度低

虽然公司已对资产进行了统一编码，但现实中依然存在一物多码、一物多名的现象；经常发生所买非所需、所领非所要的情形。

2.6.1.5 解决思路

利用先进技术、方法及理念的融合进行信息化建设，使管理及业务实践达到边界清晰、职责明确、流程规范、规则统一的目标，进而提高效率、降低成本、增加收益，主要体现在：

① 采用先进的硬件和软件技术。

硬件基于 RFID（无线射频识别）技术，软件基于"工作流引擎"技术。

② 对部门间的业务边界进行清晰定义。

③ 对业务流程进行优化甚至再造。

④ 对各角色的业务操作和执行进行统一规范。

⑤ 以解决方案的方式进行信息化建设。

2.6.1.6 项目目标

通过资产平台项目的建设，实现资产状态的清晰可控、维修保养有据可依、设备寿命的安全可控及整个陕北矿业及下属煤矿范围内的资产透明和共享共用；使得整个陕北矿业的资产管理尤其是设备管理水平在全国处于领先地位，并为煤矿行业资产管理树立标杆性的示范案例。

2.6.2 总体设计

2.6.2.1 方案概述

经过充分的调研、沟通、分析，并鉴于资产管理的困难、目标、制度、流程及规则等诸多要素，将无线射频识别（RFID）技术和"工作流"引擎技术相融合，通过规范业务流程、明确不同部门及人员的职责和业务边界、统一各节点的业务处理规则，实现资产入库、出库、盘点、报废、共享、风险、采购、租赁、出租、到寿、到期等全业务的信息化和规范化，并能向其他管理系统实时提供准确的资产及业务数据。

陕北矿业资产管控平台业务规划如图 2-12 所示。

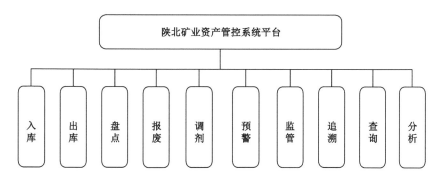

图 2-12 陕北矿业资产管控平台业务规划图

陕北矿业资产管控平台业务规划包括入库、出库、盘点、报废、共享、维修、保养、预警、查询、分析等功能，具体规划如图 2-13 所示。

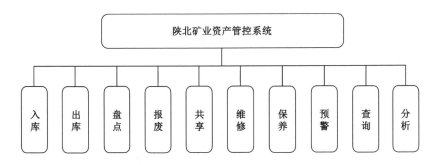

图 2-13　煤矿资产管控系统业务规划图

2.6.2.2　核心业务架构

陕北矿业资产平台是以"状态清晰、安全可控、共享共用"为目标的全业务覆盖、全寿命周期管控的专业化资产管控系统。资产平台的建设内容包括矿业公司层级的资产管理平台及下属煤矿的资产管理系统；资产管理平台主要包含陕北矿业公司资产的入库、出库、盘点、报废等全寿命周期管理、资产在陕北矿业及下属煤矿之间的共享共用、资产的追踪及多维度统计分析等。

资产管理系统主要包含资产的入库、出库、盘点、报废、调剂、共享、投保、理赔、业务预警、业务监管、业务查询、统计分析等内容，实现资产管理的全业务覆盖和全流程管控，并通过预警、监管和可视化方式向管理层提供分析、督办、考核和决策依据，是陕北矿业全面提升资产管理能力并为行业探索资产管理路径、树立管理标杆的开创性尝试。

智慧矿区业务架构是在统一的标准与规范及安全运维保障体系下，按分层设计模式，分为设备层、控制层、生产执行层、经营管理层与决策层五个层次。资产平台的主体内容为 L4 层相关内容。具体层次结构图如图 2-14 所示。

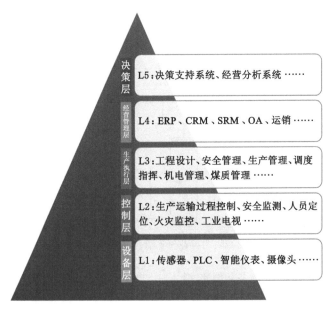

图 2-14　核心业务架构图

2.6.2.3　系统的功能组成

资产管控平台包含资产管理平台和资产管理系统,是满足资产从入库、盘点、出库到报废、报表、分析等全业务管理的需要的一套科学、完整、规范的资产管理解决方案。

2.6.2.4　系统用户及环境

资产管控平台是采购、生产、检验、财务及相关管理部门完成资产管理业务的信息化服务系统。用户对象包括资产采购员、检验员、部门及全矿业公司的资产管理员、维修技术员及维修工人、各级相关管理人员等,用户规划如图 2-15 所示。

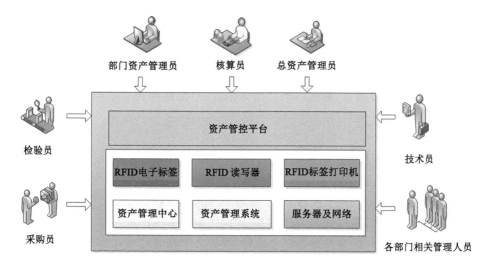

图 2-15　用户规划图

2.6.2.5　系统集成规划

资产管控平台将采用 TCP/IP、HTTP 通信协议,实现"可发现""可访问"和"标准化",并按照标准 Web API 方式预留与其他应用系统的接口。系统集成规划如图 2-16 所示。

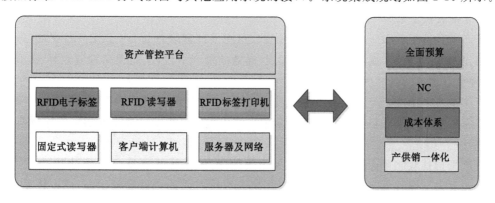

图 2-16　系统集成规划图

2.6.2.6　系统关键技术

(1) 无线射频识别技术

无线射频识别技术(Radio Frequency Identification Technology,简称 RFID 技术)是一种非接触式自动识别技术,通过射频信号自动识别目标并获取相关数据。典型的 RFID 硬件系统由电子标签、天线和读写器组成。

（2）工作流系统及管理技术

工作流管理主要包括以下三方面：

· 业务流程建模及工作流描述

业务流程建模是对一个业务流程的工作流描述。工作流模型包括一系列描述过程、任务、任务间关系及角色的定义。

· 业务流程重组

业务流程重组的目标是设计一个"更好"的工作系统，流程优化策略依赖于重组目标，例如提高顾客满意度、降低业务成本、提供新产品和新服务等。

· 工作流执行和自动控制

现有系统利用工作流描述来产生相对应的工作流执行，多采用紧密耦合方式。相关问题涉及工作流模型、描述语言、测试分析和指导工具、系统结构和互操作性、执行支持、可靠性和正确性。

2.6.2.7　系统通用技术

① Browser/Server 模式；

② 表现层、业务层、数据层三层分离架构；

③ 基于 Web API 的数据交换接口，可与第三方软件在数据层面无缝集成；

④ 完善的数据加密、鉴权机制，保障数据和应用的安全性；

⑤ 容错设计，不因一些意外操作终止运行，而是给予相应提示；

⑥ 所有授权人员可获得实时有效的数据，为业务决策提供数据支持；

⑦ 架构灵活，支持因业务调整和增加而可能需要的改造及升级开发；

⑧ 采用 TCP/IP 、HTTP 通信协议，实现了"可发现""可访问"和"标准化"；

⑨ 支持通过双机备份方式对数据进行备份；

⑩ 界面友好、操作简单、风格统一，符合人性化思维。

2.6.2.8　系统技术架构

资产平台基于 RFID 和工作流引擎技术，利用多种软硬件接口（TCP/IP、驱动、数据库等），构建陕北矿业及下属煤矿间统一、稳定、高效的资产平台，从而提高管理效率、提升资产效用、降低管理成本。

资产平台采用"B/S＋表现层、业务层、数据层三层分离＋微服务"架构设计，以陕北矿业资产管理实际和管理目标为需求进行定制开发与建设，系统功能符合相关国家标准与行业规范。

资产平台是陕北矿业智能经营的重要组成部分，该系统的建设应用是对煤矿经营管理智能化的有力支撑和促进，系统建设为陕北矿业后续建设的全面预算、NC、成本体系、产供销一体化等系统预留了系统接口，保证了资产平台可与其他系统的无缝对接。

资产平台的技术架构示意图如图 2-17 所示（包括 RFID 手持式读写器、资产标签等外设的接入应用）。

2.6.2.9　应用接口

① 系统预留主数据标准接口，包括数据分类标准、编码标准、流程标准、接口标准、集成标准。

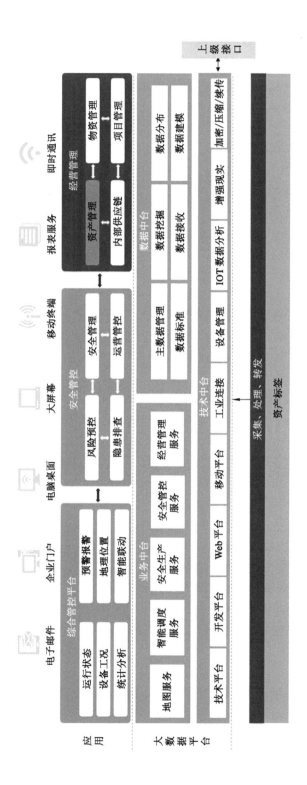

图 2-17 技术架构示意图

② 系统预留统一身份认证服务接口,支持单点登录。

③ 系统预留授权管理服务接口,支持集中统一授权管理。

④ 系统预留系统自诊断服务接口,支持统一的运维管理。

⑤ 系统预留业务日志服务接口,支持统一的审计监控。

⑥ 系统预留消息推送服务接口,实现集中统一的消息推送。

⑦ 系统开放服务调用接口,以支持系统集成。

2.6.2.10 性能指标

系统性能主要体现如下六个方面:

① 系统登录响应时间小于 1 s;

② 入库数据人工录入减少到 1 次;

③ 出库数据人工录入减少到 1 次;

④ 盘库时间缩减 80%;

⑤ 简单查询响应时间少于 2 s;

⑥ 复杂查询响应时间少于 5 s。

2.6.2.11 接口方案

本项目主要涉及标签发行系统与煤矿资产管控系统的对接、煤矿资产管控系统与手持机作业系统的对接和陕北矿业资产管控平台与煤矿资产管控系统的对接。

(1) 标签发行系统与煤矿资产管控系统的对接

• 接口连接技术

RFID 标签打印机通过有线网络获取待打印标签数据。

RFID 标签打印机通过无线射频识别技术向 RFID 标签写入数据。

• 接口功能

标签发行系统与资产管理系统的对接主要包括两部分功能,打印机参数的设置和资产卡片的打印。

(2) 煤矿资产管控系统与手持机作业系统的对接

• 接口连接技术

接口采用 Restful 方式进行数据交互。

RFID 手持机通过无线网络访问服务获取系统数据。

RFID 手持机通过无线射频识别技术读取 RFID 标签数据。

• 接口功能

接口主数据由资产管理系统管理,与 RFID 手持机相关的包括:盘点作业、盘点下载、盘点上传及资产查询。

• 接口方案

打开手持机中应用程序图标,出现系统登录界面。用户正确登录系统后进入系统主界面业务菜单。系统业务的菜单功能主要包括:盘点,查询,下载和上传四部分。

(3) 陕北矿业资产管控平台与煤矿资产管控系统的对接

• 接口连接技术

接口采用 Restful 方式进行数据交互。

• 接口功能

资产管理中心将资产基础数据信息实时下发至资产管理系统。

资产管理系统可将业务数据(入库数据、出库数据、任务等)实时上传至资产管理中心。

资产管理中心可将业务数据(知识库、调拨单等)实时下发至各矿资产管理系统。

2.6.3 功能设计

陕北资产管理平台包括矿业公司层级的陕北矿业资产管理系统平台及下属煤矿的资产管理系统,具体分述如下。

2.6.3.1 陕北矿业资产管控平台

资产管理平台功能主要分为两大部分,一部分功能是对矿业公司自身资产的管理,包括入库管理、出库管理、盘点管理、报废管理、风险管理、预警管理、单据查询和流程查询等;一部分是矿业公司管控下属各矿之间的资产,达到盘活资产、共享共用、减少成本的目的,主要包括调拨管理、共享管理、信息查询、业务监管、可视化分析等。

(1)入库管理

入库是指资产到矿业公司后办理登记、检验、接收入库等一系列事务并生成相应凭证的过程。入库管理业务类型包括采购入库、调拨入库、租赁入库、返外维修入库、租出归还入库及盘盈入库六种业务类型。

(2)出库管理

出库是资产管理部门根据领用部门办理的出库凭证,或账务调整的业务凭证,按其所列编码、名称、规格型号、数量等信息,组织出库的一系列活动的总称。出库业务类型包括领用出库、调拨出库、盘亏出库、报废出库、维修出库、出租出库、租赁归还和退库出库八种业务类型。

(3)盘点管理

盘点是指定期或临时对资产的实际数量进行清查、清点的作业,对实际数量与系统账上记录的数量相核对,以便准确地掌握资产数量,确认账物相符。

(4)报废管理

系统不仅办理具体的报废业务,也通过接口自动接收各矿资产管理系统上报的报废申请业务数据,并对报废申请进行审批,审批后结果通过接口下发至各矿资产管理系统,各矿资产管理系统接收审批结果,进行相应的操作。

矿端资产管理系统已实现了矿内报废审批的自动流转,矿业公司资产管理平台能够通过接口接收矿端资产系统上报的报废申请,并以待办事项的方式将业务推送至矿业公司管理人员进行审核、审批,实现报废业务的全流程管理。

(5)风险管理

风险管理是指资产风险管控(保险及理赔)人员对设备投保及理赔信息进行登记维护。

(6)预警管理

预警管理是针对系统数据按照事先设定的规则向相关人员进行警示提醒,通过预警可以帮助业务和管理人员提前对一些特殊情况采取措施、降低损失。系统中预警的实现遵循实时性和灵活性原则。预警管理包括到寿预警、到期预警和脱保预警等预警方式。

(7)知识库管理

知识库管理包括保养项目的设置,保养设备的设置,知识库的设置及下发等。具体来说首先,用户进入知识库管理设备页面,对需要进行维修、巡检和保养的设备资产及状态进行维护;用户进入知识库管理项目页面,对照保养手册对需要进行维修、保养及巡检的设备资产进行保养项目的维护,内容包括保养项目、状态、保养、维修、巡检、备注等;最后,用户进入系统,按照维修保养手册设置设备及项目的对应关系。

（8）任务库管理

任务库管理包括保养任务、维修任务和巡检任务,所有任务都是自下而上,由各矿发起,上传至矿业公司。任务库只在后台管理数据,前台不生成页面,为之后的保养监管、维修监管和巡检监管提供数据依据。

（9）调拨管理

调拨管理是矿业公司综合各矿需要,在矿区间进行资产的共享共用调拨管理主要包括调拨申请、调拨审批、调拨确认和调拨下达四个步骤。

（10）共享管理

共享管理是为了最大化发挥资产效用、解决资产闲置与紧缺的矛盾,而通过建立资源共享池,鼓励各部门资产管理员将本部门闲置资产进行入池处理,需求部门则可以在共享池中寻找所需要的资产,从而盘活资产、节约资金。共享管理包括资产闲置和资产复用两种业务类型。

（11）流程定制

流程定制用于系统中关于审批流程的设置,实现系统审批流程的动态配置。用户进入流程定制页面,维护流程信息,内容包括流程名称、部门名称、节点数量、状态及备注信息;已生成的流程可根据实际需求进行变动,变动信息包括节点数量、状态及备注信息;用户维护完成流程中的节点数量后可对每个流程的具体明细进行设置,明细信息包括节点名称、审批部门及审批角色。

（12）信息查询

信息查询为系统用户根据工作需要,系统向用户提供台账、业务、资产状态等信息查询服务,满足业务过程的信息查看需要,或根据统计需要查询各种明细,为灵活生成其他形式的报表提供数据信息。信息查询主要从资产台账、资产状态、资产入库、资产出库、资产投保和资产理赔六个方面为系统用户提供数据查询服务。

（13）业务监管

通过监管可以帮助业务和管理人员对重要业务的执行情况进行自动跟踪和反馈,为采取措施、提高效率提供数据支撑。业务监管主要分为可调未调监管、调入未执行监管、调出未执行监管、保养监管、维修监管和巡检监管六方面。

（14）单据查询

单据查询是为了方便业务和管理人员对业务进行追溯分析而专门设置的功能模块,在单据查询中,可以根据业务类型、单据种类、单据编号、创建日期等信息对系统所有单据进行查询追溯。

（15）流程查询

流程查询是为了方便业务和管理人员对业务流程进行到哪一步而专门设置的功能模块,在流程查询中,可以根据单据编号查询与该单据相关联的业务进行到流程的哪一步,以便业务人员提前做好业务准备。

（16）可视化分析

可视化分析主要包括资产分布、资产状态、资产利用率以及资产维护成本等。系统通过饼状图、曲线图等直观的图示方式进行资产的可视化分析展示。通过对数据全面、合理的分析，反映资产资金分布、资产状态、资产利用率，便于相关管理人员和业务人员了解资产的总体及变化情况。

（17）系统管理

系统管理是系统数据定义、维护的功能模块，由系统管理员进行操作，对系统用户进行授权，对系统运行所需的基础数据进行集中管理。系统管理主要包括角色信息、角色权限、部门管理等。

2.6.3.2　煤矿资产管控系统

煤矿资产管控系统主要包含入库管理、出库管理、盘点管理、报废管理、风险管理、共享管理、业务监管、预警管理、保养管理、信息查询、单据查询、流程查询、资产追溯、报表管理、可视化分析及系统管理等。下面详细介绍了各模块的功能设计。

（1）入库管理

入库是指资产到矿后办理登记、检验、接收入库等一系列事务并生成相应凭证的过程。

入库管理业务类型包括采购入库、调拨入库、租赁入库、返外维修入库、租出归还入库、盘盈入库及其他入库七种业务类型。

（2）出库管理

出库是资产管理部门根据领用部门办理的出库凭证，或账务调整的业务凭证，按其所列编码、名称、规格/型号、数量等信息，组织出库的一系列活动的总称。出库管理业务类型包括领用出库、调拨出库、盘亏出库、报废出库、维修出库、出租出库、租赁归还、退库出库和其他出库九种业务类型。

（3）盘点管理

盘点是指定期或临时对资产的实际数量进行清查、清点的作业，对实际数量与系统账上记录的数量相核对，以便准确地掌握资产数量，确认账物相符。盘点管理业务描述为总资产管理员通过资产种类和资产存放位置等条件创建盘点任务单，盘点任务单按部门自动分解成盘点作业单并推送至各部门资产管理员。

（4）报废管理

报废是指资产不能继续使用或由于设备改造不再使用，按照管理制度进行申请、审批，将该类资产从资产中下账的业务处理。报废管理业务描述可以概述为部门资产管理员根据资产保管状况或使用情况填写报废申请单，选择报废原因，确认无误后提请审批。

（5）风险管理

风险管理是指对资产的投保理赔信息进行业务处理的过程。主要分为投保管理和理赔管理。其中投保管理指的是业务人员对资产投保信息进行维护登记；而理赔管理是指业务人员对资产理赔信息进行维护登记。

（6）共享管理

共享管理是为了最大化发挥资产效用、解决资产闲置与紧缺的矛盾，而通过建立资源共享池，鼓励各部门资产管理员将本部门闲置资产进行入池处理，需求部门则可以在共享池中寻找所需要的资产，从而盘活资产、节约资金。共享管理包括资产闲置和资产复用两种业务类型。

（7）预警管理

预警管理是针对系统数据按照事先设定的规则向相关人员进行警示提醒，通过预警可以帮助业务和管理人员提前对一些特殊情况采取措施、降低损失。系统中预警的实现遵循实时性和灵活性原则。预警管理包括到寿预警、到期预警和脱保预警等预警方式。

（8）任务管理

系统支持负责设备维修保养的技术人员根据设备保养手册在系统中建立保养知识库，系统根据知识库自动生成保养任务并推送设备保养、检验和知识库的更新维护。任务管理包含维修任务、保养任务和巡检任务。

（9）业务监管

通过监管可以帮助业务和管理人员对重要业务的执行情况进行自动跟踪和反馈，为采取措施、提高效率提供数据支撑。业务监管包含盘点监管、门禁监管、维修监管、保养监管和巡检监管等。

（10）信息查询

信息查询为系统用户根据工作需要，系统向用户提供台账、业务、资产状态等信息查询服务，满足业务过程的信息查看需要，或根据统计需要查询各种明细，为灵活生成其他形式的报表提供数据信息。信息查询主要从资产台账、资产状态、资产入库、资产出库、资产投保和资产理赔六个方面为系统用户提供数据查询服务。

（11）单据查询

单据查询是为了方便业务和管理人员对业务进行追溯分析而专门设置的功能模块，在单据查询中，可以根据业务类型、单据种类、单据编号、创建日期等信息对系统所有单据进行查询追溯。

（12）追溯管理

追溯管理主要包括流程追溯和单品追溯。其中流程追溯是为了方便业务和管理人员对业务流程进行到哪一步而专门设置的功能模块，在流程追溯中，可以根据单据编号查询与该单据相关联的业务进行到流程的哪一步，以便业务人员提前做好业务准备。

单品追溯是指对资产出入库、维修保养及位置移动的逆向追踪。系统通过资产编号获取资产从采购、使用、维修、闲置到报废等阶段的全寿命周期的位置移动等业务。

（13）报表管理

资产系统报表包括资产分布月报表、部门资产月报表、入库类型月报表和出库类型月报表。

（14）可视化分析

可视化分析是指系统通过饼状图、曲线图等直观的图示方式反映资产分布及变化，通过对出入存数据全面、合理的分析，反映资产资金分布及变化，便于相关管理人员和业务人员了解资产的总体及变化情况。

（15）系统管理

系统管理是系统数据定义、维护的功能模块，由系统管理员进行操作，对系统用户进行授权，对系统运行所需的基础数据进行集中管理。系统管理主要包括角色信息、角色权限、部门管理、岗位管理等。

2.6.4 平台特点

从技术、流程及业务规则等方面分析,该系统具有以下四个显著特点。

2.6.4.1 盘点高效化

由于资产规模庞大、种类众多、分布广泛,对资产的全面盘点既耗时费力,又差错长存。每次盘点都相当于执行一次重大任务,由五六个人组成的工作小组往往要历时两三个月才能完成一次资产清查任务;而清查结束后的差异处理所耗费的时间和精力甚至会超过清查本身,这无疑给企业带来了极大的管理成本。

本系统对盘点业务流程进行了全面再造,将盘点任务分解至各部门的资产管理员,改变了原来财务部门统一盘点的业务模式,极大提高了盘点效率;另外,系统提供目录工具,只对可盘、需盘资产进行实际盘点,这样就可以避免建筑物、井下支架等不需要或无法挂装电子标签的特殊资产也被纳入盘点范围,既体现了灵活性,也增加了针对性,提高了整体效率。

2.6.4.2 预警智能化

系统通过设备寿命和租期等信息,自动对相应业务的管理提前发出预警,避免设备超期服役可能带来的安全隐患,避免租赁到期未及时归还带来的合同纠纷,从而方便管理和业务人员及早采取处置措施,避免各种不必要的损失。

2.6.4.3 监管动态化

长期以来,如何对各种业务的过程进行有效管控与跟踪是困扰所有企业的难题,如果追求管理的精益,就意味着巨大的管理成本,如果不付出高昂的成本,业务效果往往就大打折扣;通过对资产管理相关业务的分析,系统在盘点和门禁管理中引入了自动监管模式,管理者能够清楚地看到任一时刻的业务进度和结果,极大节省了管理成本,也避免了人为监管的各种矛盾。

2.6.4.4 资源共享化

系统通过资源共享池的建立,鼓励各部门资产管理员将本部门闲置资产进行入池处理,需求部门则可以在共享池寻找所需要的资产,从而盘活资产、节约资金。

2.7 项目管控系统设计

2.7.1 设计思路与目标

站在公司视角,以公司整体管控要求为出发点,整体设计体现"业务合规、风险管控;流程标准、全程监控;文档一体、知识共享",保障项目从决策到实施全过程管理、监督和控制,提高项目业务合规性,降低投资风险。

2.7.1.1 "流程合规化"设计思路

流程合规化是投资业务管理提升的基础。通过投资业务流程信息化,提高业务开展的规范性,降低业务操作环节的风险。

2.7.1.2 "文档一体化"设计思路

文档是投资业务知识和项目资料的综合信息库。通过投资业务全生命周期的文档归集,提高项目管理的综合能力及知识累积、传递。

"文档一体化"是从文书管理和档案管理的全局出发,实现从文件生成、办理到档案归档管理的全过程管理,保证文件内容的完整性、元数据数据结构的一致性,从文书到档案的数据畅通、完整性。文档库的形成保证了文档信息收集完整、系统、准确,既有利于对业务过程进行监督、管理,也为投资管理业务分析提供基础数据。

2.7.1.3 "统计标准化"设计思路

统计分析是投资业务状态及发展趋势的全景展示窗口。通过数据填报、数据分析、报表展现能力为投资业务管理者提供统一规范的业务数据展现平台。

"统计标准化"是为了使统计工作能够及时、准确地反映企业投资情况,实现其服务、监督的管理职能,基于业务过程和业务数据基础,对业务全过程进行统计分析,为业务部门、相关领导提供对业务开展的数据分析,达到对业务进行总体了解、分析以及后续工作开展 。

2.7.1.4 "监控常态化"设计思路

项目监控是投资业务动态监控及问题发现的有效途径。通过监控指标设计、监控数据分析,为投资业务管理提供预警、报警等管理功能,快速发现投资业务的问题所在。

"监控常态化"是将投资管理过程的不定期抽查、检查管理转变为根据预先设置的业务规则进行常态化监督管理。常态化监控会对更广泛的业务环节、业务内容进行监控,保证更多的业务合规;也可以根据业务的变化,动态调整业务规则,以保证业务监控的最佳效果。

2.7.2 总体设计

项目能力框架模型将工程管理界定为九块能力:项目前期、项目设计、项目计划、过程管理(合同管理、施工管理、造价管理和变更管理)、竣工验收、后评价、项目质量安全管理、项目组织执行力和项目信息管理。

具体每一项能力的详细定义如下:

- 项目前期

主要包括项目可行性研究、项目立项筛选、项目立项审批过程等一系列工作。

可支持网上自助提报项目并完成立项审批工作,可对项目的投资决策进行定量化考评;可对项目可研质量进行跟踪分析。

- 项目设计

① 明确项目单位工程划分和分部分项的构成,及其所需的设备、物资;并明确定额与取费标准。

② 支持项目概算和预算管理和监控,为项目投资提供决策信息。

- 项目计划

① 项目计划是基于施工图开展项目建设的重要环节,是确保项目有序开展建设和安装等业务的基础。

② 该环节包括了工期进度计划、资金、质量计划、项目执行对象的选定以及物资设备到位计划确定。

- 过程管理

① 包括合同管理、进度管理、造价管理和变更管理。

② 合同管理包括合同范围、有效期、金额、付款等一系列重要环节的管理和监控。

③ 施工管理涉及工程进度、项目管理单位、施工措施、施工资料管理和信息统计等

方面。

④ 造价管理通过对工程量套价和成本核算的跟踪,及时准确掌握项目投资情况,预防超预算风险。

⑤ 变更直接关系到工程进度、质量和投资控制,对确保工程质量和工期,控制工程造价非常重要。

- 竣工验收

① 可基于项目竣工验收前工程程序,自动生成相关报表和清单,如设备清册、固定资产移交、工程结算和决算报表;为竣工验收提供计划和进度跟踪支持,为竣工资料收集和移交提供信息化支撑。

② 能够正确反映建设工程的实际造价和投资结果;可通过竣工决算与概算、预算的对比分析,考核投资控制的工作成效。

- 项目后评价

① 项目后评价管理是对项目投资和实施的总体评价和总结,是确保项目执行过程中经验教训能被应用到后续工作中的前提,是项目全生命周期闭环管理和项目管理螺旋式上升的关键。

② 有明确的后评价内容规范和指标体系,相关指标可基于项目过程信息自动生成。

- 项目质量安全

先进企业拥有完整的质量安全标准体系,标准之间层次分明,相互支撑,用于项目状态监控和指导工作管理。

- 项目组织执行力

① 确定高效和适用的项目组织,如矩阵式项目组织,建立明确的项目实施管理制度。

② 基于已建立的标准业务流程,明确到项目岗位及其职责,避免重叠交叉和空缺。

- 项目信息管理

① 项目信息的实时性、透明性和集成性,将直接影响项目全生命周期中的各个工作环节执行。

② 促使业务模式、组织架构乃至经营战略更高效和顺畅地改进。

2.7.2.1　项目前期

主要包括项目可行性研究、项目立项筛选、项目立项的审批过程等一系列工作;支持网上自助提报项目并完成立项审批工作,对项目的投资决策进行定量化考评;对项目可研质量进行跟踪分析。

围绕企业整体战略制定分类投资策略,针对不同项目分类(例如新建、改扩建、产业升级、重大技改、一般技改、国债和专项基金等),制定不同的评估策略;利用评估体系进行测评,优化项目投资决策。建立足以支持科学决策的可研深度和细度的标准。制定审批的授权机制,确保整个核准、立项审批工作正常进行;公司层面的统一立项,统一项目资源管理,建立项目储备池制度,明确合理的项目储备数量,并对储备项目进行优先级划分,建立项目储备的滚动修正机制;建立基于典型项目的估算标准,建立可研报告质量考核机制。

项目分类分级界定清晰,针对不同的项目类型有明确的管理和清晰的审批与备案制度;为一些重大工程和应急工程建立紧急项目的审批程序。基于需求和投资决策保证每类项目都有足够的可选项目,通过投资优化组合,确定年投资计划;针对计划外项目和急需项目,严格执行审批流程,进行责任追究管理。

2.7.2.2　项目设计

明确项目单位工程划分和分部分项的构成及其所需的设备、物资,并明确定额与取费标准。支持项目概算和预算管理和监控,为项目投资提供决策信息。

委托设计院或其他服务商时,有明确的设计要求和标准;设计院有明确的单位工程划分依据,可提供清晰的单位工程清单,所有专业设计如矿建、土建、安装和设备都是基于单位工程展开。项目设计明确的单位清单是未来制定项目计划的依据,针对设计各项有明确的取费标准和依据,并可按照项目进行分层造价汇总。

给予科学的招标和设计期限,确保设计方案充分论证和评审;具有明确的设计规范和审核标准,具有明确的设计深度和标准要求;对重要设计原则进行确认,督促深化图纸设计。

2.7.2.3　项目计划

项目计划是基于施工图开展项目建设的重要环节,是确保项目有序开展建设和安装等业务的基础;该环节包括了工期进度计划、资金、质量计划、项目执行对象的选定以及物资设备到位计划确定。

依据项目设计明确的单位工程,按照施工图设计要求,明确项目各类计划;对于部分采购周期或者定制周期长的设备,需要在项目或单位工程开工之前开展相关工作,以确保项目的顺利开展。

① 进度计划:按项目特点,设立计划节点,作为项目施工过程的重要检查点;按照项目分级分类情况,制定一级、二级、三级进度计划。

② 采购计划:制定明确的采购计划,包括设备的招标计划,将该计划及时反映到物资采购部门,及时掌握采购物资到货计划;基于设备采购到货情况,为形成设备清册提供准备。

③ 招标计划:按招标方式和组织形式,基于工程需要进行日期倒排,提前做好相关工作和资料准备;实现招标与合同签订的业务衔接。

④ 资金计划:及时将资金计划反馈到资金管理部门,提高部门间的协作效率。

⑤ 质量安全计划:明确质量安全计划,并制定未来执行方案和检查时间表。

2.7.2.4　项目合同

项目合同涉及项目施工、监理和设计等服务合同,及项目设备和物资的采购合同。合同管理包括合同范围、有效期、金额、付款等一系列重要环节的管理和监控。

合同业务有明确的组织结构和职责、审批流程和权限;在合同签订过程和合同执行过程中,运用信息手段,从概预算、合同金额和合同付款等方面,加强监控和风险评估力度,从而达到降低成本目的。利用信息平台,基于标准合同范本生成合同文本;对合同范围、进度款支付约定、有效期、金额、付款进行管理,达到合同执行的动态、实时监控。建立统一的合同台账记录标准和台账共享,在签订合同时充分听取法律顾问和财务顾问的意见,控制潜在风险。

在项目合同管理方面的领先做法如下:

① 优化合同管理流程,在保证合同严谨性前提下,提高合同签订时效性;

② 建立不同项目类型的标准合同范本,设定不同审批流程;

③ 建立统一的信息化合同台账,对合同进行实时动态监控。

2.7.2.5　施工管理

施工管理涉及工程进度、项目管理单位、施工措施、施工资料管理和信息统计等方面。

实现工程部门与采购部门的统一平台协作,工程管理人员可实时掌握设备和材料采购、到货情况;实现各部门间的工程招标、工程进度和资金进度等信息的共享,提高进度审核和应付款确认效率。通过计划成本和实际成本对工程进度进行定量化分析,有效识别项目风险并予以纠正;定期生成进度、资金、质量与安全等方面的报告;通过智能系统,对项目执行指标进行分析,为决策和风险防范提供支持。

2.7.2.6　项目造价

造价管理通过对工程量套价和成本核算的跟踪,及时准确掌握项目投资情况,预防超预算风险。

① 细分项目概算到项目分解结构,限制合同金额不能超过单项概预算;

② 加强概预算的控制作用,通过资金拨付控制项目总支出,通过概预算明细实时控制单位工程实际支出;

③ 付款严格按照合同规定,进行应付款确认;

④ 单笔合同付款与项目进度匹配,用合同总额和付款条件控制合同单笔付款;

⑤ 基于进度的项目资金需求计划,提供财务资金流预测依据。

2.7.2.7　项目变更

变更直接关系到工程进度、质量和投资控制,对确保工程质量和工期,控制工程造价非常重要。

严格执行项目变更流程和制度,建立不同类型变更的流程和审批机制,既保证项目的进度要求,又起到控制项目质量和成本的作用;跟踪项目变更的情况,分析总结发生变更的原因,为项目设计和计划工作提供历史性的数据。

2.7.2.8　竣工验收

可基于项目竣工验收前的工程程序自动生成相关报表和清单,如设备清册、固定资产移交、工程结算和决算报表,为竣工验收提供计划和进度跟踪支持,为竣工资料收集和交接提供信息化支撑。能够正确反映建设工程的实际造价和投资结果;可通过竣工决算与概算、预算的对比分析,考核投资控制的工作成效。

按照项目分类和分级管理,明确竣工验收组织和职责,制定明确的竣工验收管理办法和业务指引。通过制订项目竣工计划,为项目竣工阶段的工作提供指导;有明确的建设和生产交接工作流程、工作内容和工作时限,竣工交接文档齐全;基于项目采购和成本信息,按照财务规范,及时出具设备清册,完成设备转资;联动财务、设备管理部门,建立设备与资产的联动关系,保证账、卡、物一致;基于工程前期项目信息和项目造价信息,快捷获得竣工结算所需信息;依据分摊规则自动完成待摊费用的分摊,系统生成基建决算报表,提高决算效率。借助于科学的档案管理和存放办法,依托信息化手段实现档案目录化定点存放;便捷地收集项目文档,档案能按规范保存。

2.7.2.9　后评价

项目后评价管理是对项目投资和实施的总体评价和总结,是确保项目执行过程中经验教训能被应用到后续工作中的前提,是项目全生命周期闭环管理和项目管理螺旋式上升的关键;有明确的后评价内容规范和指标体系,相关指标可基于项目过程信息自动生成。

规范项目过程中数据、文件、合同等管理,为项目后评价提供依据。建立统一、标准、透明的项目后评价体系,采用定量和定性分析相结合的方式进行项目后评价。后评价结果作为总结经验教训的管理工具,但不作为追究责任的手段。

2.7.2.10　需求分析

(1) 项目管理各层级业务单元的关注重点

矿业公司:项目的决策机构,主责项目的决策、指导和监督工作,具体包括投资方向及业务研究、项目决策、项目实施管控、项目后评价。

投资主体:项目的运营管理机构,负责项目申报、组织项目实施、项目监控、项目运营。

(2) 项目管理面临的问题

• 矿业公司层面

业务研究:知识信息如何有效传递及共享? 研究过程如何高效协同?

投资决策:如何正确决策? 如何保证决策过程合规? 如何提高工作效率?

实施管控:如何准确、及时掌握项目情况? 如何保证监控策略与公司战略对齐?

后评价:如何快速获取完整的项目信息? 整改建议如何确保落实?

• 投资主体层面

项目申报:材料如何能更加符合公司管理要求? 历史资料如何快速获取?

项目实施:项目组织工作如何更能降低控制风险? 历史经验如何借鉴?

项目监控:如何保证项目的进度、质量、资金安全? 如何全面掌握项目建设过程数据?

项目运营:如何及时掌握项目运营状态? 如何快速发现项目运营风险并及时处置?

• 建设单位层面

如何高效组织项目工作开展?

如何及时、准确地向上汇报项目状态?

如何应对众多的各类外部监督?

(3) 项目管控信息化系统的建设目标

大型企业项目管控面临诸多的挑战和问题,如何解决十分关键。

项目管控信息化系统的总体建设目标是,将企业的业务管理制度、规范与先进的现代企业投资管理方法固化为投资决策管理信息化平台,与传统的项目管理系统一同构成项目管控业务领域的信息化支撑体系,将管理合规、风险控制的理念融入具体工作过程中,实现业务专业化、流程标准化、知识共享化,促进项目管理由职能管理向价值创造的转变。

2.7.2.11　解决思路

搭建"横向协同、纵向管控""统一""一体"的建设项目管控系统。

(1) 横向协同

① 实现矿业公司各相关部门、下属厂矿各部门以及下属厂矿与参建单位之间的协同管理,提高管理效率。

② 为不同岗位人员的相关决策和工作提供及时的信息支持。通过授权决策层和管理层有关人员可以随时了解项目的进展情况和存在的问题,并做出相关的反应。

③ 使参与项目管理的各部门、人员及时、高效沟通,缩短信息传递时间,提高沟通效率。

(2) 纵向管控

① 按照项目建设中公司与下属厂矿、参建单位承担的不同职责以及项目建设各阶段管

理要求,设定项目各个阶段的决策、管控点,通过信息化手段予以实现管控目标。

②实现项目决策阶段各关键要素的标准化、规范化、齐全化,所有决策信息在系统中得以保存。

③实现项目建设过程中开工、进度、概算、质量、安全目标的分级审批、数据查阅及控制。

(3)统一管理

①建成统一的流程清晰、业务全覆盖的公司级项目管控系统。

②形成规范的从投资决策、项目前期、投资计划、项目招投标、项目开工、施工现场管理、工程款结算、竣工验收、项目后评价等项目全生命周期管理流程。

③上述每个阶段的业务全部信息化管理,每项业务的功能包括审批、办理、归档、数据分析和信息查询。

(4)一体集成

①具备与公司现有系统的集成功能。

②通过梳理数据关系、业务关系,建立起项目过程数据与业务运营数据的集成,避免数据的重复录入、缺失及不一致性,从而形成统一的、全面的、准确的项目执行信息。

2.7.3　功能设计

2.7.3.1　项目前期管理

项目前期管理主要包括项目策划、前期报建、规划设计方案、开工准备等。

2.7.3.2　项目进度管理

项目进度管理包括进度模板、进度编制、进度填报、进度调整等功能。

2.7.3.3　预算管理

预算管理主要包括预算编制、预算控制、预算调整和预算执行报告等预算管理功能以及工程量核定、变更签证核定等具体业务。

2.7.3.4　合同管理

合同管理包括合同分类标准制定,录入招标结果,根据招标结果生成合同,录入合同基本信息并上传附件,按照规定进行合同会审、审批。

以合同为线索记录合同变更、补充合同以及设计变更、现场签证等计量信息。

管理付款、结算、供应商评价及保证金管理等履约活动。

查询合同台账、付款台账。

2.7.3.5　质量安全管理

质量安全管理包括标准体系建立,目标计划制定,检查报告以及处理意见发布,问题整改及验收等。并支持停检点设置,停工单/复工单及奖励单/扣款单等业务操作。

2.7.3.6　文档管理

文档管理的主要功能是通过系统提前设置好文档分类以及每个业务单据生成的结果(上传附件)与文档的对应关系,使得系统能够自动归集业务处理环节中的文档资料,并支持手动上传文件。

通过系统可设定文档权限,具备权限的人员可查询相应档案。

2.7.3.7 验收决算管理

系统支持阶段验收和竣工验收,可以将验收结果以及验收问题记录到系统中,并支持验收问题处理的验证。

支持上传竣工决算资料附件(或记录竣工结算附件收集情况),记录内部审核以及决算审计结果。

支持定义项目产出物,当设备达到转资产条件时进行资产转固(或预转固)。

2.7.3.8 项目报告系统

项目报告系统包括工程报告,项目中期评估和项目后评价三大功能。

工程报告支持施工日志和工程月报。

项目中期评估和项目后评价包括方案制定、数据收集、报告编制、汇总、生成等功能。可以设定项目指标库,定义项目指标,在项目执行过程中可以自动按照规则归类相关指标。

项目后评估生成的指标也可以归类到指标库中,为后续项目做参考。

2.8 销售管控系统设计

2.8.1 设计思路与目标

2.8.1.1 背景介绍

整个陕煤集团煤炭及相关产品的专业化销售和大物流体系建设,主要由陕煤运销集团负责。目前地销煤主要通过西煤交易进行拍卖销售,铁销和港销主要是运销集团自行销售。运销集团及相关单位的信息化现状如表 2-1 所示。

表 2-1 各信息系统现状描述

序号	信息系统	现状描述
1	西煤交易系统	目前西煤交易主要实现煤炭的拍卖过程管理,未与运销实现系统对接。目前拍卖信息及竞拍结果主要通过人工参与方式进行传递
2	矿井端地磅与装车系统	当前矿井大多数均有自动化装车系统和地磅称重系统,但大多数为独立系统,未与煤炭运销管理信息系统实现系统对接自动交互
3	运销系统	运销系统是陕煤运销集团运销管理内部系统,主要包含用户数据、销售数据、调运数据、质量数据的管理以及各种内部审批流程管理
4	政府监管系统	政府煤炭相关监管部门,有自己的管理系统,目前主要通过纸质票据的方式实现业务管理
5	陕煤集团财务系统	目前集团财务系统主要实现资金、账务、结算等管理,独立运行,与煤炭运销管理信息系统暂无对接
6	第三方质检系统	目前涉及煤炭销售环节的第三方质检公司,部分有自己的质检管理系统,但都未与煤炭运销管理信息系统对接,主要靠人工方式传递质检报告

借鉴"智慧销售"理念,创新煤炭运销服务模式,延伸煤炭运销的价值服务链条,借鉴"物

流透明"理念,整合煤炭物流运输资源,打造"煤炭数字化销售管理平台",推动陕北矿业煤炭运销模式升级,实现"运销一体化""业务数字化""服务在线化""管理精细化""决策智能化"。

2.8.1.2 建设目标

销售管控平台主要实现销售业务的协同和数据积累及分析。对产生的各类数据进行比对分析,通过服务接口把原有的业务资源按统一标准进行开发部署,通过业务分解聚合,形成一系列统一对外提供服务的服务接口,实现各种资源的大集成,各类业务处理的大协同;通过各类业务事项和对各种数据资源进行分析,形成各类业务图表,通过一站通、一张屏,对陕煤集团、运销集团、陕北矿业公司、下属煤矿企业、个人、政府部门提供方方面面的服务。通过建设智能物流调度,实现矿业公司端业务全局统筹、全流程打通和联动,发挥运销规模优势,提升运营效率。

平台需要对接的系统有:西煤交易系统、矿业公司运销系统、矿井端销售管理平台、物流公司系统、行业第三方数据系统、政府监管部门系统、运输服务商系统、社会信用体系等。考虑后续业务扩展,预留对接西煤交易以外其他交易中心、煤炭销售企业、行业生态相关服务商等。

在陕北矿业公司调度指挥中心,可实现西煤交易动态、销售业务动态、物流运输动态等数据实时展示、监控和管理。

① 数据可视化:今日的收发煤炭情况、各类型的合同进度、煤质的化验情况、路途的运输异常率等。

② 下属煤矿管控:本月每一天的销售情况、客户统计、煤矿厂区的车辆情况等。

2.8.2 总体设计

2.8.2.1 销售管理平台

(1) 系统对接

系统通过数据汇聚平台对接西煤交易系统、矿业公司运销系统、矿井端销售管理平台、物流公司系统、政府监管部门系统、财务系统、第三方质检系统、行业第三方数据平台、金融服务系统、车辆后服务商系统等。

• 西煤交易系统对接

交易中心的对接拍卖成交信息,将通过系统对接的方式,交易结果推送到数据平台统一调度,经过智慧运销管理平台处理,最终推送至智能物流调度平台实现业务处理。

• 矿井地磅与装车系统对接

当前提煤车辆信息是现场手工录入矿业公司系统,持卡提煤。每个车辆提煤后,提煤的台账信息(调拨量、当日提煤量、剩余量)通过人工统计反馈给运销系统。

系统实现矿业公司地磅与装车系统的对接,提煤的台账信息(调拨量、当日提煤量、剩余量)在线实时统计反馈给运销系统。

• 物流公司系统对接

系统实现与物流公司业务系统的对接,实现信息交互和共享。从物流公司系统同步相关的认证车辆信息、司机信息、车主信息,以及承运在途车辆的定位信息等。同时,向物流公司系统推送待运货源信息、派单信息等。

• 政府监管系统对接

系统预留接口,与政府监管系统对接,实现相关的信息流转。

第三方质检系统对接：与第三方质检公司质检系统实现对接，及时对质检情况进行整体的把控。

行业第三方数据对接：中国煤炭市场网（CCTD）等第三方数据平台拥有中国煤炭行业最权威和最全面的数据，对接包括各维度价格数据、各行业煤炭使用数据统计、各个煤炭市场的价格指数、产销量及库存信息、其他工业品价格信息、其他部分行业投资信息等。接入中国煤炭资源网、期货、区域煤炭交易中心、保险、金融等第三方行业数据，提升数据沉淀和分析能力。

（2）智慧运销

以客户服务为中心，以合同为主线，以结算管理为重点，有效整合客户、供货单位、分支机构、企业本身等主体资源，通过信息协同、共享、集成等构建良好的结算生态，从而实现资源共享一体化工作的智慧销售管理平台。

平台可实现与其他系统的集成、对接，实现业务数据的自动获取与共享，且具有适用性、先进性、契合性、可拓展性、可集成性。同时要满足目前公司管理现状和未来发展的需要。

（3）数据分析系统

定制开发智慧运销 BI 大数据分析系统，其包含但不限于以下内容：

① 行情分析：煤炭库存、产量、运量、销量、价格指数、重点企业库存可用天数。

② 煤炭分析：煤炭储量、产能、产量、库存、销量、运量、煤企统计数据对比呈现，电厂分析（行业发电量、用电量、供热量、煤炭需求量），钢厂分析（行业产量、销量、库存、煤炭需求量），煤炭进出口信息统计及变化趋势，能源结构分析（煤炭在所有能源消费中所占比例的变化趋势），煤企及矿区分析（煤企及所辖矿区分布，及各矿区产量、销量、存量数据统计）、重点企业能源分析（结合产能计划及库存可用天数制定重点企业营销策略）。

③ 客户分析：指挥调度中心 BI 数据分析系统包含但不限于以下内容：客户信息收集整理、重点客户画像、煤炭在途分析、客户信用信息、销售计划、销售合同、客户账款等。

④ 预测分析：煤炭产量预测、煤炭销量预测、运力需求及行情预测、煤炭市场价格指数预测。

2.8.2.2 产运销监测平台

（1）平台系统架构

监测平台负责对各个煤矿及煤炭运销管理中心的运销监控系统信息进行采集、监测、汇总和存储，同时集成远程坑口产量监控系统，对各煤矿产量同步监控，管辖区域煤炭产运销监测平台联网建成后，将成为煤矿企业产运销信息化监管的神经中枢。

（2）平台性能指标

煤炭产运销监测平台中电子票据的使用贯穿整个过程。电子票据的核心思想就是将实物票据电子化，电子票据可以如同实物票据一样进行转让、贴现、质押、托收等行为。传统票据业务中的各项票据业务的流程均没有改变，只是每一个环节都加载了电子化处理手段，使业务操作的手段和对象发生了根本的改变。在此过程中，煤矿产运销监测平台可实现的功能如下所述：

① 系统采用加密和权限控制技术保证数据不可篡改，保证数据的完整性和可靠性。

② 系统对各种数据进行自动统计并上传，能源局监管部门根据系统统计的数据掌握煤矿企业的产量、销售量、销售金额，定期打印报表，按实际销量缴纳规定税费。

③ 能源局监管部门相关人员可通过 WEB 或 App 查询各矿每日产量、销售量等信息，

以达到监管考核目的。

④ 在系统打印票据的同时,监控装置抓拍运煤车辆照片。开票完成后系统自动将票据信息与监控照片作为运销凭证上传至煤炭运销管理监控中心。煤矿通过系统统计可查询到所有拉煤车辆信息,便于了解煤炭销售情况。

⑤ 激光雷达扫描仪及红外可视摄像机校正运煤车辆在电子地衡上的位置,并对坑口与计量站运煤车辆的种类及数量进行统计计数,从而估计煤矿企业产量与销售量。

⑥ 系统自动将采集的数据信息通过网络传输到运销管理监控中心,以便主管部门工作人员及上级领导随时调度查看各煤矿生产运销情况。

⑦ 通过电子票据核查监控管理软件,核查过往煤车出矿的电子票据和司机随身卡上信息是否与计量站现场计量的数据相符合。

⑧ 通过煤炭车辆智能分析记录报警仪核查运煤车辆是否按照计量站电子票据核查监控管理系统预定流程运行,如果未按照预定流程运行则将报警、抓拍、统计计数等信息上传至煤炭运销管理监控中心。

⑨ 煤炭车辆智能分析记录报警仪、视频监控系统等数据通过 4G 网络进行通信,统一上传至煤炭运销管理监控中心。

⑩ 视频监控系统时刻监控煤矿坑口、计量站的电子地磅、现场、室内操作台、计量站磅房进出口。

(3)平台实施要求

产运销监控系统的正常实施需要满足以下要求:

① 煤矿安装电子票据税费监控管理系统、地衡、4G 网络连接设备、煤炭安全信息沟通平台;

② 所有坑口安装煤炭车辆智能分析记录监控系统,计量站安装计量站电子票据核查监控管理系统、地衡、网络连接设备、视频监控与车辆智能分析系统、煤炭安全信息沟通平台;

③ 煤炭运销管理中心设立流动稽查队,流动稽查车配备专用的票据系统工控机,通过网络访问煤炭运销管理监控中心,随时随地核查公路运煤车辆是否符合"一车一票一卡"制度;

④ 煤炭收费大厅设立部门收费窗口,按电子票据系统统计的煤矿销售数据在窗口前依次缴费,票证科根据煤矿持税费单据和电子票据收费系统的已收讫标识发放新票;

⑤ 煤炭运销管理监控中心实时监控煤矿、计量站运销管理系统的信息(运销数据、报警数据、坑口与计量站视频监控数据等)。

2.8.3 功能设计

2.8.3.1 销售管理平台

平台可实现与其他系统的集成、对接,实现业务数据的自动获取与共享,且具有适用性、先进性、契合性、可拓展性、可集成性。同时要满足目前公司管理现状和未来发展的需要。

(1)总则

① 用户客户端使用主流 WEB 浏览器的最新版本,应尽可能轻量化,尽量避免使用插件。

② 平台技术体系结构应符合主流技术规范。

③ 平台架构采用微服务架构。

（2）整体技术要求

① 平台设计应采用行业领先、主流、成熟的开放性技术，使平台具备较高程度的可扩充性技术和行业领先性。同时，易于部署和推广。

② 平台使用成熟开发语言；支持企业级管理软件的快速开发、满足个性化管理的需求，同时要求实施运维标准化、易操作。

③ 平台支持统一开放的标准，如 HTTP、XML、SOAP、WSDL 等，使用但不限于 Web Service 交换技术和 ESB 技术，方便实现与外部系统集成。

④ 数据库要求支持 MySQL 或 Oracle10g 以上。

⑤ 平台必须支持流程灵活配置和自定义，支持异构系统间的数据应用集成。

⑥ 系统在设计时必须充分考虑系统每个模块的可扩充接口，保证系统能随时加挂各种应用模块。

⑦ 系统应具有先进的安全与冗错机制，应从数据传输层安全、数据存储安全、事务处理安全、网络结构安全四个方面对系统的应用安全性进行整体考虑。建立安全认证体系，向所有使用者提供身份认证，保证信息传输过程中的信息保密性和完整性。

（3）安全性要求

① 系统设计需考虑物理安全、网络安全、数据安全、业务安全等；

② 系统必须有严密的权限机制，保证业务数据的安全；

③ 从系统安全、系统高可用性等方面考虑及规划；

④ 要求保证数据的完整性、不可否认性；

⑤ 充分考虑到用户错误操作对系统安全运行的影响并能提供相应补救措施；

⑥ 充分考虑到系统模块故障对系统安全运行的影响并能提供相应补救措施。

（4）平台架构要求

采用 B/S 架构，无须安装客户端。

• 软件平台可维护性指标和时间特性的设计

普通情况下，根据国际标准 3-5-8 原则推算业务处理时间。

登录时间最长不超过 3 s。

页面之间跳转时间不超过 3 s。

平均时间在 2～3 s 以内。

• 系统容量的设计

静态用户（注册用户）在 50 000 以上。

动态用户（在线用户）在 15 000 以上。

并发数 20 000 以上。

• 系统稳定性指标的设计

系统有效工作时间≥99.5%。

Web 服务持续稳定工作时间≥3 d(72 h)。

• 业务处理能力性能指标的设计

在业务高峰时，每分钟能够同时处理 150 笔数据维护更新操作；100 笔的数据查询操作（估算得出）。

在 30 000 个并发用户访问时，确定条件的信息查询响应时间小于 5 s。

每笔业务的响应时间在 5 s 以内。

登录要求响应时间在 5 s 以内。

业务处理(每秒请求数)≥4 次/s。

(5)支持手机移动办公

接口要求:平台可以实现与财务、陕西煤炭交易中心、第三方质检、中国煤炭资源网(CCTD)、矿方装车等系统集成,可实现人力、西安路局、主数据、其他第三方等系统的接口预留,以及未来发展目标:大数据应用平台多方主体参与的接口预留。接口的设计规范主要包含:功能描述、请求地址、请求方式、请求参数、响应元素、报文格式。同时,按需实现异构等系统间的集成和单点登录。

易用性要求:平台易为不同用户所理解掌握,操作简单,界面友好、可自定义等,符合公司操作人员的工作习惯。

平台适应性及扩展性,平台具有在需求或环境发生变化时,可应对变化的适应能力,比如流程变化,组织结构变化等。

考虑原有数据向平台的可迁移性。

(6)部署方案要求

平台 WEB 服务器支撑操作系统:Linux Centos7.X 及以上

(7)平台响应要求

平台应提供较高的平台响应速度,在 3 000 用户同时访问平台,应确保用户页面、业务操作保存或提交响应时间应在 3 s 以内,带有复杂的饼图、柱状图的查询响应时间在 5 s 以内,统计分析、报表查询、生成响应时间 8 s 以内。

(8)平台功能需求

智慧运销管理平台建设要结合陕煤运销集团发展战略和业务现状,是在需求调研的基础上覆盖运销各实际业务的煤炭运销管理系统,主要功能模块包括但不限于:业务系统对接、数据集成与交换、电子签章、智慧运销管理平台。

· 业务系统对接

① 西煤交易系统对接。涉及西煤交易中心,功能需求包括但不限于:

对接西煤交易系统获取成交函信息,按照双方事先约定好的标准对接数据接口上传/提取数据,各个分公司地销部门定时自动/手动控制获取西煤交易系统中和本公司相关的已经竞拍成功的成交函,工作人员在业务系统中获取到相关成交函后进行审核确认,然后在具体的调拨单中调取使用,并提供相应的分类汇总查询功能。

② 矿井系统对接。涉及下属 8 对矿井,功能需求包括但不限于:

业务系统对接矿业公司铁销装车系统,按照双方事先约定好的标准对接数据接口上传/提取数据,业务系统上传铁销每日请求发车回复数据,铁销装车系统将具体的装车数据和每日请求发车回复数据进行关联,工作人员在业务系统获取关联好的装车数据后进行审核确认,然后生成铁销装车数据,并提供相应的分类汇总查询功能。

业务系统对接矿业公司地销装车系统,按照双方事先约定好的标准对接数据接口上传/提取数据,业务系统上传地销调拨单(提煤单)数据,地销装车系统将具体的装车数据和地销调拨单数据进行关联,工作人员在业务系统获取关联好的装车数据后进行审核确认,然后生成地销装车数据,并提供相应的分类汇查询功能。

业务系统通过对接矿业公司系统来获取煤矿生产、煤矿库存等信息，实现生产、库存、销售信息的报表统计与 BI 数据分析。

③ 第三方质检系统对接。功能需求包括但不限于：

业务系统对接质检系统，按照双方事先约定好的标准对接数据接口上传/提取数据，业务系统获取质检系统中已经生成好的质检数据，各分公司相关人员在业务系统审核确认，根据质检单编号关联相应的装车数据或一个质检批次的装车数据，并提供相应的分类汇总查询功能。

④ 中国煤炭资源网（CCTD）对接。功能需求包括但不限于：

业务系统对接中国煤炭资源网（CCTD），可以获取实时的行业价格指数数据，以及行业的供需存等信息数据，便于对行业趋势进行分析和及时调整销售策略，更客观的价格形成机制，以及为销售策略的制定提供更有力的数据支撑。

• 数据集成与交换

功能需求包括但不限于：

基于现有数据库数据，主要包括客户管理，合同管理，调运管理，质检管理，商务纠纷管理，结算管理，财务管理等模块的数据，每天定时进行数据抽取，提供相应的对接接口供第三方使用或抽取第三方数据来对接运销管理平台来进行使用，创建数据仓库（以下简称数仓）为分布式的业务系统进行数据统计分析打下坚实的数据基础。

基于现有数据库数据，提供包括煤炭库存数据、煤炭销售数据、煤炭价格数据、煤炭煤质数据、客户资金数据，并可以进行数据逐层穿透，追溯到具体的统计数据构成。

• 智慧运销管理

① 客户关系管理系统。功能需求包括但不限于：

客户管理功能模块的用户为分公司和办事处。分公司和办事处可以建立和维护自己的客户，也可以自定义客户标签，将客户进行分类。主要功能为客户信息的新建、修改、查看、查询、删除和匹配。客户信息包括客户的基本信息、收货信息和开票信息。集团可以查看所有分公司和办事处维护的客户信息和客户签订的合同信息以及客户标签和标签分类下的客户信息。

客户标签功能模块的用户为分公司和办事处。分公司和办事处可以建立和维护自己的客户标签，也可以自定义客户标签，将客户进行分类。主要功能为客户标签的新建、修改、查看、删除、分类选择客户。集团可以查看所有分公司和办事处维护的客户信息和客户签订的合同信息以及客户标签和标签分类下的客户信息。

② 客户分配管理子系统。客户经理可以把客户分配给不同的客户管理员进行管理和跟踪维护。客户管理功能模块的用户为分公司和办事处。分公司和办事处可以建立和维护自己的客户，也可以自定义客户标签，将客户进行分类。主要功能为客户信息的新建、修改、查看、查询、删除和匹配。客户信息包括客户的基本信息、收货信息和开票信息。

③ 销售与合同管理系统。功能需求包括但不限于：

销售相关单位主要包括出卖人管理、供货单位管理、合作单位管理。出卖人包括集团下属所有分公司以及办事处，主要包括集团对分公司和办事处的权限分配，以及相关出卖人根据分配的权限进行销售业务的相关操作。供货单位管理功能用于分公司用户对下属供货单位信息进行维护。

价格机制管理功能用于分公司用户对下属供货单位不同煤种、不同品种、不同计价方式、不同热量区间、客户不同运量区间的煤炭价格进行维护。用户先对不同供货单位、不同煤种、不同品种、不同计价方式维护一条基础数据。再在这条基础数据下维护不同时期的基础价和优惠策略。

仓库管理指可以对运销业务中转相关的仓库进行管理。维护管理仓库名称、仓库地址、仓库站点、仓库总量、仓库库存量、仓库可销量、场地名称信息,还可对仓库进行盘库操作。

票据管理指客户在进行创建调运发运时需要关联相关票据标签,票据标签有相应价格在结算和计算冻结金额时参与计算。

合作协议主要指运销与客户签署的相关中长期合作协议的管理,包括协议签订过程的管理、信息关联展示及协议的维护、到期提醒等。

销售合同管理主要指运销相关销售交易合同、中长期协议合同、相关补充协议的管理以及地销成交函管理。包括合同的签订过程审批、合同的打印、合同的电子扫描件的管理,以及合同的补充协议管理等。

- 调运管理系统

功能需求包括但不限于:

通过对煤炭调运计划的管理,调运计划的实施,调运调整,以及相关总结分析,实现调运过程中的在线化,智慧化管理。调运管理包括公路调运管理、铁路调运管理和港口调运管理集中场景。

公路调运管理包括发运单管理、调拨单管理和地销装车管理。

铁路调运管理包括铁路月计划、公转铁入库管理、铁销日请车、港销月计划、港销日请车、月计划回复、日请车回复、铁销装车信息、自备车管理。

港口调运管理包括出矿发运装车管理、港销入库管理、货权转移单管理。

- 质检管理系统

功能需求包括但不限于:

通过质检批次管理,质检报告管理,对质检报告的创建提交,第三方质检报告系统数据对接获取,质检报告的查看分发,质检结果相关的应用等过程管理,以及相关的数据分析,对煤炭质检做一个整体的管理和把控以及应用。

- 智能报表

功能需求包括但不限于:

利用智能报表,可以自定义和定制智慧运销智能报表,以及智慧运销管理平台包含着用户数据、销售数据、调运数据、质量数据等,大量的数据积累以及外部行业数据对接的基础上,可以进行全面的业务数据统计分析及可视化展示。智能报表包括调运、市场、质量等各类自定义和定制化报表,缩短企业内部的决策时间和提高决策的效率是陕煤运销集团追求的目标。

- 移动端软件(客户端/运营端)

功能需求包括但不限于:

智慧运销管理平台的移动端软件可实现数据可视化、快速审批、消息提醒等功能,可配合智慧管控模块实现预警跟踪管理。

2.8.3.2 产运销监测平台

产运销检测平台的业务应用模块功能说明如下:

(1) 数据采集

数据采集模块包括煤炭产量数据联网子系统、磅房销售数据联网子系统和计量站数据联网子系统 3 个部分。

① 煤炭产量数据联网子系统采集传输各煤矿的生产信息，包括煤种、开采类型、净煤率等信息。其中胶带运输煤重测量数据主要通过重量传感器获取，四轮车及防爆车运输煤重测量主要采用基于计算机视觉的视频处理，统计坑口运煤车辆的种类及数量，从而估计煤矿企业的产量。

② 磅房销售数据联网子系统采集通过磅房销售煤炭的数据，包括电子销售票据信息、磅房编号、运煤车信息、煤炭重量、工作人员信息等。

③ 计量站数据联网子系统采集各关卡所经过的运煤车辆的详细信息，包括车辆信息、运煤信息、当前关卡信息、工作人员信息等。

（2）产运销信息门户

① 产运销业务中间件专门针对煤炭行业产运销业务而开发，具备构件化、松耦合、面向服务、易于集成的特点。

② 数据访问中间件用于处理业务层与用户界面层和数据层之间的交互操作，目的是将用户和数据访问的复杂性相隔离，本数据访问中间件设计的主要特点是将与数据库的连接和访问有效地进行管理，通过对数据库连接和访问机制的管理改善网络上多用户访问数据库的性能，优化网络传输，并支持与多种数据库的连接。

③ 信息安全中间件基于 PKI 公钥基础设施技术，在应用系统的开发中采用安全服务中间件，开发人员只需在特定业务逻辑中嵌入所需的安全功能，然后再进行简单的部署和配置，即可实现基于 PKI 的安全应用，可极大程度地降低应用系统的开发成本、提高开发效率、提高系统可靠性、降低系统维护的复杂度。

（3）数据综合查询系统

数据综合查询系统的功能包括产量查询、销量查询、计量查询、税（规）费查询、车辆查询、日志查询等。

（4）报表分析比对系统

报表分析比对系统的功能包括税费统计、产量统计、销量统计、计量统计、产销对比分析、销量税费对比分析、产量税费对比分析等。

（5）实时监测系统

实时监测系统通过树形结构选择计量站、煤矿磅房、坑口，显示当前的数据和视频信息。

（6）GIS 监测系统

GIS 监测系统可以在 GIS 地图上显示出各煤矿、计量站的地理位置、车辆运行轨迹信息等。

（7）后台运销管理系统

后台运销管理系统为整个系统提供各项维护管理功能。

通过产量、运输、销量的统计对比，实现煤矿产、运、销多方位实时监测，从而提升监管水平，达到服务企业、服务政府、服务社会的目的。

2.8.4　平台特点

销售管控系统是在原有煤炭销售模式的基础上，进行数据流、资金流、业务流的线上优化拓展,实现陕北矿业公司内各矿井业务全流程管理。将矿业公司、物流公司、客户、货运司机及运输业等相关企业信息,运用云计算、大数据、物联网、5G移动互联网、区块链、人工智能等技术,对销售数据、煤炭流向、客户信息等数据进行高效分析和深入挖掘,从而在市场发生变化时能及时做到预判;同时完善客户类型,为客户提供订单式生产与配送等服务,做到降本增效,提升陕北矿业公司在市场竞争中的抗风险能力及竞争力。

系统可实现与其他系统的集成、对接,实现业务数据的自动获取与共享,且具有适用性、先进性、契合性、可拓展性、可集成性,满足目前公司管理现状和未来发展的需要。

2.9　经营管控系统设计

2.9.1　设计思路与目标

2.9.1.1　经营服务发展分析

（1）经营服务平台的定义

经营服务平台通过达到规模效应,能够为企业提供标准、高效和优质的财务共享服务支持,主要包括以下职能:

① 将公司（或矿业公司）范围内共用的财务职能/功能集中起来,转移到一个共享服务平台;

② 合并并重新设计操作性职能,将其集中纳入财务共享平台;

③ 对于下级单位保留的组织和职责,进行重新设计;

④ 通过双向的服务水平协议促进责任共担;

⑤ 加强对于服务质量和成本管理的关注;

⑥ 通过流程和技术标准化提高效率和加强控制。

（2）共享经营服务与集中核算的差异

在进行共享经营服务模式前,大多数的企业都尝试过或采取过财务集中核算方式。但财务集中核算是管理手段的采用,经营服务是管理模式的创新,具有本质的差异。这种差异,主要体现在共享服务平台的组织定位和服务管理,简要的分析如表2-2所示。

表 2-2　运营核算及服务信息

运营要素	集中核算	共享服务
组织定位	核心关注"集中度"与"成本控制"	核心关注"标准化","卓越服务、效率提高、成本控制、持续改进"等
业务范围	处理单个企业全部的财务流程	处理多个企业相同的流程
流程优化	原有流程变化很少,没有实质性改变	对流程进行重塑进行管理提升
服务职责定位	服务责任由总部承担	服务责任由共享平台和客户按照服务水平协议共同承担
服务管理方式	不具备专业的服务管理	运用服务水平协议、关键绩效指标和绩效报告管理
选址	一般不单独选址,集中于公司总部	具有人力资源高获取性、低成本的地区

（3）共享经营服务演进

共享服务模式起源于 20 世纪 80 年代的西方发达国家,从发展历程上看,大致经历了分散的共享服务模式、协同的多职能共享服务模式、综合的业务服务模式等阶段。

• 分散的共享服务模式

共享服务的服务范围,从典型的后台职能逐步向中前台职能发展。财务职能是典型的后台职能,一般是共享服务模式转型的起点。即便考虑同为后台职能的人力资源管理、行政事务管理、IT 运维等职能,财务的共享服务实践仍然是优先考虑的。

同时,随着经营服务平台的建设、运营,管理效益和经济收益逐步显露,人力资源管理、行政事务管理、IT 运维、采购等职能也会纷纷开展共享模式转型。但在多数情况下,各个业务职能建立的共享服务平台从管理上归属于所属职能下,运营地址、管理模式上也互相分散。这是典型的分散的共享服务模式。

• 协同的多职能共享服务模式

为了进一步的发挥共享服务的本质,解放劳动生产力,提高作业效率和降低运营成本,多数企业会从分散的共享服务模式转型至协同的多职能共享服务模式。在这个过程中,有三个方面将得到强化和完善。一是在服务范围上,从原来的各自职能的业务流程转为端到端的业务流程。二是在交付模式上,将重新思考和定位新的交付模式,并确定新的运营地址。三是在服务管理上,将进一步提升服务管理水平,加强内部的绩效管理水平,以提升共享服务运营的持续提升能力。这三点,是评价一个共享服务平台是否真正转型为多职能共享服务平台的核心评价标准。

• 综合的业务服务模式

多职能的共享经营平台实现了端到端业务流程的共享,但本质上仍然是以流程为核心,在综合的业务服务模式下,企业将从流程向服务转型,这是商业模式上的进一步转型。在这种模式下,企业的精神是以服务为核心,目标是提升用户体验,从而实现共享服务平台的价值发现,并重新定位自身在企业中的定位,从支撑的角色变身为业务部门的活动,并成为企业的新的价值。

2.9.1.2 经营管理发展趋势及建设思路

(1) 企业经营管理发展分析

传统的经营管理,是以交易处理为主、经营资源管理为辅的管理模式。在这种模式下,更多的人力资源从事会计核算、日常信息录入等低效率、低价值的工作,经营管理工作被视为"账房先生",经营管理的价值无法得到体现。

随着外部环境的变化,监管的要求不断变化,传统的经营管理模式在当前的企业经营管理实践中已经不合时宜。主要基于两个因素:

第一,企业经营管理的环境发生了变化。在企业管理中,经营管理(或经营战略)具有相对独立的内容,但这种独立性目前有弱化趋势。

现代市场经济条件下,经营管理不只是企业生产经营过程的附属职能,而是有其自身特定的内容。这种特定内容主要来自几个方面:货币的独立存在、资金的有限性、企业对现金流状况的关注、现代企业制度的建立等。

同时,经营管理战略与其他职能战略呈现日益密切的联系,经营战略的相对独立性正在弱化。资金的筹集取决于企业发展和生产经营的需要,资金的投放和使用更是与企业再生产过程不可分割,即便是股利分配,也绝不是纯粹的财务问题,而是在一定程度上取决于企业内部的需要。再如,企业并购的许多方面都具有多重属性,因此很难将并购简单划归财务活动或非财务活动。所以,企业财务活动的实际过程总是与企业活动的其他方面相互联系,经营战略与企业战略的关系亦然。

传统的经营战略主要是从资金的筹集与运用等方面进行划分的。现代企业经营管理的范畴正在扩大化,出现了诸如企业并购、价值管理、风险控制、平衡计分卡等新兴领域。传统的经营战略已很难清晰地概括经营管理活动。

第二,企业经营管理的内容发生了变化。随着信息技术的发展和企业 ERP 系统的普及应用,越来越多企业的经营管理活动正在发生着这样的变化:经营管理由管理控制型向决策支持型转变;财务工作中管理会计的内容日益强化,财务会计相对弱化;推行价值管理,财务活动与业务活动无缝链接。

经营管理的内容已发生革命性变化。在原有经营管理内容(如资金筹集、资金使用、资金分配等)的基础上,经营管理的领域逐渐向战略规划、预算计划、绩效评价等方面拓展。传统的经营战略与现有的经营管理活动不相适应,必须构建一种全新的面向业务管理的经营战略,而不仅是面向资金管理的战略。

在这种背景下,"成为业务的最佳合作伙伴"是经营管理转型和价值管理实践下的发展趋势。

第一,成为业务最佳合作伙伴是以提升财务决策支持能力为目的,财务工作的重点从过去的主要为企业外部服务转变为主要为企业内部管理服务,即管理会计处于更加突出的位置。财务人员的工作重点是围绕公司当前生产经营的重点、难点问题,推进价值管理、推进降本增效工作。

第二,经营的服务和控制,都是为了促进(帮助)业务部门的价值增值,而不是站在业务部门的对立面,强调对业务部门运作情况进行协调、服务和参谋。财务人员的工作不再是业务的事后核算和监督,已经从价值角度对前台业务进行基础支持。

第三,经营是一项技术性很强的工作,它有自己独有的一套术语、概念和行话。随着时间的推移,财务人员已经习惯用财务语言来思考和发表观点。但对于一个没有财务工作经验的业务部门来说,这些专业语言非常陌生。经营所提供的信息,不是采用单纯的财务术语,而要更适合业务部门的理解和使用。通过业务和财务的融合,对业务人员成本核算、标准成本制度、作业成本管理等知识的普及推广,提升业务人员综合素质,构建起了经营人员与业务人员的共同沟通语言。

第四,基于"财会信息是业务自动化的副产品"的理念,经营与业务部门应分享彼此的信息资源,而不是不考虑对方的需求而形成彼此的信息孤岛。通过整合成本预算、成本实绩、成本分析、成本绩效衡量、成本标准维护、专项成本等各方面信息,建立起了"成本管理信息门户",授权向现场管理者开放信息,以满足公司不同层次的决策需要。

第五,经营部门和业务部门通过建立良好的信息沟通渠道与协作关系,在业务运作的每个需控制的环节,按照成本效益原则,分配双方的责任,而不是所有的控制环节都由经营部门来承担。

（2）企业经营管理信息系统建设思路

经营管理的不断发展,使经营从后台走向前台承担了更多的管理和战略决策以及价值管理的责任,公司的各种决策将更多地依赖财务提供的支持。这需要经营管理实现及时准确的信息、强有力的控制和高效运作的目标,并实现贯通业务和财务的流程管控和技术支撑。

（3）互联网＋大数据对共享服务信息化平台的影响

近年来,大数据迅速发展成为工业界、学术界甚至世界各国政府高度关注的热点,近期国务院、省政府及中煤协会相继印发了关于促进大数据发展的文件,矿业公司也出台了大数据应用发展规划纲要和大数据建设方案,为大数据建设提供了制度上的保障。

经营服务是近年来出现并流行起来的会计和报告业务管理方式,经营服务是依托信息技术以财务业务流程处理为基础,以优化组织结构、规范流程、提升效率、降低运营成本或创造价值为目的,是通过将易于标准化的财务业务进行流程再造与标准化,将不同地域的实体的会计业务拿到一个共享服务平台来统一处理的方式,保证了会计记录和报告的规范、结构的统一。经营服务是适应矿业公司现代企业经营管理要求,实现在规模效应下的成本降低、经营管理水平及效率提高和企业核心竞争力上升。

我国政府在 2015 年 9 月由国务院正式印发了《促进大数据发展行动纲要》,系统部署了大数据发展工作。

大数据应用对企业的价值主要体现在三个方面:

① 大数据成为推动企业高速发展的新动力;

② 大数据成为煤炭行业战略转型、重塑竞争优势的新机遇;

③ 大数据成为企业最核心的生产性资产。

通过电子发票、移动应用、电商平台与共享平台的打通、云计算、人工智能的逐渐成熟应用,共享服务平台利用这些新技术,帮助企业数据采集前端化、核算处理自动化、财务档案无纸化、会计职能服务化、会计核算智能化,从而降低成本、提升效率、推动电子商务和经营管理的变革,最终使得数据资产增值。

2.9.1.3　建设目标

通过建设矿业公司经营服务平台建设项目,达成如下目标:

① 建立标准的、规范的、高效的、可扩展的共享平台,通过经营业务的快速复制支持公司快速发展和低成本的业务扩张。

② 通过建立统一经营共享平台,消除各单位对公司制度、政策理解的差异性,提高执行力。

③ 通过对全业务、全流程的共享平台的植入,落实矿业公司的相关管理政策制度,使相关流程制度的执行真正能在系统中看得见、摸得着,有效防范执行过程中的风险。

④ 建立人才梯队,给专业工作者更大的发展空间:通过分级、分类的工作组织设计,使公司能够为处于不同发展阶段的专业工作人员,提供不同的工作内容及发展通道。

⑤ 提升工作效率,提高工作品质,为公司提供更多的决策建议,财务专业工作者从烦琐的劳动中解放出来,能够有精力从事财务分析的工作,为企业的经营分析决策提供支持。

⑥ 为公司的大数据平台建设提供最核心的经营管理数据基础,为决策支持辅助系统的建设提供数据支撑。

2.9.2　总体设计

2.9.2.1　项目建设内容

通过对矿业公司经营服务平台建设项目的理解,项目建设内容主要包括管理咨询业务和系统建设实施两部分。

（1）管理咨询业务

制定矿业公司管控服务型财务共享平台建设的业务蓝图和规划方案，提出经营服务平台建设模式，确定经营服务平台的组织设计、岗位设计、人员确定，财务业务流程设计与优化，共享平台运营管理、信息系统落地支撑等具体建设内容。

在经营服务平台组建中，对业务财务人员和战略财务人员进行相关共享经营平台业务、管理知识的培训，辅助业务财务和战略财务的顺利转型。

（2）系统建设实施

在矿业公司现有系统的基础上搭建经营服务系统，实现包括预算管理、网上报账、运营管理、资金管理、税务管理、会计档案管理、流程审批、电子发票等功能，以及与矿业公司主数据、资金管理，法务系统、OA系统及其报表系统集成。

2.9.2.2　共享经营平台建设框架

共享经营平台建设围绕组织机构、业务流程、制度体系、运营管理和信息系统五个方面展开。具体建设内容，根据矿业公司共享服务项目建设情况调整。例如，财务共享中心的建设架构如图 2-18 所示。

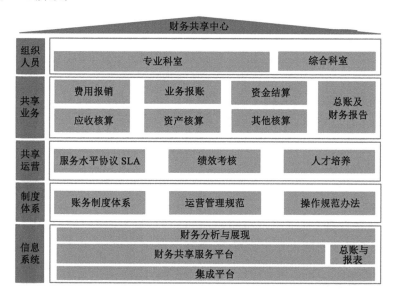

图 2-18　共享经营平台建设架构

2.9.2.3　建设原则

（1）高起点

为了支撑矿业公司的发展战略，矿业公司的财务共享平台建设规划需要从组织、建设内容等方面高起点规划建设。

（2）总体设计、分步实施

矿业公司的共享要实现全业务、全流程的共享，不是一蹴而就的过程，需要全面考虑，分步骤建设并推广。首先选择已经在集中应用体系中业务相对规范的单位作为试点，在试点过程中全员参与对方案的完善，试点成功后快速进行经验的复制及推广。

（3）前瞻性和实用性相结合

在整体设计时，需满足矿业公司未来几年不同发展阶段的业务及技术需求，充分采用先进的架构体系和互联网技术，同时也不脱离矿业公司及矿业公司信息系统建设现状，并与其他系统相适应。

（4）开放性和灵活性兼顾原则

应具有良好的开放性，支持共享服务平台集成及与现有信息系统的有效集成；同时系统的建设具备高灵活性，系统架构要适应经营战略调整、组织架构变化，以及信息化规划变化的灵活性要求。

（5）安全性

共享服务平台的业务数据都是矿业公司的关键经营数据，因此系统建设需要从网络、数据库、操作系统、用户、数据等多个方面实现数据的安全保密。

2.9.2.4 集成方案

（1）与主数据集成

· 接收组织主数据

接收主数据系统发布的组织主数据，并与共享系统组织进行匹配，组织状态的同步更新，状态可包括新增、修改、冻结、解冻、删除等。

· 接收客户主数据

接收主数据系统发布的客户主数据，客户状态的同步更新，状态可包括新增、修改、冻结、解冻、删除等。

· 接收供应商主数据

接收主数据系统发布的供应商主数据，供应商状态的同步更新，状态可包括新增、修改、冻结、解冻、删除等。

· 接收物料主数据

接收主数据系统发布的物料主数据，物料状态的同步更新，状态可包括新增、修改、冻结、解冻、删除等。

· 接收人员主数据

接收主数据系统发布的人员主数据，人员状态的同步更新，状态可包括新增、修改、冻结、解冻、删除等。

（2）与 OA 系统集成

与 OA 系统集成主要包括待办事项集成概述和待办信息的获取。

· 待办事项集成概述

待办信息的获取。采取标准的 Web 服务（Web Services）方式获取待办信息。

接口实现：遵循 Web Services 服务接口，开发待办数据接口，供 OA 调用。

待办信息的展示。由 OA 调用接口在 OA 首页的"我的财务待办"栏目中以待办列表的方式进行统一集成展示。

待办信息的办理。待办信息的点击：用户在 OA 首页的"我的财务待办"栏目进行点击具体待办的标题，然后以弹出窗口的方式进行。待办信息的办理：待办信息的处理基于各的原有待办处理业务界面，点击后，由系统提供接口的方式展示财务系统中。

对应待办处理页面。待办信息的刷新待办信息处理完成后，需要更新 OA 系统"我的财务待办"栏目,采取 OA 系统定时刷新的方式对待办列表进行更新。

• 待办事信息的获取

封装读取待办事务的接口,以 WebService 的形式提供给 OA。

Web Services 数据访问认证。获取用户身份标识,依据该标识获取用户待办数据。待办数据采取明文方式传输。

接口方法说明。① 获得当前用户在财务系统中待办的数量的接口;② 获得待办的具体信息,以数组的方式返回所有待办具体信息的列表。

待办信息的展示流程。在 OA 首页的财务待办页面程序中,调用财务系统中的 Web Services 接口,获得当前用户在财务系统中的待办信息。

根据返回的待办信息,然后在 OA 财务待办栏目中展示。具体流程如图 2-19 所示。

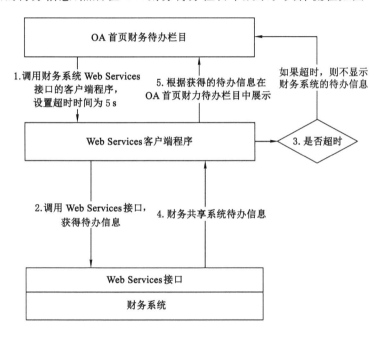

图 2-19 代办信息流程

(3) 与 CA 证书集成

• 建设模式

目前 CA 方案有自建 CA(RA)方式和托管型 CA 建设方式,根据用户需求,我们从性价比考虑还有目前应用规模和以后的运维复杂度考虑,都建议矿业公司目前可先应用托管 CA 方式来进行数字身份验证。

• 认证方案

公共网络系统的安全性则依靠 CA 认证,数据的加密及交易请求的合法性验证等多方面措施来保证。资金管理系统采用权威认证机构的证书服务(CA 认证);为每个用户颁发不同的 CA 证书(身份认证);对用户 CA 证书采用硬件加密方式(USB 电子钥匙);用户操作需要数字签名,只有签名成功才可以进行业务操作;建立 SSL/TLS 安全通信通道,对所有通信数据进行加密传输;提供银行接口前置,部署"银企互联"服务的多项安全措施。

安全认证方案:通过 INTERNET 进行网上在线经营,不仅需要保证用户身份的保密性,而且还要保证从客户端到服务器的通信传输链路的安全。要实现这一点,就要利用 PKI 技术并结合身份认证、访问控制、数据加密以及数字签名技术来构建一个完整的安全体系。

安全认证总体构架:首先,需要为每个客户颁发不同的 CA 证书。可以通过自建 CA 平台或使用第三方 CA 证书管理平台(如 CA)提供的证书服务。CA 平台的职能是为用户进行数字证书的签发、生成和注销,建立系统中的相互认证体系和用户管理办法。

其次,用户的证书保存在硬件的加密模块里(如 IC 卡,USB 电子钥匙),传输中的加密通过硬件加密模块实现,并通过密码进行保护。

然后,WEB 服务器和客户端之间通过证书身份认证后,在公共网络上建立 SSL/TLS 安全通信通道,对所有通信数据进行加密传输。

最后,采用身份控制的登录方式访问被授权的网页(不同的用户登录不同的网页),建立加密的安全通道,用户需要在表单上做数字签名操作,然后返回数字签名是否被验证成功的结果。

- CA 认证及密钥管理

利用数字证书进行用户身份认证和信息加密是网上经营系统的安全基石。证书的作用:证书是由 CA 平台颁发的,包含拥有者的信息及密钥的数字文件。它的作用简而言之就是数字签名和加密(解密),来保证信息的完整性、机密性和不可抵赖性。

用户端证书的存放:为了保证证书的安全,证书通常存放于专用硬件中,如 IC 卡、电子钥匙,证书数据是无法读出的。(注:采用电子钥匙,需要用户端计算机带有 USB 接口。)建议采用 USB 电子钥匙,每用户一个。证书内部管理流程建议:

资金集中管理负责统一配置 IC 卡或 USB-KEY;

资金集中管理负责统一到 CA 申请证书、购买证书、下载证书、将证书写入 IC 卡或 USB-KEY(制作证书)。

资金集中管理在经营产品专门模块中登记(USB-KEY 号、证书号)。

成员单位根据需要向资金集中管理申请证书,资金集中管理根据要求下发带卡的证书,并在系统中记录。

资金集中管理根据所管辖的矿业公司成员单位的申请,将证书使用者的信息登记进入系统,将证书与一个具体操作员绑定。

资金集中管理的使用者必须使用被授权使用的、带有证书的 IC 卡或 USB－KEY 在网上登录资金集中管理信息系统,建立身份认证机制。

每个客户一张证书,证书不能交换使用,具有唯一性。

远程客户对系统进行操作时必须使用证书,保证支付指令不可撤销和不可抵赖。

用户申请撤销或丢失证书时,资金集中管理进行注销。

网上支付系统拒绝注销客户对系统的操作。

资金集中管理对证书进行清理、维护和更新。

2.9.3 功能设计

2.9.3.1 共享经营业务方案

(1)共享组织设计

• 共享定位

经营管理的发展趋势,要求实现管理的转型,由侧重交易处理向重视决策支持和风险管理转变,从而要求财务整齐转型,对财务组织的角色重新进行定位,高效的交易处理者,战略性的业务伙伴和公司的风险管理大师。具体的共享经营组织设计如图 2-20 所示。

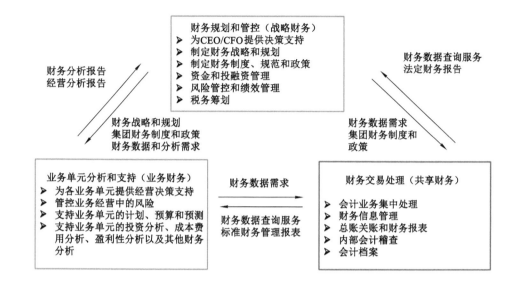

图 2-20　共享经营组织设计

考虑共享平台在企业中的定位和发展规划,如图 2-21 所示,可考虑近期为成本平台,对现有组织模式改变不大,在总部经营平台下设核算服务模块、资金管理模块、核算管理模块等。共享模式逐渐成熟后,由成本平台向利润平台转变,经营总部下设共享服务平台和经营管理平台。在远期,与矿业公司即将建设的"人力资源共享平台"等建立公司服务总部,设立首席运营官(COO),支撑矿业公司"大共享"的管理理念。

• 共享服务下经营组织设计

常见财务组织结构如图 2-22 所示,矿业公司共享经营组织分为经营管理组织、业务单位财务组织及经营服务平台。

• 业务经营与共享经营的边界

按照业务内容,区分每项业务内容的纳入共享平台的业务范围,及业务单位与共享平台的职责边界。

以成本核算业务为例,纳入共享平台的业务范围,包括各共享单位成本入账(材料领用及退回等)、成本结转(产成品、半成品、在产品等存货成本结转,当期销售产品主营业务成本结转等)、存货(盘盈盘亏、减值、报废等)等成本类业务的会计核算。

业务单位,业务部门负责存货实物管理,业务人员负责对经济事项的真实性、合理性、合规性进行审核,保证经济事项满足矿业公司及部门相关管理制度。财务部门负责存货价值管理及当期成本计算,财务人员负责审核申请单填报正确性、申请单与原始单据的一致性、并对原始单据的真实性、完整性、及时性进行稽核,保证公司各项核算及稽核标准得到贯彻落实。

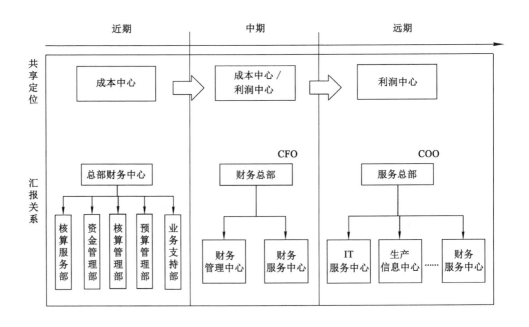

图 2-21　共享平台的发展规划

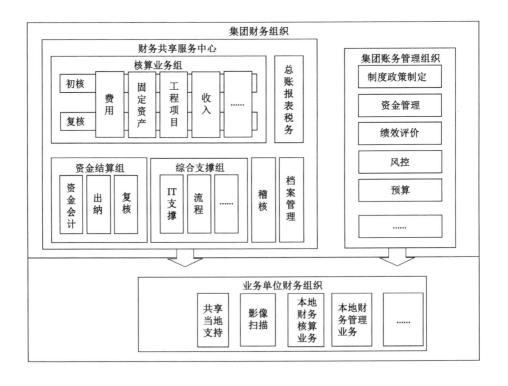

图 2-22　常见财务组织结构图

共享平台,负责对当期存货成本及营业成本进行核算。按照企业会计准则及公司相关政策规定核算成本,确保计量真实、完整、准确、及时。在共享单位保证提交的申请单与原始单据准确性的基础上,进行申请单与原始单据的审核,及时准确完成会计凭证生成、复审工作。

• 共享服务下经营各岗位职责

在经营共享平台定位的指导下,明确矿业公司财务、共享经营平台、基层财务的权责界面。按照业务内容,在共享组织设计的基础上,设置各科室职责,细化各科室的岗位职责。

• 人员配置

共享服务中心岗位确定后,可通过如下方法对财务共享平台岗位人员配置进行测算。

① 业务分析法是基于对业务性质的特点,并结合现有管理人员及业务人员经验,进行分析评估,最终确定人员需求数量的方法。

② 对标评测法是对于原先没有岗位设置,无经验值参考、无法进行数据测算的业务,则选取相近口径其他单位的业务进行对标,并在此基础上进行估测。

③ 数据测算法是在业务量和工作效率确定的基础上,确定人员需求数量的方法。此方法适用于对能够提取到可靠业务量,并能够对单笔业务量所用时间进行测量的项目。

（2）业务流程设计

• 报账模式设计

报账业务包括费用报销、报账业务及其他财务相关业务,基本应用场景为,相关人员在系统内填制相应报账单据提交,打印报账单,扫描影像,粘贴原始单据,财务初核影像和单据,检查单据的合规性,业务审批后,传至财务共享平台,由财务共享平台初核单据和影像,复核制单,如需支付资金,进行资金安排和资金支付,最后档案归档。

考虑不同企业的情况,前端业务发起和影像扫描与初审,可包括不限于如下三种模式:

全员模式:由业务人员在财务共享核心应用系统内发起填单,自行扫描影像。

助理扫描模式:由业务人员发起填单,交由财务助理,助理进行影像扫描和原始票据粘贴。

助理模式:企业设置财务助理专岗,帮助全员进行填单和影像扫描和单据粘贴工作。

• 业务表单设计

根据纳入共享平台业务内容的不容,设计业务表单,以及将费用标准,内控制度等相关会计政策落实到表单和业务流程中。根据矿业公司,业务种类的不同,梳理出不同表单。

（3）制度设计

• 面向业务的财务制度体系

经营服务平台建立后,须建立统一的面向业务的经营制度体系。在基本经营制度基础上分业务模块,统一各业务模块内的管理制度。

• 共享经营平台运营管理规范

建立共享结算平台后,为明确共享结算平台的目标、业务、组织机构和权责界面,明确各科室及岗位职责分工,并规定矿业公司结算服务模式下的运营服务和工作规范等。具体体系架构如图 2-23 所示。

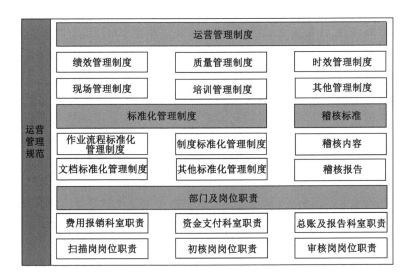

图 2-23　共享经营平台运营管理规范

• 操作规范办法

经营服务平台,是服务于公司全员的,制定相应的操作规范,需要全员共同遵守,保证共享平台的高效运营。包括不限于业务操作规范、单据管理办法和系统管理规范三类。具体体系架构如图 2-24 所示。

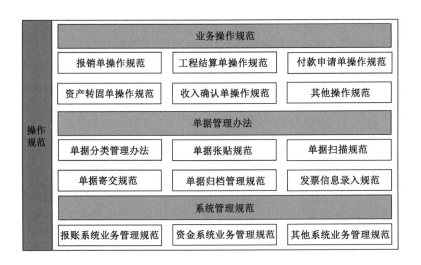

图 2-24　操作规范

(4) 共享平台运营设计与人才培养

• 服务水平协议(SLA)设计

服务水平协议(SLA)是以书面的形式明确财务共享平台和服务单位的相关职责,承诺共享平台的设立、运营等事项满足相关法律法规以及山东能源矿业公司和矿业公司相关规章的要求。

旨在为矿业公司提供统一的、标准的经营服务,其价值目标主要包括:

提供满意的服务:共享平台应不断提高服务质量,提高客户的满意度;

提供标准的服务:共享平台提供的服务应达到协议要求,确保服务流程、服务方式及服务监督的有效性;

提供高效的服务:共享平台应有效提高服务质量、完善运营结构、推动企业变革、并分享成功的案例;

提供创新的服务:共享平台应努力增强业务能力、鼓励创新变更。

同时,明确了共享平台及共享单位在职责、义务等方面的条款,并基于共享目标和关键考核指标,紧密监控共享服务的效率和客户满意度,不断完善业务流程、提高服务水平。为以后共享服务平台作为利润平台,以服务方式向服务单位收费奠定可计量的基础。

以"个人费用报销"业务定义其服务要素、客观要求、服务的绩效评价与报告、问题解决、限制、收费标准等。

• 共享平台绩效考核指标设计

制定共享平台绩效考核指标,为了有效地提升客户服务的满意度,不断提高与客户的沟通渠道及业务服务水平,更好地为共享客户提供服务,在工作保持准确、及时的前提下,进行持续优化和有效管理,在满足业务发展的要求下,财务共享平台应保证工作质量的前提下,持续有计划地降低运营成本。同时,为了实现财务共享平台持续发展和人才培养的目标,不断提高共享平台员工自身的专业技术和综合素质,为员工提供与职业发展相关的培训学习机会,实现财务共享平台的持续健康发展。

绩效考核指标制定应注意定量分析与定性分析相结合,成本与运营效率,既要有衡量过程的指标,也要有评价结果的指标。一般可分为业务流程考核指标和人员绩效考核指标两类.

• 共享平台人才培养

实现财务共享平台持续发展和人才培养的目标,不断提高共享平台员工自身的专业技术和综合素质,为员工提供与职业发展相关的培训学习机会,实现财务共享平台的持续健康发展。

2.9.3.2 共享经营信息平台功能设计方案

(1)预算系统

预算系统提供预算控制和执行监控功能,支持对各项预算导入,支持编制时从业务系统取数、提交审批流审批,对业务系统进行预算控制和预警,超预算需进行调整并支持线上审批;能够满足企业矿业公司管控的应用要求。系统支持年季月周期间维度控制,支持预算多维分析,可以按不同的角度进行数据分析,预置了差异分析、趋势分析等分析方法,并提供Excel 双客户端应用,通过 Excel 客户端,完成预算表单设计、预算编制、预算分析。

系统提供不同的管控模式,适应矿业公司级管控颗粒度的需求;系统提供不同的控制规则方案,实现预算控制的个性化需求。

(2)网上报账、运营管理与流程平台

• 概述

报账平台主要是解决涉及共享服务平台的业务报账,如费用申请、费用报销、资产报账、付款报账、合同报账、工程经营报账、薪酬报账、税务报账等,可以通过提交报账单方式将财务记账任务经审批后,自动根据派单规则报送给经营服务平台作业人员进行处理,再流转到资金系统和核算系统进行处理。

- 功能架构

基于报账管理全员性应用的特点,报账管理总体架构(图 2-25)上分前端轻量级和后端重量级应用,由前端、后台、平台、外围集成四个部分组成。

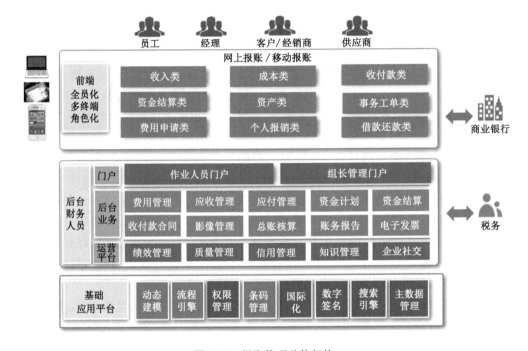

图 2-25　报账管理总体架构

前端全员化、多终端、角色化,以 portal 端的方式展现给普通业务人员,如员工,经理,客户,供应商等。后端是共享服务和业务处理的核心,所有前端发起的服务请求都会传递到后台的任务处理平台或服务内容中的对应资金管理、费用管理等系统进行交易,财务专业性操作,满足专业化个性化的需要。平台是为经营服务系统的权限、流程等提供基础服务;外围集成体现在后台共享服务平台处理完毕的任务可以自动生成总账系统,可与其他财务核算系统集成,并可以实现与其他业务系统和平台的集成。

基础应用平台:工作流动态建模,权限个性管理,表单自定义配置,条码应用,数字签名,数据共享等。

（3）资金管理系统

- 概述

资金管理是企业矿业公司加强集中管控的核心之一,通过"一个核心(资金计划为核心),一个基础(台账为基础),N 个业务(多个资金业务)"实现资金的集中管理、资金的统筹安排、加速资金周转、监控资金风险,提高资金的整体使用效益。支持对矿业公司整体资金的全面实时监控,实现企业与银行的直联,实现所属单位与经营平台、资金管理部门的业务协同,实现业务与资金、资金与财务的一体化,实现事前计划、事中控制和事后分析,全面提升企业的核心竞争力。

• 功能架构

资金系统由以下模块组成:资金计划、账户管理、现金管理、银行贷款管理、商业汇票、资金监控、资金分析等。这些模块与其他领域产品相互衔接,共同为企业提供全面的资金管理。

(4)电子影像管理

影像系统,存在于影像系统服务层。影像系统与 CRI 现有的网上报销系统、合同管理系统、财务系统做接口。

当用户使用业务系统,需要扫描的时候,业务系统调用影像系统的影像采集模块扫描图片,扫描完毕自动保存到影像系统的存储器中。影像系统主要分为两个部分:客户端和服务器端。客户端以提供可视化的界面,实现影像采集、影像处理和影像展示的功能,外部系统可以调用影像接口,实现影像系统功能。服务器端采用 Java 语言开发,使用 WebSphere 中间件,实现影像传输和影像管理。

影像系统和采集、显示模块无缝集成到中,客户只需要登录,在中进行影像操作即可。

(5)税务管理

基于共享模式下的税务管理系统,具体功能架构如图 2-26 所示,主要包含各税种的税基管理、税额计算、税额计提、纳税申报、账务处理、销项发票、进项发票、价税分离(针对特殊行业)等税务核心业务功能。实施税务管理系统可以帮助公司建立税务风险控制体系、管控税务风险,实现合法、准确纳税;实施税务管理系统可以规范公司整体税务管理流程,降低税务风险,充分利用税务政策,并借助税务信息化,提升自动化程度,提升效率。

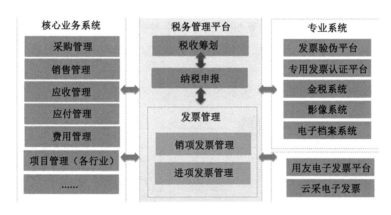

图 2-26　税务管理功能架构

(6)会计档案管理

• 概述

电子会计档案管理系统,能够实现用户对电子会计档案系统的使用业务需求,通过对会计档案版式文件和结构化数据进行归档处理,完成用户对档案的相关操作;通过档案核心应用实现对档案的采集、立卷、归档、索引等核心业务,实现对已归档文件的移交管理、鉴定管理、销毁管理以及档案重建。

• 总体架构

会计电子档案平台具备档案的综合管理功能,总体架构如图 2-27 所示。系统涉及的范围应涵盖档案管理活动中需要用计算机进行管理或处理的各个环节,包括对会计档案数字化工作中、数据转换、立卷、分册、档案查阅、查阅审核、用户管理等业务功能;财务系统电子数据的采集、目录设置、数据校检、目录生成、数据统计、打印输出等基本功能,并能实现树状检索,根据主题词(或关键词)检索查询;以及档案移交、档案鉴定和销毁。

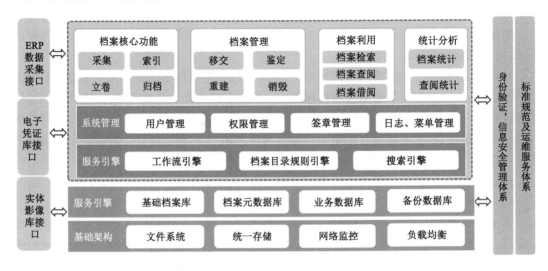

图 2-27　会计电子档案平台总体架构

• 业务流程设计

核算系统、业务系统、会计档案系统为企业档案管理全过程提供信息化支撑,电子原始凭证、纸质原始凭证分别在电子凭证库、影像库中归集,通过财务记账后传递到电子会计档案库中进行归档处理。

具体的业务流程设计如图 2-28 所示。

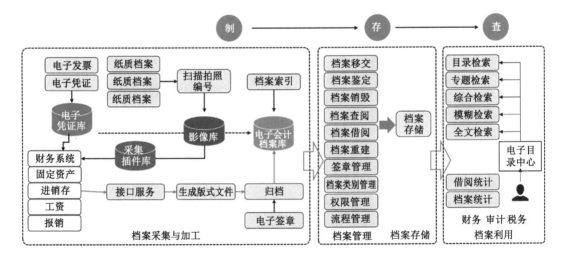

图 2-28　业务流程设计

（7）电子发票

• 概述

电子发票系统受票应用,实现与税局发票查验平台对接,准确记录查验结果,达到控制假票风险、减少重复低价值劳动、提高工作效率的目的。

• 电子发票的接收与查验

电子发票系统提供多种发票接收方式,能够接收多平台、多来源的电子发票,并对其进行统一归集和管理,对于合法有效的发票,可进行接收操作;对于非法无效的发票,可进行发票的退回操作,查验完成后返回发票验伪结果,以及查验成功的发票全票面信息,发票查验结果与税局网站查验结果完全一致。

电子发票查验能够实现与税局发票查验平台对接,准确记录查验结果,达到控制假票风险、减少重复低价值劳动、提高工作效率的目的。

2.9.4　平台特点

经营服务平台处理的是简单且适合标准化的业务,作为一种创新的经营管理模式有别于传统的分散或集中的业务模式(见下图),有其独特的特点,表现在以下几个方面:

① 服务性:共享经营服务模式建立的宗旨是以顾客需求为导向,提高顾客满意度。通过签订服务水平协议(SLA),来界定经营服务平台与客户的关系,明确服务内容、时限和质量标准等。

② 技术性:经营服务平台的建立和运营都非常依赖于高度集成的软、硬件系统和稳定的电子通信。

③ 规模性:通过合并组织架构内重复的财务部门,整合内部资源达到规模效应。

④ 统一性:经营服务平台具有标准化的流程,统一的操作规范和执行标准。

⑤ 专业性:以经营服务平台为独立的运营体系,为内部客户提供专业化的服务。

2.10　组织管控系统设计

2.10.1　设计思路与目标

2.10.1.1　设计背景

在构建组织系统前各种组织管理数据只能分散存储在不同的区域、公司、矿区,总部与各成员企业之间的信息传递只能依赖于传统的书面汇报、传真、邮件等方式。总部要完成人事月报/季报/年报的汇总统计不仅要花费大量的人力物力,还不能保证信息的准确性与及时性,从而无法为总部领导的决策提供准确、全面、及时的组织管理信息。

在组织管理体系中,大部分流程还停留在纸面,即使不遵从标准流程,实际业务往往也能够予以执行;其次很多组织业务流程在设计时仅考虑了局部管理的需要,而忽视了与其他业务的协同效应,使得业务流程不能形成良性内循环,造成可操作性的降低。

2.10.1.2　设计目标

伴随着企业高速的发展迫切的需要建立一套完善的能辐射到全体成员企业的组织管理体系,支持全公司协同运作的组织管理信息系统,以协助管理飞速提升,引领行业先驱。通过构建统一的组织系统做支撑,打破各成员单位彼此和总部间的信息屏障,充分掌握组织管理全貌。同时,通过组织系统构建在组织的各个业务环节中强化人员和组织行为管理、个体或者组织的能力提取及绩效分析,构建组织管理软性维度加强从员工的各种业务评估入手,将企业的员工不仅从数量上而且是质量上加以衡量和评估,引入到组织管理系统之中达成业务的对接评估,校正员工行为,为员工职业生涯发展提供方向性,从而促进员工、企业效能的提升。

其次,组织管理信息系统可以打破信息孤岛的局面,能为其他系统提供准确及时的人事基础数据,构建组织管理基础信息共享平台,能满足信息化的整体要求。通过组织系统与相关业务系统的整体集成应用,实现多系统、多业务、多维度、多层级的组织管理业务数据共享、互换,构建支撑整体信息化发展的数据"大后方"。

2.10.2　总体设计

2.10.2.1　系统概述

经分析项目背景和设计目标,组织管控系统的目的是建立一个集组织、人事、薪酬、招聘、培训、绩效、员工自助、人力成本分析等具有综合管理功能为一体的组织管控系统,初步实现组织管理业务功能全覆盖,建立灵活完善的组织管理分析报表体系。

组织管控系统用于构建企业的组织体系、职务、岗位体系,支持组织变更管理。主要包括组织信息、部门信息、职务信息、岗位信息维护及浏览,不同时期的组织版本、部门版本管理,及部门变更、岗位变更功能。此外,可输出企业范围或组织管理组织内的组织结构图、部门结构图、岗位结构图。

2.10.2.2　系统应用设计

行政组织管理是组织平台系统的核心部分,实现对企业的组织结构进行管理和交流,为企业提供包括企业总部,各分子公司及下属公司的整个企业的完整框架,并管理整个企业组织演变的过程;清晰地定义出企业组织结构,可进行单位、部门、职位等的新增、撤销、合并和划转等操作,构建完整的组织体系,如图 2-29 所示。

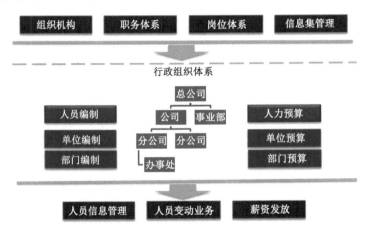

图 2-29　组织机构体系

2.10.2.3 系统模块简述

（1）职工信息管理模块

职工信息管理模块主要包含职工基本信息管理、职工变动管理、职工合同管理以及干部管理。

• 职工基本信息管理

其中职工基础信息管理主要对全企业全部从业人员的全职业生命周期信息进行管理。并且对人员分类和按权限进行管理。其中包括在岗职工、劳务派遣工、临时工、离退员工等不同类别人员，企业可根据实际情况进行人员分类。具体设计如图 2-30 所示。

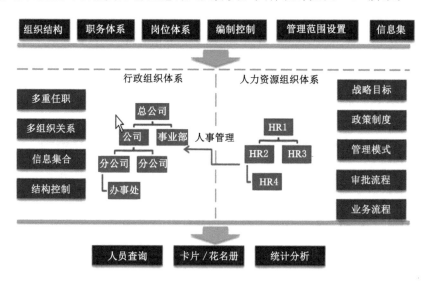

图 2-30　人员信息管理业务设计图

• 职工变动管理

人员变动包括：员工调配、晋升、辞职、辞退，在系统内这些业务均可实现流程化业务处理，包括业务申请、审核和流程监控等。员工调整变动包括：入职、转正、职务变动（晋升、平调、降职）等，在系统内实现上述基本业务流程的衔接。具体流程如图 2-31 所示。

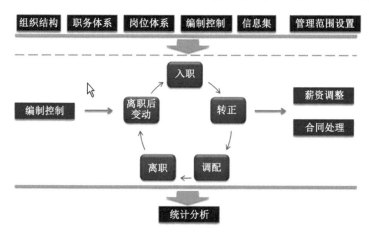

图 2-31　人员变动流程图

- 人员合同管理

合同作为企业与员工的从业关系法律凭证,需要对合同的签订、变更直至合同终止的全过程进行严格管控。支持对不同时期、不同地域的劳动合同模板的管理;支持与合同相关联各种协议的管理。

- 干部管理

应用能力管理的手段,培养干部队伍,在培训、绩效等领域执行特有政策,全面管理干部的选、聘、评、任工作环节,为企业战略持续贯彻培养优秀领导人员。

（2）财务管理模块

财务管理模块主要包含职工的薪酬管理、绩效管理和社保福利管理。

- 职工薪酬管理

薪资管理是组织管理业务中重要的一环,该模块可设置多级薪资体系,包括薪资类别、薪资项目、薪资期间、薪资规则表、税率表、代发银行等,支持不同地区定义不同的计税方法,灵活管理上税方式。系统薪酬管理模块应用设计如图 2-32 所示。

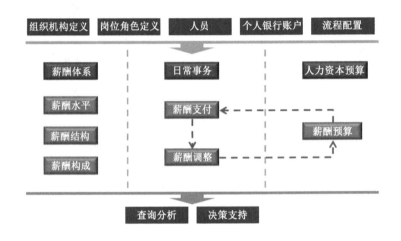

图 2-32　企业薪酬管理流程图

- 绩效管理

绩效管理是组织管理的重要组成部分,是一个围绕组织目标的达成而建立的促进组织目标实现的管理体系,包括组织/个人绩效计划的制定、绩效执行过程中的跟踪/辅导/监控/总结、考评方案的制定、绩效考评的组织实施、考评结果的反馈/沟通,考核结果的统计分析和业务运用等方面。

- 社保福利管理

福利管理提供了对员工各种福利的管理,并且提供了公司级福利制度的定制功能。

（3）其他管理模块

- 时间管理

时间管理主要包括出差、休假和加班的管理,结合日常的考勤记录,实时展现考勤报表的过程。结合员工自助平台的使用,可以将请休假流程在系统实现,并能够将结果直接传递到薪酬计算系统。

· 档案管理

档案管理是组织管理的基础工作之一,不仅是组织管理工作的重要记录,也是选拔、培养人才的重要依据。档案管理支持自定义人事档案类别、维护人事档案材料;支持员工档案缺件管理;支持记录员工档案的转入、转出业务、打印转递单;支持员工档案的借阅、查阅过程记录;提供各种档案的转入、转出、缺件、借阅情况报表。

· 能力素质管理

能力素质管理是实现能力管理和评估的重要方法,能够实现基于领导力的素质评估、人岗匹配评估、胜任力模型等。

· 人力资本规划

人力资本规划实现企业人力资本的盘点、规划预测以及人员编制和人力预算的制定等。包括进行多地区、多行业、多竞争对手以及本企业内各业务单元的数据统计,数据统计项目和结构性统计维度可扩展;提供人员总量预测、人员配比模型、投入产出模型的三种人力资本预测模式;企业可统一的规划和预算的制定和管理。

(4)系统用户及环境

"组织管控系统"是职工信息管理、组织机构管理、财务信息管理、档案管理其他相关管理部门、各矿和矿区领导开展有关业务和管理工作的信息化服务平台;适用的用户对象包括计划员、采购员、财务人员、部门主管、矿区领导及各矿相关人员。

组织管控系统用户如图 2-33 所示。

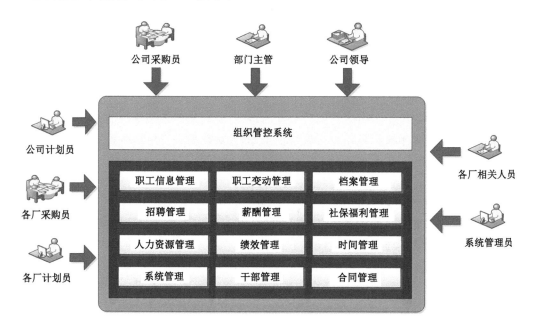

图 2-33 组织管控系统功能图

(5)系统设计原则

系统在设计时遵循以下原则:

· 可靠性原则

在需求分析、软件设计、软件测试阶段,严格遵照软件产品的相关规范,建立严格的程序编制规范以及详尽的软件测试用例,并模拟不同环境进行全面验证,保证系统运行的稳定与可靠;硬件选型综合参考产品技术指标、产品成熟度、厂商的技术服务与维护响应能力,物资供应能力等方面,在规定的时间和条件下不出故障、持续运行的程度。

- 准确性原则

在业务分析建模中充分考虑到业务逻辑的完备性,逻辑不完备的业务不出现在系统设计中,杜绝由于业务逻辑产生的业务混乱或错误数据,软件测试进行数据验证,特别是对临界值、特殊值、业务中断、滞后操作等可能性进行测试验证。

- 容错性原则

系统在测试过程中故意模拟非正常或错误的操作,并根据出现的结果进行有针对性的设计补充和完善,从而使得系统不至于因为某些非正常或错误的操作而无法使用甚至崩溃。

- 易用性原则

系统的界面全部采用表单式设计,界面格式、内容最大限度地保留了原来纸质单据的格式和内容;从而使得操作人员按照原来填写纸质单据的方法就能轻松使用本系统。系统内置了工作流引擎,任一角色只要登录系统,其所有待办事项就自动弹出;无论该角色申请、批准还是驳回业务事项,单据就会自动派发到下一环节。所有提示(包括出错的提示)以及在线帮助都使用中文,方便阅读。

- 可扩展性原则

系统在设计时已经考虑了诸如借用、返修等功能的扩展,随着用户需求的增加,我们可以很便捷地定制增加某些功能;另外,系统还预留了与其他管理系统的软件接口,可以通过WEB SERVICE的方式予以实现。

- 可维护性原则

系统在实施中对维护人员进行细致全面的培训,使其掌握系统维护的知识和方法,我矿区还提供完整的技术手册指导用户开展维护工作,并对数据进行定期备份。

2.10.3 功能设计

2.10.3.1 组织机构管理

机构管理要求能及时看到各层级的组织机构状况和权属管理及准确掌握公司所属单位的数量。组织机构管理详细功能设计如下:

(1)组织管理

通过勾选组织的行政属性,定义企业内组织(业务单元)间的行政上下级关系,达到构建行政组织体系;通过勾选组织的组织管理职能,指定上级组织管理组织,达到构建组织管理组织系。适应企业不同阶段的管理需要,实现多种组织机构设计模式,实现显示权限内的各单位信息及部门信息,并自动生成组织机构图,生成企业各层级常设性及临时性组织机构树形图;

(2)职位管理

可以将不同职务类别下,工作性质不同或主要职务不同,但其职责轻重、工作繁简复杂情况以及任职资格等条件都相同的职级归纳为职等;支持建立多级职务类别;职务类别下可以没有职级,也可以细分多个职级。每个职务类别可以继承上级职务类别的职级,也可以新建职级;自动统计职位空缺,并根据定义的任职要求自动进行人岗匹配,同时支持手工调整;

(3)岗位管理

支持定义全局统一或企业统一的岗位序列。岗位序列指企业内工作内容、任职资格相似的岗位集合,如研发序列、营销序列;支持建立全局统一或企业统一的基准岗位库,管理基准岗位的基本信息、任职资格、岗位职责等子级信息;支持进行岗位变更,包括岗位更名、岗位合并、岗位撤销、取消撤销;支持查询岗位信息、查看岗位说明书,岗位结构树,联查岗位的在职人员,曾任职人员,下级人员。

(4)应用价值

① 实现企业多组织管理,可设置多种业务职能:法人公司、组织管理、行政组织;

② 可快速响应组织结构调整;

③ 搭建企业多岗位体系模型;

④ 展现企业、组织管理组织的组织结构图、部门结构图、岗位结构图;

⑤ 通过业务汇报关系实现简单矩阵式管理,设置多种业务汇报关系,在审批流程中可按照回报关系设置流程;

⑥ 支持进行人事、薪资、合同、招聘业务委托,按照组织、部门、员工三个维度进行设置。

2.10.3.2　人员信息管理

人员信息管理提供为各单位提供一种标准、灵活的人事信息管理功能,可根据企业实际需要自定义人事信息项目,实现企业下在岗职工、劳务派遣工、临时工、离退休工等的人事信息集中管理,可随时跟踪各类人事信息的变化情况,对员工的各类信息(履历、学历、所获奖励、职称、职业资格、培训经历、考核结果、劳动合同签订情况等)以及从进入企业到离职全过程的历史记录。

(1)应用价值

① 实现企业人员进行分类管理:包括按管理需要确定人员的管理组织,根据业务关系不同,区分员工、相关人员管理,且不同类别人员按实际需求设计管理项目。

② 解决员工多次组织关系:实现员工的多次雇佣,且可对历史雇佣关系进行员工信息的追溯。

③ 跟踪完整的员工任职历史:员工多组织关系与多重任职管理,完整记录员工任职历史。

④ 实现日常人事业务流程化处理。

2.10.3.3　人员变动管理

企业的人员变动管理主要包括:

(1)人员转正管理

实现直批与自定义审批流两种审批模式,可灵活设置人员转正流程;实现自定义设置转正时需要查看的相关信息项;详细记录人员转正信息;可由员工自己也可由直线经理代为填写转正申请;提供对转正到期执行的预警提示。

(2)人员调配管理

实现跨单位调配业务;实现调出方或调入方发起调配申请;实现批量调配业务;可灵活定义人员调配类型,实现兼职、借调、交流、外派等多种任职模式;实现自定义设置调配时需要变动的相关信息项;实现采用审批流或者直接记录人员变动信息两种业务处理方式,满足用户不同需要;可灵活设置人员调配流程;与员工自助、领导自助结合,实现调配计划的在线申请与审批详细记录人员调配信息、调配原因并进行统计分析;实现调配业务操作的人员履历同步更新。

（3）人员离休、退休管理

实现人员调进、调配、异动、离退休等业务流程,业务流程驱动系统信息自动变化,定制相关审批表格,表格中的信息能够自动从系统中抓取。实现离退休人员社保、退休金调升管理,老干部计划申报、组织等实现流程管理,对离退休时间进行提醒;可灵活定义人员离职类型,实现辞职、退休、下岗等多种离职模式。

2.10.3.4　人员合同管理

合同作为企业与员工的从业关系法律凭证,需要对合同的签订、变更直至合同终止的全过程进行严格管控。支持对不同时期、不同地域的劳动合同模板的管理;支持与合同相关联各种协议的管理。

每份合同数据提交后,需要经过上级管理机构审核,再在系统中获取或激活单个员工编码。员工编码自动分配,受所属单位员工总量控制。

应用价值集中体现在:

① 支持多种应用模式,包括合同业务的多企业应用;统签、分签统管、本单位签订等模式以及劳动合同管理的业务委托方式。

② 实现合同全周期管理,管理员工劳动合同及相关协议的签订/变更/续签/解除/终止的全过程,保证了合同信息的完整性、连续性和可跟踪。

③ 全面电子化管理,提升业务效率。包括纸质合同转化为电子文本,实现合同的电子化管理;人员入职、异动、离职与合同业务的联动;提供人员合同签订预警、劳动合同\协议到期预警。

④ 规避用工风险,劳动合同法规则校验及全过程数据管理,有效规避用工法律风险和劳务纠纷。

2.10.3.5　薪酬管理

薪酬管理是组织平台系统最重要的一部分之一,实现全企业的薪酬福利的管理,为企业提供包括企业总部,各分子公司及下属公司的薪资方法平台,并进行数据统计;实时明细对比,提高全企业的事务性工作效率。

应用价值集中体现在:

① 不同管理制度下的薪酬体系设置模式:包括跨组织进行薪酬管理、定调薪组织与薪资核算组织分离以及宽带薪资标准等。

② 不同场景下的多种薪资核算方式:多次发薪、按照预算数据进行发放控制、对离职人员进行离职结薪处理等。

③ 多种薪酬支付模式:包括银企直联和多张工资卡薪酬支付。

④ 多种成本分摊方法:包括跨组织进行薪资分摊、按照薪资项目进行成本的分摊、按照薪资项目的百分比进行成本的分摊等。

2.10.3.6　社保福利管理

社保福利管理提供了对员工各种福利的管理,并且提供了公司级福利制度的定制功能。

具体如下:实现对保险福利各项参数的设置、缴费管理、个人账户管理、离退休管理的流程支持和信息记录,以及相应的统计综合分析。

2.10.3.7 绩效管理

绩效管理是组织管理的重要组成部分,是一个围绕组织目标的达成而建立的促进组织目标实现的管理体系,包括组织/个人绩效计划的制定、绩效执行过程中的跟踪/辅导/监控/总结、考评方案的制定、绩效考评的组织实施、考评结果的反馈/沟通,考核结果的统计分析和业务运用等方面。同时绩效管理支持对员工绩效和部门绩效进行管理,支持目标管理和完整的绩效管理业务。

应用价值集中体现在:

① 系统实现绩效考核事前管理控制,通过系统建设中层领导绩效考核目标,设置不同人员、部门、岗位的绩效合约计划;

② 系统实现绩效考核体系建设,对考核方案、考核指标、考核人关系灵活定义,通过系统运行促进实现绩效考核管理全方位实施;

③ 系统可汇总考核评分结果,对评分结果进行排序分布,协助组织管理者高效完成考评结果汇总工作。

2.10.3.8 时间管理

时间管理主要包括出差、休假和加班的管理,结合日常的考勤记录,实时展现考勤报表的过程。结合员工自助平台的使用,可以将请休假流程在系统实现,并能够将结果直接传递到薪酬计算系统。如安装了考勤机的单位,可以直接将考勤数据导入系统,直接参与计算。对于休假和出差要求,系统会自动预警提示,以免手工操作的失误,提高工作效率。

时间管理是完成员工考勤全过程的管理,从定制考勤制度,到处理员工排班、出差、休假、加班等与时间相关的业务以及由这些业务产生的各类考勤信息,并可将考勤数据传递到薪酬系统,为薪资计算提供数据。时间管理包括四个部分:考勤管理、出差管理、休假管理和加班管理。

应用价值集中体现在:

① 支持国际化应用:提供多假日类别,不同国家和地区的业务单元可使用不同的假日类别,并且不同国家和地区的客户端登录系统时,系统可自动进行时区换算。

② 与制造领域集成:假日、班次类别、班次、班组的定义均与制造领域通用。在生产制造系统排产后,自动生成班组及员工工作日历。

③ 支持多种业务模式:手工考勤和机器考勤。

④ 个性化考勤:灵活定义考勤时间、考勤制度、自定义班次支持弹性工时,包括:弹性上下班或弹性工间休息等。

⑤ 灵活的假期策略:转假期、转工资、过期作废多种休假结算方式。

2.10.3.9 招聘管理

招聘管理需要解决及时掌握岗位空缺情况、简历的自动化筛选、人才库、试题库的搭建等的招聘管理中出现的问题。系统建设后需要能招聘过程的全面信息化管理。包括招聘需求、计划、审批、信息发布等的管理,同时还可以接收和筛选简历,形成人才库,并且提供试题库管理,对招聘渠道、招聘对象等可进行多维分析及招聘效果分析。

应用价值集中体现在：

① 使企业具有多条招聘渠道管理：校园招聘、社会招聘，包括 51job 等专业招聘网站、内部招聘、人才推荐以及跨组织分配的招聘平台模式。

② 灵活的应聘甄选与管理。

③ 流程驱动的面试过程，提供面试官适时参与面试评价，完整记录面试过程与评价结果以及丰富而实用的消息通知管理。

2.10.3.10 教育培训管理

培训管理内容包括规章制度管理、培训资源管理、培训管理、经费管理及学历教育管理，其中培训管理又分为培训计划管理和培训实施管理。规章制度管理能够将制度分类管理，能够保存各种格式的制度内容，提供制度检索功能。员工可以通过自助服务浏览和下载各种规章制度。

教育培训管理可以助力构建企业培训体系，培训项目、培训活动和培训课程实现多种类别和分类方式，可构建多级培训类别；对培训机构、培训教师、培训场地、培训资料等资源的系统管理和评估，实时更新评估信息；能根据培训需求，确定相应的培训计划，在全企业范围内统筹安排；培训规划和培训活动中实现跨单位地选择参训人员；实现了对参训人员每门课程的成绩/学时的管理。

同时提供常用条件查询、定位查询、模糊查询、条件组合查询等多种查询方式，可以方便快捷地从数据库中查出某个或某类人员信息；对培训有关情况进行记录，汇总各级单位培训办班数、参训人员数、教育培训金额等生成报表；提供对培训情况的多条件查询和统计分析，实现生成员工、部门、培训项目等多种报表；通过在线发放培训结果调查表，调查培训评估的效果，为培训改进提供依据。

2.10.3.11 人力资本规划

人力资本规划实现企业人力资本的盘点、规划预测以及人员编制和人力预算的制定等。包括进行多地区、多行业、多竞争对手以及本企业内各业务单元的数据统计，数据统计项目和结构性统计维度可扩展；提供人员总量预测、人员配比模型、投入产出模型的三种人力资本预测模式；企业可统一的规划和预算的制定和管理。

人力资本规划是企业规划中的主要组成之一，有利于组织管理活动的组织与控制，是有效控制组织管理成本的强有力工具。主要包括组织管理预算以及编制管理等相关内容。组织管理中主要支持单位预算权限设置、预算项目的定义、单位预算与部门预算的制定、单位编制与部门编制的制定以及预算分析。

应用价值集中体现在：

① 人力资本规划推动人力成本管控：有效帮助企业加强了在人力资本规划、人员编制、组织管理相关业务费用预算等方面的监管力度，为企业人力资本管控提供了有效手段。

② 促进业务一体化：从业务驱动角度实现人力资本规划的动态管理，为人力预算及预算项目的管理提供实时数据，促进了组织业务的一体化。

2.10.3.12 能力素质管理

能力素质管理是实现能力管理和评估的重要方法，能够实现基于领导力的素质评估、人岗匹配评估、胜任力模型等。

应用价值集中体现在:

① 搭建企业能力素质模型。

② 管理员工能力素质档案。

③ 基于关键人员、关键岗位的能力素质分析:包括找出能力符合要求的员工和适合员工从事的工作,且找出员工存在问题的能力项目、给出建议。

④ 基于关键能力的能力素质分析。

2.10.3.13 干部管理

干部管理模块包括干部信息管理和干部任免管理两个功能子模块。其中干部信息管理可提供干部信息维护、后备干部信息维护、干部任职到期预警、干部退休到期预警等功能。干部任免模块支持干部任免、考察方案制定,干部审计、任免工作流程管理及任免宣布全过程管理。

2.10.3.14 档案管理

档案管理是组织管理的基础工作之一,不仅是组织管理工作的重要记录,也是选拔、培养人才的重要依据。档案管理支持自定义人事档案类别、维护人事档案材料;支持员工档案缺件管理;支持记录员工档案的转入、转出业务、打印转递单;支持员工档案的借阅、查阅过程记录;提供各种档案的转入、转出、缺件、借阅情况报表。

2.10.3.15 组织分析报表管理

报表管理是整个组织管理系统进行数据分析和展现的部分。包括固定格式报表的制作,如对国资委、中组部等部门的各类报表、自定义报表,如企业内部需要使用到的日常管理报表等。

针对需求的理解,目前某企业的报表管理主要通过手工来完成,数据的准确性和及时性都无法有效保证,因此一套完善的报表汇总和分析功能的系统是管理发展的必然需求,也是基本需求,通过预置的报表格式实现对各部委的数据报送需求,能大幅度提高报表报送周期和数据的准确性。

同时,针对多统计要求的报表,数据的关联性亟待提高,通过信息化系统,能够有效提升已有统计结果的深度分析,并能通过图表展现。

可通过自主控制报表的数据范围和查询条件,对报表数据提供图表分析等应用,并通过报表输出的自动校验功能,并对报表选择条件进行输出,统计结果可根据需要选用柱状统计图、折线统计图、饼图、二维统计表等表现形式,可以导出到 Excel 上报给上级单位;灵活自定义的报表采用类 Excel 方式显示界面和操作方法,支持自定义报表的共享管理功能选项,支持自定义报表项目、样式,允许用户在标准报表模板基础上进行自定义报表开发。

2.10.3.16 智慧党建平台

随着中央对党建工作的重视和严格要求,各企业将党建工作划为了重点工作,通过信息化手段将解决传统党建工作中存在的一些问题:

① 互联网、新媒体快速发展,单一宣传教育形式对党员缺乏吸引力;

② "两个责任"要求明确,重点工作执行情况难以及时掌握;

③ 党员履历信息分散,对党员和干部的评价和考核依据不足;

④ 党组织跨地区分布,沟通交流方式有限,缺乏灵活、多样的沟通途径。

综上,在新常态的要求下,传统的党建工作方式已经很难满足实践的需要,迫切需要针对党建工作建立信息化管理平台。

建设内容如下:为充分响应和全面满足党建管理信息化建设的目标和具体需求,提出党建管理信息系统应用方案。方案的设计以先进的党建管理理念为基础,结合企业公司的党建管理模式,在各个方面适应业务需求,并充分考虑未来发展需要,在全公司范围内建立一个企业管控、信息共享、流程优化、业务协同、全员应用、互动交流的党建工作专业平台,平台主要包括:党建管理系统、工会管理系统、纪委监察管理系统、共青团管理系统、信访稳定系统及武装保卫总计六大系统,实现公司总部、下属各级分(子)公司及矿区党建的管理,最终提升管理效率、沟通能力和决策支持力度。

2.10.3.17　E-learning 系统

部署网络培训系统,可以将各种业务培训课程制作成通俗易懂的多媒体或者互动式课件,并发布在企业网络培训系统上,员工可以在任何时间通过网络查找他希望参加的那些培训课程并提出申请,在符合企业政策的情况下可以在线学习这些课程,并能够通过网络进行在线的测试或进一步地向相关业务专家提问。企业也可以通过这一系统非常容易地掌握每一个员工掌握知识的情况和业务水平。网络培训系统(E-Learning)一般有五个要素和五个任务。人、环境、资源、评价、评估这五个要素都是必要的。

通过一系列网络培训活动,对企业员工、管理者进行持续的能力提升培训,真正在企业实施基于 E-Learning 模式的科学、实用、经济有效的人才培育计划。

2.10.4　平台特点

2.10.4.1　组织管控系统让办公自动化

组织管控系统是人力资源管理提升配备中的一个十分重要的环节,关键作用是以便解决员工职业生命周期的入离调转等基础人力事务,包括员工个人档案收集、整理、储放、在线维护、统计、数据分析等等。

在员工管理中,目前关键有两种管理方式,一是纸印刷制版的人事档案管理方案,二是依据人事档案进行的个人档案智能化管理方法系统来开展各种各样人力资源管理。可是随着各种各样公司持续的发展壮大,企业的员工愈来愈多以后,第一种管理制度的缺点早已显现,不仅是需要很多管理人员来解决难题,同时这种工作的烦琐性、重复性都会让管理人员在维护时十分地用时费力,而且由于个人档案的库存积压,也会出现各种各样不正确,从而对企业产生许多多余的不便。

因此愈来愈多的企业早已逐渐应用第二种管理方式,那便是运用员工管理系统来解决各种各样难题,那样不仅能够减少管理人员的工作量,同时也能实现统一在线维护员工基础信息,从而来降低人事部门的实际操作量,进而控制成本,并且还不容易错误,极大地降低了企业的损失。

2.10.4.2　组织管理系统对职工工作效率的影响

企业采用组织管理系统后,可以让复杂的人事档案数据存放工作愈来愈简易。这类智能化的管理方式,不仅资料修改起来快速简单,无须担忧因为出现错字而影响相关工作等难点,此外对于管理人员在查询职工档案材料信息的状况下查询起来更加的简单方便快捷,从而提高工作效率,也加强了人力资源部门的外在形象。

2.10.4.3   管理权限精细化

系统界面可根据用户部门、角色、权限进行个性化定制,明确了企业、部门、人员等不同角色的权责,满足了不同类型人员的信息获取需求。对于普通员工而言,他们可以自助办理各项与自身相关的工作流程,比如请假、销假、加班等;对于管理人员而言,他们可以集中处理所有的日常事务工作;对于企业的高层管理人员而言,他们可以通过数据洞察企业的全局管理效能。不仅如此,系统还通过对组织机构、部门岗位、人员的信息同步收集及监控,实现了"分级管理、责任到人"。

3 矿山工业互联网混合云平台设计

3.1 概述

目前,中国大多企业 IT 系统建设的模式是:当业务部门提出业务需求,信息中心部门进行系统集成商的招投标,或者自身有开发团队的企业则是成立项目组,再进入到需求收集、需求分析、开发、测试、上线的项目周期中,某种程度上每个新系统的上线都预示着一座新的烟囱矗立而成,这种完全基于业务需求建设系统的方式已经成为过去 20 多年企业建设 IT 系统的标准流程,导致 IT 系统建设早的企业内部系统烟囱林立。这正是今天很多企业面临互联网转型难的根结所在。其实对于"烟囱式"系统建设带来的弊端在十年前就已经有人提出,以这样的方式建设系统对企业的"伤害"有三大弊端。

首先,重复功能建设和维护带来的重复投资。"烟囱式"建设起来的系统,造成大量的重复系统功能和业务在多个系统中同时存在,单单从开发和运维两方面成本投入的角度,对于企业来说就是一种很显性的成本和资源浪费。但这一点对企业带来的伤害却是最小的,只是成本的损失。

其次,打通"烟囱式"系统间交互的集成和协作成本高昂。随着很多企业业务的发展,要打通这些"烟囱式"系统之间的连接,以提高或优化企业运营效率,这样的场景在 2005 年后逐步涌现,特别在如今的互联网时代,如何更好地整合内部资源、更好地提升用户体验,实现各个系统间的交互成为必然发生的事情。面对这样的业务需求和系统处境,业界早在十几年前就提出了 SOA 的理念。各大厂商纷纷推出了各自的 ESB 产品及解决方案,重点就是来解决此类异构系统之间交互的问题。一时间,各大企业纷纷上马 SOA 项目,构建企业服务总线,基于服务的方式实现了这些"烟囱"间交互的问题。纵观各个 SOA 项目的实施,平均来说企业为了系统的打通所花费的成本是比较高昂的,这其中涉及大量的协同和开发成本。

最后,不利于业务的沉淀和持续发展。从传统 IT 系统建设的生命周期来看,一旦系统上线以后,就进入了运维阶段。在运维阶段,也会有对系统功能完善和新业务需求的升级;因此我们看到了平均周期均在几个月,甚至半年进行一次功能的升级。而事实上业务的需求是与日俱增的,特别在现今的互联网时代,来自客户、市场的反馈和信息都要求系统进行快速地响应,而传统项目的迭代周期对业务的响应和支持越来越吃力。

近年来,陕煤集团煤矿信息化工作取得了明显的进展和成效。以现代化数字矿山建设为目标,各类信息化软件和基础设施建设已初具规模,安全生产与信息化管理能力得到了稳步的提升。

煤矿各部门目前都在不同程度地使用管理信息化应用系统,但各信息化系统建设情况和使用效果不尽相同,投资回报和生命周期差别较大。这些系统是逐步建设完成的,由于历史发展的原因,信息化建设前期缺乏统一规划,系统建设与实际需求不能完全匹配;信息化系统开发技术框架与标准化程度较为落后,系统开发实施周期较长;系统运维效率低下,对系统进行升级、优化的能力较差。

从系统集成的角度来看,目前矿井有关生产、安全、管理的自动化与信息化水平相对较低,特别是煤矿各类信息化系统尚没有行业标准,各分(子)系统之间不能互通和兼容,存在着"信息孤岛"现象,信息资源难以共享。

从系统管理情况来看,目前矿井生产执行的各类采、掘、机、运、通、安全管理等方面存在标准不统一、平台软件不统一、应用功能不统一,数据交换和共享不便等问题,数据的一致性、时效性无法保障。

总的来说,信息化建设具体存在的问题如下:

① 信息化规划与基础建设欠缺。煤矿已经进行了长期的信息化建设,但信息化建设前期普遍缺乏整体规划,造成一定的重复建设与功能缺失,信息化基础建设和信息化支撑环境建设有待提高。

② 工业自动化数据利用率低下。目前,煤矿已经建设了比较全面的工业自动化系统。但是,工业自动化系统建设较为零散,缺乏整体性;此外,系统间不能达到互联互通,业务数据也很难在不同管理层之间传输,数据的利用率较低。

③ 信息化应用系统建设分散。煤矿进行了零星的信息化业务管理系统建设,但系统建设比较分散,系统间难以进行数据共享,系统的应用也比较割裂,缺乏统一应用平台。

④ 业务数据集成共享情况较差。由于缺乏数据集成和共享机制,业务数据利用程度不高,无法不间断地积累业务数据,相应的数据资源挖掘也无法开展,不能支持建设决策辅助类应用系统,无法及时有效地为决策层提供科学的决策依据。

⑤ 业务管理方式落后。目前煤矿投入使用了一些信息化应用系统,但系统多数以协同办公为主要建设内容,而矿端专业的业务管理系统未能进行有效建设。业务管理部门的日常管理工作大部分依旧以手工方式为主,业务管理方式较为传统,缺少相应的信息化解决手段。

近年来,随着互联网技术和应用的日益成熟,产业互联网逐渐兴起。产业互联网以企业为中心,在传统产业链上融合互联网技术,寻求新的管理与服务模式,为用户提供更好的服务体验,创造出更高价值的产业形态。产业互联网是一个复杂的系统工程,贯通企业研发、生产和经营的整个流程,涵盖了企业生产经营活动的整个生命周期,通过网络提供全面的感知、移动的应用、云端的资源和大数据分析,重构企业内部的研发、生产、经营模式,以及企业与外部的协同交互,实现产业间的融合与产业生态链的协同发展。产业互联网意味着企业、生态链关系和生命周期实现互联网化,企业的生产和组织方式、产业边界和商业模式都将被改变。

近几年,产业互联网时代对中国经济的转型是前所未有的机遇。中国在几乎所有传统行业中都是后来者,如今又面临着诸如产能过剩、耗能过大、服务业水平不高、人力成本高涨、工业污染严重以及企业创新动力不足等诸多挑战,上述问题用传统的、以制造业为核心的经济体系是无法解决的。产业互联网具有打破信息不对称、增强供应链信息透明度、降低交易成本、促进专业化分工、提高生产效率的特点,大力发展产业互联网将会促进企业进行创新、促使经济转型升级。总体来说,产业互联网将对整个产业链流程进行了全方位的重塑,将加速企业战略与运营模式的改变。具体到企业运作的每一个环节来说,也都有颠覆性的变革和创新。

煤炭行业是典型的传统产业,现有的信息化水平与传统管理模式已不能满足新时代经济社会发展要求。煤炭企业已经意识到在依靠提高机械化水平来提高矿山的生产能力、效率和安全性的同时,必须利用"互联网+"改造传统矿山的生产和管理模式。以"互联网+"促进煤炭企业管理创新,带动管理的科学化、规范化、精细化,已成为我国煤炭企业科学发展的必由之路。

"互联网+"的快速发展对企业的信息化建设也带来了巨大的挑战与冲击,原有的思路显得不合时宜了,原来的架构难以跟上业务变化的脚步了,原有的技术体系落伍了,原来的管理制度和流程陈旧了,企业的信息化建设如何能适应企业信息化建设快速增长的需求?每一个参与其中的信息化工作者都在思考信息化发展的趋势与方向,谋划未来转型的策略与步骤。然而,信息化的转型是一个非常复杂的系统工程,既要有前瞻的预测能力,还要具备系统化的思考技术,更需要辩证化的借鉴技能。

① 前瞻性预测:这是一个快速变化的时代,新技术带动新的产业模式的快速诞生与变革,身处其中的每一个人都会感到炫目,未来的产业模式会如何发展? 未来的 IT 技术要走向何方?

② 系统性思考:企业信息化转型涉及企业战略、企业业务架构、企业应用架构、企业数据架构、企业技术架构和企业治理架构等方方面面,没有一个总体的框架作为指导肯定会挂一漏万,不得要领。

③ 辩证化借鉴:前瞻、洞察固然重要,但处于信息化工作第一线的实践者需要结合本行业的特征辩证地思考未来的业务变革,客观地分析"互联网+"对企业信息化的提升。

企业信息化建设是一个系统工程,需要整体规划、分步实施。信息化基础设施的建设实施是整个信息化建设的重中之重。智慧矿山云平台的建设,更是煤炭企业信息化建设的核心部分。没有智慧矿山云平台的实施,企业信息化建设将难以保证实施和使用质量,难以充分发挥其应有的作用。

为了推进企业信息化建设,煤矿全面实施智慧矿山巨系统云平台建设计划,将为企业全面信息化建设打下基础。

3.2 建设目标

矿山工业互联网混合云平台的建设,采用统一开发/运维平台(DevOps)框架,基于一套标准数据体系、基于微服务架构和"资源化、场景化、平台化"的思想,围绕监测实时化、控制自动化、管理信息化、业务流转自动化、知识模型化、决策智能化目标进行相应业务梳理,为开发用于煤炭生产、智慧生活、矿区生态的智慧矿山生产系统、安监系统、智能保障系统、智能决策分析系统、智能经营管理系统、智慧园区(含微信企业版门户、泛微OA升级、人力、财务、党政团网站等)等场景化App提供支持服务,实现煤矿的数据集成、能力集成和应用集成,构建一个智能化管控云平台。

矿山工业互联网混合云平台整体架构包括:业务中台、数据中台、技术中台、基础设施层和设备感知层,本次矿山工业互联网混合云平台建设的主要包括技术中台、数据中台和业务中台三个部分内容,具体架构设计如图3-1所示。

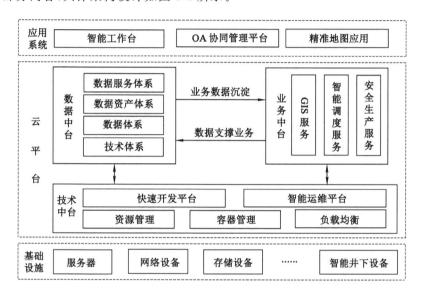

图 3-1 矿山工业互联网混合云平台整体架构

3.2.1 业务中台建设需求

现阶段,煤矿信息化应用系统的利用率较低。虽然每个业务系统都能实现某些具体的业务功能,但是由于没有建立统一的业务应用一体化平台,造成各个系统互相独立运行,系统间缺乏交互协同,出现了应用系统独立、分散、系统风格各异、业务集成程度较差、管理流程断裂等问题。

针对上述问题,建立相应的业务中台,将现有业务应用系统整合起来,并为未来建设的业务管理系统提供整体平台支撑,将应用系统进行整体集成,可以有效降低信息化建设投资风险,提高信息化系统的利用程度。

通过业务中台的建设和实施,可以实现以下几方面的具体功能:

① 统一身份认证:实现"一处登录,处处登录"。在多个应用系统中,通过用户的一次性身份认证,即可获得所需访问的应用系统的授权,能够一次登录多次使用,无须记住多套用户名和密码,并且在复杂的应用环境中,将操作性方面的问题减少至最少。采用 ACL、SSL、LDAP 等业界标准的安全技术,为应用系统提供统一的安全授权,减少安全漏洞。

② 统一应用系统风格：统一应用系统的展现方式和交互操作方式，最大限度地减少由于系统间风格各异造成的使用不便，提高信息化系统的利用率。

③ 衔接应用流程：将各个分散的应用系统集成起来使用，使被分散的应用系统分割开的管理业务重新流畅起来，解决管理流程断裂问题，提高应用系统的运营效率。

改善信息化系统的使用现状：改变信息化系统复杂烦琐的使用方式，提高使用人的积极性，降低信息化系统在使用上的推行阻力，提高系统利用率，充分发挥信息化系统应有的实施效果。

3.2.2 数据中台建设需求

通过前期对煤矿的信息化现状调研，发现其呈现以下的特点：

煤矿现存系统众多，各系统数据都是独立建库，独立管理，系统之间数据无法共享和联动，数据无法统一管理，难以体现数据价值。

煤矿系统之间系统融合、数据共享深度不够。矿井进行相关智能化分析决策、联动系统开发较为困难；难以实现系统与设备之间的实时数据顺畅交互；矿井整体智能化软件开发缺乏重要的数据支撑。

生产执行的各类采、掘、机、运、通、安全管理等方面存在数据标准不统一、平台软件不统一、应用功能不统一，专业之间数据交换和共享不便等问题，数据的一致性、时效性无法保障。

通过研究发现，造成上述状况的原因主要包括以下几个方面：

① 由于职能部门间数据交换主要涉及职能部门工作流程配合，在没有制度安排的情况下，职能部门间较少传递数据，而职能部门的系统自身形成了一个又一个的业务竖井、烟囱。

② 由于有些职能部门没有相应的信息化系统，有的工作还处于半信息化，半人工状态，光靠现有的系统的数据交换达不到业务整合的目的，这需要引入新系统的建设，从而进行系统业务的关联。

③ 各类数据事实上分布在多处，相互间的联系也不多。想要充分利用这些数据时，一般情况是听取各职能部门的汇报。但由于不同系统的数据因缺少统一编码，没有进行参照对比，相互的信息差异不容易归纳，有时需要手工比对，数据质量有待提高。

通过总结上述现状特点，我们认为煤矿行业目前还存在以下几个方面的问题：

① 信息化系统表现出数据分散，数据定义不一致，功能条块分割的状况，没有数据共享及集成平台做支撑，系统集成难度大。

② 缺乏统一的系统建设标准和规划。各部门职能条块分割，各业务处室系统封闭，各单位的生产经营数据无法全面、有效、及时地汇总上报。

③ 缺乏对数据资源的管理，没有对数据资源统一规划存储，不利于企业信息化建设的长远发展。

基于对煤矿行业的信息化建设的现状的分析，可以发现煤矿行业急需建立一套统一的标准化数据中台来解决上述问题。

通过建立数据中台,可以实现以下几方面的具体功能:

① 按照现状,厘清利用统一数据编码进行数据集成的集成路径。将分布于各处的由不同厂商建立的各系统按相应的协议,使用统一的采集方式将其数据采集出来。

② 尝试根据煤矿行业的现状,对已建信息化应用系统进行统一数据编码规范。

③ 按照统一数据编码规范的要求来进行数据转换,进而形成统一的数据编码库。

3.2.3　技术中台建设需求

设计、开发、运维等内容是信息化系统实施过程中的重要环节。在现阶段,煤矿行业严重缺乏相关技术平台、开发平台、运维平台、权限组件、业务日志组件等平台组件。此外,煤矿行业目前具备系统开发运维能力的人员较少,且仍采用传统低效的运维模式。

上述现状导致目前煤矿诸多系统难以正常运行,难以发挥其应有的作用,并且信息化系统应用效果难以进一步优化提升,大部分系统生命周期较为短暂。

现阶段煤矿信息化系统的运维工作仍采用传统低效的运维模式,运维效率的高低与效果的好坏无法控制,很大程度上取决于相关业务人员的水平与经验。目前,传统运维模式会带来以下几个方面的问题:

① 工作效率低下;

② 相关数据资料查询困难;

③ 没有可供持续查询的历史数据;

④ 难以全局把控系统运维管理工作;

⑤ 工作开展对运维人员的工作水平和经验依赖较多;

⑥ 管理决策缺少科学和历史依据。

对于一些可利用资源及资料的查找,目前主要依靠翻阅各类文件账目(电子文档和纸质文档)来实现。如果想要获取相关运维资料及档案信息,相关人员可能要利用较长时间来翻阅查找各类文档和历史记录才能得到结果,并且其他相关联信息无法第一时间获取。这种手工方式效率低下,而且资料保存不完整,不能为生产、决策提供有效的依据。

针对上述信息化建设的现状,通过建设对应的技术中台,可以用于解决现有存在的问题。具体内容包括以下几个方面:

① 建设支持互联网应用部署和监控的运维平台,其提供代码发布、节点管理、监控等可视化、自动化工具,支持基于 Docker 的开发运维一体化技术,有利于提高应用的高可用性。

② 建立统一开发平台,全面大幅提升应用的开发效率、稳定性、可集成性及可维护性,提供平台级的扩展机制,不断积累新扩展应用。

③ 建设支撑整个企业 App 应用的移动平台,其支持广泛的开放性、标准化和跨平台能力,提供覆盖移动应用软件开发、发布、运行、管理等全生命周期管控能力。

通过技术中台的建设实施,将达成以下效果:

① 为煤矿提供了矿山工业互联网开发、测试、构造、发布、部署、云运维、云运营、云集成等各种平台技术能力;支撑煤矿构建高并发、高性能、高可用、安全的矿山工业互联网应用或服务。

② 利用技术中台可帮助煤矿加快实现生产、运营、管理的创新节奏,快速适应生产环境变化,增强企业在工业互联网时代的竞争力。

③ 首先为煤矿提供业务快速上线、持续集成、弹性伸缩、日志管理、性能分析、运维监控等强大功能;其次,能够帮助开发和运维人员彻底释放重复运维和各种线上故障带来的工作负担;最后,能够提高煤矿业务应用系统的建设效率,规范开发过程,为业务应用建设全生命周期的各阶段提供有效的管理和支撑。

3.3 总体设计

3.3.1 设计原则

陕北矿业智慧矿区的建设依托一系列子系统构成的。在整个系统设计、开发和实施过程中,要借助最先进的软件开发平台和开发工具,吸收国内外智慧矿山建设的成功经验,设计开发符合国际惯例和未来发展方向、满足规范要求、功能完善、易学易用、扩充灵活、安全可靠的综合业务网络系统,以提高企业管理的现代化水平。

矿山工业互联网混合云平台的设计以提升公司的市场竞争力为根本目标,在快速的信息综合传输通信系统基础上,建立灵活的矿山海量、异质、时空数据库系统,以数据为中心组织业务,以业务流控制为对象定义功能,实现生产过程控制、调度、安全监控、预警系统等自动化过程,把客户机/服务器(C/S)分布式管理和浏览器/服务器(B/S)相对集中管理机制结合起来,依托该平台,建立先进的管理信息系统,为规划、建设、生产、消耗到消费等的全过程提供信息技术服务,为科学决策提供参考依据。

矿山工业互联网混合云平台的设计,基于智慧矿山巨系统提出的设计要求,明确设计原则如下:

① 先进性。矿山工业互联网混合云平台是一个基础云平台,因此设计时要使其符合软件工程、自动化控制、通用的数据交互标准等前沿的智慧矿山理念,同时要集合国际领先的专业设计模型、计算模型、决策模型、计算机算法、智能化等先进数字化技术来体现其体系结构的先进性,并采用基于SOA框架的设计方法提供整体解决方案。

② 实用性。矿山工业互联网混合云平台在体现世界前沿的智慧矿山理念和提供整体解决方案及总体战略构想服务的同时,要考虑行业的普遍性和业界最佳实践,要符合煤炭企业的实际情况。作为煤炭企业现代化管理体系的基础,系统必须适合煤炭企业的制度、规范、文化和习惯,以煤矿企业现有管理和业务流程为基础,按照管理优化和流程重组的理念对管理和流程进行切实可行的优化,减少冗余与不合理的环节,使业务人员使用系统时既容易上手,又不会成为现实手工状态的模拟。

③ 全面性。智慧矿山的最终目标为矿山高度信息化、自动化和高效率,因此必须支持和覆盖生产矿井全部专业(包括采煤、开掘、机电、通风、安全、地测、供排水、设备管理,生产调度、计划管理、灾害预警、安全管理决策、物资管理、调度管理等)全业务的基本需求。

④ 前瞻性和可发展性。公司的智慧矿山建设离不开"总体规划、分步实施"的整体思

路,因此要有系统的整体构想和其战略目标的长远规划,使其发展具有连续性。

⑤ 标准性和开放性。矿山工业互联网混合云平台的建设符合国家、行业、企业要求的各专业及信息技术标准与规范,采用通用标准和主流技术,要求提供丰富的行业标准库,所有注记均符合行业标准,而且格式开放可以任意扩展。系统提供从数据库结构、文档格式及通信协议的开放接口和定制工具。

⑥ 安全性与可靠性。矿山工业互联网混合云平台必须具有很高的可靠性和安全性,这是必须具备的一个重要条件。通过合理设计,严格的用户权限控制,实现功能权限,数据权限,字段权限多层结构安全管理,支持公司、矿井、区队多级权限管理,使该平台安全性有稳固的保障;从操作系统、数据库、网络传输、应用软件等多层次设置安全屏障,有效保证数据安全,保证客户数据不被篡改,保证信息的安全性、完整性。

⑦ 面向服务的总体构想。智能矿山的最终表现形式一定是一系列的软件支持系统,因此在平台设计时应采用最新面向服务的架构来设计、开发,以便满足"软件即服务"的概念需求。

⑧ 多数据库支持。矿山的数据具有复杂性、海量性、异质性、不确定性和动态性、多源、多精度、多时相和多尺度等特点,因此所构建的数据仓库在支持主流大中小数据库的同时,要支持一些存储特定信息的数据库,并且提供相应的接口使得各数据库之间方便共享。该平台基于云计算大数据基础支撑平台,支持多数据库,依赖于数据中台提供的支持。

⑨ 矿山工业互联网混合云平台的设计需符合数字化系统的通用基本原则。数字化系统从本质上讲是信息化、自动化等系统的升级,因此其需满足以下几个方面的设计基本原则,例如:可靠性、兼容性、科学性、敏感性、通用性、灵活性、扩展性等基本要求。

3.3.2 设计依据

依据《煤炭工业设计规范》《煤矿安全规程》和其他相关行业设计规范、规定以及国家矿山安全监察局陕西局、陕西煤业股份有限公司、陕北矿业公司的有关信息化规划、安全生产状况等相关要求,同时在设计过程中参考并遵循以下国家、地方、行业相关的标准和规范,以及其他相关国际国内行业标准和规定。

① 国家安全生产信息系统建设技术指导书;

② 实时数据采集与传输技术要求;

③ 煤矿安全监察地理信息系统(GIS)规范;

④《煤矿安全监控系统通用技术要求》(AQ 6201—2006);

⑤《信息技术　安全技术　实体鉴别　第 1 部分:概述》(GB/T 15843.1—1999);

⑥《计算机信息系统安全保护等级划分准则》(GB 17859—1999);

⑦《网络代理服务器的安全技术要求》(GB/T 17900—1999);

⑧《信息技术　开放系统互连　高层安全模型》(GB/T 17965—2000);

⑨《信息技术　包过滤防火墙安全技术要求》(GB/T 18019—1999);

⑩《信息技术　安全技术　信息技术安全性评估准则》(GB/T 18336—2001);

⑪《信息技术 安全技术 抗抵赖 第3部分:使用非对称技术的机制》(GB/T 17903.3—1999);

⑫《信息技术 开放系统互连 网络层安全协议》(GB/T 17963—2000);

⑬《路由器安全技术要求》(GB/T 18018—1999);

⑭《信息技术 包过滤防火墙安全技术要求》(GB/T 18019—1999);

⑮《计算机信息系统安全产品部件》(GA 216—1999);

⑯《计算机信息系统安全专用产品分类原则》(GA 163—1997);

⑰ 信息技术安全标准;

⑱《计算机病毒防治管理办法》;

⑲《电子计算机机房设计规范》;

⑳《计算机软件开发规范》(GB 8566—2021);

㉑《煤矿监控系统总体设计规范(试行)》;

㉒《煤矿监控系统中心站软件开发规范》;

㉓《煤炭工业调度信息化建设总体规划纲要(试行)》;

㉔《煤炭调度信息化装备技术规范(试行)》;

㉕《煤矿生产调度通信系统通用技术条件》(MT 401—1995);

㉖《煤矿生产调度电话用安全耦合器通用技术条件》(MT 402—1995);

㉗《煤矿生产调度通过式电话总机通用技术条件》(MT 404—1995);

㉘《煤矿生产调度自动交换电话总机通用技术条件》(MT 405—1995);

㉙《煤矿通信井下汇接装置通用技术条件》(MT 406—1995);

㉚《矿井通风网络解算程序编制通用规则》(MT/T 442—1995);

㉛《煤矿井下环境监测用传感器通用技术条件》(MT 443—1995);

㉜《煤矿用高浓度热导式甲烷传感器技术条件》(MT 445—1995);

㉝《煤矿用电化学式氧气传感器技术条件》(MT 447—1995);

㉞《煤矿用超声波旋涡式风速传感器技术条件》(MT 448—1995);

㉟《煤矿矿井风量计算方法》(MT/T 634—1996);

㊱《矿井巷道通风摩擦阻力系数测定方法》(MT/T 635—1996);

㊲《矿井主要通风机优选程序编制通用规则》(MT/T 636—1996);

㊳《管道瓦斯抽放综合参数测定仪技术条件》(MT/T 642—1996);

㊴《煤矿用设备开停传感器》(MT/T 647—1997);

㊵《煤矿用胶带跑偏传感器》(MT/T 648—1997);

㊶《煤矿巷道矿山压力显现观测方法》(MT/T 878—2000);

㊷《煤矿安全生产监控系统通用技术条件》(MT/T 1004—2006);

㊸《矿用分站》(MT/T 1005—2006);

㊹《矿用信号转换器》(MT/T 1006—2006);

㊺《矿用信息传输接口》(MT/T 1007—2006);

㊻《煤矿安全生产监控系统软件通用技术要求》(MT/T 1008—2006)。

3.3.3 架构设计

当 2006 年亚马逊正式推出 EC2 服务时，全世界第一次真实感受到了云计算服务，也把我们带入了"云"的时代。从那时起，我们开始尝试和体验各种类型的云服务，也开始接受云服务对我们生活的改变。经过十多年的发展，我们已经完全接受云服务。

技术永远都在不断进步。当互联网已经成为我们生活的一部分，当云服务已经如同我们使用的水和电一样方便的时候，未来还有什么新的技术方向在等待着我们？随着 5G 和 IPv6 的建设、发展和普及，互联网会进入下一个发展阶段——物联网（IoT，Internet of Things）。IDC 的数据显示，随着 5G 的到来和 IoT 的发展，到 2020 年，将有超过 500 亿的终端设备联网。而考虑到带宽的消耗、网络的延迟，以及数据隐私性保护等挑战，在智慧城市、智慧医疗、智能制造、智能家居等数据量庞大、对处理延迟敏感、对数据隐私敏感的场景下，云计算作为基础设施服务，如何适应万物互联，如何适应 AI 全面发展，将成为我们需要面对的挑战。

物联网中的设备会产生大量的数据，数据都上传到云端进行处理，会对云端造成巨大的压力，为分担中心云节点的压力，需要让云服务更加靠近边缘，让计算、存储、网络延展到互联网的边缘，是云计算发展的未来。

云计算计算资源集中、规模庞大，具备高可用性和高扩展性，以虚拟池化的方式共享。而边缘计算是一种将主要处理和数据存储放在网络的边缘节点的分布式计算形式；贴近数据源，可以降低数据生产与决策之间的延迟，结合使用后可以降低集中计算的成本。

边缘计算节点可以负责自己范围内的数据计算和存储工作。同时，大多数的数据并不是一次性数据，那些经过处理的数据仍需要从边缘节点汇聚集中到中心云。依托云计算，可以做大数据分析挖掘、数据共享、算法模型的训练和升级等。将升级后的算法推送到前端，使前端设备更新和升级，完成自主学习闭环。此外，这些数据也有备份的需要。当边缘计算过程中出现意外情况，存储在云端的数据将不会丢失。

边缘计算与云计算协同工作，在边缘计算环境中安装和连接的智能设备能够处理关键任务数据并实时响应，而不是通过网络将所有数据发送到云端并等待云端响应。设备本身就像一个迷你数据中心，由于基本分析在设备上进行，延迟几乎为零。利用这种新增的功能，数据处理变得分散，网络流量大大减少。云端可以在以后收集这些数据进行第二轮分析，处理和挖掘。

目前矿山井下有大量的监控终端设备，已经通过网络连接到了地面中心。然而，针对矿山井下系统，单点故障是绝对不能被接受的。因此，除了云端的统一控制外，井下现场的边缘计算节点必须具备一定的计算能力，能够自主判断并解决问题，及时检测异常情况，更好地实现预测性监控，在提升企业运行效率的同时也能预防设备故障问题。边缘计算节点将处理后的数据上传到云端进行存储、管理、态势感知，同时，云端也负责对数据传输监控和边缘设备使用进行管理。

结合陕北矿业公司及下辖各矿井单位的现状，并考虑未来陕煤集团的发展要求，我们采用陕煤云、矿山工业互联网混合云，各矿井公司云、边缘节点和井下智能设备四级架构,如图 3-2 所示。

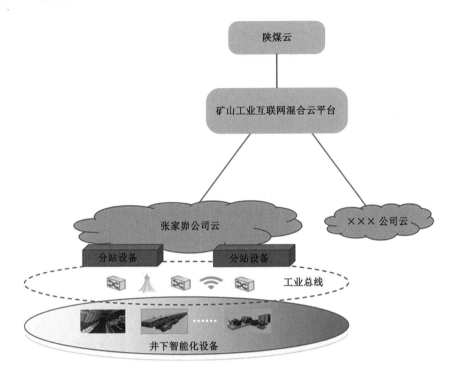

图 3-2　系统总体架构

矿山工业互联网混合云平台的建设,采用统一开发/运维平台(DevOps)框架,基于一套标准数据体系、基于微服务架构和"资源化、场景化、平台化"思想,围绕监测实时化、控制自动化、管理信息化、业务流转自动化、知识模型化、决策智能化目标进行相应业务梳理,为开发用于煤炭生产、智慧生活、矿区生态的智慧矿山生产系统、安监系统、智能保障系统、智能决策分析系统、智能经营管理系统、智慧园区(含微信企业版门户、泛微 OA 升级、人力、财务、党政团网站等)等场景化 App 提供支持服务,实现煤矿的数据集成、能力集成和应用集成,构建一个智能化管控云平台。

云平台整体架构分为业务中台、数据中台、技术中台、基础设施层和设备感知层,矿山工业互联网混合云平台的建设主要包括技术中台、数据中台和业务中台三部分内容。具体技术架构如图 3-3 所示。

技术中台包括基础支撑平台、运行支撑平台、快速开发平台和运维平台。通过基础支撑平台,技术中台为系统提供基础技术支持,包括前端支持和后端支持。前端支持包括前后端分离技术、前端项目工程化、前端组件化、多端开发支持等,后端支持包括后端开发框架支持、工作流引擎、规则引擎、任务调度引擎、分布式支持以及微服务支持;通过运行支撑平台,技术中台为系统提供基础微服务和系统集成平台。基础微服务提供系统所需要的各种微服务,包括统一身份认证服务、权限管理服务、业务日志服务、消息推送服务和时钟同步服务等。系统集成平台为已建系统提供集成策略,包括数据集成、应用接口集成、业务过程集成

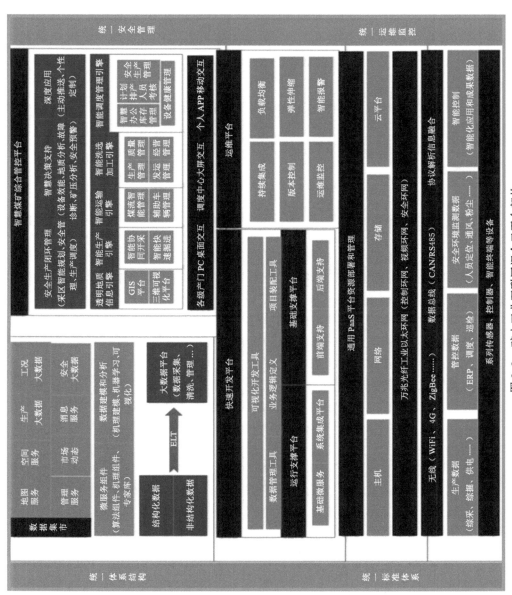

图 3-3 矿山工业互联网混合云平台架构

和表示层集成等;通过快速开发平台,技术中台为系统赋予快速开发新应用的能力,快速开发平台包括数据库管理工具、业务逻辑定义工具、项目装配工具和可视化开发工具。通过运维平台,技术中台为系统提供统一的运维体系,包括持续集成、版本控制、负载均衡、弹性伸缩和运维监控等。

数据中台构建统一的数据标准和大数据体系,主要提供大数据存储、大数据融合、数据移动、数据分析、数据资产管理、数据建模服务、地图定位服务、空间服务、管理服务、信息服务、市场服务(产品上线、下线和与各大厂家互联)和公司内部的生产、安全、经营、工况等数据服务,可为企业内部提供数据预测、数据分析,可为三方系统提供数据标准接口。

业务中台为企业具体业务提供解决方案,主要包括智能工作台、OA 协同管理平台和精准地图等。

3.4　功能设计

3.4.1　主数据标准体系

在信息系统中,将海量的信息按照一定原则和方法进行分类时,必须建立一个科学合理的分类体系,该体系必须遵循 6 大原则,即:稳定性原则、确定性原则、系统性原则、可扩延性原则、兼容性原则、综合使用原则。

矿山工业互联网混合云平台的主数据管理主要包括:人事类(内部单位、员工)、外部单位类(客户、供应商)、财务类(银行、会计科目)、物料类(物料分类、物料代码、物料描述)、项目类、仓库类、生产层面类(工作面、基站、分站、传感器、巷道)主数据,如图 3-4 所示。

(1)内部单位主数据标准

内部单位是指陕北矿业有限公司内部的组织机构;内部单位横向的包括张家峁、红柳林、柠条塔等矿业公司所属各级机构,因管理需要而设立的各级虚机构;纵向涵盖到业务管理的最小机构单元。

(2)员工主数据标准

员工主数据主要指陕北矿业有限公司及下辖各矿井单位内部所有员工,离职员工、退休员工、离休员工、其他员工都包含在员工主数据范围内。

(3)外部单位主数据标准

外部单位主要指陕北矿业公司以外有交易往来的客户和供应商。外部单位里包含了客户和供应商。同一个外部单位,可能既是客户又是供应商。

(4)银行主数据标准

银行信息是指中国人民银行发布的各银行的全称和银行联号。银行代码又称联行号,是一个地区银行的唯一识别标识。用于人民银行所组织的大额支付系统、小额支付系统、城市商业银行银行汇票系统、全国支票影像系统(含一些城市的同城票据自动清分系统)等跨区域支付结算业务。由 12 位组成:3 位银行代码＋4 位城市代码＋4 位银行编号＋1 位校验位。例如"中国建设银行股份有限公司桃南路分理处",其代码即联行号为"105163000147"。

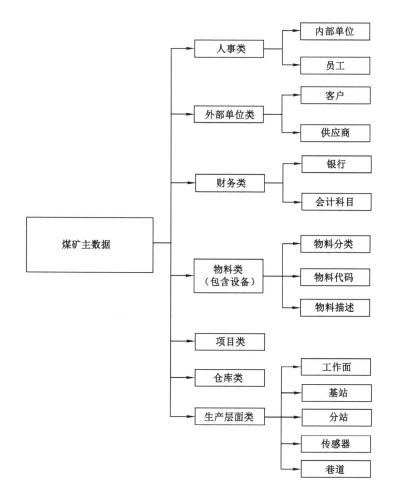

图 3-4　数据标准体系分类

联行号为中国人民银行统一编制,不可自行修改。银行代码的编码规则明细,可以查询中国人民银行 2003 年发布的《中国人民银行关于颁布支付系统银行行别、行号业务标准的通知》银发〔2003〕189 号文件规定。)

（5）会计科目主数据标准

会计科目是财务上按照会计要素的具体内容进行分类核算的科目。

（6）物料分类编码标准

物料分类是物料主数据编制的依据。物料分类标准要兼具科学性,确保质量的原则、管理要求与实用性相结合的原则、重点调整与全面修订相结合的原则。

（7）项目主数据标准

项目主数据管理陕北矿业公司各业务系统共用的项目基本信息,包括集团规划发展部立项审批的技术改造项目与科研项目信息。

（8）仓库主数据标准

仓库类主数据主要管理陕北矿业公司下辖各矿井单位业务系统共用的仓库基本信息,涉及实物管理需要办理出库、入库手续,财务核算需要按仓库进行计价、核算的需求定义的仓库类型。此外,还涉及存在部分因业务流程需要(协同交易)产生的虚拟仓库档案。

（9）生产层面主数据标准

生产层面主数据管理陕北矿业公司各矿井单位业务系统共用的生产层面基本信息,包括公司生产相关的安全、监控监测和工作面等。该管理主要涉及的数据类别为巷道、基站、分站、传感器和工作面。

生产层面分类是生产层面主数据编制的依据。生产层面分类标准要兼具科学性,确保合理的原则、管理要求与实用性相结合的原则、重点调整与全面修订相结合的原则。

3.4.2 主数据管理体系

（1）管控流程

主数据全生命周期的管控过程中,流程的梳理是提升主数据质量的重要保证。主数据管控流程设计将流程进行固化,从而确立主数据的长期运维模式,实现主数据的持续性治理,保障主数据管理机制的可靠运行,建立主数据长效机制。

主数据从业务应用角度看,主要存在对主数据的新增、变更和冻结等需求。此外,需要有相应的流程对主数据进行有效的管理。从主数据的应用角度分析,主数据应具备新增、变更、冻结流程。

（2）数据质量管控流程

为了满足矿山工业互联网混合云平台的主数据管理对数据标准化的应用要求及应用系统的标准数据初始化,首先对现有物资供应管理系统里的物料数据月末库存及在途业务的历史数据信息进行清洗、合并、匹配和查重处理。将各应用系统中存在的公用基础数据清洗成具有标准一致的分类、编码、描述和属性的高质量有效数据信息。

主数据管理提供数据清洗功能,按照预定义的清洗规则将不规范、重复的数据进行清洗、匹配处理,确保各类主数据在系统中标准、唯一、完整。

主数据管理内置了多种清洗算法,可以智能计算出数据的相似度,并提供单条、批量等方式对数据进行清洗匹配处理。

主数据管理提供数据映射功能,允许用户对清洗前、后的数据,以及系统标准数据建立映射关系,为业务数据调整、优化提升奠定了基础。

（3）组织架构和职责

建立良好的运营管理体系,不仅能够提高陕北矿业公司对下辖各矿井单位主数据管理的科学性、规范性、唯一性,也可以提高工作效率,保证数据质量。为各公司提供一套统一、标准的操作准则。各矿井单位在进行主数据管理时,可以按照其建立的标准,进行数据申请、审核等工作。

（4）绩效考核

主数据绩效评价指标是用来评估及考核主数据相关责任人职责的履行情况、主数据管控标准及政策执行情况的参考。其主要目的是通过定量/定性的考核指标,确保主数据管控标准及政策的切实执行,加强企业对数据管控相关责任、标准与政策执行的掌控能力。

主数据绩效考核是针对主数据业务部门和主数据管理部门制订不同的绩效考核体系。对于业务部门的考核,主要对主数据的应用情况进行各项检查,例如数据填报准确性、数据审核及时性等。这些指标能够反映业务人员是否按照主数据标准生成、维护和使用主数据,能否保证主数据业务流程的高效运行。对于主数据管理部门的考核是对主数据管理部门的数据管控过程、数据质量和数据标准的执行情况进行考察和评估,例如主数据及时性等指标。总的来说,上述指标旨在用于反映主数据管理工作的实际效果。

3.4.3 主数据管理系统

3.4.3.1 主数据管理系统总体框架

主数据管理系统总体框架如图 3-5 所示,主要包括对各应用系统的数据分发管理、各类系统管理、主数据维护管理等相关内容。

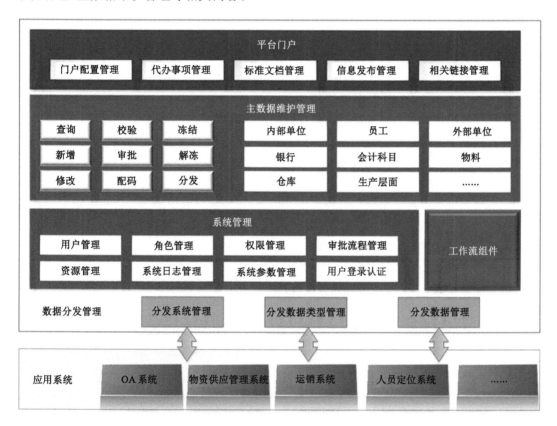

图 3-5 主数据管理系统总体框架

3.4.3.2 主数据管理平台主要功能

（1）平台门户

平台门户主要提供了主数据查询的公共模块,以及门户配置管理、标准文档及相关链接管理等各个业务板块,可以用于发布相关信息。此外,平台门户的待办事项提供当前用户需要办理的各种主数据流程业务。

（2）主数据维护

该系统提供主数据新增、校验、新增审批、配码、修改、修改审核、冻结、解冻、分发等全生命周期管理,确定主数据生命周期过程、当前状态及其与业务系统的关系。

（3）主数据建模涉及的主要内容

① 动态模型定义；

② 元数据管理；

③ 模型属性约束关系建立；

④ 动态模型数据实施；

⑤ 动态模型映射。

（4）代码发布与查询

构建信息代码体系，查询信息代码的建设状态以及各信息系统的应用状况，提供代码的多样化查询、按照权限下载等功能，实现对主数据编码现状的全局掌控。

（5）统计报表查询

① 数据统计：统计代码申请通过率、代码审批效率，查看代码申请时间过长，代码申请质量过差，代码分发异常等问题，为信息代码应用评价提供有力数据支撑；

② 提供对申请人、审核人对每类主数据操作的统计；

③ 提供分发各企业（系统）的数据信息统计；

④ 提供按照申请单列表项进行过滤、排序、查询和统计；

⑤ 若业务系统提供数据查询接口，可对该业务系统主数据信息的一致性、主数据的状态（冻结、解冻）等内容的校验和检查。

（6）工作流管理

① 系统提供了灵活的主数据管理流程，根据企业和部门对主数据的管理要求制定相应管理流程，并可以动态调整流程，配置体系表每类主数据所属的管理流程；

② 提供自定义工作流，支持主数据的分级分类审批管理；

③ 支持对数据操作流程的监控；

④ 支持按主数据类型、组织机构等维度进行灵活可配置的工作流程的创建、修改、删除功能；

⑤ 支持按照主数据不同的业务类型（包括新增、修改、冻结等）配置工作流；

⑥ 支持自定义需求的工作流程与用户、用户组及分类授权的挂接；

⑦ 灵活定义与配置审批流程中的审批角色、人员、审批权限；

⑧ 支持审批流程定义、发布、与单位及主数据类型关联等功能。

（7）接口管理

主数据管理平台能够提供数据映射功能定义和接口定义（包括分发目标系统名称、IP地址、分发接口、参数、服务描述、分发数据内容、频度等）。

（8）系统管理

主数据管理平台提供了对系统中的基础数据进行设置，主要包括：用户、用户组、角色、资源、权限等进行设置和维护。具体功能如下：

① 用户管理；

② 审核账号；

③ 角色管理；

④ 权限管理；

⑤ 资源管理；

⑥ 日志维护。

3.4.4 生产时序数据汇聚

3.4.4.1 微服务平台总体框架

微服务平台采用微服务架构,微服务是一种架构风格,一个平台由一个或者多个微服务组成。平台中的各个微服务可被独立部署,各个微服务之间是松耦合的,每个微服务仅仅关注于完成一件任务并很好地完成该任务。这使得平台变得更加的高效。

微服务架构有很多重要的优点。首先,它将单体应用分解为一组服务。虽然功能总量不变,但平台已被分解为可管理的模块或服务,这些服务定义了明确的 RPC 或消息驱动的 API 边界。微服务架构强化了应用模块化的水平,更容易理解和维护;其次,微服务架构可以使每个微服务独立部署,后期无须协调对服务升级或更改的部署,这些更改可以在测试通过后立即部署。因此,微服务架构也使得 CI/CD(持续交付)成为可能;最后,微服务架构使得每个服务都可独立扩展。只需定义满足服务部署要求的配置、容量、实例数量等约束条件即可。这种特性能够很好地支持平台弹性扩容。整个微服务平台的架构如图 3-6 所示。

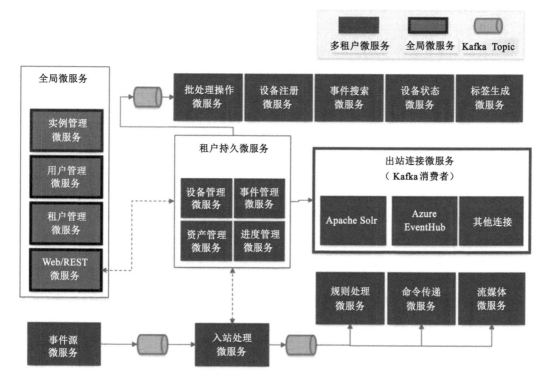

图 3-6　平台架构

3.4.4.2 微服务平台特点

微服务平台采用了建模的思想,不管是设备还是设备收集的数据,均建立了完整的模型。微服务平台提供了一个完整的设备管理模型。设备规格描述了要声明的设备的类别和用于设备扩展的元数据。设备基于设备规格创建。设备可以通过分配与物理资产关联。设备组实现了基于组关系和元数据来定位许多设备。

微服务平台为设备生成的数据提供了一个标准的数据模型。例如，价值测量、报警条件、位置更新之类的事件被存储在大规模可扩展的时间序列数据存储中，以便对设备命令和状态事件（例如设备注册和状态检查）进行跟踪和关联。所有事件都与当前资产链接，以进行细粒度的跟踪。

微服务平台将设备与外部资产（诸如人或者实际物体）相关联。例如，追踪装置可以与其所连接的重型设备相关联。资产信息通过资产管理框架提供，该框架允许外部系统驱动信息。微服务平台会一直跟踪设备随时间分配到资产的情况，并且把事件与分配联系起来，以便未来可以查询分配的时间、对象和位置。

3.4.4.3　微服务设计

（1）资产管理微服务

资产管理微服务提供核心 dAPI 和数据持久化服务，用以管理微服务平台实例中每个租户的资产。在创建租户时，使用租户模板中包含的脚本来填充资产模型。

（2）设备管理微服务

设备管理微服务提供核心 API 和数据持久性，以管理平台实例中每个租户的设备模型（客户，区域，设备类型，设备等）。

（3）设备注册微服务

设备注册微服务从入站处理微服务填充的 Kafka 主题中提取数据，并对其中设备令牌指示的当前未在系统中注册的设备的事件起作用。每个租户引擎都具有设备注册管理器，该设备注册管理器可以配置为指示如何处理未注册的设备。设备注册管理器处理每个入站事件，并可能将事件添加到重新处理主题，以便由入站处理微服务对其进行处理之前，自动注册设备。不会导致设备自动注册的事件会被推送到 Kafka 中的"dead letter"主题，以便可以由外部处理器进行带外跟踪或处理。

（4）设备状态微服务

设备状态微服务从 Kafka 主题提取包含预处理事件的数据，并使用事件数据更新设备状态。设备状态模型会保留每个设备的最新位置，测量和警报，以及有关与设备的最后一次交互发生时间的信息。每个租户引擎都有一个设备存在管理器，负责确定何时不再存在设备以及触发状态更改事件，这些事件可用于根据设备是否存在来触发动作。

（5）事件管理微服务

事件管理微服务提供核心 API 和数据持久性，以管理平台实例中每个租户的设备事件（位置，测量，警报，命令调用等）。设备事件模型最初是基于创建租户时使用的租户模板中包含的脚本填充的。

（6）事件搜索微服务

事件搜索微服务提供了一个 API，用于搜索包含非标准格式平台事件信息的外部数据源。例如，当事件通过出站连接器索引到 Apache Solr 中时，可能需要直接查询 Solr 以执行复杂的多面查询，而这些查询通常无法通过微服务平台的 API 进行支持。可将此微服务的承租人引擎配置为将查询代理到基础服务，并将结果返回到 Web/REST 微服务以供外部客户端使用。

（7）事件源微服务

事件源微服务托管租户引擎，可以将其配置为从许多类型的数据生产者那里获取数据。

摄取事件后,将它们解码为标准化数据模型,并推送到特定于租户的 Kafka 主题以进行进一步处理。Kafka 主题还会为无法解析的事件或通过重复数据删除处理检测为重复的事件进行注册。

（8）用户管理微服务

用户管理微服务提供了用于管理系统用户的核心 API 和数据持久性。实例管理微服务最初使用它来与基本用户一起引导系统。此后,Web/REST 微服务会调用它以允许管理用户列表。

（9）租户管理微服务

租户管理微服务提供了用于管理系统租户的核心 API 和数据持久性。实例管理微服务最初使用它来引导具有基本租户的系统。此后,Web/REST 微服务会调用它以允许管理系统租户列表。

（10）批处理操作微服务

批处理操作微服务提供核心 API 和数据持久性,用于管理实例中每个租户的批处理操作。租户初始化后,批处理操作模型为空,但可以通过调用产生批处理操作的 API（例如批处理命令调用）来填充。

（11）命令传递微服务

命令传递微服务从 Kafka 主题中获取包含预处理事件的数据,并且针对命令调用,将处理命令处理,这包括使用已配置的路由约束和命令目标。这些约束和命令目标指示如何编码命令,将使用哪种传输方式以及将命令传递到何处。

（12）入站处理微服务

入站处理微服务操作通过事件源或 REST API 调用进入系统的事件的后续处理。查找来自事件源的事件以验证它们是否与活动分配的已注册设备相对应。该微服务还通过在向对事件信息感兴趣的消费者提供有效负载之前,将设备和分配信息添加到有效负载中,来处理持久事件的丰富化。

（13）出站连接微服务

出站连接微服务从 Kafka 主题提取包含预处理事件的数据,并允许将事件数据异步转发到其他集成点。每个出站连接器都是 Kafka 使用者,其具有指向事件主题的指针。

（14）规则处理微服务

规则处理微服务从 Kafka 主题获取包含预处理事件的数据,并应用条件逻辑来进一步处理事件。租户引擎可以使用嵌入式复杂事件处理来检测事件流中的模式,并作为结果触发新事件。受到连接器的阻塞,该连接器的处理速度有时低于系统其余部分。

（15）进度管理微服务

进度管理微服务提供了核心 API 和数据持久性,用于管理平台实例中每个租户的计划。最初基于创建承租人时,所使用的承租人模板中包含的脚本来填充调度模型。大多数租户模板都包含一些示例计划。如果使用"空"模板,则不会填充任何计划管理数据。

（16）流媒体微服务

流媒体微服务旨在允许流存储二进制数据,例如音频和视频流。

（17）标签生成微服务

标签生成微服务响应 API 对标签资源的请求,例如 QR 码、条形码或自定义设备标签。

每个租户引擎都有一个符号生成管理器,可以对其进行自定义以生成特定于租户的特定类型的输出。

（18）实例管理微服务

实例管理微服务用于引导平台实例,并且在启动未初始化的平台实例时必须存在。实例管理微服务还管理对全局实例设置的更新,例如共享数据库和连接器配置。

（19）Web-REST 微服务

Web-REST 微服务包括一个嵌入式 Tomcat 容器,该容器为所有核心 REST 服务(包括 Swagger 用户界面)提供基础结构。此微服务通常连接到系统中的所有其他微服务,以便可以将 API 调用委派给实现该功能的微服务。例如,通过 REST API 查询设备会导致向设备管理微服务上的相应设备管理租户引擎发出 gRPC 请求。

3.4.5 协同办公 OA 系统

（1）流程管理

流程管理解决方案总体架构如图 3-7 所示,主要包括基础组件层、功能模块层和流程应用层。其中,基础组件层主要包括表单设计器、流程设计引擎、规则设计器、流程报表引擎和流程集成引擎;功能模块层主要利用流程分类、权限管理、版本管理、路径设计和表单样式等,针对人力资源、项目管理、会议管理、客户管理、知识管理、系统集成等业务流程进行功能模块的设计;在流程应用层,主要针对内部员工和外部员工实现各流程业务功能。

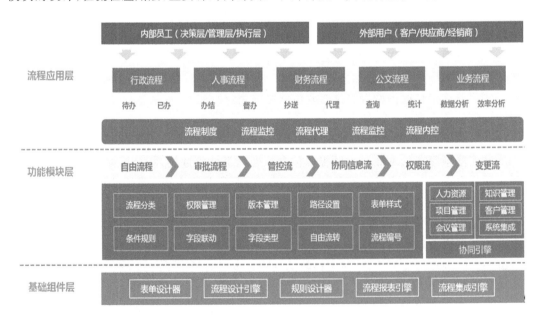

图 3-7 流程管理总体架构

（2）知识管理

知识管理解决方案的总体架构如图 3-8 所示,主要包括基础组件层、功能模块层和知识应用层。其中,基础组件层主要包括知识目录体系、知识权限体系、知识评价体系、知识统计体系和知识搜索统计;功能模块层主要利用流程分类、权限管理、版本管理、路径设计和表单样式等,针对人力资源、项目管理、会议管理、客户管理、知识管理、系统集成等业务流程进行功能模块的设计;在知识应用层,主要针对内部员工和外部员工,利用知识管理方式实现各业务功能的应用,例如知识地图、专家网络等。

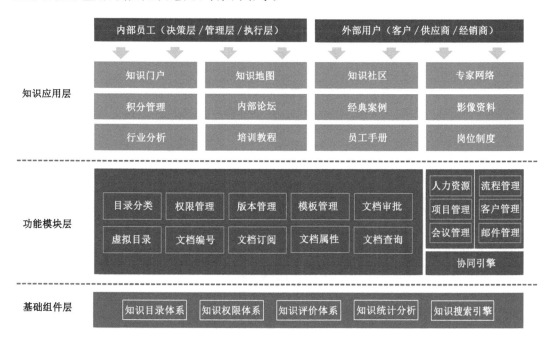

图 3-8　知识管理解决方案总体架构

通过知识管理解决方案,总体可实现以下功能:

① 帮助建立统一的知识库:建立建议书、方案、案例等经验和培训文档、工作指南、模板等技能知识库。

② 建立知识地图充分共享利用知识:根据不同岗位、面向行业、业务发展制定相应的知识地图。

③ 搭建专家网络:建立专家网络库,实现网络求助、在线解答和头脑风暴。

④ 建立员工自助中心:提供知识学习资料在线下载和积累创新。

⑤ 建立知识分享共享体系:通过知识推送、订阅、收藏充分利用知识辅助到业务工作。

⑥ 建立知识安全管控体系:需在保证安全、机密的基础上开放知识共享。

⑦ ISO 质控文件管理:通过知识后台配置,灵活实现 ISO 质控文件的核心管理。

（3）公文管理应用

公文处理系统系统主要完成陕北矿业公司下辖各矿井单位的内部公文收文处理、发文处理、文件起草和制发、文件传阅、皮实处理等各类公文处理,满足日常公文处理要求,完整支撑 18 种行文规范,具体应用功能如图 3-9 所示。

3.4.6　智能工作台

智能工作台主要实现以下功能:

① 帮助建立信息发布平台:通过此平台可供各矿业公司统一发布内部综合新闻、人事

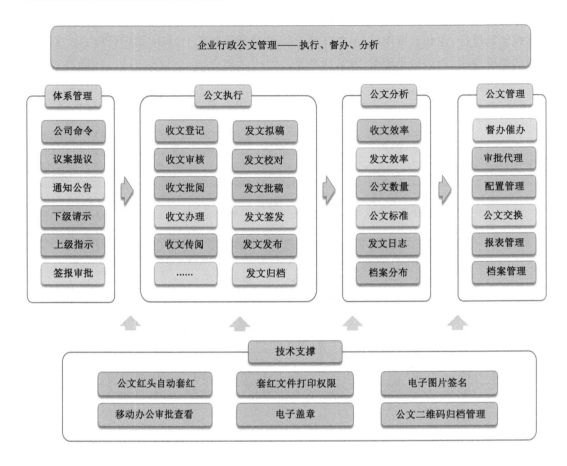

图 3-9 公文管理应用

新闻、业务新闻、通知公告、动态资讯、规章制度、外部报道等动态信息;

② 帮助建立企业文化中心:可用来快速传播企业文化、员工天地、电子期刊、杂志刊物、企业大事记;

③ 帮助建立竞争情报中心:可快速获取相关行业的动态发展、竞争合作对象的外部信息、相关政策情报;

④ 帮助建立集中的报表中心:为管理层提供业务数据驾驶舱,在线快速全面了解企业运营数据;

⑤ 帮助建立员工办公桌面:为每位员工提供集中式的待办工作、计划日程处理、知识订阅等统一入口;

⑥ 帮助建立信息化系统统一入口区:集成和整合各业务系统,实现单点登录和验证和页面呈现;

⑦ 个性化设置:提供智能工作台层级、模板、样式、内容、通道、换肤、权限管控的个性化设置。

3.4.7 精准地图

WebGL(Web Graphics Library)是一套跨平台的 API,可以在 Web 页面上绘制 3D 图

形或动画。它继承于 OpenGL ES 2.0 标准，可以运行在任意的操作系统上，支持手机、平板、电脑等各种智能设备。WebGL 是通过 JavaScript 编程接口来调用，在 HTML 的 Canvas 中实现 3D 内容的绘制渲染。用户通过浏览器可以更流畅地观察 3D 模型与虚拟场景等。WebGL 同时也解决了与 3D 场景的交互问题，无须任何插件即可使用浏览器绘制 3D 动画并与之进行交互，同时也通过统一标准的跨平台 OpenGL 接口实现图形的渲染。

ThreeJS 是一个 3D Javascript 库。ThreeJS 对于大多数软件以及浏览器具有很好的交互性和兼容性，主要是因为它是 WebGL 的一个第三方库，并对 WebGL 进行底层的图形封装，即只需使用相对于 WebGL 来说少量的代码即可实现相同的功能，从而极大地提高了开发的效率，减少时间成本。此外，WebGL 使用 Javascript 语言进行编译。Javascript 是一个非常小的轻量级引擎，但却具有非常强大的 3D 渲染功能。Javascript 提供了一套简易且直观的创建 3D 图形中常见物体的方案，它使用了许多优秀的图形引擎技术，处理速度非常快，同时内置了很多类型的对象与工具，可以用于数据可视化、模型加载以及特殊效果的渲染机制等。

3.4.8 快速应用开发平台

快速应用开发平台支持平台使用者采用可视化的方式，通过拖拽可实现界面的布局，通过绘制工作流程图既可实现业务流程，也可实现零编码或少编码开发，从而提高应用的开发效率，缩短应用开发周期。快速开发平台根据一个应用的开发流程，为平台使用者设计了应用管理、表单创建、页面设计、流程设计、权限管理和页面预览等六大功能部分。

3.4.9 基于 Kubernetes 的运行支撑平台

基于 Kubernetes 的运行支撑平台总体架构由外围服务及集群内的基础服务组成。

（1）外围服务

① Consul 作为配置中心来使用。

② Prometheus＋Grafana 用来监控 Kubernetes 集群。

③ Zipkin 提供自己定义的链路追踪。

④ ELK 日志收集、分析，我们集群内的所有日志会推送到这里。

⑤ Gitlab 代码仓库。

⑥ Jenkins 用来构建代码及打包成 Docker 镜像并且上传到仓库。

⑦ Repository 镜像仓库。

（2）集群

① HAProxy＋keeprlived 负责流量转发。

② 网络是 Calico。

③ 集群内部的 DNS 是 CoreDNS。

④ 两个网关，主要使用的是 Istio 的 IngressGateway，TraefikIngress 备用。

⑤ Istio。

（3）集群内部的监控

① State-Metrics 主要用来自动伸缩的监控组件。

② Mail&Wechat 自研的报警服务。

③ Prometheus＋Grafana＋AlertManager 集群内部的监控,主要监控服务及相关基础组件。

④ InfluxDB＋Heapster 流数据库存储着所有服务的监控信息。

3.4.10　统一运维监控

（1）监控维度

监控中心包括集群状态监控和应用资源监控两个监控维度。监控中心支持用户按用量排序和自定义时间范围查询,可以帮助快速定位故障。

对资源的监控从两条线提供多维度的监控指标,即:

① 管理员视角:Cluster→Node→Pod→Container;

② 用户视角:Cluster→Workspace→Namespace→Workload/Pod→Container。

（2）基于 Prometheus 的监控

Prometheus 是一个监控和时间序列数据库,并且还提供了告警的功能。它提供了强大的查询语言和 HTTP 接口,也支持将数据导出到 Grafana 中展示。

（3）Prometheus 的数据模型

Prometheus 存储的是时序数据,即按照相同时序(相同的名字和标签),以时间维度存储连续的数据的集合。

3.5　实践应用

3.5.1　协同办公 OA 系统

3.5.1.1　流程管理

流程管理总体可实现如下功能:

① 帮助建立标准化的工作流程体系:提炼日常工作过程的规律,建立通用可行的流程管控机制;

② 降低培训成本,明确审批权限:通过流程引导内部沟通的路径,让文本管理制度图形化;

③ 丰富的数据支持流程审批:协同、立体、全面的数据信息表帮助决策者快速审批;

④ 帮助内部流程管理优化:通过流程效率分析,提供数据帮助适时优化内部流程;

⑤ 提供流程数据报表决策:自定义的流程和数据报表,快速呈现数据统计;

⑥ 灵活的工作流程配置:从字段、表单到流程路径的全面开放,方便日常流程的变更和快速调整。

3.5.1.2　知识管理

① 可以通过各类知识的管理,有效识别企业的知识诉求,例如,集团生产型企业的知识类型如图 3-10 所示,销售向项目移交过程中的知识要点如图 3-11 所示。

② 确认各部门现有的知识能力以及对于管理知识和业务知识的诉求方式,如图 3-12 和图 3-13 所示。

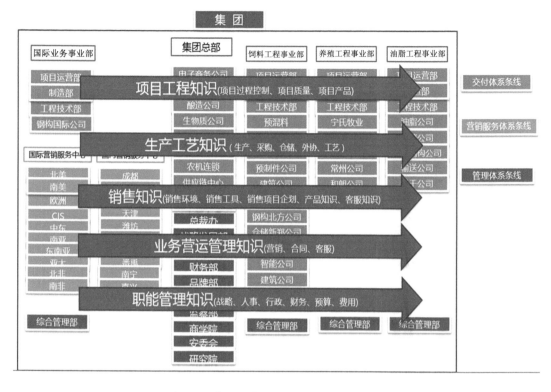

图 3-10　集团生产型企业的知识类型（举例）

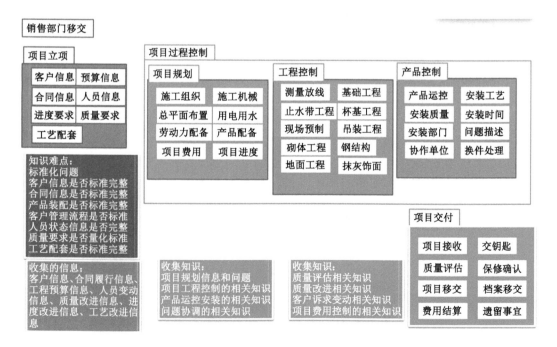

图 3-11　销售向项目移交过程中的知识要点（举例）

		知识资产导向 ■积累沉淀企业关键业务知识和实践经验，形成企业宝贵的知识资产	作业标准导向 ■结合业务工作流程，在流程中嵌入知识，形成标准化工作指引	管理门户导向 ■通过不同维度的门户构建，实现以"人"为本的知识信息推送，支撑管理决策和工作	员工培养导向 ■梳理关键岗位知识体系，并结合培训发展模式（内部讲师、中心等），促进员工能力提升	交流创新导向 ■通过比知识交流互动、评比推荐等活动，形成知识共享、技术创新的新的能力
劳动密集型	制造部 配件公司 输送公司 ……	●	●	—	●	—
资本密集型	战略发展部 品牌部 卓越中心 ……	●	●	●	—	—
技术密集型	研究员 技术部 商学院 ……	●	●	—	●	●

图 3-12　部门知识需求识别

		已经做到的	欠缺和不足
结合调研访谈和成熟度评估，从中了解到部门知识管理的特点和问题，为后续制定规划，解决问题奠定了基础： ① 知识代表性 ② 知识积累和应用情况 ③ 知识梳理是否容易 ④ 是否有IT平台支持 ⑤ 是否有知识管理制度	①知识积累	●知识主要存储于部门服务器、员工个人电脑、专项IT系统（PLM、6sigma、××工艺平台等）	●缺乏统一的企业知识库 ●缺乏统一的存储标准规范
	②知识应用	●员工培训、师傅带教传授 ●从部门服务器、个人电脑中搜索 ●从专项IT系统中搜索（PLM、6sigma、××工艺平台等）	●欠缺知识应用的多种方式 ●在需要的时候找不到知识信息 ●知识文档的实用性不强，员工一般不看
	③文化氛围	●6sigma项目推广、研讨会等	●缺乏知识分享、交流的主动意识和氛围
	④知识制度	●——	●缺乏人员组织保障 ●缺乏考核激励制度
	⑤IT平台支撑	各专项IT系统（PLM、6sigma、××工艺平台等）	●专项系统之外的知识信息缺少IT平台管理和支撑 ●例如：事实类知识(产品说明书、培训资料)、技能类知识(工作指南、工作模板)、研究类知识(行业综述、研究报告)

图 3-13　部门知识能力识别

③ 知识文档的积累，知识来源于工作，从多系统中自动汇总，如图 3-14 和图 3-15 所示，在知识积累的基础上，可以进行知识搜索。

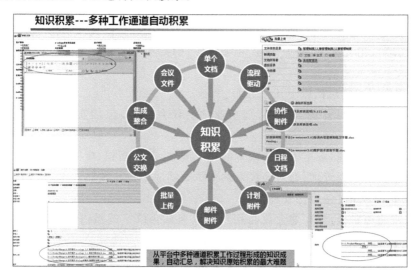

图 3-14　知识来源于工作，与多系统打通，自动汇总

④ 知识管理统计。用户根据文档的各类情况进行统计和分析，激励大家进行知识管理的贡献。

3.5.1.3　公文管理

在公文处理的 WEB 端可实现以下功能：发文拟稿、收发文的过程审批和签核、收发文过程中的催办督办、灵活查询权限范围内公文、授权他人办理公文、代理他人授权办理的公文、公文处理完成后的归档、定制自己常用批示词语、个人签名与图章管理、对公文的日常维护、公文管理员的管理功能、可视化和结构化流程的定制与维护、文件处理表单的定制与维

图 3-15　知识全文搜索

护、公文统计、公文交换。

3.5.1.4　日程管理

日程管理首先提供集团公司领导日程信息的新增、编辑、保存、删除、查看、检索等。在新增和编辑时,可以通过秘书指定日程接受人(领导姓名)、开始和截止日期(包括日期和时间)、紧急程度、活动名称标题、地点、相关人员(选填)、日程内容(具体安排-选填)、相关文档(资料档案-选填)、相关客户、相关项目、相关任务、相关流程等要素。

3.5.1.5　会议管理应用

会议管理应用主要包括以下几个方面:

① 会议室整体资源管理:集中管理企业的会议室资源,包括实体会议室和虚拟会议资源;

② 会议室台账管理:设定不同会议室的相关属性,例如面积、桌面情况、投影仪等;

③ 会议室使用核算管理:针对会议室的单位时间成本进行核算;

④ 会议室维修和设备维修管理;

⑤ 会议室使用看板:当新建会议时用户可以查看会议室的被占用情况,选择合适的会议室,申请被通过后将自动更新会议室的使用情况。

3.5.1.6　外事公务接待管理

(1)企业外事服务中心

利用门户引擎＋流程引擎＋内容引擎实现企业外事服务门户,通过门户引擎搭建展示门户、门户组件及样式等,通过内容引擎搭建信息编辑、存储、更新、反馈、评价,通过流程引擎实现信息发布审批。

此外,通过重新整合集团总部的出国(境)信息发布渠道,创建"企业外事服务中心"信息门户:用于发布公司外事管理规定、出国(境)常见手续介绍、各国签证所需材料、行前教育、保密要求,以及刊登《外事工作周报》等。

(2)公司护照管理

① 搭建护照登记信息库。

② 搭建外事护照信息审批流程，审批归档后数据自动转移到护照信息库中。

③ 定时统计登记护照上缴情况、未上缴护照信息、已上缴护照信息。

④ 提供护照信息查询。

⑤ 提供到期护照提醒，以便提前办理换发手续。

⑥ 出国（境）团组成员计划回国日期之后，自动发出催缴外事证照邮件提醒。

⑦ 提供外事护照信息权限控制：该模块查看、编辑、删除权限由办公厅统一管理，并开放申请权限给各京内、京外、境外企业等。

⑧ 办理外事证照的下属企业提供外事证照要求，则由集团统一办理，实时掌握各下属机构人员情况，加大监督管理力度。

⑨ 通过系统角色赋权给各个机构的外事专办员，并实时统计每个外事专员收缴管理外事证照的及时性、完整性等数据，作为绩效。

（3）因公出国（境）计划管理

① 因公出国（境）计划台账。因公出国（境）计划申报功能如图 3-16 所示。

图 3-16　出国（境）计划申报

② 年度出国境计划申请流程。年度出国（境）计划申请流程的功能如图 3-17 所示。

图 3-17　出国（境）计划申请

（4）申报出访因公出国证照管理

新建出访组团单，填报出访地和出访人员，上传所需附件，确保材料完整无误后，上报团组。出访组团流程表单中包括了三个卡片，出访组团卡片、出访地卡片、出访人员卡片。

（5）证照管理功能

通过证照管理功能,全面管理因公出国证照的领用申请、归还管理。

① 证照状态台;

② 证照归还申请表。

（6）协作沟通应用

改变软件开发导向的传统思路——从功能导向转变为任务事务导向,有力支持企业多事项跨部门的动态团队协作,帮助沉淀事务协作中的信息交流知识,帮助组建跨组织、跨地域的虚拟团队,推动企业由刚性组织向柔性组织的转变、体现面向整个业务过程中的动态管理思维。具体协作沟通应用示例如图 3-18 和图 3-19 所示。

图 3-18　协作区功能

图 3-19　协作区知识自动转知识地图

① 即时通信工具。同步企业组织架构与人员信息,满足日常点对点沟通,交流的附件自动归档到知识库中。

② 工作微博。作为企业的中高层管理者,除了自身工作内容的不断执行与反馈,下属与团队的执行力与工作进度同样需要有具体的了解途径。通过查看下属工作微博的填报,领导层同样可以快速地了解该员工目前的工作进展以及每日工作成果,并根据情况进行督办、提醒、回复评论和交流。具体功能如图 3-20 和图 3-21 所示。

图 3-20　工作汇报

图 3-21　工作状态评估

（7）督办管理应用

协同办公系统支持多种类型的督办任务,包括:重大项目任务督办、公文督办、月度重点工作督办、领导交办、会议转督办任务等。具体功能模块如图 3-22 所示。

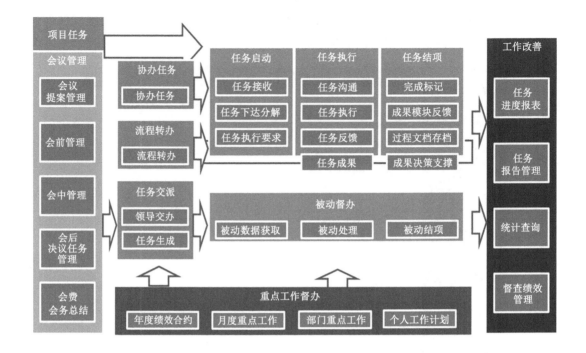

图 3-22　任务来源于各个模块

3.5.2　智能工作台

移动应用平台以"人"为核心,借助 IM 即时通信工具实现企业社交化,并基于以下四大中心打通所有移动应用。

（1）沟通中心

沟通中心的示意功能如图 3-23 所示,可以实现通信录与群组沟通。

（2）消息中心

消息中心的示意功能如图 3-24 所示。

3.5.3　精准地图

基于 ThreeJS 的三维渲染引擎,加载 AutoCAD 数据,同时叠加相应的 3D 模型,提供了基于位置的各类监控服务,分别展示了水文钻孔、人员与车辆定位系统轨迹回放、井下路口红绿灯、矿井主通风系统监控、井下主排水系统监控、矿井排水管道流量压力监控和掘进工作面系统监控的功能界面。

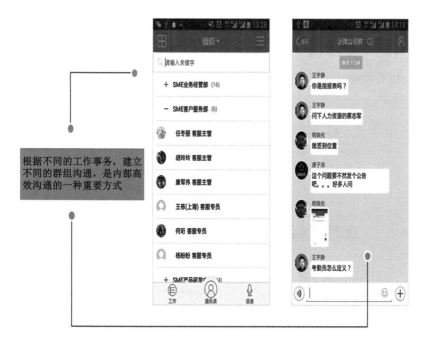

图 3-23 沟通中心页面

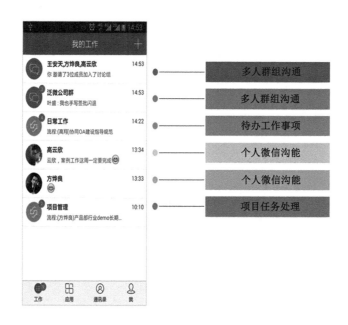

图 3-24 消息中心页面

3.5.4 快速应用开发平台

3.5.4.1 应用管理

快速开发平台为平台使用者提供统一的应用管理,满足平台使用者同时多个应用创建,灵活的自定义以满足平台使用者的业务需求。

3.5.4.2 表单创建

（1）单据页面

允许平台使用者使用管理员身份，进入创建好的应用管理页面，选择已经创建的单据页面，如图 3-25 所示。

图 3-25 单据页面

（2）流程页面

允许搭建流程提交页面，配置业务工作流，进行审批，例如：资源申请，自定义工作流，进入流程编辑页面后，平台会自动帮用户创建一个默认流程，如图 3-26 所示。

图 3-26 流程页面

（3）报表页面

允许平台使用者进行数据统计分析，灵活地配置展示数据的同时还可以做表关联设置。

支持对收集的数据进行报表分析展示。

（4）展示页面

允许平台使用者通过使用可视化页面设计器做页面布局,配置数据源以及个性化展示,帮助平台使用者快速搭建信息展示及导航类静态页面。

3.5.4.3 可视化页面设计器

设计器视图以单据页面为例,在该设计器中,平台使用者可对组件选择、画布、组件属性配置和页面级设置等进行操作。

3.5.4.4 可视化流程设计器

平台使用者在新建流程页面后,则进入工作流设计器,在工作流设计器中可以完成较为复杂流程的设计,通过在流程图中添加节点、动作,再对节点、动作设置相关属性,即完成工作流的设置。

3.5.4.5 权限管理

（1）单据权限设置

支持添加权限组,平台使用者使用管理员身份,进入创建好的应用管理页面,选择对应单据页面选择设置即可添加。

（2）流程权限设置

流程权限的设置功能,如图 3-27 所示。

图 3-27 流程权限设置

（3）报表权限设置

报表权限设置支持报表查看权限和数据查看权限的功能。

3.5.5 生产系统监控

（1）生产过程监控

生产过程监控采用图形可视化界面,对监控对象的数据、属性、动作进行管理,形象生动地还原了真实的生产工艺过程。平台可实现全局、分区域、分业务显示。

（2）实时报警

根据报警类型（包括超限报警、开关报警、设备故障信息,组合报警）、报警内容、报警级别在分控中心通过语音方式播报,并可推送到各种客户端显示提醒,实现实时报警功能。

（3）智能分析

利用数据分析技术,对采集的各类煤矿基础数据、动态监测数据进行加工、整理,形成实时比对柱状图及其他比对形式,达到任务完成率实时掌握、一目了然的目的,同时根据状态提示、操作提示、故障提示,对发现异常后造成周边环境安全、设备及影响生产的可能性进行预警,能够在分析界面展示出上下级设备、系统、流程、影响因素的分析结果,并可根据事态级别大小,预演分析结果并推送至不同层级人员,进而建立影响矿井安全生产的重要因素构建多种分析模型,并利用多维分析、关联分析、趋势分析等分析方式对矿井安全状况进行分析评估,直观地显示区域、煤矿的安全状况,将数据分析结果、报警信息、隐患预警信息自动推送给相关负责人,做到信息实时传递,帮助矿领导、部门领导及时掌握煤矿生产运营及重大报警信息,帮助各责任人及时掌握职责归属的生产信息及报警、预警信息,便于根据分析评估结果开展针对性的巡察工作。

（4）查询统计

系统信息查询方式灵活,可进行分类,时间分段和日期查询,查询信息以数值、曲线和柱图多种方式显示;在实时监视画面,可快速地查询该点的数据、曲线、定义、运行状况等信息。

4 智能化矿井建设及系统设计

4.1 "红柳林"矿井的智能系统设计

4.1.1 "红柳林"矿井概述

陕煤集团神木红柳林煤矿业有限公司红柳林煤矿属国有重点煤矿,隶属于陕西煤业化工集团有限责任公司,属于正常生产矿井,井田位于陕西省神木县城以西约 15 km 处,行政区划属神木市瑶镇乡、麻家塔乡及店塔乡管辖。井田东为 5-2 煤自然边界,南与榆神矿区锦界井田和凉水井井田相接,西与尔林兔勘查区相邻,北为柠条塔井田和张家峁井田。井田东西长约 20 km,南北宽约 8 km,井田面积 138.372 4 km²。

井田内可采煤层共六层,分别为 2-2、3-1、4-2、4-3、4-4、5-2 煤层,现主采 5-2、4-2 煤,准备 3-1、2-2 煤。煤种为不黏煤 31 号和长焰煤 41 号,属低灰、特低硫、特低磷、高热值、中高挥发分的优质动力、化工和冶金喷吹用煤。主采的 5-2 煤、4-2 煤、3-1 煤层经鉴定为 Ⅱ 类自燃煤层,煤尘具有爆炸性,无地热危害。

矿井地质构造简单,煤层埋藏深度小于 400 m,煤层倾角小于 10°为近水平为自燃煤层,煤层稳定性和围岩稳定性均为稳定,无陷落柱和冲击倾向性影响无冲击地压现象,且褶曲及断层均为很小,瓦斯等级为低瓦斯,水文地质类型划分为中等,煤尘具有强爆炸危险性。煤矿生产能力为 1 500 万 t/a。

红柳林煤矿采用斜井开拓方式,共有六条井筒,分别为主斜井、副斜井、措施立井、二号进风斜井、回风斜井、二号回风立井,采用"四进两回"分区式通风方式、抽出式通风方法。矿井采用单水平开拓全井田,副斜井采用防爆柴油机无轨胶轮车由地面直达井下运输方式。目前矿井布局 2 个 5-2 煤大采高智能化综采工作面和 1 个 4-2 煤中厚煤层智能化综采工作面,6 个掘进工作面。

4.1.2 "红柳林"智能化矿井的总体设计

按照"一矿一策"的指导思想,基于红柳林煤矿当前建设现状和需求以及智能矿山建设目标,为红柳林煤矿规划"3 个 1+2+N"智能矿山方案,总体架构设计如图 4-1 所示。

1 张网:当前红柳林煤矿已经建立了井下千兆工业环网,本次结合不同业务场景的网络需求,主要实现井下万兆工业环网以及 4G 无线信号覆盖,在综采面等场景进行 5G 试点,并在硐室等固定场所部署 WiFi6。此外,结合井上当前的办公及园区网络不满足的地方对整体网络进行优化升级。

1 朵云:云平台层的主要建设任务是基于一体化机房建设统一的云化资源池,包含云资

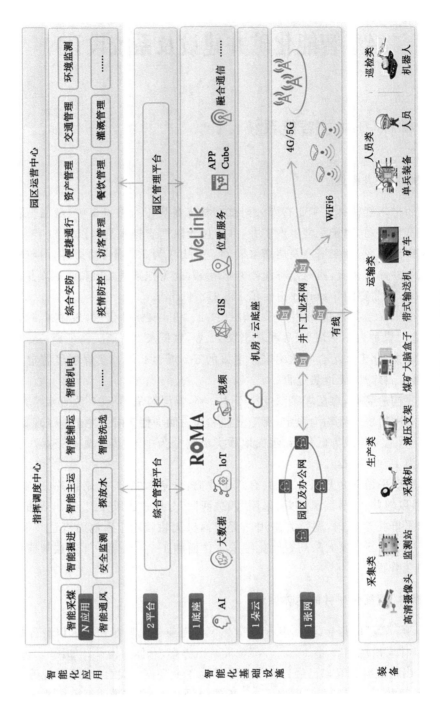

图 4-1 红柳林智能矿山总体方案

源池服务器、存储、网络设施等相关核心硬件。将物理资源转化为虚拟资源池,从而可以轻松、动态地调度各类资源,实现资源集约化建设,云上云下联动,保持技术领先。

1 底座:基于云资源池,建设包括 ROMA、AI、大数据、视频云、GIS 等模块,实现红柳林煤矿的系统交互、数据融合;建设统一数据标准,并提供一体化的"采存管用服"工具,汇聚煤矿各业务领域数据,沉淀数据资产,形成统一数据资源目录,为业务应用提供数据服务支撑;同时以服务化的形式给上层智能应用提供 AI、大数据、GIS 等核心功能组件,赋能矿山的智能化转型与升级。

2 平台:针对矿山生产业务、园区管理业务,打造数字孪生平台,为管控一体化提供高度集成的技术平台。

N 类智能应用:围绕采煤、掘进、主运、辅运、机电、安全生产、经营管理等环节,以智能感知、智能决策为基础,构建各类智能化应用,对业务系统进行智能化升级,达到煤矿减人增效、安全可靠,并辅助领导层科学决策的效果。

4.1.3 "红柳林"智能化矿井的系统设计

4.1.3.1 "红柳林"智能化网络系统设计

(1)园区网络升级

• 核心层设计规划

整网核心、办公网核心均使用 2 台新的高性能框式系列核心交换机,采用 CSS 虚拟化集群技术,即将两台交换机通过专用的堆叠电缆连接起来,选出一台为主交换机,一台为备交换机,对外呈现为一台逻辑交换机,消除单点故障,从而实现整个骨干网络的高可靠性。同样工业生成控制网络和工业视频监控网络也是均采用 2 台框式交换机进行 CSS 部署,作为流量集中节点与办公网及数据中心进行对接。使用的设备可以保证与现网的兼容性及互联互通。

• 汇聚层设计规划

由于光纤布线的特殊情况,汇聚交换机作为光纤的中间连接点,汇聚交换机不仅需要接入所规划对应区域的接入交换机,同时需要作为接入与核心的中转,根据链路的要求,需要设备至少具有 24 个万兆光口。

• 接入层设计规划

接入层是最靠近用户和前端的网络,为用户和前端提供各种接入方式,是终端接入网络的第一层。接入层交换机部署在楼层弱电井的网络机柜中,为终端用户提供高速有线接入以及无线全覆盖二层交换服务功能。

• 无线网设计规划

无线控制器使用的是核心交换机的随板 AC,为无线接入点 AP 提供管理平台,为 AP 下发配置文档,实现集中控制与集中认证。所有 AP 采用集中认证、本地转发模式,减少内网网络流量迂回路径,节省带宽资源消耗。

无线网络设计采用业界领先的敏捷交换机的有线无线融合理念,实现有线无线流量深度融合,具体涉及:生活网(5 号楼、培训楼、文体中心)、办公网(联建楼、办公楼)及整个园区生活区无线覆盖。

• 安全设计规划

安全设计规划需要在出口区域进行安全防护加固设计;网络的安全是办公网安全最基本的保证。安全设备防护的部署规划详见安全等保设计章节,这里主要从交换机的安全特性上的使用来保证网络的安全,包括 DHCP Snooping、ARP 防攻击、MAC 防攻击、IP 源防攻击等。这些安全特性工作于 OSI 模型的链路层,可在接入层交换机上部署。

VLAN 是将一个物理的局域网在逻辑上划分为多个广播域的技术。通过设置 VLAN,可以实现在同一个 VLAN 内的用户二层互访,而不同 VLAN 间的用户被二层隔离,这样既能隔离广播域,又能提升网络的安全性。

ACL 提供对通信流量的控制手段,ACL 可以限制网络流量、提高网络性能。例如,ACL 可以根据数据包的协议,指定数据包的优先级。

- 地面视频监控网设计规划

地面园区新增摄像头网络采用 POL 全光网络,ONU 承载本次园区新增摄像头的视频监控业务。

(2)工业网升级

地面环网共 13 个点:110 kV 变电站、锅炉房、主井机房、主厂房配电室、35 kV 变电站、2 号风井集控室、2 号风井空压机房、措施立井变电站、联建 1F 机房、联建 3F 集控室、联建 3F 调度室。两个环统一汇聚到核心节点。

井下环网设 10 个节点:中央变电所、12 联巷变电所、23 联巷变电所、27 联巷变电所、北二盘 4-2 煤变电所、3-1 煤变电所、17 联巷变电所、北翼避险硐室、南一盘区变电所、2 号水泵房。其他站点以点到点方式就近接入骨干环网。

两个环统一汇聚到核心节点,实现不低于 50 ms 的快速故障收敛,核心设备万兆 10GE 接口不少于 2 个,实现设备单元模块化,可自由组合配置硬件接口,实现 vlan 间隔离及 ACL 安全访问控制。统一设备时钟实现精准时间控制。

配备不低于 2 h 的设备后备应急电液,以确保实现矿业突发断电后的设备正常工作。

工业无线 WiFi 覆盖:作为 5G 数据网络的无线接入补充,通过在重点生产区域布置 WiFi6,采用统一无线接入 AP 终端管理,无线信号加密授权接入。实现固定硐室及主运大巷的无线信号覆盖,实现摄像头、传感器、手持终端等设备无线接入,减少井下线缆,并可移动作业。

4.1.3.2 "红柳林"智能地质保障系统设计

为了实现红柳林煤矿地质保障智能化管控,建立矿井水文地质模型,实现全矿井范围内煤层顶板含隔水层、老空区积水、烧变岩含水层的空间赋存模型,各煤层赋存现今基底构造形态模型;应用仿真技术分析在不同区域巷道、工作面采动条件下的突水情景,模拟出水过程和制定人员逃生最佳路线;实现对水害预警消息的推送为采掘、生产、补勘等相关设计审批提供依据的功能;采用井下巷道快速写实、地质剖面快速精细化剖分、配煤技术等实现对智能开采工作面的煤层夹矸、地质构造、煤质特征的透明化展示,在保障发热量等煤质要求的前提下提供满足不同产量需求下不同煤层、同一煤层不同煤质工作面之间的协同开采配采方案,实现经济效益最大化;最终实现对上述功能的可视化实时动态展示。

智能矿山建设方案由两层结构组成。第一层级为数据中台,可对各专业数据进行集中治理和存储;第二层级为功能应用层,该层又分为 C/S 端和 B/S 端。

(1)地质保障数据库

- 统一地质保障数据标准

开展需求分析,详细调查待处理的地质数据类型及数据库功能需求。收集矿井地质静态、动态数据,对地质地层、煤质岩性、水文资料、物探资料、抽水试验资料、水质化验资料、涌水量观测资料等涉及的图、文、表等各类数据资料按照相关规范进行标准化、规范化处理。

- 分布式地质保障数据存储与容灾系统

本部分主要形成地质数据库、钻探数据库、物探数据库、测量数据库、文件存储服务模块、数据容灾系统、地质数据传输模块。

- 数据库管理模块开发

运用网络化大数据技术,开发数据库管理模块,实现地质数据可视化和检索、查询、编辑维护、统计、输出等功能。

- 数据库运行及维护

数据库运行阶段,采用专用的数据库语言及其宿主语言,根据逻辑设计和物理设计的结果建立数据库,编制和调试应用程序,组织数据入库,在数据库系统运行过程中不断地对其进行评价、调整、修改。

（2）地质数据共享服务

构建地质保障数据中台,提供地质数据共享功能。

- 地质保障数据分析模块

开发地质保障数据分析模块,实现矿井地质数据融合分析,具备地质数据推演、地质建模、地质数据可视化等功能,矿井地质数据的基础信息、关联信息、预测信息等能够用可视化的方式直观地展示出来。

- 地质保障数据接口开发

空间数据库的数据结构、数据接口等满足为多系统提供数据共享的要求,可直接为集团、矿端综合集成提供统一标准化的地质保障数据,支持对接云系统,提供 IoT、OPC、Web API、Web Service 等接口,实现煤矿数据采集交换标准化及系统信息的有效共享,实现地质数据全方位共享应用。

- 数据集成 ETL 开发

开发数据集成 ETL,解决集团多层级、跨地域、多部门间的数据资源的交换和业务协同,用户通过浏览器界面,即可方便、快捷地完成数据交换平台的安装、配置、部署、运行、监控与管理。

（3）多源数据融合分析

地质数据存在不确定性、经验性、间接性、不完整性等问题,对不同专业的地质数据,需要统一存储、统一管理,对不同数据进行校对、识别、相关分析、逻辑运算等,统一数据所处的地质空间,运用地质统计学、图形学等技术进行深度融合,形成更准确的地质认识。

（4）地质模型构建及动态更新

地质模型构建及动态更新主要包括以下几个方面的内容:动态多属性地质建模流程、地面-巷道-设施-生产系统建模、地质模型剖切、二三维一体化联动、三维储量管理、三维地质剖面分析和三维探放水设计

（5）矿井灾害监测预警

- 水害监测预警

煤矿水害监测时空大数据智能预警技术基于深度学习时空序列预测方法中的长短时记忆循环网络智能预警模型(Long Short-Term Memory,LSTM),设计自适应学习策略对参数进行优化训练,结合煤层顶板水害影响因素静态指标和实时监测动态指标,构建用于解决水害预警等级分类问题的智能预警模型。

- 瓦斯监测预警

瓦斯灾害预警的研究基础是煤与瓦斯突出预测的相关基本理论与技术,是集瓦斯灾害预兆信息收集、处理、判识及发布于一体的系统技术,其大数据分析挖掘系统主要包括:瓦斯灾害危险性信息的智能辨识、突出预警方法体系的构建、瓦斯灾害感知数据融合处理技术研究等。

- 矿压大数据可视化分析预警

智能矿压大数据主要包含三个部分:底层数据测站、智能分析程序、图形显示和时空数据处理程序。

- 火灾在线分析和预警
- 煤尘监测预警

(6)矿井水害智能仿真

系统目前已经实现了水灾避灾路线规划,人员定位展示,与矿井监测系统同步。

(7)透明矿井云 GIS 平台

构建了云原生 GIS 平台。云原生 GIS 基于微服务架构、以容器技术为载体、融合自动化编排技术,实现对 GIS 应用服务环境、GIS 大数据环境以及数据库环境的部署、监控及运维。云 GIS 微服务结合 Spring Cloud,将完整的 GIS 应用拆分为多个可独立部署和运维的微服务节点,通过服务治理层调度和提供负载均衡、弹性伸缩、动态验证等能力,保障系统的扩展性和高可用性;GIS 容器的引入降低了资源损耗,结合自动化编排技术,屏蔽了环境差异,无差别适应裸物理机、公有云、私有云等各类环境,并能与云平台的能力紧密结合。云原生 GIS 将 GIS 功能拆分为微服务,服务间各司其职,相互松耦合,可按需弹性伸缩,实现地图、三维、大数据、空间区块链、AI 功能的全面微服务化。采用统一的虚拟化资源池,使用云管理系统进行统一管理和调度。

(8)在线三维可视化分析平台

将三维模型进行渲染、装配、组合、校核,形成完整的矿山井上下虚拟场景,完整呈现三维采矿信息模型。

(9)工作面透明截割规划开采

结合工作面透明地质、综采开采大数据决策技术,攻克工作面透明地质信息建模、综采大数据决策平台的和精准设备姿态定位、增强感知等多种技术,形成一套具有"模型-推理-决策-执行"的综采工作面"地质模型→开采决策→精准控制"的智能开采方式。基于以上技术研究成果,形成生产地质动态建模模块、开采设备精准定位模块、采煤工作面数字孪生模块、截割规划与开采交互模块、采煤机精准控制与三机协同模块。

(10)接口开发

平台可提供丰富的管理 Rest API 接口和方便的管理扩展机制,方便客户集成统一管理平台并扩展自己的插件集成到平台中。

可为扰动地质及力学建模、火区地质建模等模型建立留有数据接口,便于后期与其数据对接和模型接入。

4.1.3.3 "红柳林"智能采煤系统设计

（1）智能工作面三维模型 CT 切割技术应用

主要包括巷道精准测量、钻孔探测、三维地震动态解释、三维地质建模和数字孪生系统等方面的内容。

（2）综采工作面大数据分析智能决策平台

基于多维度地质信息融合技术和方法，将现有的综采自动化集成数据与数据分析智能数据挖掘技术融合，建立大数据分析智能决策平台；平台通过数据挖掘相关的一系列技术，分析综采工作面自动化系统的过程、环境、操作等数据，得到知识决策，并将这些新的知识决策重新输入到决策系统中，不断地迭代完善，最终用于分析在综采工作面自动化生产过程的关键因素，建立起一套完整的可"预测、预判、预控"，基于多维度地质的大数据精准开采决策的融合平台。

（3）工作面综采设备空间导航定位及精准控制方法

融合智能集中控制系统，通过井下工业环网（有线/无线）采集综采工作面各个设备的重要参数，对所有的数据进行统一融合，将采集到的数据通过以太网传输到大数据精准开采决策平台。根据采集到的数据进行数据建模，大数据精准开采决策平台依据一定的算法生成对应精准的开采模型，最后将开采模型集中控制平台实现对井下设备的精准定位和控制。

（4）工作面集群协同规划开采

多工作面协同作业对生产环境、系统、设备压力的均衡调度的效果关乎矿井整体产能及安全。为实现整体矿井的生产计划的准确分解和实时调整，保证设备、系统、人员处于最佳的高效安全生产负荷，综合调度模块核算各工作面、盘区的最大安全产能，根据各工作面产能分解矿井的整体生产计划，并根据伴随生产中的环境、设备、人员、系统变化适时调整生产计划，通过综采工作面集群大数据管控平台进行规划控制。

（5）综采工作面集群移动管控平台

为实现对智能化管理系统数据的采集、数据存储与分析、数据应用三个大数据处理功能，总体架构设计分为数据源、智能化综采管理系统、云服务系统以及移动应用四个层次，层次划分方式如图 4-2 所示。

在工作面集群环境下，为满足庞大的数据处理及实时数据转发，和业务处理能力。将会对服务器进行分布式管理，服务器集群化为多数据源下的统一资源分配及调度提供物理环境。工作面集群开采进度的统一调度为整个矿井的人力、设备资源管控，环境安全监测调度，提供了整体解决方案。

（6）采煤工作面多源安全数据融合分析及区域安全状态评估

① 以综采工作面主要的生产工序割煤、移架和推溜三种，结合工作面区域支架类型及状态，将综采工作面区域在平行于工作面方向上划分为不同的区域。研究基于综采面推进过程的精细化分区模型和方法。

② 结合综采工作面各区域范围的顶板灾害、水害、火灾、粉尘、有害气体以及设备健康状态，建立不同区域设备与环境安全的综合安全指数分析方法，建立综采工作面各区域多因素综合评判模型，判断各区域安全水平，给出综采工作面各区域安全状态指数。

③ 融合工作面智能化、监测监控、矿压监测等系统数据，结合顶板灾害、水害、火灾实时分析结果，完成工作面区域灾害预警的融（综）合分析技术研究。

图 4-2 工作面集群开采状态的移动端监控系统总体架构

（7）大采高工作面周期来压大数据智能预测预警平台建设

利用大数据技术建立矿压智能预测预警系统和揭示矿压规律的思路,结合大数据的研究成果,通过现场监测＋实验室建模＋理论分析的方法,提出监测数据存储和预处理方法,设计工作面周期来压预测预警方案,并进行预警等级划分,完成预警模型搭建,建立周期来压预测预警系统,在大数据分析的模式下实现对顶板来压的安全预警,根据数据分析和研究各影响因素对矿山压力显现的贡献度,揭示工作面和巷道的矿压规律。

（8）开采过程中端面距监测及智能控制技术

利用大数据决策平台,在开采大数据决策分析基础上,对工作面三机配套关系进行数字化建模,将地质模型、开采模型和配套关模型进行坐标系的统一,研究顶底板变化、开采工艺和配套模型中端面距变化的关系。利用采煤机、液压支架安装的相关传感器反馈工作面装备实际姿态,通过大数据分析对配套模型中端面距进行修正,按照国家安全规程对端面距控制要求进行预警及协同控制。

（9）工作面 AI 场景井下智能识别

主要包括以下几个方面:

① 刮板输送机缺刮板、断链智能监测;

② 刮板输送机煤量监测;

③ 刮板输送机机头堆煤智能监测;

④ 综采工作面液压支架护帮状态智能监测;

⑤ 综采工作面煤壁片帮智能监测;

⑥ 采煤机跟机作业时前滚筒距未收起护帮板支架数智能识别;

⑦ 采煤机跟机作业时后滚筒距护帮板未护帮液压支架数智能识别；

⑧ 液压支架移架时支架底座障碍物智能识别；

⑨ 采煤机跟机作业时工作面危险区域进入跟机智能识别。

4.1.3.4 "红柳林"智能掘进系统设计

（1）掘进智能化集控系统

① 系统使用二三维建模软件对采掘工作面进行 1∶1 三维地质模型建模，结合掘进施工流程，实现掘进工作面地质三维结构的高精度表达，包括掘进巷道的煤层顶底板分界、巷道断面支护方式、积水区域、矿压显现规律（顶板离层）及瓦斯等地质环境的展示。提供二维、三维一体化的展示方式，二维展示主要依托于平面设计图，方便快捷，三维展示基于高仿真模型做数据展示，场景中通过改变摄像机的目标点或摄像机点位置或移动摄像机，产生不同角度的展现效果，更加生动形象地展示完整的掘进工艺流程。

② 数据驱动功能：适配煤矿井下主流设备通信协议，如 OPC（UA）、Modbus RTU、Modbus TCP 等，并支持 Socket UDP/TCP 等私有协议的开发。数据驱动组件是掘进工作面数字化监控系统最重要的部件之一，它的主要功能是平台和设备之间的数据交换，通过网络实时采集控制器（PLC 或分站）的实时数据，并将用户设定的参数写入到控制器的 ROM 中，实现用户对控制器、传感器的监测和控制。

③ 数据库功能：平台配有实时历史数据库，可存储各种设备的实时及历史数据，如模拟量、开关量、累计量等，供平台开发统计查询和分析功能。

④ 三维数据驱动功能：利用可视化脚本编程功能实现对井下掘进工作面设备的可视化展示以及基于三维组态的监控功能。利用各设备厂家提供的 1∶1 三维设备包络图形（.stp 格式），设备建模过程中应将各运转部件的关键技术参数和实际运行状态在平台里关联，从而保障数据驱动的真实性。

⑤ 多源数据集成和联动功能。基于 OPC、Modbus、Socket、Http 等公有通信协议及特定设备的私有通信协议，开发系统的数据接入与控制模块，实现对掘进工作面自动化系统（掘进设备、胶带运输系统、供电系统、供风和供水等）和信息化系统（安全监控系统、人员定位系统、地理信息、水文监测、视频监控等）的数据采集与控制，监测数据必须能够实现设备自身所有监测数据的接入和融合。

（2）智能探放水监测管理系统

煤矿探放水智能监测系统，是以人工智能技术为核心，覆盖煤矿防治水过程中设计、计划、执行、验收、总结、分析等关键节点全流程智能化管理系统。系统从掘进开口处以图形化方式展示矿井掘进巷道及已形成采煤工作面的探放水作业信息，以探放水里程为时间轴，快速查阅历次探放水作业数据、作业视频及探放水台账；以图形方式展示和汇总掘进工作面的已掘进距离、允许掘进距离、超前距离和未探测距离，通过钻孔轨迹数据生成探水作业覆盖区域，辅助探水作业设计及生产分析。

此外，利用人工智能、大数据技术智能识别钻杆钻进速度、钻孔角度、钻探进尺，识别核对探测距离，钻孔终孔位置水平与垂直偏差、判断本钻孔的进尺、角度、深度、位置是否满足设计要求，杜绝施工人员谎报进度、违章操作、打假孔等危及安全的事件发生，确保钻孔准确性和钻探工程质量。

系统采用云、边、端技术架构，移动应用服务具备探放水全流程的电子化审批和管理，矿领导和中层管理人员可以随时随地访问系统,及时掌握煤矿探放水作业情况并实现地面移动验收,针对异常情况可发出报警提醒。同时探放水过程管理具备联网上传功能,数据满足国家、地方煤矿数据采集标准与监管需要,支持与现有安全监管系统对接数据自动上传。系统通过标准化作业流程、网络化作业过程、智能化有效监督,全面规范了探放水作业管理,系统解决了煤矿物探、钻探作业管理中作业不规范、监管不透明、依靠大量人员人为主观判断等管理难题,确保防治水措施真正落实,提高防治水工作的科技水平。

4.1.3.5 "红柳林"智能主煤流运输系统设计

（1）胶带智能监控保护

胶带智能监控保护的功能主要包括以下几个方面:胶带溜煤眼堆煤智能识别保护、胶带转载点堆煤智能识别保护、胶带异物智能识别保护、胶带除铁器状态智能识别保护和胶带跑偏智能识别保护。

（2）人员违章智能识别保护

利用人员位置识别模型识别胶带沿线摄像机拍摄的胶带运行时人员位置情况实时视频数据,根据自定义的胶带运行时的危险区域,当识别到设备运行同时人员进入危险区域即判定为违章进入,触发胶带沿线语音报警和监控中心系统监控画面消息弹框报警,同时向胶带集控系统发送停机消息,联动胶带停机。

识别位置:利用胶带沿线布置的摄像机来进行智能识别(机头机尾、胶带中部、转载点位置等)。

（3）无人巡检智能识别保护

煤流智能管控系统接入巡检机器人采集的视频数据,智能识别胶带沿线托辊损坏、胶带架倒架、撒煤等异常情况,并及时报警。

识别来源:巡检机器人采集的视频数据接入

（4）胶带工况智能识别保护

煤流智能管控系统采集胶带保护传感器和电气设备传感器数据,识别到某一曲线一段时间内突变,能够自动报警。异常设备位置、归属队组、责任人、联系方式等信息的智能查询,为调度值班人员及时调整设备运行状态、通知设备管理人员进行设备异常状态确认及维检修提供支撑。

（5）煤流运输设备智能保护联动停机及消息推送

当系统识别煤流运输系统中的智能保护情况时,发送停机指令到集控系统控制胶带自动顺序停机,同时控制应急广播装置报警,并在调度大屏上显示胶带异常信息,异常原因等报警信息。

（6）胶带柔性运输

胶带柔性运输主要包括以下几个方面的功能:采煤机位置及采煤速度识别、胶带运煤量、煤流轮廓智能识别和胶带柔性运输的调速模式。

（7）智能维检修

① 胶带工况智能诊断:煤流智能管控系统采集胶带的所有保护传感器和电气设备内部传感器的实时数据(可实现与大集成平台对接),带式输送机工况监测数据主要包括输送机的启停状态、工作电流、工作电压、功率等。

② 维检修智能排单:煤流智能管控系统根据工况智能诊断结果和智能监控保护的报警

信息,结合人员精准定位信息、人员岗位资格、工作内容等信息,自动生成包含维检修人员、维检修作业内容、标准化作业指引等在内的维检修工单,自动完成审批流程并下发到对应人员的移动 App,实现设备维检修的自动排程排班。

③ 设备检修智能验收:煤流智能管控系统关联人员精准定位系统,识别作业人员到达设备故障点的时间,轨迹路线。利用附近的摄像机,通过机器视觉手段识别检修过程。人员检修完毕后通过 App 提交工作汇报,系统智能验收。确保每一个安全隐患都能及时有效得到整改,消除隐患,确保煤流运输系统中安全生产形势持续稳定。

(8) 矿用隔爆兼本安型轨道式巡检机器人

在主井三部胶带机配备轨道式巡检机器人,实现对巡检区域的环境监测、设备状态监测,并与集控中心进行可靠、稳定、即时的数据交互。对数据、音频、视频进行深度分析,以实现环境、设施异常状况和设备故障的诊断、预警等功能。

(9) 智能除铁器系统

通过对现有除铁器进行技术升级、改造,采用除铁器＋金属探测仪联动的方式。实现对煤流中的铁器自动识别,当检测到小型铁器时联动开启除铁器自动除铁,大型铁器人工除铁。

4.1.3.6　"红柳林"智能辅助运输系统设计

智能辅助运输系统是打造智慧矿山的高质量的网络平台,以高精度导航定位系统为基础,实现用车全程监控;以计算机网络和数据库为载体,达到精确统计;以数据实时统计为手段,强化车辆监管,构建了一套高效、智能、经济的辅运系统。该系统的功能模块设计架构如图 4-3 所示。

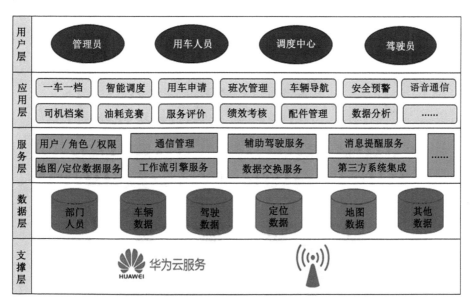

图 4-3　智能辅助运输系统功能设计

智能辅助运输系统以定位系统和地图服务平台为基础,实现用车全程监控;以计算机网络和数据库为载体,达到精确统计;以数据实时统计为手段,强化车辆监管,构建了一套高效、智能、经济的辅助运输管理系统。在安全方面,彻底解决了辅助运输车辆行驶监管难的问题,有效消除了危险驾驶、超越禁区等安全隐患;在管理方面,化解了叫车申请难、调度派车难、精准难、回程顺车难等困局;在数据统计方面,摆脱了手签票据统计难、审计难、追溯难等窘境。

智能辅助运输系统运用物联网、云计算、大数据等核心技术,结合智能企业管理信息平台实现,系统可与第三方软硬件平台实现无缝对接。

该系统采用 SOA 架构思想开发,符合 J2EE 规范,支持中间件技术和基于构件的开发模式,基于松耦合方式的、以提供 Web 服务为中心的系统体系构架,用户可按不同方式访问系统。系统从整体架构上可以划分为统一身份认证、应用服务、数据库和访问权限与数据安全管理四个主要部分。

4.1.3.7 "红柳林"智能通风系统设计

智能通风总体上采用集成的思路开展工作,从智能感知、智能决策、智能控制三个方面进行建设。首先,现场调研现有安全监控系统对通风相关参数监测的基础上,新增或升级通风参数精测装备,实现风速、气压的精确测定,保证基础数据的准确性和可靠性;新增巷道全断面风量自动测定装置,替代测风员工作;井下安装高精度风速传感器、压差传感器,实现通风网络关键参数的准确监测。其次,进行全矿井巷道和通风构筑物的阻力参数准确测定,构建通风网络三维模型,实现通风网络的动态解算、在线监测、三维展示,建立适合于黄白茨煤矿现场实际的通风系统预警指标体系及模型,实现矿井通风系统隐患的自动辨识、超前预警;并与现有的环境监测参数融合,实现数据与数据、数据与图形的有效融合,为灾害防控预警提供智能决策手段。再次,新增包括局部通风机远程变频控制、风门和风窗远程自动控制的智能控制系统,并建设一套采煤工作面区域反风和火灾应急远程联动控制系统。通过上述技术、装备融合,形成一套有特色的智能通风技术与装备体系,总体建设思路如图 4-4 所示。

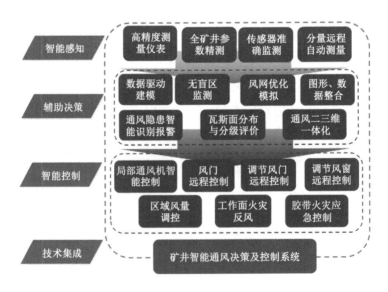

图 4-4　项目建设总体思路

（1）通风参数精准感知技术装备及系统

提供基于超声波测速原理的全量程高精度风速传感器,高精度、高可靠性、高灵敏度大气压力测量仪表及压差传感器等通风参数感知装备。此外,针对巷道风速测不准问题、井下通风参数数据获取的需求与监测系统数量有限的矛盾问题,提出了通风参数测点最优化布置模型;研究风表位置与巷道断面特征关系,实现全断面平均风速的精确测定。

（2）全矿井通风参数精测工程

以矿井现有通风系统为依据,借助高精度气压表、超声波风速表等仪器仪表,全面精准测定矿井全部井巷通风基础参数,包括静压、风速、温度、湿度、巷道断面尺寸等,计算得出各条井巷断面尺寸、风量、风阻、摩擦阻力系数等数据;全面调研并测定所有通风设施的通风阻力数据,计算得出通风设施风阻。最终以实际测定的通风参数为依据,实现矿井对通风参数的精准把控,为井下调风、网络解算、系统优化等提供基础数据支撑。

（3）巷道全断面风量远程精准自动测量系统

通过在测风站安装走线式自动测风装置,通过远程和井下控制箱程序发送自动测风命令,实现动力机构驱动风速传感器运动,进而实现风速传感器在巷道断面内进行"六线式"测风,测量结束后风速传感器数据上传给控制箱,计算得到平均风速,并就地在显示屏显示,也可通过地面上位机显示测量数据。

（4）通风多源信息集成

集成通风监测、监测监控、束管监测、光纤测温等各子系统信息,实现多源数据融合与集成,为通风决策及控制提供数据基础。

（5）通风智能化分析决策与控制系统

基于通风参数精准感知与通风多源数据集成技术,构建形成矿井通风系统分析决策平台,实现井下风流按需分配模拟、矿井通风网络实时监测与动态解算、矿井通风异常预警、态势发展研判、智能调风方案生成、通风异常恢复、通风网络二三维一体化演示、灾害气体云分布展示,实现矿井通风网络的动态预测与模拟仿真。

建立通风设施设备远程控制模型及控制平台,对矿井自动测风装置、主要通风机、局部通风机、无压风门、调节风门等关键调控通风设施设备进行远程控制,实现了矿井一键精准测风、风阻精确调节、复杂通风网络结构远程联动、区域联动控制;实现了矿井多组通风设施设备的联合安全运转。

（6）主要通风机智能控制系统

以主要通风机控制设备厂家提供主要通风机在线监测系统、主要通风机控制系统为基础,开发主要通风机远程控制系统,功能应包括主要通风机监测及故障诊断、通风机工况调节、一键启停、一键切换、一键反风功能。

（7）局部通风机智能控制系统

在新型智能局部通风机的基础上,增加部分状态感知传感器,将局部风机厂家控制系统融入智能通风决策及控制平台中,保证整个通风系统通风设施控制的统一和联动,实现局部风机的远程无人启动、自适应变频调节风量和瓦斯智能排放。

（8）风门远程自动控制系统

提供一套高分子轻质风门远程控制系统,具有手动、红外、光感等多功能的就地控制与远程控制、自动防夹、双重闭锁、自动复位、断电开启功能为一体的新型高分子无压风门,风门采用四连杆机构机械控制风门的开启与关闭。能够为矿井通风灾变联动控制提供基础。另外,在矿井现有自动风门控制的基础上远程升级改造,实现风门的远程控制。

(9)风量精确调节风门远程自动控制系统

建立风窗风量精确调控模型,开发远程精确调控自动风窗及其配套控制设备,通过远程控制微调执行器,实现风窗过风面积大小的调节,进而实现调节风量的目的。

(10)火灾预控联动控制系统

在工作面区域附近合理布置远程控制风门、风窗,建立工作面区域反风控制模型,实现工作面火灾发生时的一键反风;在主要胶带和回风巷之间合理布置远程控制风门,实现胶带巷火灾情况下的风流一键应急控制。

(11)区域风流智能调控系统

借助远程自动调节风门和高精度监测传感器,实现煤层间、区域间、工作面间风量的联动调控。

4.1.3.8 "红柳林"智能供电与排水系统设计

(1)变电站巡检机器人采购

主要功能包括监视上传设备以下信息:装置状态指示灯;室内设备本体温度;压板投退状态;开关的分合状态;电压、电流等表计指;设备的局部放电状况。

(2)智能供排水系统

该系统建设方路按照执行层、网络层、应用层结构实现设备数据采集、数据传输、设备联动和远程控制、状态监测及数据分析。

执行层采用西门子 smart 系列 PLC 或工业网管为控制单元,通过 RS485 现场总线通信方式采集各种传感器、电动阀门、水泵控制器等设备数据实现数据汇集及连锁控制。而后经过 modus tcp/ip 方式的网络层传输至地面控制室。应用层采用统一软件管控平台,实现工艺流程展示,远程操作,设备报警展示,参数趋势展示,视频监视、安全报警、联动功能。

4.1.3.9 "红柳林"智能安全监控系统设计

聚焦红柳林煤矿瓦斯、火、水、顶板、粉尘等重大灾害,在矿端根据实际情况接入瓦斯、火、水、顶板、粉尘等灾害监测相关系统数据,强化矿端灾害精准感知能力;利用灾害监测数据的特征图谱构建技术,揭示灾害时空演化趋势;融合已建风险管控、隐患闭环、安全生产标准化、一通三防等安全相关管理系统;建立基于成因机理与数据驱动互馈的矿井灾害风险大数据分析方法;运用时空 GIS 的场景构建技术,建成信息全面感知、自主融合、动态辨识、分析预警、协同控制、模拟仿真为一体的智能化灾害管控系统,在同一平台界面上实现多种灾害的异常早期筛选、自动锁定、回溯分析、趋势预测,为安全生产提供技术支撑。

根据煤矿灾害实际情况,本着"实用、可靠、先进、经济、安全"的指导思想,在切实满足国家相关标准的基础上,综合运用物联网、大数据、云计算、移动互联、机器学习、图形建模等技术手段,构建具备灾害隐患精准感知、自动识别、精准监测、动态预警、模拟仿真、协同管控为一体的智能化灾害防治系统,具体建设内容包括:

(1)灾害监测数据元标准管理

系统支持煤矿安全基础数据元描述方法,可形成煤矿安全管理、监测、分析、预警利用的数据管理模式,建立瓦斯、水、火、顶板、粉尘、隐患等 6 项数据元标准。

(2)灾害一体化融合监控

接入瓦斯、火、水、顶板、粉尘等灾害监测相关传感器以及人员定位系统、视频监控系统、水文监测系统、智能通风系统、主通风在线监测系统、主排水系统、采空区发火监测系统、胶带运输测温监测系统、胶带运输系统、注氮防灭火系统、注浆防灭火系统、工作面及巷道顶板监测系统、粉尘监测系统、信息引导发布系统、调度通信系统、无线通信系统、应急广播系统等子系统,制定统一的数据交换协议,具备对环境监测类数据、井下人员数据、标准工控类设备数据、非标准机电设备监测控制类等数据统一采集与数据治理。具备实时数据监视、实时报警提示、历史报警统计分析、重点数据关注、二维组态、三维建模、报表图表多途径展现等功能。

（3）灾害精益管理

对煤矿一通三防、安全重点工程、防灾治灾等核心业务工作进行系统梳理,固化工作流程,基于工作流与移动互联技术,构建班组、区队、矿分级闭环管控,实现灾害防治任务工单化、管控流程标准化、执行过程可视化、数据指标化。

（4）煤矿灾害风险分析预警与可视化展现

基于灾害成因机理与数据驱动互馈的矿井风险大数据分析方法,完成海量监测数据采集分析与预处理,形成灾害风险分析预警基础算法服务库,建立瓦斯、水、火、顶板、粉尘等灾害风险分析预警模型、二三维一体可视化模型,实现煤矿灾害的预警预测和模拟仿真。

建立煤矿灾害风险评估指标体系和评估模型,对煤矿基础信息、监测监控数据、预测预警数据进行综合分析,实现矿井灾害风险及综合安全状态的实时动态评估分析及定期评价。

（5）分级分区协同联动控制

根据不同灾种与应急预案建立协同控制策略库、避灾路线库,实现瓦斯灾害、水害、火灾、顶板灾害、粉尘灾害等避灾路线在线规划。

（6）瓦斯巡检管理系统

该系统基于井下移动网络、智能终端、无源地址卡和 LED 显示牌等相关技术与装备,对煤矿井下特定地点的特点参数进行计划性巡检,以及巡检结果的融合展现。具备巡检地点、巡检人员、巡检路线、巡检计划的管理、分析与路线优化等功能;备巡检结果录入、查询、统计、分析等功能;具备巡检结果下发信息引导显示牌功能;具备与平台灾害等其他信息联动发送与展示功能。

（7）防灭火智能化系统

确定安全监控系统（一氧化碳和烟雾、温度监测部分）、自燃火灾监测系统（束管与采空区光纤测温系统）的分级预警与联动指标。对变电所矿用区域自动喷气灭火装置智能化升级,使其具有远控功能。与胶带光纤防灭火监测系统和胶带巡检机器人系统数据共享和联动。实现地面灌浆站自动化,实现自然发火监测系统（包括束管和光纤测温）自动灌浆防灭火系统、智能制氮系统的联动。

（8）瓦斯变化动态预警系统

以瓦斯涌出动态仿真为技术手段,动态提取瓦斯监测数据特征,构建瓦斯异常预警模型,开发基于瓦斯变化动态仿真的瓦斯异常预警系统,实现瓦斯超限、瓦斯积聚区等瓦斯异常现象的精准辨识与智能预警,智能调控采、掘工作面风量稀释瓦斯,为红柳林煤矿瓦斯风险防控提供辅助预警信息。

（9）粉尘浓度准确检测与智能防控系统

以各尘源点所采集的数据信息为基础,进行综合判断分析,实现粉尘监测与喷雾洒水除尘、除尘器等井下除尘装置的联动控制,粉尘超限时除尘装置智能自动启动实现精准防尘,粉尘灾害发生时的应急喷雾降尘。

4.1.3.10 "红柳林"智能综合管控平台设计

智能化综合管控平台采用 J2EE 平台上的层次化的、面向组件的软件体系架构,以 B/S 模式实现,可以运行在 Windows/IOS/Linux 等主流平台上,可支持业界流行的浏览器和 IE11 及以上版本。应用软件开发遵循 J2EE 标准,采用 Java 语言开发,系统满足与各业务系统实现数据共享的需要。具体的功能设计如图 4-5 所示。

智能化综合管控平台支持 Excel 接口、XML 接口,支持负载平衡、容错处理、支持集群部署。支持与企业其他相关业务系统集成,实现单点登录,待办集成。数据库支持 MySQL 数据库系列版本,Web 应用服务器采用 Tomcat 等主流厂商的商业产品。

4.1.3.11 "红柳林"智慧园区设计

红柳林智慧园区解决方案围绕中国煤炭学会"智能化煤矿(井工)分类、分级技术条件与评价"指标体系,结合对矿上多个部门的需求,将人工智能、工业物联网、云计算、大数据、机器人、智能装备等与现代煤炭开发利用深度融合,形成全面感知、实时互联、分析决策、自主学习、动态预测、协同控制的智能系统。

总体架构分为四层:IOC 智能运营中心及应用层、数字平台层、ICT 基础设施层、终端/子系统层(图 4-6),具体功能设计如下所述。

(1)IOC 智能运营中心及应用层

按照建设需求,提供面向矿上管理层、各部门、访客等提供各类应用。

(2)园区数字平台层

园区数字平台包括:AI 智能分析、智能边缘子平台、物联网子平台、GIS 子平台、位置服务子平台、数据集成子平台、业务子平台和数据服务等子系统,提供数据接入、数据分析存储、通用工具、业务逻辑服务和开发服务,达成汇聚公共能力、支撑上层业务能力、支撑水平业务扩展能力的目标。

(3)ICT 基础设施层(联接层)

ICT 基础设施层包括园区办公网、宿舍网、视频网、电信公网等网络基础设施。

(4)设备/子系统

接入已有的设备/子系统,包括安防子系统、门禁系统等,实现园区子系统的数据融合及协同高效运营;同时执行平台下发的控制指令,实现联动。

4.1.3.12 "红柳林"智能经营管理系统设计

(1)智慧矿山运营中心 IOC

智慧矿山运营中心 IOC 系统通过 28 个专题建设,对矿山的环境、人员、车辆、掘进、采煤、洗选等进行全面感知、实时互联、可视分析、辅助决策,具体内容如图 4-7 所示。

(2)智能作业管理(ISDP+)

· 检修/生产/巡检作业管理

作业标准/管理模板数字化:将各生产队班前会、工作交班和班后会的纸质模板在线形成标准化模板;为各队的每个班组形成在线班组任务管理模板,包含每个班组成员的子任务以及相应的岗位作业标准。

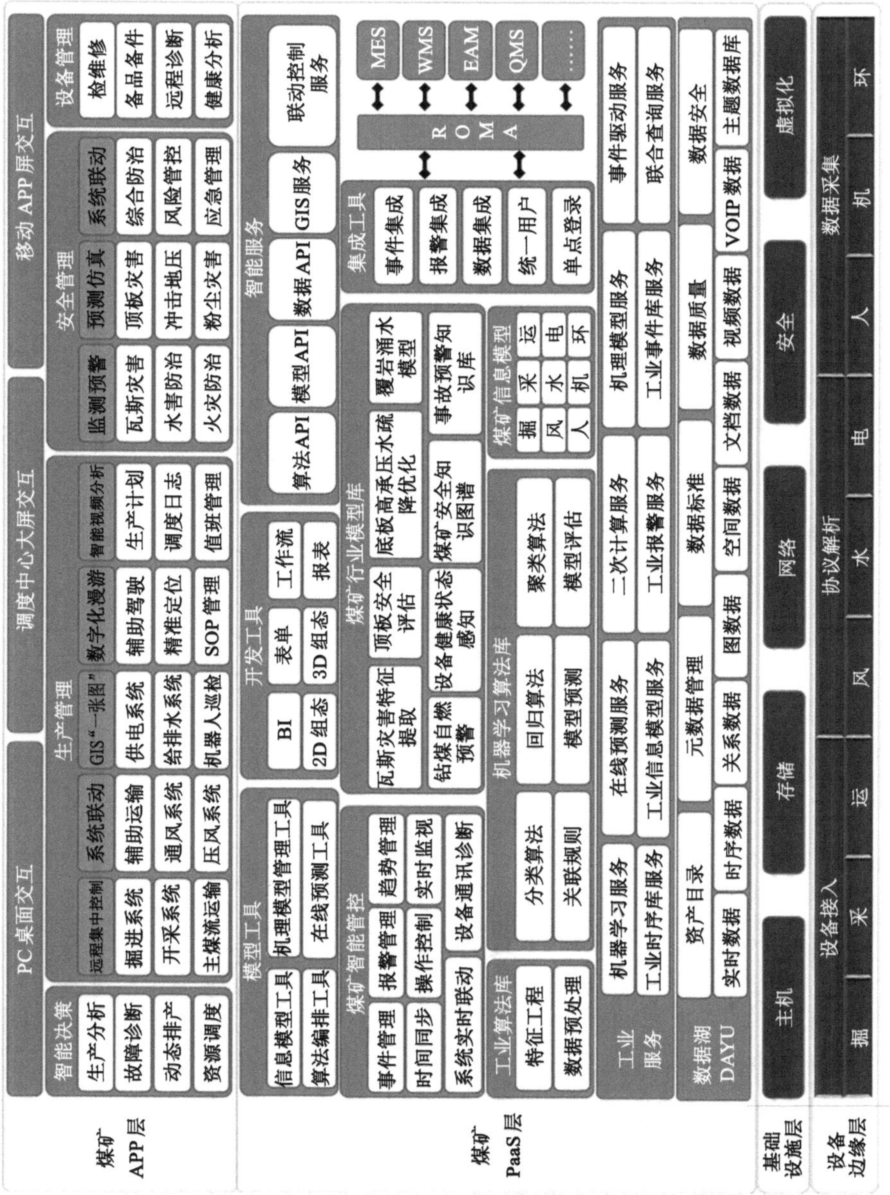

图4-5　智能综合管控平台功能设计

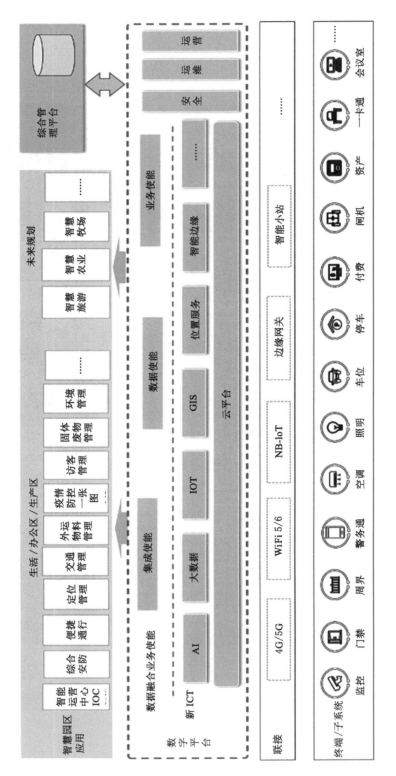

图 4-6 智慧园区总体设计

图 4-7 智慧矿山运营中心 IOC 系统功能设计

班组任务在线派发:班组成员在学习室通过手机 App 打卡确认出勤;值班队干在班前会前创建本班次的任务,在队长作战室屏查看班组成员出勤信息并确认;班前会子任务指派,在班前会过程中将子任务指派给出勤的班组成员。

班前会在线记录:值班队干按照班前会子任务设定的步骤顺序,在班前会的过程中将相关信息通过队长作战室屏以短视频或语音等方式按要求在线记录。

到岗在线接班:按照岗位子任务的接班工序,与交班人确认各项内容,通过短视频在线记录接班过程。

按岗位在线作业:班组成员依据子任务中的岗位作业标准进行作业,并将过程及结果通过图片、语音、短视频等方式在线记录在工序上,班组长通过手机 App 可以实时查看作业进度。

到岗在线交班:按照岗位子任务的交班工序,与接班人确认各项内容,通过短视频在线记录交班过程。

班后会在线总结:值班队干按照班后会子任务设定的要求,总结各子任务记录的作业信息,汇总为第二天的主要任务并在线记录。

班组成员在线考核:为班组长呈现班组人员的出勤、任务完成情况信息,帮助班组长在线完成每个成员的评分,并发给成员通过手机 App 在线确认。

• 专项报批

按报批需求自定义审批流:根据专项审批的规章制度要求,设置需要审批的部门层级以及每个层级的审批人;每个层级的审批可以设定单签或者会签模式。

专项任务在线指派及方案准备:队干创建专项任务并指派给班组负责人,班组负责人可以将完成的文档等作为附件上传,并完成任务提交。

专项任务在线审批:审批人可在手机 App 首页"待办"查看待审批的任务,随时进行审批;也可在 Web 端"我的待办"查看和审批待评审的任务;审批时可以调用电子签名。

4.1.3.13 "红柳林"智能选煤系统设计

（1）洗选系统

① 通过对闸板的集控改造,实现现场无人操作,集控切换煤流及调节各系统给煤量,减轻劳动强度,提高生产效率;通过对合介桶、稀介桶及煤泥水桶等补水阀改造实现自动补水,实现自动水平衡;对磁选机、脱泥筛及脱介筛的喷水阀改造实现自动喷水及喷水量自动控制,浓介阀门的改造是为了实现自动加介功能扫清管路障碍。

② 现场触摸屏可以控制相关设备的启停操作,并显示同层设备或相关设备的运行情况,另外还可显示相关料桶的液位、产品仓的料位、介质密度、设备运行电流等数据参数;能够实现设备的启停、故障急停、故障复位、控制模式转换、各操作站之间通过工业以太网和 PLC 进行通信等功能;操作人员通过平板电脑可以实现全厂的移动控制,成为一个"移动控制室"。

③ 3D 智能物位检测系统:安装 3D 智能物位仪,实时监测监控仓内物料体积、重量、库存计量等信息,并满足料位智能连锁控制及仓料全息成像。

④ 煤泥清理:根据中国煤炭学会批准的《智能化煤矿(井工)分类、分级技术条件与评价》(T/CCS 001—2020),实现煤泥自动化清理功能,计划二期筛分一楼加装自动清理装置,在冲洗水沟和积水坑内间隔加装冲洗水喷头,定时依次打开喷头,对沿线进行喷水清洗,通过排污泵将冲洗煤泥水打回浓缩车间处理。通过通信线将装置接入控制系统,实现与控制系统联动。

⑤ 配电室门禁系统:为现有配电室配置智能门禁系统,该系统可以采取远程、指纹、人脸等多种方式打开配电室,并记录在案。它可以方便电气维护人员在紧急情况高效进入配电室,也可有效阻止未经许可人员进入配电要害区域。

⑥ 胶带保护升级:760A、760B、731 胶带保护系统已使用 10 年以上,设备及线路老化,需升级更换,保障设备安全运行,通过胶带保护升级解决了老旧设备备件问题,并且新保护带有语音功能,当某条胶带保护动作时自动语音报警提示。

⑦ 自动加介:根据中国煤炭学会批准的《智能化煤矿(井工)分类、分级技术条件与评价》(T/CCS 001—2020),建设自动加介系统,依据浓介桶内的液位和密度,可以自动将铁粉和清水加入浓介桶进行搅拌,配比成符合要求的浓介,并根据合介密度自动将浓介添加到合介系统。

⑧ 智能化升级改造:对除铁器、扫地泵等设备进行智能控制升级改造。

（2）智能化山下快速装车站改造

① 实现装车溜槽、闸板、胶带、给煤机等设备的无人联控操作,改造后系统能够自动判

断料位超限并及时实现给煤机、带式输送机与装车站缓冲仓的供需煤连锁,准确控制上煤量,在达到精准配料的同时,防止溢仓导致意外停机。

② 实现压实整平及抑尘防冻液喷洒装置的无人操作,自动计量和自动打印计量单功能,系统安全可靠,装车高度满足要求。

③ 通过增加防冻干粉撒播设备,使系统实现当监测温度低于零下20 ℃时,系统自动启动撒防冻干粉功能。

④ 实现无人操作装车功能,通过采用机器视觉、机器自学习算法等智能技术,自动优化针对不同车型、不同煤质的落料控制和装车质量,提高装车效率。

⑤ 搭建远程监控及维护系统模块,实现对系统设备的远程监测,故障预警等。

⑥ 定制开发销售管理模块,实现班组管理、资源管理、数据管理、报表自动统计、单据自动打印、全流程数据自动备份,数据图形化展示及驾驶舱等功能。

⑦ 实现实时数据与三维仿真模拟系统的联动。

(3) 智能化汽车装车改造

• 现场无人装车

实现装车过程的全自动智能控制,系统具备自动识别车厢规格功能、具备根据车厢位置自动控制闸板开关功能、具备根据装车状况自动指挥司机的功能,具备根据汽车衡实现精准称重功能。

• 远程集中管理

将每个装车点的原远端集控合并为一个岗位进行集中管理,允许多用户同时登录系统实时查看装车过程、进度、数据,在装车过程出现报警时可提示远程管理者进行人工干预。

• 数据流程对接

通过本次改造,将装车系统和车辆管理系统进行数据对接,实现装车过程数据的统计分析,提高管理效率。

4.2 "张家峁"矿井的智能系统设计

4.2.1 "张家峁"矿井概述

张家峁矿井通过自动化、信息化手段对各生产系统进行了很大范围的改造,使其在安全生产和管理中得到了大幅度的梳理和提升,但整体上还处于自动化矿井的中级阶段,处于智能化煤矿的萌芽阶段,在智能化建设上仍有很大的提升空间。

张家峁矿业公司生产核心包括采、掘、机、运、通各大系统及地面洗选系统和销售系统等,这些关键日常运行环节主要包括各个综合自动化的子系统,如地面洗选监控控制系统、强排系统、压风监控、装车系统、锅炉房监控系统、污水处理系统、井下水处理系统、净化水处理系统、日用消防系统、井下主排水监测控制、胶轮车监控系统、电力监控系统、综采面监控系统、主运输监控控制系统等。2015 年底开始,根据属地、职责、功能、特性,通过对以上各个子系统进行梳理、划分、整合、升级,采用罗克韦尔公司的 AB 型 PLC 和 GE 公司的 IFIX5.8 上位机及赫斯曼的交换机组成公司工业环网,搭建了张家峁公司的"1＋9"总控分控自动化系统,1 代表调度总控中心,负责日常生产系统的总体调度及管理,9 代表 9 个独立的分控中心,分别是主运输分控、供电供排水分控、水处理分控、安全监测分控、洗选分控、销售分控、安防分控、综采分控及掘进分控。除了综采分控及掘进分控未搭建外,其余七个分控中心已建成。

煤矿是一个典型的多部门、多专业管理的行业,涉及"采、掘、机、运、通"和"水、火、瓦斯、顶板"等研究方向,如何将分散、孤立的业务系统和数据资源整合到一个集成和统一的管理平台,是科学采矿或高科技煤矿建设的关键问题。我国煤炭工业经过 30 多年的发展,其信息化建设已经从数字煤矿向智能煤矿方向迈进。

项目结合智慧煤矿的发展需求,以智慧煤矿总体规划及综合管理操作平台设计、地质及矿井采掘运通信息动态管理操作系统、智能化无人生产系统、智能化巷道掘进系统、环境感知及辅助系统、全矿井设备和设施健康综合管理系统、智能场区建设等为主线,进行张家峁智慧煤矿巨系统关键技术装备研发与示范矿井建设,具有十分重要的意义。

4.2.2 "张家峁"智能化矿井的总体设计

张家峁智慧煤矿建设以"打造国内智慧煤矿建设一流标杆企业"为总目标,按照总体规划、分步实施的原则,集成最先进的理念、技术和装备,实现云计算、物联网、大数据为代表的新一代信息技术与传统煤炭行业的融合创新,优化生产要素配置、提升企业科技实力、提高经营管理质量、树立品牌形象。

数字化时代,煤矿已由传统的"人-机"二元架构升级为"物理空间-数字空间社会空间"(PFS)的三元世界。张家峁智慧矿井以"煤矿即平台"的顶层设计理念支撑全球领先的智慧煤矿实践,以时空全方位"实时化、交互化、智慧化、标准化"为主线,打造"高新技术创新、产业赋能升级、生态协调融合"(3E, equipment, estate, ecology)平台,建设"创新煤矿、融智煤矿、生态煤矿"(3I),实现"物质流、信息流、业务流"的高度一体化协同,如图 4-8 所示。

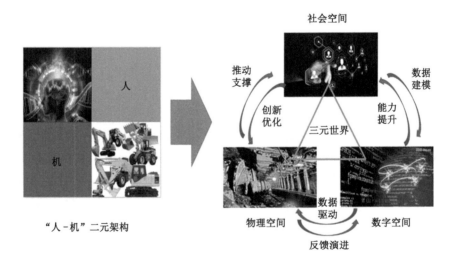

图 4-8　数字时代的煤矿

项目建设的总体原则是:按照总体规划、分步实施的原则,集成最先进的理念、技术和装备,实现云计算、物联网、大数据为代表的新一代信息技术与传统煤炭行业的融合创新,首先实现主系统中的关键功能的智能化,其次实现主系统的全面智能化,逐步实现张家峁矿井智能化。

智慧煤矿按照感知层、传输层、数据中心层、决策中心层系统考虑,进行顶层设计,实现两级管控,建设一个创新试验区、八个5G+应用场景、协同五类产业链伙伴、组建一个产业联盟,构建"21851"智能矿区体系。

智慧煤矿建设首先通过感知、执行、管理系统升级,以先进、智能、高可靠性的生产装备为基础,打造坚实可靠的工业运行体系;依托前沿技术实现产业赋能升级,以泛在网络和大数据云平台为主要支撑,以智能管控一体化系统为核心,以"资源化、场景化、平台化"为手段,基于"全局优化、区域分级、多点协同"控制模式,建设"运营一大脑,煤矿一张网,数据一片云,资源一视图"和八大应用系统,形成"1+3+8"架构的覆盖生产、生活、办公、服务各个环节的智慧、便捷、高效、保障的煤矿综合生态圈。

4.2.3 "张家峁"智能化矿井的系统设计

4.2.3.1 "张家峁"智能化网络系统设计

(1)5G+WiFi移动通信系统

实现井上井下通信一体化、有线无线一体化、调度通信行政通信一体化,用户井上、井下漫游;具备调度强插、强拆、组呼、群呼、会议、录音、通话记录查询功能、呼叫转移功能、用户状态语音提示;无线基站网管平台功能:基站的工作状态、基站流量、基站下终端数量实际显示、统计等;支持可视电话以及电话会议功能;具有IP调度广播功能(分区广播功能、紧急广播、宣传广播、打点功能、双向通信、自动录音播放、显示各区域在线状况等);支持现有厂家的胶带、工作面沿线扩播电话接入;支持安全监测系统、综合自动化系统报警联动功能。手机来电显示、呼叫等待、转移,短信息功能;手机定位功能;井下手机的实时定位、井下手机实时查询统计等;手机对讲功能:启用对讲功能后,持续按住手机侧键说话,周围同样启用对讲功能的手机就能听到声音。手机一键报警功能,设置好紧急号码后可以使用一键报警功能。使用时持续按住手机的报警键,3 s倒计时结束后手机自动拨打报警电话。

(2)融合通信系统

系统功能主要包括:煤矿多网融合通信系统建设、调度通信系统融合、无线调度通信系统融合、井下应急广播系统融合、沿线广播系统融合、车载通信系统融合、其他安全生产管理系统融合。

4.2.3.2 "张家峁"综合管控平台设计

(1)四维空间信息服务(GIS)

本设计方案基于"地理信息系统+三维可视化平台+综合分析系统"的思想,设计了一种基于三维透明煤矿可视化管控平台的综合分析系统。其中,地理信息系统和三维透明煤矿管控平台由一家单位自主开发,实现统一平台、统一数据库,为管控一体化提供高度集成的技术手段,也为智能化煤矿建设成果的实用化提供保障。

该平台利用GIS技术与虚拟现实技术,以矿井煤层、岩层、构造、巷道、硐室、设备等信息为基础,在三维(时空)场景下构建"资源赋存、地质结构、生产系统布置、生产过程、安全风险"透明的煤矿,实现全矿"工程技术、安全生产、防灾应急"的智能煤矿信息模型,为所有业务应用提供基础空间数字化服务与空间分析服务。立体展示煤矿的物理分布情况,提供一个基于三维立体模型的最全面综合的数据集成应用,主要包括煤矿地上与地下部分的三维显示,实现煤矿各应用系统的数据与三维模型的双向关联,在三维环境下进行可视化的采矿。

（2）智能设计

本系统硬件直接利用数据中心的平台硬件服务器,软件包括三维建模及可视化平台(3个子系统)和三维工程设计CAD系统(9个及以上的子系统)。系统可二三维自由转换,具有井筒、巷道及硐室协同设计,综采面设备工作条件分析及配套设计、矿井通风设计、供配电设计、排水设计、压风设计、供水设计等功能。

该系统能在统一的时间坐标和空间框架下,科学合理地组织煤矿的各类煤矿信息,将海量异质的煤矿信息资源进行全面、高效和有序的管理与整合,充分利用现代图形学技术、空间分析、数据挖掘、三维可视化等新技术,建立一个包括地面地形、气象、交通、建筑、人文、环保、地面运输、工业管路和地下的岩层、煤层、地质构造、储量块段、井下运输、供电、通风、防尘、避灾路线等强大的时空信息系统。

该系统以地理地测管理信息系统、三维建模和三维可视化平台为基础,实现矿井三维系统设计,可提高矿井的设计效率,彻底解决矿井设计成果与建设、生产环节脱节的问题,对于促进现代化智慧煤矿建设具有重大意义。

（3）煤矿综合管控平台

煤矿企业除了采集人员定位系统、监测监控系统、视频监控系统信息之外,还需要监视和记录大量的综合自动化实时/历史数据,如井上井下变电所各个开关的电压、电流、功率因数值,通风机的运行监控值,井下泵房中泵和水位的运行值,井下胶带运输的监控参数等。

随着井下工业环网接入的子系统越来越多,数据规模必将进一步膨胀。因此,需要建立一个统一的数据仓库来存储和管理这些多源异构数据。数据仓库建设遵循"统一规划、统一技术、统一平台、统一标准"的基本原则,综合考虑性能、功能、能耗、承重、可靠性、安全等指标。

· 智能煤矿数据库建设

智能煤矿数据库建设包括统一数据标准、数据资源处理流程、建立数据资源治理体系和统一数据仓库(制定元数据标准和煤矿信息资源目录体系、海量空间数据仓库的构建)。

· 管控平台架构

管控平台主要包括调度大屏、PC机[客户端、服务器(实时库、历史库、GIS、Web安全、网管]、IIDT(智能数据传输终端),工业以太环网,各自动化子系统(PLC),各专业子系统(安全监测、人员定位、工业电视)等内容。

4.2.3.3 "张家峁"自主智能生产系统设计

（1）智能化工作面协同控制系统

智能化工作面协同控制系统是在目前单机智能控制的基础上,通过对液压支架、采煤机、刮板输送机等设备的关联状态感知,并根据工作面综采设备群之间的位姿关系与开采工艺时序控制逻辑,进行综采装备群的智能协同控制。在目前工作面监控平台基础上,将现有的监控平台升级为智能控制系统。基于激光扫描、红外感知、惯导定位、调速摄像等全面智能感知手段,实现煤流识别、测距导向、碰撞检查、信息识别等智能分析功能,基于AI煤流检测实现采煤机与刮板输送机的协调联动,实现采煤机截割速度与刮板输送机运煤速度的协调匹配;基于惯导定位与视觉测量,实时获取工作面推进度、液压支架移架速度等信息,实现采煤机与液压支架的协调联动,通过可视化三维视觉沉浸系统、人员与设备及环境安全预警系统、高可靠通信网络系统等多项关键技术组成的多位一体的大型控制系统,实现综采装备智能控制。

- 综采装备群智能协同推进技术

综采工作面智能化控制系统能够有效提高工作面推进速度,降低工人劳动强度,提高工作面安全水平,是实现综采工作面高产高效的关键设备。系统主要实现了设备联动、单架控制、成组控制、跟机自动化控制、闭锁及紧急停止、故障显示及报警、自动补压、带压移架、矿压监测、工作面数据集成及上传等功能。依据 AI 煤流自动检测,结合煤矿开采工艺,实现采煤机截割速度与刮板输送机运煤速度的协调匹配;基于惯导定位与视觉测量,实现采煤机与液压支架的协调联动,通过采煤机、液压支架和刮板输送机的协调联动,实现工作面智能控制。

目前,在工作面监控平台基础上,将现有的监控平台升级为智能控制系统,基于激光扫描、红外感知、惯导定位、调速摄像等全面智能感知手段,实现煤流识别、测距导向、碰撞检查、信息识别等智能分析功能,基于 AI 煤流检测实现采煤机与刮板输送机的协调联动(煤流量大时,采煤机自动减速,刮板输送机通过变频调速自动增速;煤流量小时,采煤机自动加速,刮板输送机通过变频调速自动减速),实现采煤机截割速度与刮板输送机运煤速度的协调匹配;基于惯导定位与视觉测量,实时获取工作面推进度、液压支架移架速度等信息,实现采煤机与液压支架的协调联动(液压支架移动速度慢时,采煤机自动减速,同时通过按需供液机制,自动开启乳化液备用泵站,增加乳化液流量,液压支架切换到错位移架方式,提高液压支架移架速度;液压支架移动速度快时,采煤机自动加速,同时通过按需供液机制,自动关闭乳化液备用泵站,减少乳化液流量,液压支架切换到顺序移架方式,降低液压支架移架速度)。此外,基于 AI 煤流检测,通过自动检测刮板输送机煤流量,实现了采煤机与刮板输送机的协调联动。

- 工作面综采设备智能控制

综采智能化控制系统以智能控制中心为控制中枢建立工作面智能控制中心,以煤层GIS 系统提供的地质数据为基础,根据工作面视频系统自动感知与分析结果作为决策依据,通过真实物理场景驱动的三维虚拟现实系统,实时修正采煤机记忆截割模板,实现采煤机智能截割;通过采煤机、液压支架和刮板输送机协调联动机制,实现工作面综采装备智能控制。通过工作面智能控制系统,结合"三机"协调联动机制,利用工作面煤量智能监测系统,智能感知工作面煤流运量信息,实时监测刮板机功率、转矩,自动调整采煤机割煤速度。通过变频调速智能控制刮板机运行速度,自动调整液压支架跟机移架方式与移架速度,基于工作面综采设备智能感知监测数据和全景视频特征信息,实现割煤、运煤、移架"三机"协调联动、智能运行。

- 采煤机与液压支架协调联动

利用采煤机与液压支架协同与数据共享技术,基于工作面工业环网和深度融合,通过三轴陀螺仪,实时获取采煤机和液压支架位置信息,基于工作面水平直线度测量、仰俯导向、深度三角煤自动截割和自动调控工艺,通过液压支架自动跟机、成组推溜、三角煤截割,结合工作面智能控制系统,实现电液控制系统与煤机控制系统协同配合。

· 采煤机与刮板输送机协调联动

基于 AI 煤量智能监测系统,结合刮板输送机电机功率和转矩监测数据,分析刮板输送机煤流量,实时调整采煤机割煤速度、刮板输送机运煤速度,实现割煤、运煤协调联动。具体的采煤机与刮板输送机协调联动机制实现过程如图 4-9 所示。

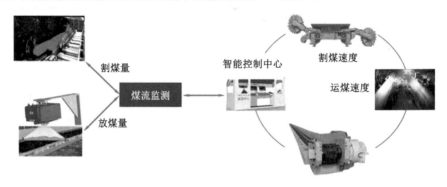

图 4-9　采煤机与刮板输送机协调联动机制

(2)采煤机自适应记忆割煤及主动感知防碰撞

基于 GIS 与智能感知的采煤机自适应割煤控制方法,通红外感知、高清视频图像自动捕捉以及红外激光扫描技术,获取煤层变化信息,及时修正记忆截割模板,调整滚筒截割高度与截割路径,通过自适应割煤工艺及支架控制策略,实现工作面智能采煤。

首先,基于 GIS 系统的煤层信息初步获取。根据前期的煤层钻探、煤岩取样获取的初始数据,结合地质雷达、电磁波 CT 得到的精细数据,从工作面 GIS 系统构建的煤层信息中获取煤层初始数据,以此作为采煤机记忆截割运行初始数据;其次,基于智能感知的煤层数据修正;最后,实时数据驱动三维物理场景远程控制。

采煤机主动感知防碰撞,基于真实物理场景驱动的三维虚拟现实系统,根据真实工作面情况配置虚拟工作面初始化状态配置模块:将仿真虚拟设备与仿真虚拟环境融合到三维引擎软件当中,通过网络层协议与综采工作面自动化系统深度集成,获取惯性导航、红外、倾角、压力、行程等传感数据,进行降噪、排序、加权平均、冲突解决,并辅以虚拟装备的物理运动学,分析液压支架与采煤机最小间隙,自动调整滚筒高度,修正记忆模板,解决采煤机防碰撞问题,实现采煤机自适应智能避让截割。

采煤机安装有测距仪,实时测量滚筒到支架前端距离;基于惯导定位系统,实时分析液压支架实际位置;结合真实物理场景驱动的三维虚拟现实系统,综合分析采煤机滚筒到液压支架顶梁最小间隙,自动调整滚筒高度,修正记忆模板,实现采煤机自适应智能避让防碰撞。

系统主要由视觉检测单元(含立体视觉巷道变形及障碍检测、已采煤料煤岩比例检测、截齿红外热像检测)、振动检测单元(含机械振动检测、声音特征检测)、截割电机工作电流检测单元、摇臂摆角检测单元、信息处理单元、通信单元等部分组成。

机器视觉检测单元包括立体视觉巷道变形及障碍在线检测、煤层情况在线检测和截齿红外热像在线检测。机械振动/声音检测单元包括基于机械振动检测、基于声学(振动)检测、电流检测单元、摇臂摆角检测单元。

总的来说,采煤机智能感知系统功能框图如图 4-10 所示。

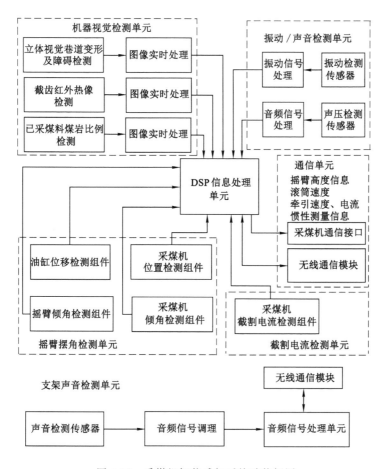

图 4-10　采煤机智能感知系统功能框图

（3）全煤流智能运输

全煤流智能运输基于调速摄像头的 AI 煤量智能识别，研发工作面运输系统智能管理平台，研究基于机器视觉的视频调速、基于机器视觉技术的堆煤/异物识别报警、基于 B/S 的胶带拓扑组态绘制技术，通过载荷检测和协同控制实现煤流智能经济协同运行，通过顺煤流启动和根据载荷经济运行策略降低煤流运输能耗，降低胶带运行损耗；结合刮板机电机功率与转矩数据，智能控制采煤机、刮板机、上下游胶带运输速度和启停，基于视频特征信息识别，智能识别锚杆、大块矸石等异物并自动预警保护，实现工作面全煤流智能运输。

① 主要实现的功能：实现基于视频 AI 技术的节能调速优化、胶带智能管理平台功能和基于视频 AI 分析强化保护功能（超载、堆煤、大块）报警停机功能。

② 实时自动控速控制，使用防爆计算机控制单元通过 MODBUS 通信模式，采集变频器驱动电机的负载转矩信号，通过 MODBUS 通信方式，设定变频器运行速度，控制变频器以相应的频率驱动胶带电机，完成带式输送机的自动变频调速控制。采用矿用胶带机智能视频调速系统，采用 Browser/Server 架构构建基于视频分析的矿用胶带智能调速系统，系统将服务器部署在矿井底下的方式就近对摄像头传来的视频数据进行实时处理，并将调速结果发送至集控系统做出及时响应，矿井地面工作区能够即时观看胶带运行状况及各处煤

量情况。基于识别胶带支撑装置的物理形变间接识别胶带煤量的算法,感知不同宽度和厚度的煤流的重量差异;支持用户通过 web 页面自定义配置和修改提速、降速、闭锁等规则,运力优化算法能自适应地根据自定义规则与内置调速规则进行最优化运算。

③ 异物识别,系统在识别煤流煤量的同时,同时对异常工况进行监测识别,包括对胶带机堆煤、出现异物或大块煤、胶带上人或违规翻越胶带进行识别,一旦在胶带机运转或调速过程中发生异常工况,则立即停止胶带,并将异常工况截图存照,发送告警给相关人员以便及时进行处理。

(4)高精度导航定位与工作面自动调直

实现工作面智能开采的一个前提条件是要解决工作面设备自动调直和沿煤层走向仰俯导向问题,通过三轴陀螺仪,实时获取采煤机和液压支架位置信息,结合工作面直线度测量、仰俯导向,实现工作面自动调直和沿煤层走向调控,解决工作面自动调直和适应走向倾角变化问题。

工作面自动调直技术(一期)主要采用高精度光陀螺仪和定位导航算法,解决惯性导航系统与采煤机高度通信、采煤机起始点校准、截割曲线生成、支架推移调整控制等难题,实现对液压系统推移回路动态响应特征改善,支架精确推移控制阀控制误差不大于 20 mm/900 mm,支架精确推移控制阀可实现推移过程快速/慢速两种控制方式,并可在自动控制过程中按照程序进行切换,以满足生产过程液压支架快速移架及精确控制要求,实现工作面设备状态智能控制与调整。

惯导装置通过与采煤机通信,获得初始空间位置,当采煤机行走时,陀螺仪检测采煤机的运行轨迹,当一刀煤完成时,生成采煤机运行轨迹曲线并下发给控制器,控制器根据收到的数据,"找直目标"参数写入满行程值减去收到的数值,在下一刀采煤时,"找直目标"作用在成组移架中,根据上一刀的曲线数值进行补偿,从而达到工作面的找直功能。

液压支架群组自动控制方法及协同控制策略(二期)以整个工作面液压支架群体为目标,基于液压支架群组自动控制方法与协同控制策略,通过工作面支护设备的协调联动,实现液压支架对采煤机截割工艺的及时响应,基于支护系统自适应支护及协同推进的时序关系提出综采工作面支护系统"单机控制→成组控制→群体控制"三级控制架构,有效地控制顶板变形和下沉,实现液压支架对工作面顶板的有效支护。

① 工作面支护系统分组及组间协调控制策略基于液压支架载荷沿工作面推进方向的分布规律及设备间协调联动关系,通过研究综采工作面支护系统设备自主分组原则,建立随工作面推进的设备组动态调整策略;提出不同位置的设备组自动控制目标及组间协调、融合控制方法。

② 工作面支护系统群组协同控制通过工作面液压支架系统群组稳定性控制策略,利用相邻液压支架协调控制、区域内支架队列保持控制、工作面不同区段间的推进协同与整体优化机制,基于支护系统自适应支护及协同推进的时序关系,结合工作面支护系统"单机控制→成组控制→群体控制"的三级控制架构,实现工作面支护系统群组协同控制。

(5)端头、超前位置精准控制与协调推进

通过在超前支架上布置红外发射器、红外接收器和超声波测距装置,超前支架根据红外发射器和红外接收器判断超前支架行走方向,根据测量传感器测量支架到两帮煤壁以及各组支架之间的距离,基于超前支架自动行走装置与智能控制系统,结合地理信息系统提供的数据,修正支架位置信息,及时调整支架行走方式,实现超前支架的自动导向以及自动行走与就位。

采用的方案是在超前支架的两侧顶梁外侧前端及后端各布置一个红外测距传感器(或超声波测距传感器),在底座外侧中间位置布置一个红外测距传感器(或超声波测距传感器)。传感器产生的电信号输入到控制系统当中,由控制系统根据所输入的电信号来调节单组超前液压支架组内两侧支架之间的横向调节油缸的伸缩量,从而保证超前液压支架的两侧支架沿着平行于巷道侧帮的方向并且与巷道侧帮保持着一定的距离向前逐步推进,从而能够防止支架推进过程中与巷道侧帮碰撞。此外,在超前支架的两侧支架的顶板及底板前端各安装一个红外测距传感器(或超声波测距传感器),用来探测支架行进方向上巷道顶部与底部是否有阻碍两侧支架推进的如凸起岩石等障碍物,通过对测距传感器进行设置,使其在支架行进方向上存在障碍物时输出报警信号,随后进行人工干预或采取其他措施清除障碍物,通过改进能够提前预测工况,大大降低对超前液压支架的损害,从而大大提升了开采效率。

顺槽中姿态位置确定完成后,如果超前液压支架群组在移架或者支护过程由于采动的影响产生偏移,需要对超期液压支架组姿进行调整。因此,在相邻支架组连接推移油缸处安设内置倾角传感器和角位移传感器,用于前期测试支架偏移量的调整。

(6) 高可靠性无盲区视频系统

采用三维视觉沉浸技术,将人的视听感官延伸到工作面,通过在工作面安装摄像仪,实时跟踪采煤机附近的场景,自动完成视频跟机推送、三维视频拼接、移动侦测告警、深度学习识别分析等功能,为工作面可视化远程监控提供"身临其境"的视觉感受,指导远程生产。

工作面三维全景可视化监控系统是在煤矿井下工作面监控系统的子系统,用于将工作面机电设备运行状态及当前作业现场实时信息通过井下光纤网络传输到地面调度指挥控制中心,通过软件进行分析及三维图像拼接处理,实现对综采工作面的三维全景视频监控。系统适用区域为采煤机工作面、掘进工作面等。

该系统主要由视觉监控组若干组(含二维全景监控组、双目变焦二维云台监控组)、数据传输计算机、光纤传输网络、图像三维拼接计算机、视频显示设备等组成。为作业现场设备远程监控提供立体直观依据。

4.2.3.4 "张家峁"人机协同掘进系统设计

(1) 快速掘成套装备系统

为满足 1 500 m/月进尺的目标,连续作业、可靠运行、简洁高效是基本保障,对比了现有快掘技术与装备优缺点,结合张家峁煤矿的矿井条件,集成采用"掘锚一体机+锚杆转载机+过渡运输系统"快速掘进方案。该方案实现了掘锚平行、分段支护,距离迎头 2 m 内及时支护 4 根顶锚杆,剩余锚杆采用锚杆转载机支护。此外,该方案实现了煤的连续运输,减少煤的转运停歇时间,能充分发挥掘锚机的生产效率,具有切割、装载、运输生产能力大,掘进速度快的特点;锚运一体机同时具备锚杆支护和转载运输,实现了一机多用,减少了综掘设备的布置长度;过渡运输系统,减少了输送机的移机次数,保证了成套装备的连续工作时间。设计过程遵循几何尺寸配套、设备能力配套、动作时序配套的总体原则。

(2) 掘进工作面数字化监测系统

掘进工作面数字化监测系统包括工作面视频监控系统设计和工作面矿压监测系统设

计。掘进工作面人员定位采用 UWB 高精度定位技术，基于精准定位的掘进面人员定位系统对掘进面内人员、掘进机进行精准的位置监测，同时监测掘进机运动状态，掘进进度信息。系统依据掘进机实时精确的位置信息，判断掘进机在运行时是否存在非操作工，并可通过定位信息虚拟设立掘进面禁区，进行掘进面禁区管控。系统创建煤层断面、硬物标记，在掘进机靠近标记时，系统发出告警提示，防止掘进机头损坏。

（3）智能掘进工作面三维可视化远程集控平台

基于掘锚一体机快速掘进工作面配置一套三维可视化智能综掘工作面开发远程集控平台。平台通过对智能化掘进装备的多源信息融合及三维地质、巷道空间信息实时监测，实现掘锚一体化综掘工作面全息感知与场景再现，模拟巷道掘进与支护平行作业，快速成巷的三维可视化表达与监控。通过建立掘锚一体机、转载机、带式输送机等掘进工作面设备模型，建立地质模型、巷道支护和瓦斯等地质环境模型，建立压风管、供水管、排水管、通风筒等辅助系统模型构建透明化掘进工作面场景，实现了掘锚机截割煤岩体、锚杆机进行锚网支护等动态数据监测和胶带等设备自动化控制。

4.2.3.5 "张家峁"智能辅助运输及无人驾驶系统设计

（1）辅运系统功能

二期建立辅运系统平台，设置需求管理平台，任务管理平台、结算管理平台、报表中心等，实现井下车辆位置自动感知、智能导航、车辆物资绑定、红绿灯信号自动控制、实时语音调度、通用材料运输集装化、故障监测、自动报警。

煤矿数字化辅运系统的建立首先根据客户的实际需求，通过精益管理以及信息化、物联网技术的应用，梳理业务流程，全方位管控到辅运环节每一道管理工序，优化作业流程，实现辅运业务信息化全覆盖。

为实现井下车辆位置自动感知、红绿灯信号自动控制、提供正确的运行路线行驶或提前避让实现智能导航以及实现移动机车的实时语音调度，需要升级现有运输通信系统、井下信号灯系统等硬件设置，建立数字化辅运系统，对现有煤炭辅助运输进行全方位的升级，据此完成辅助运输系统的业务重构，最大化发挥该系统的功能作用，实现辅助运输过程的全程监管调度和车辆的全生命周期管理，实现张家峁煤矿辅运系统总体流程合理化、透明化，管理高效化，成本最优化，为提高张家峁整体竞争力提供可靠支撑。

二期通过辅运系统推送运输物资清单至仓储平台，提高辅助运输系统的协同运作，提高作业效率，减少对人力资源的依赖，为煤矿辅运作业提供专业化，高效化的物流服务。

（2）辅运系统功能

三期辅运系统功能包括智能语音调度、人员与车辆行驶避让、无人驾驶应用和智能物流。

4.2.3.6 "张家峁"智能安全、健康及环境监测系统设计

（1）安全监测系统

总的系统功能包括安全监控使用的设备布置、综采工作面液压支架工作阻力及回采巷道监测、通风监测系统、防降尘监测系统、瓦斯监测系统、自然发火监测系统、水文监测系统。

（2）人员位置监测系统及安全保障

采用 TOF 技术与 RSSI 算法实现人员、车辆精确定位，定位精度 5 m；每个读卡器可独立判断人员行走方向，人员在 60 km/h 的速度下，读卡器对识别卡的并发识别数量不小于

200 张卡,无漏卡;读卡器与识别卡两者之间的无线通信距离半径不小于 200 m。

（3）顶板岩层运移监测系统

微震事件的定位是煤矿微震研究的第一步,也是最重要的一步。震源定位的精度在很大程度上决定了微震监测效果的好坏。微震定位的精确性取决于多种因素,比如台站分布、速度模型、震相读取误差、走时区域异常、定位算法等,其中速度模型等因素是现阶段不可能完全解决的,震相测量误差也具有一定的随机性,而台站分布是现实中可以人为优化改进的。而且合理的台网布置可以提高定位精度,否则会造成震源求解方程出现病态或死局,引起较大误差甚至无解。因此,微震台网优化的问题实质上就是对微震台站的空间分布进行分析,在现有条件下选取最佳布置方案,确保微震定位的随机误差达到最小值。地面与井下微震检波器的 GPS 时钟同步以及智能联合监测包括微震事件时空分布与演化迁移规律和工作面远场覆岩顶板的断裂机制与断裂形态。

（4）智能通风系统

智能通风系统包括矿井通风系统智能化改造方案设计、基于自动风窗的风量智能调节方案设计、胶带巷智能局部反风系统方案设计和电动风窗功能需求设计。

（5）智能防灭火系统

在设计井下火灾自动监测系统时,选用国内外先进传感器,将煤自燃特征参数（CO、C_2H_4、O_2、CO_2、CH_4、温湿度、压差）进行集成,通过无线/有线传输方式,将数据实时在线传输至地面控制中心;设计煤自燃分级预警模型,为实现煤自燃过程实时预警提供建设方案;设计矿井煤自燃应急灭火系统,依据煤自燃实时预警系统,为快速处理自燃隐患提供解决方案。

（6）矿井水资源（给排水）智能综合管理系统

矿井水资源（给排水）智能综合管理系统由管理平台软件、供水控制系统和排水控制系统组成,供水控制系统和排水控制系统采用标准通信协议接入矿井高速网络将给排水系统水质、压力、流量、液位、视频等信息传输给管理平台,管理平台软件可以对供水控制系统和排水控制系统供进行远程自动控制。

（7）智能水处理系统

主要改造内容:更换造成监控数据误差大的传感器,解决依靠现场台账进行人工修正数据的问题。实现数据的自动化采集,完善系统的分析统计功能,解决由于部门之间分工并不明确,造成沟通协作的过程中存在扯皮、推诿问题。更换高清摄影头,配置相应的视频分析软件,实现安防系统的智能化。将水处理车间的手动阀门改造为自动化阀门,提高自动化和智能化水平。对加药系统进行改造,实现药剂浓度的自动化添加。主要管道设置压力传感器,实现管道压力的系统在线实时在线监测。更换后台监控系统,实现边缘计算及大数据接入功能。增设远程监控软件,和智慧煤矿操作系统融合,可由全矿井综合监控系统的智慧煤矿操作系统进行集中监测与控制。

4.2.3.7　"张家峁"设备智能监控系统设计

（1）智能压风系统

对后台监控系统进行改造,使之具备边缘计算及大数据接入功能,与调度中心的计算机系统进行联网,可由全矿井综合监控系统的智慧煤矿操作系统进行集中监测与控制,可实现对压风机房各设备运行参数、工作状态及保护动作状态的监测以及报警信息显示功能。压风机房增设高清图像监视系统。

综合监控系统可实现智能化远程区域协同自动化运行。压风机控制系统可自动对各台压风机实现单台控制及多机联锁控制;空压机实现排气超温自动停车保护,风包超温自动停车保护;断油、回油超温自动停车保护;机组超载自动停车保护;进口空滤芯阻塞报警;油滤芯阻塞报警;冷却水断水停车保护等。

联控系统采用PLC集中控制、参数显示、保护报警、数据采集与查询处理、中文人机对话界面、数据通信等功能于一体的智能自动化控制系统,可实现单机调试、多机组自动联控、就地控制、远程控制与监测等多种运行方式。人机对话界面采用液晶屏系统具有自我诊测及保护功能,可自动检测、显示所有运行参数包括储气罐温度、运行温度、运行压力、运行状态等,具有各种故障提示:电器故障、排气高温、空滤故障报警、油滤故障报警等,空气压缩机有防喘振探测和控制系统,现为无人值守自动连续工作。

系统具有能耗、运行时间、开停次数等统计功能。对于模拟量监测数据,能够形成实时历史趋势曲线,开关量参数能够记录动作时间。曲线报表、监测数据、报警数据等能够按不同的条件查询,并且便于打印输出。授权的网络终端用户能够远程查看监测数据。系统提供程序及数据安全管理功能,不同的用户可设置不同的权限,防止未授权用户修改监控系统参数。

(2)电力监控系统

在矿井地面调度中心安装一套电力监控软件,实现对主要变电所的集中监控管理,调度平台将各个系统的数据进行充分融合、集中管理、存储,多系统之间联动,使管理人员能在第一时间发现警告信息,及时处理。该电力监控软件与矿井的智慧煤矿操作系统融合。

矿井35 kV变电站升级改造:增加云台轨道摄像机1台,该系统主要由控制中心、驱动电机、轨道及热成像摄像机组成。增设环境监测与烟雾报警系统,主要用于监测变电站内开关柜、变压器、电缆等,在变电站内设置点式光电感烟探测器,在电缆沟内设置可恢复式缆式感温探测器。35 kV主变调压开关更换为HMK7型挡位调节器,实现主变挡位的全自动调节。35 kV变电所10 kV下井电缆的馈出线路,更换为新型数字式微机综合保护装置,该装置和井下高压配电装置的综保装置配合使用,实现井下供电的防越级跳闸功能。

将综保装置更换为具有远程监控功能的装置。配电室内设一个带以太网口PLC,信号接入PLC,由PLC接入工业环网,实现强排泵的远程控制。将井下所有高压配电装置的综合保护装置更换为新型数字式微机综合保护装置,该装置具有防越级跳闸功能,通过专用的光纤网络,实现地面主变电所与井下各变电所之间的防越级跳闸。同时更换原开关的零序电流互感器,采用专用光纤引入装置将保护装置的光纤通信接口引至开关接线腔,采用专用通信光缆将光通信接口与通信服务器连接。每个变电所设一台电力监控分站,该分站就近接入井下工业环网。

4.2.3.8 "张家峁"资源供应配置系统设计

基于统计管理,成本管理,计划管理,实现全面预算管控,确保月、年经营目标实现,为煤矿企业经营决策提供依据,实现效益最大化。通过对计划过程管理保证经营目标实现,通过利润、价格、煤量实时分析、指标管理、预算分析与管理、指标分析与管理、辅助决策等技术,实现精确的"实时成本"分析,与"日利润"预测;发挥各管理技术之间的协同作用,实现生产成本的预控与动态分析,提高煤矿市场预判能力,保证效益的最大化。

（1）计划管理

通过计划管理，让煤矿生产、经营计划可控、在控。让计划管理更具有刚性，让生产管理人员更明确目标和距离目标的差距，包括综合计划管理、计划申报管理、计划审核管理、计划完成情况管理。

（2）统计管理

通过对煤矿指标的汇集、计算形成多样的自助报表。通过开展对标管理和指标分析，查找指标的不足和上升空间，促进煤矿各项指标不断向好，包括基础数据录入、生产类统计、综合类统计、统计分析。

（3）全面预算

以全面预算为龙头，以预算目标的确定与分解为起点，依次通过预算编制、预算执行、预算考评等各环节完成年度的预算管理循环，在相应的管理阶段配以严格的预算制度，并辅以相关的预算指标体系、规则以及预算管理权限，以实现对资源的有效配置。此外，财务预算管理也对企业相关的投融资活动、经营活动和财务活动的未来情况进行预期并控制的管理行为及制度安排，包括预算的编制、调整、执行、分析。

（4）经营管理

首先，通过成本过程管控，从源头做好经营管理。通过实时利润曲线与目标曲线的比较，找到经营差距。其次，通过实时经营指标的逐层攒取，发现实时生产过程中的问题，包括日利润、成本控制、实时成本统计分析、智能开票。

此外，构建智慧物资管理模块，实现计划上报、合同签订、物资出入库清晰可查，物资管理规范高效，支持供应商管理售后评价体系，对接煤矿财务、档案、供应商管理等管控模块，建立统一的物资仓储平台，实现整体智慧煤矿企业管理相协调。

（1）需求计划管理

物资需求动态预测，根据上一年物资出库报表（实现自动生成）、设备预测性维修数据、当前库存数据、检修计划等，自动生成下一年度需求计划；构建常用物资出库平台，自动生成年度物资招标计划。

（2）采购计划管理

根据物资需求计划、库存情况、在途情况、物资储备定额进行计算，平衡利库后生成采购计划。在制定采购计划时，优先考虑电商采购。采购计划通过审批后，根据采购物资类型生成电商采购、平台采购。

（3）采购订单管理

生成采购订单，记录与供应商物资的采购信息。采购单管理提供采购人员与计划申请人员进行交互的信息平台，采购人员在采购过程中获取的信息，遇到的问题可以通过采购单流程及时地反馈到计划申请人及其他相关人员。

（4）仓库管理

借助物联网、移动互联技术，建立智能仓储系统，实现仓库、库区、货架、货位的"四号定位"管理；对重要物资与备件进行身份 ID 管理，并实现全生命周期跟踪。此外，实现入、出、盘库记录以移动终端扫码代替人工录入，实现仓储的智能化管理，提高工作效率、数据精准性，减轻人员负担，对物资进出管理进行指导，确保实物先进先出。实现库存查询功能，可根据仓库、区域、仓位，从上到下逐级查询库存明细信息。设置物资储备定额，维护物资的最低、最高安全库存值,并对不在安全库存范围内的库存发出预警,同时若低于安全库存,自动生成补库申请,保障库存物资时刻处于安全库存范围内。

VR安全生产培训系统改变传统课堂教学照本宣科的授课方式,结合生产实际和煤矿安全规程,将课堂中影视录像、图纸教学、静态物理模型等传统教学内容转变为可操作的生动学习体验;同时真正提高学员动手操控设备和现场处理问题的能力,改变以往"假操作,真背书"的半实操式实训课程。

智能安全培训具备以下功能:安全培训、安全考试、安全能力考评认定、实操能力考评认定、建立电子资料库三种人及特种作业人员管理、学习管理、综合查询。涵盖煤矿井下电气作业、爆破作业、监测监控作业等11种煤矿特种作业工种使用设备,以及液压支架、自救器等矿井重要机械设备或员工自救装备。综合实训涵盖煤矿井下掘进工作面、采煤工作面等多工种协同配合作业的场景,采用井下环境全景虚拟仿真模型和工艺过程虚拟仿真互动操作技术,实现沉浸式的多工种联合实训,提高各作业人员之间协调配合能力和作业流程掌握能力。通过沉浸式的虚拟漫游,进行员工上岗前的安全生产培训以及辅助煤矿企业安全管理工作。采用交互式数字化工业设备虚拟仿真模型,让学员以交互式的方式参与设备爆炸分解、原理学习、标准操作流程以及常见故障排除等培训科目,实现设备认知、原理教学和实际操作培训的高度结合。

打造沉浸式仿真实训环境:针对各基层厂矿装备和生产实际情况,打造与矿井生产实际相一致的沉浸式实训操作环境,避免因生产任务、地面无备份设备等客观原因造成无法满足培训所需的硬件环境,满足基层单位随时随地的实训操作需要。完善培训考核机制:VR安全生产培训系统完善现阶段"书面作答+现场实操"的考核模式,避免以往学员在未开机仪器设备前模拟操作的考核方式,以学员在仿真环境中的实际操作,检验学员的真实操作水平和培训效果,真正实现以考促学,提高考核针对性和实效性。

设计开发了一套能培训系统,应具备以下功能:安全培训、安全考试、安全能力考评认定、实操能力考评认定、建立电子资料库三种人及特种作业人员管理、学习管理、综合查询。涵盖煤矿井下电气作业、爆破作业、监测监控作业等11种煤矿特种作业工种使用设备,以及液压支架、自救器等矿井重要机械设备或员工自救装备。通过电脑模拟产生一个三维空间的虚拟世界,利用立体头盔,立体眼镜等VR/AR设备,提供受训者关于视觉、听觉、触觉等感官的模拟、提供一种身临其境、全心投入和沉浸其中的感觉,并使受训者通过键盘、鼠标便可与虚拟环境进行交互。同时智能培训系统可布置于普通电脑上,设备拆解培训功能通过三维模型在电脑上实现。

最后,在智慧人资的建设方面,主要功能设计如下所述。

(1)组织和人事管理

提供企业组织结构体系建立功能。具备管理组织的创设、合并、撤销、更名等变革与调整功能。具备建立企业的职位体系建立功能,包括职位胜任力模型、等级、性质等。具备建立企业岗位管理。具备管理企业员工配置需求与配置计划的功能。管理员工基本信息资料及其变动信息功能。管理员工从入职到离职全周期工作变动信息。建立员工信息个人维护、员工查询统计功能。

(2)劳务、考勤和薪资管理

提供建立劳动合同台账功能。对企业与劳动者之间签订的各种劳动合同、协议进行集中管理。具备劳动合同的签订、续签、变更、中止、恢复、终止、解除的全过程管理功能。具备上岗审批、试用期评估等功能,具备休假管理、考勤员维护、法定节假日、作息方式维护、员工考勤等功能,具备考勤数据的采集和考勤统计及查询的功能。此外,提供薪资方案配置、薪资基数维护功能,具备薪资的配置、调整、预算、计划、核算、发放、入账的规范化、精细化管理功能和工资数据的采集和统计及查询的功能。

（3）招聘、绩效和人才管理

提供招聘的全过程信息实时管理功能。具备人员配置、培训管理、组织管理等功能;具备通过业务过程数据自动形成部门绩效、岗位绩效和人员绩效功能。根据绩效评分自动计算绩效工资。能够与薪资管理进行关联,具备企业人才架构和人才综合档案库建立功能。根据员工所处职位或岗位进行职业生涯发展规划和培养。

4.2.3.9　"张家峁"煤炭智能洗选系统设计

"张家峁"选煤厂的智能化建设在完整的框架下,成体系、分层次、多步骤地完成。从"底层、过程、决策"的核心层、智能网络环境的支撑层、数字孪生平台的应用层,重点解决了现场常见问题,完善底层设备层、改进生产控制层、搭建生产决策层,布置智能网络服务体系,构建数字孪生选煤厂平台基础,完成智能化选煤厂框架建设,达到减少用工数量、降低劳动强度等目标。在选煤厂框架搭建完成及数据支撑下,实现由设备到系统,单系统到多系统的智能联动,搭建设备健康管理、生产控制、运维管理系统的数学模型,并基于生产过程中数据的不断积累,优化控制数学模型,预测并调控生产过程。构建选煤智能化建设体系,实现选煤厂在"底层、控制、决策"强智能化,搭建选煤厂运行应用平台,建设完成新型智能化选煤厂。

张家峁矿井选煤厂在 2017 年生产控制升级改造后,目前已实现洗选生产的全流程信息化管理,并形成了以 MES 为核心的包含设备管理、生产计划、数据采集、数据分析等功能的选煤决策平台,实现了洗选生产的集中管控以及部分环节的自动化控制。但是,要打造全生产流程的智能化洗煤厂,还需要解决部分关键生产环节的自动化以及生产环节全周期管控,其突破的关键技术及实现包括智能化生产、全机器人化生产辅助、人员辅助增强和基于BIM 技术的设备全生产过程控制。

4.2.3.10　"张家峁"智能化园区生态设计

（1）智慧园区

智慧园区主要实现地面相关系统、建筑、人员、设备、环境、生态等的智慧、绿色和生态化。园区整体的设计思路围绕着"1＋1＋1"架构,即统一的 ICT 基础设施层,一个数字化使能平台和一套园区应用。遵循万物互联的思想,将园区智能物资(智能仓储物资取送系统)、智能办公(智能办公管理、智能楼宇)、绿色生态(绿色煤矿智能系统、智慧指挥中心、智慧路灯及照明)、智能保障系统(地面工业设施智能保障系统、无人机智能管理系统)综合协调管控,将人、车、物通过传感器或子系统接入,形成泛在的感知信息,汇聚园区内所有数据。此外,考虑园区与外部城市资源的整合。

特色与创新:实现资源融合、数据融合、业务融合打造"资源＋数据＋服务"三位一体式智慧、绿色、生态园区。

（2）智能场景展示

· 多系统综合协同的绿色能源系统

当前,新的能源技术很多,如光伏发电、光热发电、风力发电、风机乏风余热利用、热泵技供热、发电地砖等技术层出不穷，通过深入调研了解张家峁实际情况，如厂区屋顶面积、光照时间、风力大小、风机乏风余热、工业场地的实际情况，研究新能源在张家峁煤矿应用的可行性、经济性及合理性，新能源技术在张家峁煤矿应用设计方案提供依据。调研了解目前国内外绿色矿区及其他行业绿色智能相关技术，如储能技术、直流变交流逆变技术、智慧照明、智能供热等技术现状，结合张家峁煤矿实际情况，提出多系统综合协同运行的绿色生态系统，为后续绿色煤矿应用设计方案提供依据，实现最终合理打造绿色煤矿的目的。矿区采用光伏发电、光热发电、风力发电、风机乏风余热利用、热泵供热、发电地砖等绿色能源供给方式，以及先进的储能技术，通过通信闭环控制，实现矿区能源的互补，并建立多系统综合协同的绿色能源系统，向厂区提供稳定、清洁、持续、可靠的能源供给，为打造绿色煤矿奠定基础。

- 园区物资无人取送系统

通过驱动 AGV、堆垛机、智能提升机等装备，构建一个流动的零落地、零等待、零库存的园区无人取送系统，包括智能工装拣货、智能 AGV 配送、智能运输线、智能立体库等。通过对产品的自动识别及跟踪，智能工装及智能 AGV 精准配送，自优化配送路径，实现成品自动入库，物找库，货找车；通过信息的智能获取技术、智能传递技术、智能处理技术、智能运用技术，以物流管理为核心，实现物流过程中运输、存储、装卸等环节的一体化和智能物流系统的层次化。园区内物资根据需求自动搬运，实现物资的智能取送、无人化。主要技术包括二维码、磁导轨、无线定位等寻迹定位方式在张家峁工业厂区内的适应性研究和基于定位系统的地面 AGV 小车的应用性研究。

- 智能仓储系统

通过利用智能存储设备和计算机管理系统的协作来实现立体仓库的高层合理化、存取自动化，以及操作无人化。结合仓库管理软件、图形监控及调度软件、条形码识别跟踪系统、搬运机器人、AGV 小车、货物分拣系统、堆垛机认址系统、堆垛机控制系统、货位探测器等，实现立体仓库内的单机手动、单机自动、联机控制、联网控制等多种立体仓库运行模式，实现仓库货物的立体存放、自动存取、标准化管理，降低储运费用，减轻劳动强度，提高仓库空间利用率。仓库内物资从入库、盘点、摆放、出库等环节全部实现无人化操作。

- 基于地表二维、三维建模的地表沉陷及生态环境监测系统

为实现对矿井地表及生态环境的综合监测，掌握矿区综合生态环境状况，现都采用在固定点安装传感器实现对地表沉陷监测，安装难度大后期维护难，生态环境监测及建模依赖于测绘遥感专业飞行器有专门的遥感测绘单位完成，成本高周期性长。本研究立足于小型无人机进行地表二维、三维重建技术，实现对地表沉陷及生态环境监测，最终实现精度达到厘米级的监测。矿区地表沉陷及生态环境监测。通过无人机搭载激光雷达对采煤塌陷区航拍，进行点云数据的外业采集、内业处理和地面数字模型的建立，快速获取矿区地面沉陷区的精准信息，实现对煤矿地面塌陷及周边生态环境的监测，不但受外界条件影响小、成本相对较低，而且缩短了作业周期、大幅提高测量精度。无人机监测矿区地表沉陷及生态环境，快速展现地表三维形态。通过对地表环境的监测，集成生态气象环境的监测，实现对张家峁煤矿综合生态环境的综合监测和分析，对生态灾害进行预防式判断分析。

- 空中安防系统

通过搭载摄像头的无人机，在煤矿矿区根据规划的路线进行飞行，对所维护的区域进行全方位监控，并将安防无人机平台结合视频、红外等传送设备，将所维护的场所的画面通过

网络进行实时传输,实现昼夜巡检、空中全局监测。通过运用视频监控 AI 技术,对划定区域内的可疑人员进行追踪,对嫌疑人的照片、个人行径等信息进行上传,引导地面工作人员的行动。研究基于无人机矿区安防巡检技术,实现规划路线飞行、平台化管理、昼夜巡检、空中全局监测。

(3)地面工业设施智能保障系统

· 智能监控及安防系统

智慧运营中心,面向决策者提供全视角的园区安防态势情况,并对重大告警进行应急的指挥调度,或直接的子系统控制,以达到对园区安全运营的监控和实时的应急处置,从而最小地减少安全事件带来的损失。系统通过与综合安防平台对接,获取实时的告警情况(报警信息、级别、位置等),并可控制子系统如门禁,视频监控进行相应的应急处置。系统通过与位置服务系统对接可获取周边保安人员实时位置,可通过电话、短信等方式实时联系到就近的保安人员进行应急调度。使得应急事件快速得到处置。对于重大告警,可通过微信、短信、邮件方式及时通知到主管责任人,以协助应急处置。

· 智能车辆管理系统

车辆管理模块以车牌识别为基本手段,对进入园区内的车辆实现有效登记、监控和管理,通过对车辆基本信息维护、行进轨迹等数据的集成和应用完成园区内车辆、车位、停车场经营的整体情况描述,为园区安防、停车管理等场景提供数据和应用服务。由停车管理系统提供相应管理能力,IOC 提取相关数据进行发布。

· 智能停车系统

智能停车系统支持智能卡识别和车牌识别,通过计算机的图像处理和自动识别,对车辆进出停车场的保安、查询和管理等进行全方位管理。由图像对比系统、车牌识别系统、车位分层显示系统、寻车系统、内外部用户隔离系统和通道反向寻车系统构成。

· 智能道路管理系统和智能供热系统

智能道路管理系统与智能停车系统、智能访客系统、智能车库系统等智能互联,实现通过智能道路管理系统的红绿灯指示和车辆引导,实现对车辆智能引导到指定停车区域的功能,同时智能道路管理系统能实现与无人清扫机器人和无人取送其机器人智能关联,实现无人机器人与车辆和人员有效避让。

通过改造智能供热系统管理及与中央空调联动,实现对室内温度的实时监控,自动调整供热系统供热热源,通过热源控制与供热流量控制相结合达到按需智能供热的目的。

· 智能供电保障系统

以张家峁煤矿现有综采技术和装备为基础,对智能化无工作面智能无人工作面协同控制技术和煤矿 3.3 kV 以上供电系统调度在线安全系统研发及继电保护定值研究(故障定位)进行重点攻关,构建煤矿电网离线数据分析模型,构建供电系统调度在线安全系统软件,整合电网在线数据,通过井下供电系统短路电流计算与校验,实现 3.3 kV 以上供电系统故障精准定位与线路继电保护数值合理整定。

· 智能食堂职工用餐保障系统和智能职工洗浴管理系统(含洗衣房)

智能食堂用餐系统员工体检信息数据互联,可以根据体检健康数据情况针对性地对员工用餐给予建议,可以实现餐前提前预订餐饮,做到人到取餐的效果。智能洗浴系统可以实现根据浴室温度自动调整供水水源温度,可以实现根据浴室洗浴人数按需进行供水。洗衣房可以实现洗衣烘干一体化。

· 智能职工宿舍管理系统和智能场区信息发布及广播系统

智能职工宿舍管理系统可以实现员工入住及宿舍使用情况的智能统计,可与访客系统关联,实现访客入住自动分配,可实现智能一键控制闲置宿舍的供电和智能调节供暖等功能。信息发布系统包括信息采集、中心控制、显控终端和传输网络,通过编码的方式实现信息的处理,系统网络建立在大楼内智能化专网的基础上。系统的编码器基于TCP/IP协议,可直接利用大楼的设备专用网作为系统的传输网络,一方面可以最大化地利用大楼已有的网络资源,另一方也符合项目智能化系统基于IT融合平台的总体规划。

· 智慧指挥中心

通过建设智能运行指挥中心,实现各部门工作流程和各现场安全、生产环节的纵向贯通、横向关联、融合创新,建成企业的安全、生产、经营、管理的中枢大脑,实现地质及矿井采掘运通信息动态管理操作系统、智能化无人生产系统管理、智能化巷道快速掘进系统、环境感知及辅助系统、全矿井设备和设施健康管理操作系统、智慧煤矿智慧场区、智慧煤矿精益管理系统等功能系统的接入、应用及展示,各系统按照其承载的业务内容在应用平台上协同开展工作。指挥中心设计考虑各功能的空间布置和展示,需考虑大屏幕显示系统、智能会议、企业文化展示系统等设计。根据矿方需要可实现打造全息三维实景展示中心,具备影音娱乐功能的虚拟现实培训中心。张家峁智慧煤矿指挥中心是集成智能化指挥、调度、管控、办公、培训、展示、间休等功能于一身的智能型、生态型、综合性建筑。

（4）智能办公、管理系统

· 智能无纸化办公系统

智能无纸化办公系统实现了矿区内文件电子收发传阅,取消纸质文件,实现电子签字、电子盖章等,可以实现扫码投屏和无线投屏等多种投屏方式、地面各办公室整体办公系统智能无纸化办公、与电脑终端、移动终端、App等融合联动和电子文档、文件、备案等无纸化。结合张家峁三楼新建会议室的使用效果,在先建智慧大楼的会议室中打造无线、扫码等智能会议系统,实现会议前智能开启屏幕投影灯管等设备,会议后自动关闭相关设备,并可根据会议投影开启和关闭状态智能调整会议室的相应灯光。

· 智能能耗监控系统

在智能运营中心中,面向决策者提供整体园区的能耗监控板块,对园区内整个区域的用电、用水等能源耗散情况进行分类分项的统计,并通过一定周期的数据积累,以指导优化BA的工作模式。能耗监控板块,主要是与能源监测系统对接,获取相应的统计分析数据,并根据统计分析按地域分布、时间分布、能耗类别进行热力呈现。运营中心提供能耗分析模块,该模块可支持对接相关能耗采集系统(如电梯监控系统、路灯监测系统等),然后将整合相关能耗数据,进行综合能耗统计和分析,为制定节能降耗措施提供决策依据。

· 一体化对讲机及个人移动终端系统和智慧党建

一体化对讲系统及个人终端系统可实现语音视频的对讲功能,根据不同的功能定位可实现特定数据的查询、访问、控制和报警等系列功能。

智慧党建是运用信息化新技术,整合各方资源,更有效地加强组织管理,提高服务群众水平,通过打造新平台、新模式、新形态,全面提升党建工作科学化、智能化管理水平。智慧党建管控体系由四个业务层级、两个保障体系、一个用户交互平台构成。其中,基础设施层、平台层提供基础技术平台支撑,业务应用层提供全面党建管控模型和应用。运维保障体系、安全保障体系为整体业务平台的稳定运行保驾护航。用户交互平台提供多种终端设备的交互展示及访问方式。

（5）绿色煤矿智能系统

• 矿区太阳能发电系统

充分开发利用陕西省榆林市张家峁煤矿的太阳能资源,建设绿色环保的新能源项目,同时依靠光伏电站可靠的技术,实现区域内长期稳定的发电能源互补计划。从能源资源利用、电力系统供需、项目开发条件以及项目规划占地面积和阵列单元排布、扶贫户数等方面综合分析。根据本工程的用地情况及容量配比,考虑采用大尺寸组件以获得较高的土地利用率。目前330Wp组件使用较多且供货量充足,性价比比较好,暂按330Wp单晶硅组件进行布置。

• 矿区热泵供热系统

通过矿区热泵供热技术的研究及设计,将热泵供热技术结合矿井综合能源实际情况进行应用,降低供热成本。本项目让热源使用空气能热泵供暖系统,投资内容包括电热源系统、辅助热源系统、蓄热系统、水处理及管网系统、配电系统、厂房建设及其他费用。配电系统为厂外10 kV线路引接到场内配电室的高压配电线路及供热站内部的所有配电设施。管网系统包括热泵机组与储热水箱的循环管网、热泵机组间的连接管网、储热水箱与外网的连接管网。水循环及水处理系统包括加热循环泵、供热循环泵、软水器等。

• 矿区储能系统

储能系统已经被视为电力系统"发-输-配-用-储"中的一个重要环节,大容量储能的应用,可以从发电、输配电和用电三个角度解决电力发展中面临的问题。电网中引入储能环节,可以有效消除峰谷差,平滑负荷曲线,解决用户侧高峰用电超载问题,有效利用发电设备,提高发电设备利用率,降低供电成本。

• 智慧照明及路灯系统

智慧路灯系统将物联技术与通信技术集成融合,实现了路灯照明的智能化管理,同时具备根据车流量自动调节亮度、远程照明控制、视频监控无线网络覆盖、信息发布、一键报警、公共广播、灯具线缆防盗、远程抄表等功能,从而大幅节省电力资源,提升公共照明管理水平,减少园区照明运维成本。

（6）智慧大楼建设方案

• 智能设计应用

智能设计应用包括:外墙智能清洗、光感应智能窗帘和人工照明,光感应中庭采光窗遮阳、办公及会议室临走廊一侧均采用智能雾化玻璃、中央空调温湿度智能感应、室内外绿植智能浇灌和智能多变数字化夜景照明。

• 能源设计

首先,降低能源需求;主要措施包括:东立面部分设置、西立面全部设置外围护小型绿色植物温室,较少夏季西晒热量,提高大楼内循环空气质量,拥有适宜的温、湿度;其次,尽量使用可再生能源。主要措施包括:

① 屋顶部分除了少部分用作屋顶天窗采光外,大部分用于安装太阳能集热板和光伏电池。智慧中心屋顶的太阳能集热板,可以满足建筑本身的热水需要。

② 屋顶上的太阳能光伏电池是建筑物主要能量来源,基本可满足照明、景观以及部分

通风和维持热泵的运转的需求。楼内休息区及主要人员集中步行道和走廊铺设压力式充电地板,可满足室内景观照明和补充大楼电量。

③ 利用矿井地下水,作为本项目冷热源。

4.3 "中能袁大滩"矿井的智能系统设计

4.3.1 "中能袁大滩"矿井概述

中能袁大滩矿井位于榆横矿区中东部,地处榆林市以西约 20 km,行政区划分隶属陕西省榆林市榆阳区小纪汗镇及芹河镇管辖。

中能袁大滩煤矿位于榆横矿区北区中东部,榆溪河以西,无定河以北,古长城西北处,地处榆林市以西约 20 km。井田南北长 12~15 km,东西宽 14 km,面积 161.993 6 km²;井田内可采煤层 7 层,分别为 2、3-1、4-2、5、7、8、9 号煤层,其中主要可采煤层为 2、3-1、4-2、5 号煤层,地质储量 1 110.80 Mt,可采储量 555.02 Mt,矿井设计生产能 5.00 Mt/a,服务年限79.3 a。首采 2 号煤层属近水平煤层,埋深 179.71~388.72 m,厚度 0~4.26 m,平均厚度1.80 m。矿井主采煤层为 2 号煤和 4 号煤,煤炭主要用途是动力用煤、民用燃料、火力发电。

矿井为低瓦斯矿井。2 号煤层的自燃倾向等级为Ⅱ类,属自燃煤层,自然发火期 47 d。2 号煤层煤尘均具有爆炸危险性。井田平均地温梯度为 2.35 ℃/100 m,属地温梯度正常区,矿井无地热危害。矿井水文地质条件属于"复杂"类型,设计正常涌水量 1 130 m³/h,最大涌水量 1 360 m³/h。矿井采用中央分列式通风方式,机械抽出式通风方法。采用斜井开拓方式,采用一次采全高综合机械化采煤工艺,走向长壁后退式采煤方法,采用全部垮落法管理顶板。矿井主运输系统采用带式输送机运输,辅助运输采用无轨胶轮车从地面至井下直达运输系统。袁大滩煤矿资源整合项目已于 2020 年 2 月 13 日进入联合试运转阶段。目前,井下生产盘区为一水平 2 号煤 112 盘区。矿井已按设计形成"一井一区两面四头"的生产布局,分南北两翼开采。其中北翼布置一个综采工作面(11201 工作面)和两个掘进工作面(11205 运输巷、11205 回风巷),南翼布置一个综采工作面(11202 工作面)和两个掘进工作面(11206 回风巷、11206 运输巷)。

4.3.2 "中能袁大滩"智能化矿井的总体设计

中能袁大滩煤矿智能化升级设计方案的编制包括并不限于建设目标、建设内容、技术路线、技术指标、建设步骤、投资预算清单等,实际设计过程中要以业务需求为导向,以解决安全生产和经营管理的各类瓶颈问题为切入点,去繁从简。在统一的建设标准指导下开展工作,充分整合现有信息资源,在保护投资的前提下,规范标准,跨越提升,实现系统协调融合,达到信息数据共享及系统智能联动。总的来说,以安全、高效、绿色、创新、智能为核心,全力打造"智能化矿井、安全高效绿色发展一流企业",实现"生产智能化、运营精细化、管理标准化、决策科学化"。

中能袁大滩煤矿智能化升级设计基于 GIS、可视化、自动化、大数据、ICT 等技术,实现对矿井安全环境、地质储量、生产工艺过程、生产经营管理、开采设计及接续、设备管理及运维等的感知化、物联化、智能化、透明化、微粒化,全业务流程优化与集成,构建"全息"矿井智能化系统,从而实现全矿井保安全、控风险、促效益的管理目标。

中能袁大滩"全息"矿井智能化系统,涉及生产过程和工艺的数字化、资源及环境的数字化、设备及运维数字化、生产经营数据的数字化。会用到 3D/4D GIS、物联网、MR、VR、DT、BIM 等技术。"全息"矿井智能化系统整体规划建设重点有:

① 加强高精度三维透明化地质模型和三维可视化系统甚至虚拟矿井建设;

② 加强井下感知物联网和数据中心建设;

③ 加强底层设备自动化及智能监控平台的建设;

④ 加强煤矿安全生产技术综合管理系统建设;

⑤ 加强重大危险源预测预警和决策支持系统建设;

⑥ 加强装备数字化管理及维护建设;

⑦ 加强能源管理系统和成本管控系统的建设。

4.3.3 "中能袁大滩"智能化矿井的系统设计

4.3.3.1 "中能袁大滩"智能化网络系统设计

（1）智能管控平台

在工业互联网平台基础上打造集中、统一的智能管控平台,提高对全矿安全生产运营的把控能力。实现对矿井生产、安全、设备、产量等多维度的同比和环比分析,从而对当前现状和未来发展有更清晰的认识。

通过智能综合管控平台可以查看所有原有系统的生产、报警等信息,实现调度报表自动化、安全生产过程管控自动化。通过建设生产安全相关的全部子系统的可视化应用系统,实现智能调度和智能管控,可以设置总调中心及综采、综掘、机电、运输、安全等分控中心,建设智能协同中心、智能报警中心和集成运维平台。

（2）智能化专用供电电源监控平台

目前低压配电室坐落于办公楼一楼,设置艾默生 UPS 一套,蓄电池 2 组,低压配电柜 2 台,柜式空调 1 台,日常进入巡查,对于设备状态运行监测缺乏有效手段。

该平台拟以动环监控系统为基础,搭建智能化专用供电电源监控平台。该平台系统从动力、环境、安防三个方面实现了对通信机房的实时监控与管理。运维人员可利用该系统实现对机房内电源、空调、门禁、视频等远程管控,并能通过界面提示、语音播报和短信通知等方式实时、精确地获取报警信息。该系统正式投运后,将实现对相应机房的 24 h 全面实时监管、大幅提升运维效率,为机房安全提供强有力的保障,有力支持电网的安全稳定运行。此外,对低压配电室的视频、环境、红外防盗、火灾报警、人员出入、设备状态、操作记录等数据信息进行统一分类存储、自动处理及一体化综合展示。

此外,该系统独立运行,具备本地联动控制、异常报警功能,此监控网络的具有高稳定性和安全性。通过对多个机房子系统的有机整合,管理中心人员可实时掌握各个站点内情况,并可远程控制机房的设备,有效提高管理效率。

（3）网络监测平台

中能袁大滩煤矿目前有多张网络,网管软件不互通,没有统一的网络监测平台。管理信息网为思科平台,部分区域存在个别华为交换机,接入交换机不具备网管功能;视频专网井下及地面为 GE 平台;工业控制网为赫斯曼平台;另外各个网络中还大量存在其他品牌的交换机、HUB等，网络管理不清晰。本次拟新建网络监测平台，打通各个平台的通信壁垒，有效地实现网络设备的状态监测和管理。

网络管理系统(NMS)设置在通信机房。NMS可对全部网络设备进行配置、监视和控制。这些需要监管的设备主要包括但不限于：网络上的所有交换机、所有的服务器、工作站、前端处理器(FEP)、磁盘阵列、磁带库、防火墙、UPS、大屏幕系统及接入交换机的各集成系统设备等。

网络管理就是通过对上述的各种网络设备、网络设备的节点、服务器资源进行规划、配置、监视、分析、扩充和控制来保证计算机网络服务的有效实现。

网络管理系统包括以下主要设备：

① 1套NMS工作站；

② 1套NMS便携式计算机；

③ 1台NMS报表打印机；

④ 1套NMS系统软件。

NMS设于办公楼一楼通信机房，便携式NMS计算机可监控整个网络系统设备。

网络管理系统通过控制中心中央交换机冗余的100Mb的网络端口，连接服务器、工作站、打印机等。

4.3.3.2 "中能袁大滩"智能地质保障系统设计

(1) 构建基于4DGIS平台管理的空间数据库

升级后的GIS平台系统面向智能化矿井应用，支持多种数据存储方式，通过空间数据引擎存储和管理模型中间和成果数据，实现对关系数据、空间数据、时序数据、非结构性数据的分类管理和空间数据的复用，提高数据交互和利用效率，确保数据安全，提高工作效率。

(2) 构建矿井全地层真三维精细地质体模型

突破以往三维地质建模勘探资料与数据挖掘利用不充分、地层划分粗糙、地层结构和地质构造刻画精细程度不足等局限，充分挖掘利用并融合考虑地层岩性、结构、沉积相等相关参数，对现有三维地震资料进行精细解释，挖掘地质体精细数据，通过矿区工程、地质、水文地质、钻探、测井、电法、地震等多源数据综合利用，重新对井田范围内的地质体进行精确控制和精细刻画，建立矿井全地层真三维精细地质模型，为矿井地质预测预报与地质条件分析输出各类图件，为透明化矿井和综合地质保障系统建设提供数据支撑。

(3) 构建复杂沉积地质条件地下水环境模型

针对矿区富水砂岩条带平面上和剖面上分布不均一的特征，对煤层及顶板主要含水砂体(延安组、直罗组、洛河组地层中厚度大于5 m)沉积相及其空间展布形态进行精细建模刻画，赋予含水层段地层相应的水文地质参数及水质、水位以及水温等地下水动力场参数信息，并针对各关键充水含水层进行充水强度分区资料，在真三维地质精细建模的基础上构建地下水环境模型，为矿井水情水害预测预报、涌水量模拟计算和水文地质条件精细分析提供直观真实的场景环境，为矿井水害研究提供依据。

(4) 构建四维动态交互式地质—水文耦合空间数字体

将真三维精细地质模型、地下水环境模型进行融合，形成集成耦合模型，将后期勘探、井下揭露获取的地质信息、主要充水含水层的水位(水压)、涌水量、水温与水文地质监测动态数据及时载入模型，实现对地下水环境模型数据的实时更新，并与智能开采常态化应用项目中透明工作面部分交互,宏观透明矿井与局部精细化透明工作面形成互为补充验证的关系,从而构建全要素融合四维动态开放式矿井地质-水文耦合模型。

(5) 构建 4DGIS 智能地质保障系统

融合现有的地表、地表建筑物、井巷、通风、排水、供电等设备模型构建矿井生产数字化场景,实现全空间数字化、透明矿井上井下全矿井多角度漫游功能;通过虚拟仿真技术和场景渲染,结合设计、环境及地质等实时数据,实现矿井地质、水文地质预测预报图表的自动生成。

4.3.3.3　"中能袁大滩"智能开采系统设计

① 在地面分控中心及井下顺槽控制中心实现综采工作面一键启停自动化割煤,工作面设备与采煤工艺相结合整体联动协调控制。

② 实现采煤机程序规划截割采煤,顺槽可视化控制。

③ 实现跟随采煤机完成支架自动移架、自动推溜、自动喷雾的功能及远程控制支架单架、成组动作。

④ 实现"三机"设备远程顺序控制、单设备启停控制。

⑤ 实现泵站系统远程控制,单设备启停及自动配比功能。

⑥ 实现供配电系统集中管控。

⑦ 通过配套视频监控系统,实现跟随采煤机自动切换画面,实时显示截割部、液压支架及煤壁状态。

⑧ 通过工作面千兆以太网系统,实现数据高速、实时传输。

⑨ 实现工作面设备数据监测、故障报警、故障保护。

⑩ 搭建智能综采移动管理系统,实现工作面系统数据向手机移动端 App 发布功能。

⑪ 工作面超前支架远程控制,本地、就地遥控电液控制。

4.3.3.4　"中能袁大滩"智能掘进系统设计

工作面监控中心采用视频＋音频＋数据三合一交互展式、集成,具备集中协同调度、控制,存储、查询、分析等功能。

(1) 感知单元

负责掘进机日常工况、环境数据、掘进工艺数据、实时视频监控数据的采集上传、就地显示。

(2) 定位单元

负责掘进机行走位置定位、截割头定位,并与系统预设掘进巷道参数比对,实现掘进机行走调节。

(3) 防撞单元

主要负责采集掘进机机身周围地理信息数据,实现掘进机智能防撞。

(4) 遥控单元

地面集控中心远程可视化控制和手持遥控器控制,实现掘进司机远程集中掘进操作。

(5) 预警保护

掘进机部署智能视频识别装置,将掘进巷道环境、掘进设备及工作人员智能化物联处理。将感知单元的实时数据与系统预设值自动比对,并实现故障预警牵停、故障告警停机。

通信单元:分为机身内部通信、远程数据传输、遥控系统低频通信。

(6) 智能化操控

将掘进机机身回传数据进行深度分析，与带式输送机、局部通风机、掘进工艺进行联动闭锁。掘进机司机在集控室结合视频监控和掘进机工况数据进行远程可视化掘进采煤。

（7）多导航指引

系统可选用无源惯性和有源监控相结合的导航模式。惯性导航技术主要用于掘进机的自动化截割；有源智能识别监控单元方便地面操控人员对综掘工作面直观了解，及时发现偶发问题，以便采取相应的人工干预。

4.3.3.5 "中能袁大滩"智能主煤流运输系统设计

（1）全煤流集控

主煤流运输系统采用工业以太网组网方式，以现有工业环网作为不同胶带运输系统互联的承载。

全煤流系统组网方式主要新增一台 PLC 控制器作为主站，现有胶带控制系统的 PLC 均作为从站。主从之间采用 MSG 指令进行通信，实现对全煤流信息的统一感知、统一管理、统一调度，实现全部胶带的节能、安全、有序、智能应用。

（2）巡检机器人

智能巡检系统由运行轨道、机器人、无线通信基站以及监控中心组成。智能巡检仪通过搭载红外热视仪实时采集巡检设备的红外热像图及各点温度，配备烟雾传感器、甲烷传感器和高清摄像机，可以 24 h 实时监测巡检区域环境及带式输送机运行状况，搭载音频拾音器，实时对比历史音频数据文件，当正常运行中采集到的声音有异常时能够及时发现并报警。

（3）煤量识别与智能调速

通过图像识别及分析技术，实现全煤流（采煤机-三机-顺槽-大巷胶带＋主斜井胶带-上仓胶带-煤仓）煤量的智能识别分析，通过煤量自动调节运输系统各部胶带速度，使主运输胶带均衡上煤，优化主运输系统控制逻辑，及时停机防止大煤量压死胶带，实现多煤快运、少煤慢运，煤量运行与胶带调速的智能匹配。

（4）基于图像识别应用

通过图像识别及分析技术，建立人员行为分析系统、运行异常识别及告警系统，实现对运输过程中"生产异常、人员违规、人员误入等异常识取及诊断"，并通过与现场的声光报警器及信息发布系统联动来实现现场预警或报警。

（5）运输信息发布系统

针对全煤流现场运行情况、振动和温度数据进行综合分析；针对井下运输系统信息如胶带带速、煤量情况，胶带沿线人员是否存在违规（对违规人员进行班、组、部门通告），在地面控制中心进行实时动态信息发布。遇到突发紧急情况，可通过网络 LED 屏幕终端发布应急预案。

（6）设备全生命周期管理

结合煤矿带式输送机运转情况，采集带式输送机传动机构（电机、减速机和滚筒）的振动、温度及其他传感器数据，得到传动设备运行状态的各种参数和图谱（包括加速度峭度、均方根值、幅值谱、功率谱、谱密度、倒频谱、包络谱等），建立胶带运行数据模型库，实现对传动设备的轴承、齿轮、转轴等关键部件进行精确的故障分析与诊断。

4.3.3.6 "中能袁大滩"智能辅助运输系统设计

整个系统由可分为三部分：前端感知层、网络传输层、业务应用层。

（1）前端感知层

前端感知层设备包括：红绿灯识别一体机、车牌识别抓拍一体机、辅助光源（补光灯）、矿用本安 LED 屏、矿用语音播放器网络交换机组成，完成红绿灯状态图像识别、机动车闯红灯违章行为抓拍、违章记录本地储存、相关信息网络上传等任务。

（2）网络传输层

网络传输层包括防爆交换机、光纤收发器、网络交换机、光缆等，网络传输层的主要作用是为应用层提供前端抓拍的数据。

（3）应用层

业务应用层按权限分角色定制化呈现，对于场景化的智能分析结果支持通过报警或预案联动等形式形成实时监测，通过数据检索、对象分析等形成报表分析。主要包括边缘服务器及可视化管理界面。

边缘服务器用来汇聚前端的视频图像数据，结合数据模型完成数据的边缘侧分析、处理，边缘服务器内置深度学习算法，支持单场景多类算法融合分析。边缘服务提供标准 API 接口，可方便与矿井工业互联网平台或其他管控应用平台进行对接，完美赋能合作伙伴，实现全场景工业智能应用。

可视化管理界面采用 B/S 架构，即插即用，增强了系统的可部署性和可用性。包括手机客户端、PC 客户端（B/C）、报警电话短信消息等。

"中能袁大滩"智能辅助运输系统的具体功能如下所述。

（1）车辆行驶方向、路线全程掌控

在调度室实时掌握单行内有、无车辆通行以及当前通行车辆的方向、数量、编号、速度（区间速度）。

（2）对违纪车辆进行抓拍

对不遵守红绿灯调度指挥运行的车辆进行车牌识别及自动抓拍、结果照片留底、信息公告。

（3）对违规行驶进行曝光、警告

在违反行车规则的司机，沿线布置的 LED 屏和语音告警器会联动触发，不但能自动曝光违规车辆的信息（照片、车牌、车辆、司机信息等），而且会自动进行语音播报，并为经济处罚提供技术依据。

（4）重要信息公告

套壁段两侧的 LED 屏可将段内车辆信息（上行或下行、车辆数量等）展示给等待通行的司机，并对违规车辆进行车牌、驾驶司机信息通告；日常可进行行车安全提醒播报，重要安全信息公告及播放。

4.3.3.7 "中能袁大滩"智能通风系统设计

（1）井下局部通风机监控系统

井下局部通风机监控系统主要包括以下几部分功能：

① 监测功能：主备风机状态，电流，电压，甲烷浓度等进行监测。

② 报警功能：当环境温度，甲烷浓度超标或设备故障时进行报警。

③ 控制功能：控制风机的启动，在出现故障后，提示工作人员采取措施。

④ 图像采集：实现视频图像采集，增加井下设备远程操作的安全性。

⑤ 异常保护：包括超温保护和瓦电闭锁两个部分。

（2）地面通风系统升级

① 全矿井风压（静压、全压）、风速、风量等状态信息，监测风硐参数（温度、湿度、大气压力）等运行参数；监测轴承温度、定子温度、风机振动等风机运行参数；监测地面风机和井下局部通风机的电压、电流、有功功率等参数；监测高压开关、接触器、变频器、转换开关等电气设备参数。

② 监测风门位置、风机开停状态、反风信号等风机运行多种状态信息；可以控制和记录风门开/关、风机启/停的状态；可实现"一键启动""故障风机自动切换""风量自动调节"等。

③ 实现对风机振动信号和温度信号的动态分析，统计故障列表和热点高频故障，对设备运行状态及寿命进行评估。

④ 实现地面通风机、井下风门、风窗、局部通风机的信号交互和联锁。

⑤ 具有就地自动、就地手动、远程集控等多种控制方式。

⑥ 联网功能：具有可靠的网络接口，本系统可实现监控软件的网页发布，方便与其他计算机以及集团公司局域网连接，用户通过 IE 浏览器可直接访问监控主机，如查看流程图界面、分析实时/历史趋势、浏览报表等，实现数据信息的共享功能。

4.3.3.8 "中能袁大滩"智能压风系统设计

（1）控制方式

考虑到运行、维护特点，系统采用三级控制结构，用户可以在调度中心、PLC 控制柜以及就地完成对系统的监控。分为现场操作、集控操作、远程操作三种。

① 现场操作：用户通过操作箱及机组按钮，实现对设备的控制操作。

② 现场集控：用户在现场操作面板上实现对压风机组及其附属设备的集中控制操作。

③ 远程操作：可在远程集控中心实现对现场电动阀、压风机组的启、停操作。

（2）数据采集与监测

系统采集与检测的数据包括：风包温度、风包压力等；电动球阀、高压柜、压风机等的工作状态与参数等。

其中有关压风机本身的参数可通过与压风机控制器通信方式采集，其他需为上述需采集的数据配置合适的传感器，传感器输出信号一律采用标准电量输出。需要增加的传感器包括风包压力、风包温度等。

（3）高压柜信号监测

整个监控系统通过和压风机房高压柜通信，采集高压开关的各种电力参数，实现对高压开关的"遥控、遥信、遥测"监测；并可提供标准的通信接口实现开关信号的转发、上传。

（4）机组自动轮换

PLC 根据总线采集的信号进行综合判断，然后发出启动、停机、加载、卸荷、报警等控制指令，监控压风机组自动运行，使得总管压力维持在设定的压力下限值和压力上限值之间。若风压低于压力下限值就增加空压机运行的台数，若风压高于压力上限值则减少空压机运行的台数，达到既满足井下用风需要、又可以降耗节能的目的。

（5）智能保护

可实现对压风系统电动闸阀的智能保护，当设备不能正常开启或关闭时，程序自动进行故障异常处理，实现设备的智能保护。对压风机排气压力异常、油压过低等进行实时监控，出现异常及时进行故障报警。

（6）振动分析

实现对压风机组振动信号和温度信号的动态分析,统计故障列表和热点高频故障,对设备运行状态及寿命进行评估。

4.3.3.9 "中能袁大滩"智能供电系统设计

（1）电力集控

站控层分布配置操作员站/工作站、继保工作站、五防主机及远动工作站等模块,可按需求单独配置特定角色机器,也可将功能模块集成到少量机器上运行。

间隔层保护测控装置采用以太网接口直接接入监控以太网,站控层和间隔层所有设备直接在监控以太网交换数据。监控以太网支持双网冗余配置或单网配置。

远动工作站独立设置,满足双机热备用工作模式或单机配置,直接从监控以太网采集数据,处理后通过远动通道与调度连接,远动数据的传送不受后台监控系统的影响,满足直采直送的要求。

单独设置通信管理机,用于接入不具有网络接口的其他厂家微机保护装置以及站内智能设备。

（2）电力辅控

实现监测与控制消防、安全防范、一次设备在线监测、智能锁控、机器人与高清视频联合巡检、安全工器具采集、蓄电池在线监测等所有子系统的信息集成展示;实现各子系统之间的信息逻辑计算,综合指令输出,为企业运维检修做辅助决策。

全面监视模块站端部分应由辅助设备监控主机、运检网关机和就地模块等组成,通过有线网络或硬接点接入一次设备在线监测、轨道摄像头、视频监控、消防、安全防范、智能锁控等子系统。

（3）一键顺控

在变电站部署监控一键顺控主机、独立智能防误主机和Ⅰ区数据通信网关机,独立智能防误主机与监控系统内置防误逻辑实现双套防误校核,Ⅰ区数据通信网关机为调控机构远方一键顺控提供通道。

（4）防越级跳

中能袁大滩矿井供电系统没有搭建统一的通信网络平台,因此没有任何防越级跳闸措施,只能依靠继电保护定值来防止越级跳闸现象的发生,但是由于煤炭供电系统供电半径短,层级较多,仅仅依靠定值整定很难保证继电保护的选择性,无法保证越级跳闸事故的发生。目前常见的防越级跳闸保护原理主要有以下几种:电流差动,系统判别法,集中式保护法,总线通信法,分布式区域保护。

4.3.3.10 "中能袁大滩"智能供排水系统设计

（1）水源井集控

整个水源井现场选用 PLC 作为现场控制分站,在手动启停的基础上,增加远程启停功能,实现设备开启与水池水位的连锁。这个系统满足无人值守要求,能实现手自动状态、电源情况、软启动器或变频器故障、电机过载、运行情况等信号的实时采集与监视;对水压、流量、电量及电机电流可进行实时监视与闭环控制。

现场系统的所有数据利用智能远程终端,通过 4G 无线传输至矿区调度中心机房服务器。满足调度室监控室内能对所有水源井抽水、供水过程进行远程集中操作、监控。

（2）地面地下水集控

整个系统分为采集层、传输层、应用层。

采集层：在每个采集点安装一部液位计、一台开停传感器、电参传感器，相关信号连接到现场的智能采集终端。

传输层：利用 4G 无线基站，智能采集终端通过 NB-IOT 把现场设备数据上传到服务器，监控中心需要访问数据可以通过电脑客户端（登录个人账户）、微信小程序进行展示。

监控应用：通过上网访问设备运行数据，实现对液位监测、设备运行状态监测，实现对泵的运行状态监测；出现异常进行告警。支持 PC 端展示、手机小程序展示。

（3）井下小水仓集控

系统建设分为采集、传输、监控应用三部分。

采集层：通过 LoRa 终端实现对小水仓水位、设备开关信号的采集；程序依据设定的水位高度，自动实现自动抽排水。

传输层：传输分为无线自组网传输＋工业以太网传输。LoRa 网关和 LoRa 终端之间基于扩频技术进行点对多点的无线传输（采用自组网方式，无须缴流量费）；网关连接环网交换机，借助于井下环网将数据上传到地面集控中心。

监控层：通过地面中心软件，可动态掌握水仓群的抽排水情况，掌握设备的运行状况。并进行设备的远程操控。

4.3.3.11 "中能袁大滩"智能安全监控系统设计

（1）矿压监测系统

· 监测数据自动记录存储

井上监测服务器能根据设置记录周期将数据存储到数据库，数据采用动态存储技术。井上监测服务器和客户端可实时显示监测点的数据和直方图，当监测数据超限时能自动声音报警并记录报警事件。

井下离层传感器、锚杆传感器具有定时数字显示和报警功能，可独立设置报警参数，具有阈值报警和速度报警功能。

· 连续监测曲线显示、分析

软件支持服务器端和客户端的历史曲线和测线加权数据分析。

· 监测数据综合专业化分析

具体功能如下所示：

① 工作面支架循环工作阻力分析；

② 测线（或上、中、下部）顶板运动规律分析；

③ 工作面顶板压力分布分析；

④ 支架液压系统故障诊断；

⑤ 工作面周期来压步距、强度分析等；

⑥ 巷道顶板及围岩运动分析；

⑦ 多元参数关联分析及预警。

（2）入井人员考勤统一管理系统

入井人员考勤系统主要由前端页面展示和后台比对库两部分构成。

· 前端页面展示

井下人员实时数据页面功能包括行径轨迹信息。

· 历史数据展示

按照现场班次下井规律,统计下井人员取灯、唯一性比对、虹膜比对、人员定位数据,形成一条完整的出入井记录。

(3)后台比对库

主要包含预定义的各类异常库,方便系统进行对比(支持用户自定义)。常见异常特征库定义说明:

① 下井人员人灯信息不匹配。人员已下井,数据没有取灯时间,表明入井人携带他人灯具下井或未取灯。

② 虹膜比对异常。页面显示虹膜比对结果异常,具体原因根据虹膜考勤机反馈。

③ 唯一性比对异常。页面显示唯一性检测装置比对结果异常,具体原因根据唯一性检测装置反馈。

④ 下井超时异常。页面没有出井时间,下井长时间没有出井。

4.3.3.12 "中能袁大滩"智能洗选系统设计

(1)智能重介系统

本次改造增设智能重介系统,该系统主要目的是实现重介浅槽分选机分选密度的自稳定。同时,依据在线监测的原煤和精煤产品发热量数值给出分选密度调节建议值,该数值可作为集控人员进行生产调节的参考也可接入控制系统直接调控分选密度。

① 利用原煤浮沉数据,建立预测重介浅槽分选机分选效果的数学模型,用以设定重介浅槽分选机及的分选密度初始值。

② 依据合格介质泵出料管上安装的密度计和磁性物含量计的在线监测数值,自动调节合格介质分流阀和合格介质泵出料管上的补水阀实现分选密度自稳定(波动范围不超过± 0.005 kg/L),保证精煤和矸石产品质量稳定。

③ 保证重介生产系统的平稳运行以及各桶位的稳定。

④ 在原煤和精煤带式输送机上安装的在线测水仪、在线测灰仪配合实时监测原煤和精煤产品质量变化,通过已经建立的数学模型给出分选密度调整建议值,供集控人员参考。

(2)智能视频监控系统

本次改造方案新增智能视频监控系统,如下所述:

· 带式输送机智能视频巡检系统

大型带式输送机栈桥等场所的巡视和检修工作大部分都依靠人工进行定时检查、驻点值守,而该场所中环境复杂、空间狭小,对人工巡视造成非常大的阻碍和干扰;在复杂的设备运行环境下多人多频次巡检也会增加人员人身安全的不确定性。

· 重点区域智能视频监控系统

在选煤厂主要生产区域安装 AI 智能分析摄像仪,实现人员违规行为监测、边界入侵等功能。室外重点公共区域监控接入矿井智慧园区系统,实现周界防范、电子巡更等功能。

(3)设备智能健康管理系统

设备智能健康管理系统是对选煤厂设备的智能运维,运用智能物联网传感器对设备进行监测,实时采集设备运行数据,通过数据分析软件,结合大数据,利用智能机器学习算法,对设备的运行数据建立故障模型,预测设备故障,提出维护建议,提前做出维护,优化设备运行状态,有效避免设备的突然故障,延长设备服务寿命。本方案暂时设置数据采集监测单元50台,在主要工艺设备共布置250个监测点。

(4)智能装车系统

· 火车智能装车系统

火车智能装车系统是指基于散体物料流动性特征分析,融合各类高性能传感器及分析系统,包括智能控制和分析软件、专家数据库系统、高精度控制液压设备、车辆跟踪系统、车速检测测量等,在装车过程的信息全掌握的基础上,建立高稳定、高可靠、兼容性强的自动化模型和控制系统,在无突发情况下(列车速度过快、装车设备故障等)无须人工干预,实现从物料上料,高精度定重称量配料到列车车厢卸料全系列工艺流程的自动控制过程。

· 汽车智能装车系统

本智能装车解决方案主要涉及两大部分,一个是整体场区的装车流程控制管理,使用了车辆信息管理系统;另一个是装车站在装车过程中的控制工艺,使用了基于PLC的自动化控制系统。前者主要实现整体装车管理可控,后者重点在于保证装车实际生产的稳定性、可靠性以及装车的质量和精度等。

(5)智能管控平台

智能管控平台是一个基于云平台架构的软件。其包括数据采集层、PaaS平台层和SaaS层。数据采集层支持PLC、现场总线、智能仪表等多种设备的通信协议。PaaS层由DTClouds、数据中心组成,提供API接口和一系列快捷开发工具。SaaS层开发部署各种智能应用。

智能管控平台是智能化选煤厂的操作展示平台,将以数值、图片、图形、视频等方式直接展示现场生产情况,将以对话框、按钮、输入框、单/复选框等方式与现场生产进行实时交互。智能管控平台建设内容包括生产指挥控制平台、智能移动办公平台和三维可视化平台、智能生产管理系统等。

4.3.3.13 "中能袁大滩"智慧园区与经营管理系统设计

(1)基于AI视频技术的智慧园区

结合现有的视频监控网络,将基于AI视频技术的智慧园区的最新应用及功能应用于袁大滩煤矿,主要实现动态电子地图功能、逻辑开门功能、异常报警功能、视频监控联动、人流统计、重点区域堆放管控等功能。

① 对平台软件进行升级,在通信机房为安防监控系统增加周界服务器、边缘计算服务器、AI图像识别服务器等硬件设备;

② 增加与一卡通的联动、动态电子地图构建;

③ 新增一批支持周界闯入、人脸识别、动态报警等泛AI功能的视频监控终端。

(2)智慧园区一卡通

按照"集中管理、统一控制"的设计理念,系统实现"安全控制、方便管理、人性化服务"的目标,以原有一卡通系统为基础,进行系统功能升级,实现一卡(CPU/Mifare、条形码/二维码)、生物特征(人脸指纹)、一库(统一平台软件、统一数据库)、一网(局域网、互联网、多网域)的管理模式。

物联网门禁:智能卡、二维码、人脸识别、指纹、蓝牙(摇一摇、息屏自动感应等)等方式;不同的应用场景采用不同方式。

（3）应急管理安全平台

① 对原有消防系统的硬件增加通信装置进行改造、升级，同时保证系统正常运行。

② 平台共接入 3 大类子系统，分别是：消防子系统、视频子系统和环境监测子系统。

③ 消防子系统，利用无线通信网关和通信网关，将消防主机数据传输到工业公网。对于矿区内部网没有覆盖到的地方，利用无线通信技术，将数据通过防火墙，发往平台服务器。

④ 接入视频子系统，通过路由器将视频子系统实现与消防系统互联互通网。视频监控系统中的摄像头增加 AI 学习功能，可辅助探测相关烟、火等相关信息。

⑤ 接入环境监测系统，通过交换机，接到平台服务器。

⑥ 对于消防水罐或池采用无线液位进行数据采集，消防水管网压力用无线压力传感器进行数据采集。消防泵 PLC 系统的数据通过 OPC 方式采集。

（4）安全生产经营决策支持系统

智能决策支持系统是帮助企业提高决策能力和运营能力的概念、方法、过程 以及软件的集合。应用数据仓库（DW）、联机分析处理（OLAP）和数据挖掘（DM）等技术。

智能决策支持系统通过统一软件应用平台进行集成和数据展示，通过信息门户来访问。

作为一个决策分析支持系统，提供信息服务、比较分析、情景分析、模拟与仿真、方案的生成、评价与选择等决策支持的方式与手段。这五种辅助决策支持的方式中，前三者属于利用信息进行辅助决策支持，后两者需要利用模型进行分析提供辅助决策支持。

（5）智能物资仓储管理系统

智能物资仓储系统对整个供应链系统进行计划、协调、操作、控制和优化的各种活动和过程，将物料能够按时、按量、保质地送到指定地点，并使总成本达到最佳化。系统采用 RFID 系统、智能手机终端、智能货架、智能叉车等设备。该系统由三部分组成：地面智能仓储管理、物资运输跟踪管理、井下物资分布及运行状态管理等。

（6）互联网竞价采购子系统

· 系统流程

首先，招标部门对各单位采购需求进行汇总，然后结合实际库存情况发布竞价信息，经过相关部门审批后，形成招标需求，供应商在限定时间内可以看到招标信息并进行竞标报价，网上竞标过程中可以多次对竞标信息进行修改，直到竞标截止日期为止。开标现场，由采购部门及监督组进行双密码开标，该开标过程且只能有一次。专家评委根据竞标信息进行评标，如无异议，则系统自动根据评标信息进行定标及公示，并根据公示情况进行采购。

· 系统组成

互联网竞价采购子系统在原有体系成本管控系统进行功能升级。该系统由招标人子系统和供应商子系统组成，其中：招标人子系统的使用对象为袁大滩矿，用于评委库、发标、开标等工作；外部系统提供给各供应商，用于浏览竞标需求、投标报价等工作。

通过供应商通过该平台注册审核后，对采购物资进行匿名报价给各供应商提供一个公平的竞价的平台。通过各供应商竞价的情况能够获取最低采购价格，降低了采购成本，同时充分利用信息化的优势提高协作能力，实现供应商合同的签订，缩短了采购周期。

（7）设备全生命周期管理

设备全生命周期管理系统将实现对矿井重大、关键设备从"采购、入库，使用、点巡检、预防性维修、保养、检修、大中修，设备变动、设备报废"全环节、全流程透明管理。系统注重面向现场,关注班组作业活动,建立设备"在线监测、报警分析、故障预警、预测维护"等多元化的维保模式,通过对设备运维业务的支撑,提升全局设备使用率,提高设备故障预测能力,使得安全生产更高效顺畅。并为领导决策提供依据。

基于全生命周期管理理念,实现设备从计划、购置、到货验收、入库、领用、回收、调拨、维修到报废的全程跟踪和动态管理,摸清家底、加强调剂、盘活资产、消除闲置、提高设备利用率。

积极响应上级要求,结合袁大滩矿井机电设备管理实际需求,建设设备全生命周期管理系统,实现对全矿的设备资产管理、设备在线监测与故障预警、设备点巡检以、矿用设备监察管理系统及综合查询与分析、与其他系统的集成等。

(8)数字孪生

开发袁大滩煤矿数字孪生平台,打通煤矿各系统的"信息孤岛",构建实时、透明的煤矿采、掘、机、运、通、洗选等数据链条,实现煤矿智能化和大数据的深度融合与应用,并推动地质、采矿、管理、安全、通信、计算机等学科的融合发展。数字孪生功能可以实现智能开采数字孪生和智能控制系统数字孪生。

(9)智能矿山移动 App

智能矿山移动 App 主要包括:移动门户首页、"一张图"模块、工单处理模块、安全管理模块、生产管理模块、经营管理模块、预警预报模块以及智能手机助手等模块,对桌面端综合信息门户的功能进行移动化延伸,用移动化手段促进、提升煤矿安全生产信息化建设和管理水平。总的来说,智能矿山移动 App 能够满足工业网、管理网、互联网等不同应用环境或场景。

(10)能源管理

① 电能计量:计量系统配套电能表和电能量采集终端,按间隔配置传统采样的电能表,通过双 RS485 接入电能量采集终端,上送计量统计子系统。

② 水、汽计量:在用能出口端配置智能水表及燃气表,通过物联网模式上送计量统计子系统。

③ 系统集成远程抄表服务,采集各环节用能信息,结合企业用能规范指标,进行能耗分析计算,同比/环比用能对比,挖掘潜在节能点,做节能优化辅助策略。

4.4 "韩家湾"矿井的智能系统设计

4.4.1 "韩家湾"矿井概述

煤炭行业作为我国重要的战略能源行业,是国民经济的重要组成部分,其智能化建设直接关系国民经济和社会智能化的进程。煤矿智能化是煤炭工业高质量发展的核心技术支撑,将人工智能、工业物联网、云计算、大数据、机器人、智能装备等与现代煤炭开发利用深度融合,形成全面感知、实时互联、分析决策、自主学习、动态预测、协同控制的智能系统,实现煤矿开拓、采掘(剥)、运输、通风、洗选、安全保障、经营管理等过程的智能化运行,将对提升煤矿安全生产水平、保障煤炭稳定供应起到重要的推动作用。

韩家湾煤炭公司隶属陕西陕煤陕北矿业公司,其前身为原兰州军区陕北矿业管理局韩家湾煤矿,井田位于陕西省陕北神府煤田最北部的神木市大柳塔镇,陕蒙边界线附近;矿井由中国人民解放军 21 集团军于 1988 年创建,1998 年整体移交给陕西省人民政府,2004 年加入陕煤集团旗下,2005 年 7 月完成了公司制改造,2006—2009 年实施了产业升级技术改造,生产能力提升到 400 万 t/a,2016 年 10 月根据国家产能减量置换有关要求,生产能力核减为 300 万 t/a。

公司位于神东煤田腹地,矿区交通便利,铁路有神木至黄骅港煤炭港口的双线电气化煤炭专用铁路及神木至内蒙古包头铁路,神木至西安铁路;公路有神木至大柳塔公路,包茂高速公路,公司南至大柳塔镇 22 km,神木市 90 km,北至包头 150 km,交通十分便利。

公司设有生产部、地质测量部、机电部、安全环保部、计划工程部、综合办公室、党群工作部、党委宣传部、工会、纪委监察室、人力资源部、财务部、企业管理部等 13 个职能部门,下设综采队、掘进队、连采队、安装队、机运队、通维队、机修队、运输队、销售部和洗煤厂 10 个专业队伍及辅助区队。

公司井田毗邻神东矿区,井田地质储量 1.54 亿 t,工业储量 1.38 亿 t,矿井可采储量约 8 500 万 t。矿井储量比较丰富,煤层埋藏较浅,煤质优良,属典型的低灰、低硫、低磷、高挥发分、高发热值、优质动力煤,矿井具有良好的发展前景。矿井采用斜井开拓方式,采用"三进一回"中央并列式通风方式,抽出式通风方法。主运输采用带式输送机连续运输方式,辅助运输采用防爆无轨胶轮车。

4.4.2 "韩家湾"智能化矿井的总体设计

"韩家湾"智能矿井以煤矿安全生产、高产高效、绿色开采、智能开采、可持续发展为目标,以信息基础设施、智能综合管控平台、智能灾害防治、安全管理、智能化采煤系统、智能化掘进工作面、运输系统、生产辅助系统、智能洗选系统为主要建设内容,实现多源矿井信息的全面感知、动态修正、实时互联、自主学习、联机分析与决策、动态预测、协同控制。智能矿井体系架构包括安全生产管理、综合管控、矿井侧工业互联网平台和智能应用等内容。安全生产管理以智能开采、智能掘进、智能运输、智能地质保障、安全监测监控、人员定位、智能辅助生产等子系统建设为目标,实现对生产过程的安全、高效、绿色和智能。综合管控以监测实时化、控制自动化、管理信息化、业务流转自动化、知识模型化、决策智能化为目标,实现煤矿地质勘探、巷道掘进、煤炭开采、主辅运输、通风、排水、供液、供电、安全防控等各业务系统的数据融合与智能联动控制。矿井侧工业互联网平台包含基础数据服务、信息基础设施等内容,为矿井智能化建设提供基础保障和支持。智能应用以安全生产管理、综合管控、矿井侧工业互联网平台为基础,实现对矿井侧的各种安全生产过程的集中监测、管控以及决策支持。

"韩家湾"智能化矿井技术架构可分为智能综合管控平台、工业互联网平台、边缘层、接入层和感知层等五层架构。感知层主要通过各类智能传感器等设备,实现人员、设备、环境智能感知、可视化监控和精准定位。接入层利用各种智能数据网关等接入设备实现感知数据的接入。边缘层通过边缘计算设备等实现边缘处理。工业互联网平台实现物联网、云计算、大数据、"互联网+"等技术在煤矿安全生产、运营管理的融合应用。综合管控平台实现对安全生产、综合集控、监测监控、决策支持和经营管理等子系统的集控与融合。

4.4.3 "韩家湾"智能化矿井的系统设计

4.4.3.1 "韩家湾"智能化网络系统设计

（1）工业互联网平台

可提供数据存储水平扩展性,支持动态扩容,可灵活通过硬件资源的提升支持系统的数据增长。支持单机与集群部署模式,满足在不同时期的数据资产管理要求,实现数据的写入和查询,支持对时序数据的分析为分析服务提供快速数据读取支持。支持图片、数字、布尔、字符串、文本、文件、视频、音频、位置、自定义结构、对象、结构数据、块数据等类型的存储能力和搜索提取。具有实例管理、元数据管理、日志查询、数据查询等功能。通过全面、强大的数据接入与大数据计算资源调用能力,以数据流通道的形式,实时捕获物联网传感器信息并进行实时大数据处理,并将产出的实时数据对接设备点位、监控告警、数据报表、设备物实例属性和服务。

建立矿山工业现场设备、边缘计算服务、数据平台、私有云服务等多平台间实时的数据通信、流转、转换、处理与计算。采用所见即所得的展现方式,用户只需输入、下拉选择完成插件配置,便可轻松创建数据处理流程,完整查看数据走向;用户可在线设计、检查、调试、跟踪数据流,提供准实时监控数据输入输出效率。具备完善的监控机制,在平台的数据流运行时,可监控数据流运行状态:数据的输入量、输出量、吞吐量统计、性能指标监控等。

（2）统一门户

集中聚合员工个人办公所需信息与提醒,支持员工自定义,满足个性化的办公需求。涵盖员工待办工作、待审阅文件、未读邮件信息、日程安排、重点关注事项等所有未处理的工作信息,便于员工在开启个人门户之初即可得知当前工作进展,快速进入工作状态。提供当日工作计划、下属工作微博、当日会议、预订日程等集中的个人工作提醒机制,避免员工遗漏部分工作和计划行程。

公司通知公告、重要新闻、人事变动、政策制度等公共信息的窗口,方便了解公司统一信息来源。所有子系统通过门户系统进行登录,如 OA 系统、主数据管理系统、生产、经营管理系统等。所有子系统生成的待办、已办信息,统一在门户系统进行展示。提供统一门户的内容管理功能,管理员可在此功能中进行内容的编辑和发布,所有已发布的内容可在门户中进行检索查询。在各子系统中产生的数据、信息、文档、图片可以在门户中集中展示。

（3）有线主干网络

工业环网改造升级,工业环网主干整体提升,主干网网络带宽不低于 10 000 M,同时将视频传输网络单独组环,带宽不低于 10 000 M;提高整个环网平台的稳定性。对矿井主干网络进行改造,增加核心交换机板块或更新部分交换机,主干网实现万兆工业环网,同时将视频传输网络单独组环。综合数据、语音和视频传输,工业以太环网设计利用带宽为利用率以轻载为宜,且地面与井下的工业以太环网独立运行。

（4）无线通信系统

对矿井地面通信系统进行改造。在 4G 无线网络的基础上,考虑建设融合 5G、WiFi6 等多种无线通信方式混合组网,提升无线终端的数据接入性能和便捷性。设计部署矿井"4G＋5G"一体化位置服务及高可靠通信网络,以满足井下各类机器人数据高效、安全、稳定传输和实时高精度定位的主要目标。设计部署地面"4G＋5G＋WiFi6"高可靠通信网络,实现地面数据高效、安全、实时、稳定传输和无线网络无死角全覆盖。无线网络需满足以下要求:高信号质量:保证用户环境下房间内各个角落的无线信号强度大于-60 dBm,注重满足应用及终端使用需求。高数据传输性能:支持 802.11ax(WiFi6)标准并满足高密度用户的无线接入需求,提供高数据传输速率。合理的信道规划部署,实现多 WLAN 网络在同一用户场景的共存。美观易管理:无线网络结构简单,管理维护简单方便,整个无线部署不影响用户环境的美观度。

(5) 数据中心

对现有数据中心进行升级改造,建设私有云数据中心和工业云平台,完善数据中心运维管理制度。

① 私有云数据中心:建设私有云数据中心,遵循开放架构标准,融合服务器、分布式存储及网络交换机为一体,集成分布式存储引擎、虚拟化平台及管理软件,资源可按需调配、线性扩展;采用基于分布式处理技术、虚拟化技术和集群技术的超融合一体机,作为云计算资源池的重要组成部分,为计算资源池提供高速、可靠、安全的块存储服务。降低信息化系统的 TCO(总体拥有成本),降低系统维护及运营成本,满足信息化建设持续发展的要求,满足信息化系统安全可靠运行的要求。

② 工业云平台:工业云平台主要承载安全生产类业务应用,包括安全保障、生产协同、生产管理、决策分析、调度通信、网络传输、位置服务、信息发布、生产相关自动化控制类系统、安全相关监测类系统等等业务应用,云平台采用配套融合服务器作为计算资源池,设计承载不少于 50 个应用系统;每个应用内存不少于 8 GB,CPU 资源不少于 2 核 2.0 GHz;存储容量不少于 50 TB,灾备容量不少于 30 TB。数据存储不少于 2 年。

4.4.3.2　"韩家湾"智能地质保障系统设计

① 构建高精度三维地质模型,基于智能钻探、智能物探、智能探测机器人等新技术与新装备,提高三维地质模型精度,研究实现煤系地层及复杂地质构造的三维模型的交互式和全自动生成技术,实现高精度地质模型二三维系统图形联动;煤层、巷道、钻孔、采空区、积水区等数据的动态更新技术,实现对煤矿隐蔽致灾地质因素分析、预警。

② 围绕地质保障、安全生产和决策指挥提供技术支撑的目标进一步细化,在充分利用现有地质数据和历史资料的基础上,采用先进技术提升煤矿地质模型的精度和可靠性。

③ 建设地质数据管理系统,以地质、物探、钻探、采掘和测量等数字化信息为支撑,构建统一的综合地质信息数据库,支持 C/S、B/S 架构的空间信息可视化,具备空间数据、属性数据以及时态数据的存储、转换、管理、查询、分析和可视化等功能,实现煤矿生产过程地质信息的高效管理和数据共享。

④ 应用智能钻探、智能物探、智能探测机器人等精探设备,提高勘探数据的精度和广度,实现精探地质数据的数字化存储,建设三维可视化地质模型,实现煤系地层及复杂地质构造的三维模型可视化显示。

⑤ 基于交互式和全自动生成技术,实现高精度地质模型三维系统图形联动,实现煤层、巷道、钻孔、采空区、积水区等数据的动态更新技术。

⑥ 建立智能化煤矿数据和业务标准。建立标准化、协同化工作体系。将安全生产过程流程化、标准化、协同化,实现"采、掘、机、运、通"等安全生产全过程的一体化管理。

⑦ 建立煤矿"一张图"平台。基于统一 GIS 平台、统一数据库、统一管理平台。系统集

成地测、防治水、"一通三防"、机电管理、安全管理等专业数据,实现基于地理信息"一张图"的安全生产运营。

⑧ 建立透明矿山可视化系统,完成 BIM 模型、地质模型、井下巷道、设备等三维建模、可视化和 VR 展示,形成井上下一体的虚拟化环境系统,并实现多部门、多专业、多层面的空间业务数据集成与应用。

⑨ 建立"透明化矿山"安全管控平台。基于"一张图"平台及透明矿山可视化系统,建立透明化矿山安全管控平台,实现基于地理信息"一张图"的安全生产运营。

⑩ 全面构建基于 3DGIS+BIM 技术煤矿的采、掘、机、运、通各专业子系统及工厂建筑仿真模拟系统,实现全矿井"监测、控制、管理"的一体化,最终实现基于三维 GIS+BIM 平台的网络化和分布式综合管理系统,为煤矿安全生产管理提供保障。

⑪ 建立基于 3DGIS+TGIS 技术的透明采掘工作面,实现采掘生产的智能化。基于 TGIS 的矿井智能开采管控平台,建立高精度的透明化综采工作面及透明化综放工作面,指导工作面装备在复杂地质条件下的少人或无人开采。基于 TGIS 的矿井智能掘进管控平台,模拟巷道掘进与支护平行作业。

⑫ 配置感知系统,建立矿井云 GIS 平台,实施数据孪生,实现地质数据与工程数据能融合、共享配备智能钻机、建立矿井云 GIS 平台,实施数据孪生,实现地质数据与工程数据能融合、共享。

⑬ 超前查明煤矿采掘前方地质构造是实现煤炭资源安全高效开采的前提,常规以炸药为震源的煤矿井下地震勘探,其施工安全与效率难以得到保证。煤矿井下随采地震勘探技术,以采煤机或掘进机为震源,实际探测时无须炸药、打孔与停产,具有随掘随探的独特优势,实现煤矿井下地质构造超前探测的全新模式。

4.4.3.3 "韩家湾"快速掘进系统设计

（1）超前探测

配备超前探测设备,实现机械化或自动化,支持远距离一键操控(自动接、卸钻杆,自动钻进,自动记录钻机运行参数等)。探测设备具有事故的自动识别和停钻功能,具有全程钻进视频监控、测斜及数据处理、煤岩识别功能。

（2）掘进

实现自主定向导航功能,具有负载自适应截割功能,具有定形截割功能,实现巷道全断面自动定形截割及自动扫帮。具有本地控制、无线遥控和集中控制和可视化控制功能,具有设备状态监测和环境安全预警功能,具有人员接近识别、工况在线监测和设备故障预警功能,具有设备姿态感知、工作环境状态识别与预警功能,具有掘进信息自动采集、存储和回放功能。具有精确自主定位、自主定向导航功能。

（3）支护

实现支护形式配合掘进装备实现并行作业。顶板和侧帮的临时支护实现机械化、自动化,具有自动运网、布网功能。具有巷道顶板离层、表面位移和锚杆(索)受力等的数据采集、分析与预警功能。

（4）钻锚

实现本地控制、锚孔自动定位、钻机自动钻孔、自动装卸钻杆、自动安装锚杆(索)等功能,锚杆(索)全断面实现机械化、自动化支护。多钻机能实现并行作业。具有钻机工况在线监测、分析、故障诊断及锚固质量自动检验等功能。实现工况在线监测及故障诊断、锚固质量自检验等功能，具有巷道顶板离层、表面位移监测和多钻机智能协同控制功能。配置远程喷浆机器人，实现远距离喷浆，降低作业人员劳动强度，提高喷浆效率。

（5）运输

带式输送机机尾宜具有自移和张力自动控制功能，转载机组应具有过载保护功能，具有本地独立控制功能，实现煤流集中、连续运输，支持煤流运输系统集中控制及智能调速。具有信号交互和联动控制功能。具有锚杆（索）、锚网等物料自动运输功能。

研究开发煤矿井下随掘超前地震勘探技术，以掘进机为震源，开展随掘随探地震超前探测，实现掘进工作面前方 100～300 m 范围内地质构造的动态、智能探测和掘进地质透明化。探测时无须炸药、打孔与停产，具有随掘随探的特性，有望开辟煤矿井下地质构造超前探测的全新模式。借力随掘智能超前探测技术，实现掘进工作面探、掘、锚、支、运智能联动作业，解决采掘不平衡、耗时耗人力的矛盾。配置远程喷浆机器人，实现远距离喷浆，降低作业人员劳动强度，提高喷浆效率。

（6）通风除尘

具有本地控，以及风量、风速、通风阻力等参数监测功能，宜根据掘进工作面情况自动调整工作面风量，实现掘进工作面新风输入及除尘，通风管路应根据掘进工作面情况优化布局，实现同掘进装备自动同步前移。采用干式高效除尘技术后，掘进机后方巷道除尘效率大于 98％。

（7）智能监测与控制

实现工作面环境、设备运行状态、掘进系统关键观测点的实时监测、分析和决策。工作面超前探测、掘进、支护、钻锚、运输、通风除尘等设备实现本地和远程控制功能。掘、支、锚、运等工序实现智能联动功能、并行作业与协同控制。掘进设备实现一键启停、构建工作面三维地质模型实现工作面真实场景再现功能，并具有修正及动态显示功能。

4.4.3.4　"韩家湾"智能采煤系统设计

（1）智能综采工作面系统

对现有工作面设备进行智能化升级改造，建立智能工作面系统，通过采煤机远程控制系统、支架电液控制系统、工作面运输控制系统、泵站集中控制系统、高清视频监控系统和集成通信控制系统的有机融合，实现以采煤机记忆割煤为主，人为就地干预为辅；以液压支架跟机自动移架为主，人为就地干预为辅；以综采运输设备一键启停控制为主，远程监控中心干预为辅；实现对工作面各类设备的远程操控。

• 工作面自动调直

针对综采工作面轮廓（直线度、水平度）感知、控制等需求，通过配置工作面直线度控制及相关通信、支架精确控制等系统，实现工作面直线度检测，并与支架电液控制系统通信，实现工作面直线度控制的工作面直线度控制系统及相关通信、支架精确控制，解决工作面推进过程中自动找直问题。

• 煤流负荷平衡控制

智能煤流负荷平衡控制系统着重解决智能工作面综机装备独立运行，不能协同联动作用问题。智能煤流负荷平衡控制系统通过建立基于煤流感知的工作面智能决策机制，通过煤流量智能监测结果，结合刮板机电流和转矩监测数据，实时调整采煤机割煤速度、液压支架放顶速度和前后部刮板输送机运煤速度,实现割煤、放煤、运煤协调联动,达到工作面综采装备智能协同运行的目的,辅助工作面设备智能决策。

· 智能集成供液

智能集成供液控制系统应实现智能集成供液系统与工作面电液控制系统无缝对接,达到泵站的远程监测、控制与数据上传目的。控制系统应可集中控制,也可就地控制,实现多泵的智能联动控制和故障预警、集成供液系统中各关键数据的自动检测、在顺槽主机上的数据显示与控制并能通过工作面自动化控制系统实现数据上传。

· 智能化喷雾集中控制

建立粉尘监控和降尘系统,基于监控系统实现工作面粉尘浓度、喷雾状态、降尘效果可视化显示,实现自动识别煤流自动喷雾除尘功能。具备人员感知功能,通过传感器感知井下人员,进行自动调节喷雾。设置降尘浓度阈值和报警浓度阈值,实现粉尘浓度智能调节喷雾开关和喷雾量。

（2）综采煤岩识别系统

通过采集音频数据、高精度惯导振动数据、进行数据同频运算,并通过 RNN 深度学习算法,对采煤机截割状态进行分类输出。利用高精度惯导与拾音器的多传感器融合算法,实时判断采煤机前后滚筒截割煤炭、采煤机前后滚筒空载、采煤机前滚筒截割矸石、采煤机后滚筒截割矸石、采煤机前滚筒截割岩石、采煤机后滚筒截割岩石、采煤机前滚筒与液压支架碰撞、采煤机后滚筒与液压支架碰撞等八种基本工作状态,对采煤机前后滚筒所截割物质（煤炭、矸石、岩石、液压支架、空载）进行实时输出。

系统对音频信号、振动信号进行了同频、RNN 深度学习算法的多传感器融合分类,实现了采煤机多种工况下的实时检测输出,识别精度预计 90％以上。

（3）惯性导航技术应用

综采工作面实现"三直",即保证液压支架、刮板输送机、煤壁为直线。由于采煤机安装在刮板输送机上,因此,刮板输送机的直线度保持要依靠液压支架调节,而液压支架能否精确调直的关键在于工作面的直线度检测和调直参数获取是否精确。此外,掘进机的位置方向、姿态监视等也依靠惯性技术。

4.4.3.5 "韩家湾"智能主煤流运输系统设计

（1）智能主煤流系统

智能主煤流运输系统由远程监控、传输网络、现场控制等设备组成,实现远程监控和存储查询等功能,传输网络采用工业以太网平台。系统包含两个部分:主煤流智能监控系统和基于 AI 视频调速功能。主煤流智能监控系统提取 AI 煤流信息和变频器设备系统的数据,使用 AI 摄像头进行对于主运胶带煤量识别,通过网络传输导入视频数据并进行分析计算,经过综合优化计算将运力优化算法结果输出至主运胶带 PLC 集控柜等,调节主运胶带电机转速,实现基于煤流感知主运胶带节能调速、智能运行。

（2）智能管控

建立智能巡检装置,以 AI 开放平台为图像训练工具,以热成像相机、可见光相机等为检测工具,实现胶带跑偏、卡堵、异物、起火、异常等故障的检测。

（3）其他配套装置

配置料流检测装置,监测点覆盖中央运输胶带机,对当前胶带机物料载荷情况的实施检测,判断整体物料载荷,对整条胶带机的物料分布情况做出分析,为多条胶带机之间实现协同控制打下基础。

配置视频检测分析装置,包括视频堵煤监测装置,对运输卡堵情况进行监测和趋势分析,减少堵煤故障发生;视频异物检测装置,检测带面上的尖锐异物或者大块煤和矸石;智能视频撕裂检测装置,检测撕裂故障;建设关键传动部件故障诊断及专家系统,提升实现带式输送机关键传动部件轴承故障定位准确率。利用视频 AI 智能分析技术,实现对胶带机大物体、边界防范、人员闯入分析等,对于可能导致煤流卡堵的大物体可以做到抓拍、预警,提醒人员注意,对于正在运行中的胶带机同时具备边界防范和人员闯入分析预警告警灯功能,紧急情况下可以联动胶带机停机,避免危险事故的发生。升级主运输协同控制系统,实现对多条胶带机进行协同管控,根据当前物料在胶带机上的分布情况做出智能决策,在安全运行的前提下进行智能调节,煤多快运,煤少慢运,实现节能降耗。

配合智能主运输系统建设进行系统优化提升,包括跨系统平台的信息提取以及提升管理策略的优化。胶带机沿线引进智能机器人巡检,进一步降低人员劳动强度。

4.4.3.6　"韩家湾"智能辅助运输系统设计

① 完善辅助运输系统,开发井下打车功能,在主要中转点设置固定乘车站,根据实际需求安排车辆,提高运输效率,减少浪费;开发车辆管理功能,将现有的车辆定位数据、人员定位数据、GIS 图形坐标、井下信号灯、物流监控、车辆调度、叫车系统等多个系统的数据整合在一起,形成的贯穿煤矿井下辅助运输全过程的智能辅助运输系统。

② 无轨胶轮车运输系统配备车辆监控系统,健全车辆检测、监控和定位,信号自动开放和闭锁功能;增加车辆智能调度、车辆辅助驾驶,有超员、超载、超速监测功能,配备失速拦截装置。

③ 开展无人驾驶试点,矿井 5G 无线通信技术为无人驾驶提供信号支持,同时融合无轨胶轮车定位、防碰撞、系统融合等技术,选取 3~5 台胶轮车在主要巷道内进行无人驾驶技术的探索和研究。由于取消了驾驶员操作,可以避免因为人为误操作、疲劳驾驶、违章作业等造成的运输事故,并且可以实现运输车辆、路线、时间的统一调度,促使井下运输效率的提升。

4.4.3.7　"韩家湾"智能压风与通风系统设计

(1) 智能压风

实现压风机及冷却水泵能够自动轮换运行、故障自动倒机、定时自动倒机和一键倒机功能。在压风机房及配电室配备视频监控系统,能够对风包进行定期自动排污。根据风压、风量需求确定风机工作台数,实现自动调风,实现管网压力及漏风监测与报警功能。具有能耗自动分析与计算功能等功能。实现压风机排气流量的监测,实现故障分析诊断及预警功能,实现压风机及冷却水泵能够自动轮换运行、故障自动倒机、定时自动倒机和一键倒机功能,能够对风包进行定期自动排污,根据风压、风量需求确定风机工作台数,实现自动调风,实现管网压力及漏风监测与报警功能,具有能耗自动分析与计算功能等功能。

(2) 智能通风

· 通风监测系统

建设通风监测系统,包括基于综合管控平台开发监测应用软件、监测分站、风速传感器、风压传感器、本安直流稳压电源等。实现进行井下测风站风速、主要用风地点风压的实时在线监测,实现通风参数的精准实时在线监测,达到减人增效的目的。该系统应该具备以下功能:实时正常通风时期与反风时期准确监测井筒、辅运大巷、回风大巷、工作面顺槽等主要井巷风速与风向。实时监测矿井关键通风路线的风速风向、巷道风阻、路线总阻力、自然风压、三区阻力分布等关键通风基础参数。实时监测矿井通风网络关键回路通风构筑物压差，快速精确反演通风构筑物通风量。计算沿程巷道风阻，通风路线总阻力、自然风压、三区阻力分布等关键通风基础参数。布置矿用无线激光甲烷传感器，实时监测掘进迎头、上隅角瓦斯浓度。

- 变频局部通风机系统

实现掘进工作面迎头风量的按需供风及根据掘进巷道瓦斯浓度实时调节局部通风机供风量。

- 通风管理系统

通风管理系统主要实现风速、气压的精确测定，保证基础数据的准确性和可靠性；定制开发巷道全断面风量测定与监测一体化装置，实现通风网络的准确监测。构建数据驱动的通风网络，融合监测数据，以三维形式展示矿井通风系统运行情况，并与有毒有害气体监测融合，实现数据与数据、数据与图形的有效融合，为灾害防控预警提供智能决策手段。

- 三维通风仿真模拟软件

配置三维通风仿真模拟软件，构建全矿井三维通风系统模型，进行矿井通风系统现状仿真模拟。实现全矿井巷道风阻（或摩擦阻力系数）的图形化存储、能根据通风系统调整情况动态模拟巷道风量分配和阻力分布情况、能模拟巷道贯通、通风设施新建、调整及拆除后的通风系统风量分配情况、能模拟主要通风机工况调节后全矿井巷道风量分配和阻力分布情况、能进行调风控风方案模拟分析、能进行反风模拟分析等。

4.4.3.8 "韩家湾"智能供电与供排水系统设计

（1）智能供电系统

对供电系统进行升级改造，通过延伸电力监控系统，按照智能化供电要求，实现变电所"五遥"功能：即具有本地和远方遥控双重功能（遥控）、采用通信技术传输被测变量（遥测）、对状态信息进行远程监视（遥信）、对运行设备进行远程操作和调试（遥调）、通过视频系统对运行设备进行监视观察（遥视）；同时要具备环境监测、远程漏电实验、主变电所电缆夹层、电缆井未具有火灾自动报警功能等，并对设备数据采集、存储、分析并集中控制，视频系统与控制系统数据实现有效融合及联动，实现各机房硐室无人值守。同时要具备环境监测、远程漏电实验、主变电所电缆夹层、电缆井未具有火灾自动报警功能等。

智能供电系统主要通过终端采集、主站分析等实现智能管控。配套装置包括电缆监测终端、故障监测终端、保护装置、电能表等。主站分析接收终端采集层上传、人工录入的数据，实现对煤矿电网多维度、不同层次的分区。主要功能如下：

① 电缆绝缘监测：通过实时采集电缆接地线和芯线中瞬时性高频暂态行波信号，对电缆的绝缘状态进行在线分析评估。

② 电缆故障测距：当电缆发生故障时，在故障点会产生故障暂态行波信号，并沿电缆传播。通过实时监测电缆的故障暂态行波信号，通过分析判断波形信息的时间戳信息，通过单端和双端测距原理对电缆的故障位置进行测距。

③ 电网状态监测：根据分散在各变电站的 SCADA 系统，量测获取母线相电压、线电压、线路相电流、有功功率、无功功率、变压器相电流、有功功率、无功功率、电压器轴头、断路器开断状态等信息，实时了解电网运行状态。

④ 广域保护计算：当发生接地故障时，相关故障监测终端通过光纤将实时采集数据上传后台主站，进行综合判断接地情况，选出故障线路，给出保护动作信号，进行报警提示。本阶段不直接跳闸开关。

⑤ 重点指标分析：根据实时获取的电网运行状态信息，结合电网拓扑及设备参数，在线计算电网运行指标，比如：各变压器负载率、各线路负载率、母线电压是否过高或过低、三相不平衡度、变电站功率平衡、母线功率平衡等。

⑥ 调度操作预演：在线模拟倒闸操作、补偿设备投退操作、变压器抽头调整操作，每模拟操作一步，计算一次潮流，查看潮流分布情况，校核线路、变压器是否存在过载现象，母线是否存在电压越限现象。

⑦ 保护状态监测：通过各保护装置的通信接口，在线获取各保护装置运行状态，实现保护装置运行状态在线监测，及时发现异常运行的保护装置。

⑧ 故障录波分析：综合应用各监测终端的故障录波数据，按时序和电网拓扑结构，有序查看各高频采集的录波数据，分析事故（比如越级跳闸）发生的原因，为疑难事故的治理提供科学依据。

⑨ 电气参数管理：绘制煤矿电网电气主接线图，建立各类设备参数库，配合接线图可查看各设备电气参数。电气设备主要包括：母线、开关、电缆、变压器、大型电机、等值负荷模型等。

⑩ 保护定值管理：建立继电保护定值管理数据库，结合电气主接线图，查看各设备保护配置情况和定值信息，也可列表化查看展示各保护装置各项定值情况。

⑪ 保护配合校验：根据电网拓扑结构、保护装置类型、保护定值情况，在同一张图中绘制上下级保护动作特性曲线，查看上下级保护曲线是否有交叉，校验上下级保护配合关系是否合理。

⑫ 能耗监测分析：配合电气接线图，展示电能表安装位置，接入各电能表实时计量信息，实时查看各环节耗电情况，绘制能耗曲线，结合煤炭产量，计算单位产品能耗，分析高耗能原因，为降耗增效提供支撑。

（2）智能供排水系统

增加针对主要含水层的矿井水文实时动态观测、数据分析、报警与预警功能；对水灾监测系统与排水系统、调度通信系统实现数据共享和联动控制；增加水灾仿真、水灾应急处置功能，实现水灾避灾路线规划。配置水仓清理机器人，实现机械化清理水仓，降低作业人员劳动强度，提高水仓清理效率。

4.4.3.9 "韩家湾"智能安全监控系统设计

（1）智能瓦斯监控预警系统

韩家湾煤矿不涉及瓦斯灾害，但可根据现有瓦斯监控装备条件，通过增加配置激光监测原理的矿井甲烷传感器、甲烷便携仪，开发监控预警软件等方式，建设智能瓦斯监控预警系统。需具备功能如下：瓦斯监测系统与安全监控系统、通风系统、人员定位系统、调度通信系统实现数据共享与联动控制。具有风量、风速自动调节功能。实现瓦斯灾害仿真。瓦斯灾害应急处置功能，实现瓦斯灾害避灾路线规划。

（2）智能防灭火系统

系统将分散的矿井防灭火监测、治理装备统一管理，增强系统一体化集成管理能力，建立矿井火灾智能消防系统。在现有防灭火装备基础上,增加配置巷道火灾巡检机器人1套、带式输送机机头/机尾各配置红外成像仪1套、带式输送机沿线配置光纤测温装置1套及带式输送机巡检机器人1套、配备智能喷淋、自动喷粉喷气等自动防灭火装置1套、破碎煤体等重点区域温度监测传感器若干套,井下快速应急防灭火设备、进/回风巷安全封闭设施,开发一体化防灭火集成软件。需具备功能如下:基于地质条件等现场情况的采空区煤自燃智能分析、预警及与注氮、灌浆等防灭火装备的联动控制功能。矿井外因火灾智能分析、预警及与灭火装备的联动控制功能;胶轮车尾气、爆破及煤自燃等不同来源CO识别功能。火灾智能仿真功能。应急处置功能,火灾避灾路线规划功能。

（3）水害智能仿真系统

完善水文监测系统,实现针对主要含水层的井上下水文智能动态观测,进行动态观测和水害的预测预警分析。采用水害智能仿真系统,与矿井监测监控系统连接,实现水害的实时监测仿真与展示,实现断层水害,老空水害的监测。需具备功能如下:建立针对主要含水层的矿井水文实时动态观测、数据分析、报警与预警功能。水灾监测系统与排水系统、调度通信系统实现数据共享和联动控制。实现水灾仿真、水灾应急处置功能,实现水灾避灾路线规划。

（4）顶板灾害监测系统

对已安装有顶板离层仪、锚杆测力计等装置进行改造升级,实现监测数据自动上传、分析。建立综采工作面、综掘工作面矿山压力大数据分析及评价系统,确保基于监测数据实现矿山压力的预测与预警。需具备以下功能:工作面支架压力、巷道锚杆锚索压力及巷道顶板离层量监测、数据分析及预警和报警功能;顶板灾害监测系统与人员定位系统、调度通信系统实现数据共享与联动控制;实现顶板灾害仿真、顶板灾害应急处置功能,实现顶板灾害避灾路线规划。

（5）智能综合防尘系统

建设智能综合防尘系统,配置喷雾降尘控制箱、红外热释传感器、电动球阀、红外对射传感器以及监控软件,覆盖范围包括综采工作面进风、回风辅运巷、胶带转载点、大巷。实现粉尘在线监测与自动喷雾洒水控制,对煤矿井下粉尘浓度实现在线监测,并与喷雾洒水装置实现自动联动。集成粉尘监测技术、红外热释感应技术、水质在线监测技术与管路自动控制技术等,实现粉尘与喷雾水幕的联动和远程监控、粉尘量、喷雾降尘用消防水水质等参数统计。需具备功能如下:健全实时自动采集、人工采集粉尘浓度的功能等功能和系统。建立煤尘爆炸危险性的矿井建立粉尘智能监测分析系统,实现粉尘监测、数据分析、预警和报警。粉尘监测系统与安全监控系统的数据共享和联动控制。实现粉尘灾害仿真、粉尘灾害应急处置功能,实现粉尘灾害避灾路线规划。

（6）综合防治系统

· 煤矿综合巡检系统

建设综合巡检系统,主要包括PC端管理软件、移动端监测设备以及现场巡检标示卡等设备。一体化综合巡检主要实现对煤矿安全巡检、瓦斯巡检、设备巡检的一体化巡检管理,其中安全巡检主要指安检员围绕煤矿重大风险辨识、确认及事故隐患排查治理业务的井下巡检,瓦斯巡检主要以瓦检员定时定点对瓦斯、一氧化碳、硫化氢、二氧化碳、氧气、温度等环境的测定、记录,设备巡检人员主要针对煤矿主要设备运转状态,温度及振动频率的主要运转参数的记录、上传与故障分析,通过对机、环、管方面的安全巡检,实现煤矿井下全方位的巡检管理。

- 智能矿井灾害融合预警及防治系统

配置安全生产报警防范及联动机制专用报警计算机、人员单兵装备(包括智能头盔及智能气囊防护服)、灾害综合管控模块、安全风险分级管控模块。综合利用 3DGIS、大数据和物联网技术,基于三维"一张图"理念有效集成矿山基础信息数据,以及人员位置、环境监测、设备工况等多源异构数据,建立统一矿山数据中心,消除信息孤岛现象,在统一的时空框架下实现"人-机-环-管"系统协同、数据融合及真实场景再现。以流式处理、时序存储及大数据分析为技术基础,进行煤矿井下"瓦斯、顶板、水、火、粉尘、冲击地压"等重大危险源的实时数据监控及预测预警,进而实现应急救援辅助指挥、事故原因分析、矿井灾变状态下避灾路线智能规划等辅助决策功能。系统可实现基于"一张图"的综合监控预警平台,在同一界面集中展示各子系统的监测信息、预警信息及其他辅助决策等多系统的统一管理。须具有以下功能:安全生产报警防范及联动集中管理。环境参数的实时监测信息与人员单兵装备联动。灾害联合防治仿真功能。瓦斯抽采监控系统、水文监测系统、火灾监测系统、矿压监测系统、冲击地压监测系统、粉尘监测系统、矿井安全监控系统的数据共享。灾害监测的综合实时分析及综合安全状态实时评估。灾害综合管控及对事故自动预测、灾害自动预警及隐患处置管理。

4.4.3.10　"韩家湾"智能综合管控平台设计

(1)生产管控系统

生产管控系统基于工业互联网平台,采用大数据、云计算、物联网、移动通信、人工智能等现代信息技术,在系统中集成接入智能开采、智能掘进、智能主运输和辅助运输、智能供电与供排水、智能地质保障、智能洗选等系统。

生产子系统集控智能开采实现采煤机远程控制,结合工作面生产返回的实时、实际截割曲线数据,与工作面高精度地质模型预设曲线对比后,将差异部分形成新的控制点或和顶底板实时探测数据加入高精度地质模型,动态更新地质模型数据,为后续的生成截割提供更加准确、精细的模型支持,实现对综采工作面设备的监测和控制。智能掘进实现远程控制遥控割煤、集中控制从掘进头、地面调度集控室和井下远程控制室或,使工人远离顶板冒落威胁,远离高煤尘、粉尘和高瓦斯区域。智能主运输和辅助运输通过智能管控、智能负载监测及视频预警等组成的主煤流输送智能化管控系统,对主煤流输送系统运行全过程进行智能化管理,提高运行安全性、平稳性,实现矿井主煤流输送系统各带式输送机的远程在线监控和非PLC 程序联锁控制条件下的远程起、停控制功能。

智能供电与供排水基于供电系统数据、电缆监测数据、继电保护数据、故障监测数据和电能计量数据等对供电系统进行全方位监测与分析,实现煤矿供电系统的全面智能化无人值守、智能监控管。智能地质保障将地质数据与工程数据进行深度融合,建立实时数据更新的地质与工程数据高精度融合模型,实现矿井地质信息的透明化。智能洗选建立"智慧洗选"手机 App 软件,实现管理与现场的"无缝对接",实现生产系统各环节运行自动化和智能化。集成多功能系统、多应用软件和程序,实现洗选集中控制系统操作站、视频监控、安全监测、电子计量系统、原煤自动给配煤系统、现场生产设备运行数据等在云端服务器上的有机整合应用,做到生产状态综合实时监测。

设备运维保养任务库的建设主要包括：

① 建立设备运行任务库，正确使用设备，严格遵守操作规程，认真执行操作指标，不准超温、超压、超速、超负荷运行。

② 建立设备维护保养任务库，定时按巡回检查路线，对设备进行仔细检查，发现问题，及时解决，排除隐患。建立设备故障的预防、诊断和紧急处理措施指南，保持安全防护装置完整好用。建立设备运行记录、缺陷记录，以及操作日志、运维日志等文档。

（2）设备故障诊断与预测系统

① 针对主排水泵、主要通风机、主运输等大型固定设备，在监控电流、电压、温度、噪声等设备工况信息基础上，加装振动传感器，通过建立故障诊断与分析模型，研判设备劣化趋势，为视情维修提供依据；

② 建立设备监测数据的超限报警、故障报警机制，实现设备报警信息的分级分类管理和信息推送；

③ 为主要通风机、压风机、主排水泵、带式输送机、采煤机、三机、乳化泵、雾化泵等核心设备提供专业的诊断分析工具；

④ 核心设备常见的机理故障，包括轴承故障、齿轮故障、电机温度、能效故障等进行建模仿真，实现设备故障自诊断功能；

⑤ 利用大数据建模工具，实现特征参数的相关性分析、劣化分析及残差分析；

⑥ 记录设备日常运行工时信息、能耗信息、操作员信息等，对运行状态进行综合监测、健康评估、故障诊断、性能分析等。

（3）安全管控系统

安全管控系统应该包括：水文监测系统、安全监测系统、智能通风系统、顶板与矿压监测系统、矿灯房信息化管理系统、人员定位系统、应急广播、视频监控、近感监测系统等部分组成。

· 水文监测系统

在系统中集成接入水文监测系统，并在井下视图中标注监测分站与监测传感器的具体位置；通过视图，可查看监测点的监测数据。水文监测系统可显示所有监测点的实时水量数据，建立水文监测点数据库，并以实时曲线的形式展现监测点监测数据的变化情况，系统可生成所有水文观测点的水位、温度柱状图分析，该数据的变化结合数据用不同的颜色进行标识；当水量超限或分站通信异常时，弹出报警对话框，并在视图定位报警点。

· 安全监测系统

集成接入安全监测监控系统，显示分站、传感器位置及实时监测数据，能对安全监测监控系统参数进行配置，具有历史数据查询功能。

· 智能通风系统

通风环境参数监测系统具有风速超限，风向变化，瓦斯浓度超限、一氧化碳浓度超限、烟雾报警，关键路线总阻力超限等报警功能。具有集中数据列表展示、三维通风网络模型展示和实时曲线展示等功能。矿井全自动测风系统具有平均风速超限，风向变化，气源压力超限等报警功能。此外，具有集中数据列表展示、三维通风网络模型数据更新和单测风装置动画展示功能。智能局部通风系统具有百米风筒漏风率超限、掘进迎头风速超限、掘进迎头供风量超限、掘进迎头瓦斯浓度超限、掘进面回风流瓦斯浓度超限等报警功能；具有集中数据列表展示、三维通风网络模型数据更新和智能局部通风系统动画展示功能。

· 瓦斯巡回检查系统

瓦斯巡回检查系统具有瓦斯浓度超限、一氧化碳浓度超限、氧气浓度超限等报警功能；具有集中数据列表展示和三维通风网络模型数据更新功能。顶板与矿压监测系统在系统中集成接入矿压监测系统，具备综采机液压支架的压力等数据的在线监测，建立相应的数据库，可在线形成压力曲线，及时准确地判断矿压变化情况。在矿压超限的情况下自动报警。同时能对数据进行存储和查询功能，对历史数据进行分析和比较。

· 矿灯房信息化管理系统

① 信息矿灯采用电池供电、低功耗的设计，照明时间不低于 12 h。

② 基础型信息矿灯具备照明、定位、LED 液晶显示、信息发布、一键呼救功能；采用 UWB 精确定位技术，要具备静态 30 cm，动态 1 m 的定位精度，采用 UWB 精确定位信号的传输方式，不依赖于通信系统，实现信息联动、通知下发、紧急呼叫等信息化功能，降低单一定位设备和照明设备成本，减少管理维护。

③ 信息矿灯信息显示模块，具备文字显示功能；调度人员可根据实际情况对井下单人、单组、区域、全体人员发布通告信息，矿灯也可以实时向调度中心发送上传呼叫报警信息。

④ 智能型单兵装备集照明、人员精确定位、时钟显示、生命安全监测、双向紧急呼救、信息发布、音视频等多种功能。设备包含但不限于 4G 通信模块和蓝牙通信模块，能够通过蓝牙或其他无线方式连接多参数气体检测仪（甲烷、一氧化碳、氧气），并通过 4G 通信模块上传至调度室。

⑤ 智能型单兵装备采用 UWB 精确定位技术，具备静态 30 cm，动态 1 m 的定位精度；能和现有的无线通信系统实现一体化调度通信，可以在 GIS 图上远程点击人员信息进行视频查看和对讲通话；可以实现对讲通信和视频拍照上传，调度人员在监控中心可以远程指挥井下人员语音对讲，可自由切换不同人员摄像头视频信息。

· 人员定位系统

在人员精确定位系统的基础上在井下设计矿井类 GIS 位置服务系统，以开放服务体系为基础架构，动目标跟踪、人机作业安全、智能协同作业、无人化运输、机器人巡检等应用需求提供高精度、大容量的实时位置服务。人员定位系统软件部分包括井下空间地理坐标信息库、分析设计位置服务系统坐标标定、时钟同步、基站接入、运行、监控和维护等应用软件，分析设计地图导航和路径规划算法实现框架和服务接口，设计实现具有开放体系并支持多种协议和标准的应用集成中间件。

· 应急广播

广播终端支持与广播系统控制台软件平台以太网通信功能。具备由控制台软件对广播终端单呼、组呼、在线放音、离线媒体下载和播放管理功能。井下人员在遇到紧急情况时，可通过本安型广播分站上的"调度"按钮与地面调度进行对讲呼救，及时向地面调度汇报井下紧急情况，并接受地面调度的应急指挥。当井下发生突发事故时，调度室监控人员可通过广播通信系统对井下进行全体广播，分区广播，或事故点、危险点的单独广播；系统可一键进入全体广播确保事故发生时第一时间指导现场人员处理事故，指挥现场人员紧张有序地撤离或等待救援。监控中心人员通过安装在监控中心的触摸屏调度台，可实现 IP 广播分站的调度功能，并实现和现有调度通信的互联互通，当出现紧急情况时，可实现井下广播分站和调度电话的一体化调度功能,下达调度命令,指挥现场人员,提高生产效率。日常生产过程中,调度室可通过广播通信系统对井下进行临时任务安排、指令发布。可以播放井下各种设备的操作规范,对员工进行安全知识教育。同一分区的广播分站可进行局部对讲,沟通工作,从而减少附加工作量、提高生产效率。视频监控进一步完善井下重点区域、新增硐室智能摄像机进行全方位监控,实现采掘头面、生产系统、重要岗位、灾害治理全过程、检测检验关键环节视频监控"五个全覆盖",并且接入陕西煤业"千眼"视频监控系统。

（4）物资管控系统

物资管控系统主要包括:计划管理、入库管理、出库管理、库存盘点、报废管理、寄售管理、冲红管理、库房可视化、预警管理、结算管理、信息查询、单据查询、流程查询、统计报表、智能分析、系统管理等模块组成。

（5）资产管控系统

资产管理系统包括:入库管理、出库管理、盘点管理、报废管理、风险管理、共享管理、预警管理、任务管理、业务监管、信息查询、单据查询、追溯管理、报表管理、可视化分析、系统管理等模块组成。

入库管理业务类型包括:采购入库、调拨入库、租赁入库、返外维修入库、租出归还入库、盘盈入库及其他入库七种业务类型。出库管理业务类型包括领用出库、调拨出库、盘亏出库、报废出库、维修出库、出租出库、租赁归还、退库出库和其他出库九种业务类型。定期或临时对资产的实际数量进行清查、清点的作业,对实际数量与系统账上记录的数量相核对,以便准确地掌握资产数量,确认账物相符。资产不能继续使用或由于设备改造不再使用,按照管理制度进行申请、审批,将该类资产从资产中下账的业务处理。风险管理是指对资产的投保理赔信息进行业务处理的过程。共享管理是为了最大化发挥资产效用、解决资产闲置与紧缺的矛盾,而通过资源共享池的建立,鼓励各部门资产管理员将本部门闲置资产进行入池处理,需求部门则可以在共享池中寻找所需要的资产,从而盘活资产、节约资金。预警管理包括到寿预警、到期预警和脱保预警三种预警方式。

（6）项目管控系统

项目管控系统包括:项目前期管理、项目进度管理、预算管理、质量安全管理、文档管理、验收决算管理和项目报告管理等功能模块。项目前期管理是主要包括项目策划、前期报建、规划设计方案、开工准备等等。项目进度管理包括进度模板、进度编制、进度填报、进度调整、进度填报等功能。预算管理主要包括预算编制、预算控制、预算调整和预算执行报告等预算管理功能以及造工程量核定、变更签证核定等具体业务。合同管理包括合同分类标准制定,录入招标结果,根据招标结果生成合同,录入合同基本信息并上传附件,按照规定进行合同会审、审批,归类编号、归档保存。

以合同为线索记录合同变更、补充合同以及设计变更、现场签证等计量信息。管理付款、结算、供应商评价及保证金管理等履约活动。查询合同台账、付款台账。质量安全管理包括标准体系建立,目标计划制定,检查报告以及处理意见发布,问题整改及整改验收等。并支持停检点设置,停工单/复工单及奖励单/扣款单等业务操作。文档管理的主要功能是通过系统提前设置好文档分类以及每个业务单据生成的成果(上传附件)与文档的对应关系,使得系统能够自动归集业务处理环节中的文档资料,并支持手工上传文件。通过系统可设定文档权限,具备权限的人员可查询相应档案。

系统支持阶段验收和竣工验收,可以将验收结果以及验收问题记录到系统中,并支持验收问题处理的验证。支持上传竣工决算资料附件(或记录竣工结算附件收集情况),记录内部审核以及决算审计结果。支持定义项目产出物,当设备达到转资产条件时进行资产转固(或预转固)。项目报告管理包括工程报告,项目中期评估和项目后评价三大功能。工程报告支持施工日志和工程月报。项目中期评估和项目后评价包括方案制定、数据收集、报告编制、汇总、生成等功能。可以设定项目指标库,定义项目指标,在项目执行过程中可以自动按照规则归集相关指标。项目后评估生成的指标也可以归集到指标库中,为后续项目做参考。

(7)销售管控系统

销售管控系统主要包括:基础信息管理子系统、车货智能匹配子系统、派车与调度子系统、电子提煤单管理子系统、在途任务跟踪及管理子系统、返程货源管理与匹配子系统、会员管理系统、在线客服子系统、物流信用系统、物流大数据分析、平台门户系统、移动端管理软件等部分组成。

(8)结算管控系统

结算管控系统主要包括:预算系统、网上报账、运营管理与流程平台、资金管理系统、电子影像管理系统、税务管理、会计档案管理等模块。

4.4.3.11 "韩家湾"智能洗选系统设计

(1)智能洗选系统

建设智能洗选系统,包括自动化系统升级、智能化系统(基础架构、生产模块、安全管理模块、储运模块、管理模块、移动端模块、3D可视化展示系统)。

高低压配电室实现无人值守,生产相关阀门、闸板、翻板等辅助设备全部参与集控,重介、跳汰、浮选、浓缩、压滤、粗煤泥分选等环节实现智能控制,配煤配仓实现自动化,实现无人值守智能装车,有害气体监测与风机启停实现联动,在线采集主要设备的温度、振动等数据并实现智能诊断功能。

(2)智能选矸机器人

装备智能选矸机器人,利用机器视觉的智能煤矸识别技术,实现煤与矸识别。识别后的煤矸数据坐标经多组多轴仿生机械手,包括机械抓手和机械拨手,模拟人工抓取和拨取动作,采用工业级多轴联动控制,快速精准抓取煤和矸石。

4.4.3.12 "韩家湾"智能化园区与经营管理系统设计

(1)智能运营中心

设立大屏展示系统,建设一个可实时接收各类数据信息进而展现的三维可视化交互管理界面,在用户的统一运营管理中心的大屏幕上进行呈现,便于管理人员对整个智慧园区运营情况进行查看管控。向园区管理人员和决策人员展现园区三维场景、综合态势、安防态势、设备态势、通行态势、餐厅态势、会务态势等,实时呈现煤矿各项业务的关键指标,实现园区的统一管控。

(2)数字平台

包括 AI 智能分析、智能边缘子平台、物联网子平台、GIS 子平台、位置服务子平台、数据集成子平台、业务子平台和数据服务等子系统,实现数据接入、数据分析存储、业务逻辑服务和开发服务;建设智慧园区云平台,提供高可靠的云服务,部署数字平台和应用系统。以"数字孪生"理念,打造韩家湾煤矿生活区三维底座,为数据融合对接,提供智慧园区三维数字运营管理平台能力。

（3）基础设施

包括智慧园区专用网络、通信网络和边缘节点；建立智慧园区办公网、视频网、运营商通信网络、WiFi等网络基础设施；根据园区实际应用状况，部署边缘节点物联网关、边缘视频管理和智能分析。智慧矿区或智慧园区建设内容，每个模块细化展开。充分集成人脸识别、人员管理、车辆管理、监控运维诊断、AR全景指挥系统、食堂明厨亮灶系统、重点区域智能分析系统、矿区视频智能解析系统（背影特征极速寻人找物）、周界告警系统、停车诱导系统、存储系统升级、视频巡更系统，减少园区安防死角。

4.5 "柠条塔"矿井的智能系统设计

4.5.1 "柠条塔"矿井概述

陕煤集团神木柠条塔矿业有限公司于2005年5月18日正式挂牌成立，注册资本金14.26亿元，是由陕西陕煤铜川矿业有限公司（占股份51%）、榆林市国有资本运营公司（占股份25%）和神木县国有资产运营公司（占股份24%）三方共同出资设立的国有股份制企业，也是省、市、县三方联合在榆林市开发建设的第一个千万吨大型现代化煤炭开采企业。矿井位于陕西省神木市孙家岔镇境内，距县城36公里，井田南北长19.5公里，东西宽9.5公里，面积119.8平方公里。矿井核定生产能力1 800万t/a。可采煤层7层，保有资源量26.20亿t，可采储量16.45亿t。主要煤炭产品均属特低灰、特低硫、特低磷、中高发热量，高挥发分的31#不粘煤和41#长焰煤，主要用作动力用煤、低温干馏用煤、工业气化用煤及建筑材料工业用煤，陕煤集团神木柠条塔矿业有限公司注册的全国知名品牌"柠化1号"，畅销江浙等东南地区，市场前景广阔。

矿井采用斜井开拓方式，两个水平开拓全井田，分为北翼、南翼两个盘区开采，矿井投产时共施工6个井筒，分别为主斜井、1号副斜井、2号副斜井、北翼回风斜井、南翼回风斜井、南翼进风斜井。矿井以两个水平开采煤层群，一水平主运输大巷布置在3-1煤层中，主要开采1-2、2-2、3-1煤层，水平标高+1 105 m；二水平主运输大巷布置在5-2煤层中，主要开采煤层为4-2、4-3、5-2^{上}和5-2煤层，水平标高+1 000 m。矿井地质构造简单，煤层倾角平缓，煤系侏罗纪延安组，可采煤层7层，分别为1-2、2-2、3-1、4-2、4-3、5-2^{上}和5-2煤层，开采深度+890~1 200 m。矿井所开采的1-2煤、2-2煤、3-1煤均为Ⅰ类易自燃煤层，煤尘具有爆炸性，矿井瓦斯等级为低瓦斯矿井；无地热、冲击地压危害；水文地质类型为复杂型。

柠条塔煤矿自成立以来，始终坚持"高起点、高技术、高质量、高效率、高效益"的建设方针，依靠国际先进的综采综掘工艺以及信息监控管理系统，积极实施"五精"管理、对标管理等管理方法，形成了"生产集约化、装备现代化、队伍专业化、管理信息化、人机系统宜人化、过程控制精细化"为特征的千万吨-2级安全高效矿井管理模式，各项工作实现了跨越发展。公司自成立以来与西安科技大学在矿井建设、安全生产和"一通三防"方面合作，有效地解决了矿井在生产过程中遇到的各种难题，为公司的快速发展奠定了良好的基础。公司现有员工1 367人，其中：中高级以上的工程技术人员100余人，采、掘、机、运、通、地测等专业人员配备齐全，具有较强的专业技术力量和团队合作精神。

自 2006 年以来,柠条塔煤矿在采煤设备论证选型配套和设计方面积极与煤炭科学研究总院、中国矿业大学、西安科技大学等著名校企合作,建立了良好的战略合作关系,发挥了巨大作用。与西安科技大学在矿井建设、安全生产和"一通三防"方面合作,有效地解决了矿井在生产过程中遇到的各种难题,为柠条塔煤矿的快速发展奠定了良好的基础。智能化建设推行机电硐室及部分集控系统"无人值守、有人巡查",减少井下作业人员。通过"机械化、自动化、信息化、智能化"等先进技术手段,减少和合并井下岗位人员。2016 年以来,智能化建设累计投入 18 070.85 万元。柠条塔煤矿信息基础及平台建设有双重预防体系信息化建设、井口安检管理系统平台、一体化自动监测与控制平台、一体化调度通信平台、工业以太环网、企业局域网以及工业电视。目前已完成固定岗位无人值守建设,包括电力监控、自动化排水、自动化供水、胶带机集控、主要通风机在线监测、压风机集控、选煤厂集控、水处理集控监测、地面无人智能装车系统、智能化工作面等 55 个系统建设,共计 66 个岗位点,部分岗位无人值守,达到了减人提效的目的,保障了矿井安全生产。

4.5.2 "柠条塔"智能化矿井的总体设计

"柠条塔"智能化矿井的总体设计坚持"统筹规划,分步实施,全面推进,重点建设"的建设原则。明确建设目标,建立健全机制,由点到面,逐步推进完善矿井智能化建设。以采、掘、机、运、通系统智能化建设、高效可靠传输通信及大数据智能分析、机电设备智能诊断、环境智能感知为重点攻关突破,完善各个子系统升级改造,全面推进全系统的智能化升级。

建设目标可分为三个阶段:

① 智能化煤矿 1.0 阶段:数据融合互联阶段,经过一年的升级改造,完成网络系统、企业云平台和大数据处理中心初步改造,完成智能化煤矿整体架构建设,搭建总体部署、区域分级、多点协同管控体系;建设万兆工业环网,实现万兆主干传输,千兆接入,视频监控系统独立组网;购置移动端数据处理设备,更新企业私有云硬件,升级现有一体化监测与控制平台,初步构建智能化煤矿综合管控平台;对井下泵房、变电所、压风机、抽风机等固定作业场所进行升级改造,实现固定场所无人值守;对工作面生产系统进行升级改造,实现工作面实现无人操作、有人值守;对主煤流系统进行升级改造,实现主煤流系统无人值守;对掘进系统、辅助系统、洗选系统进行升级改造,实现掘进工作面、物料运输和仓储减人 50%。

② 智能化煤矿 2.0 阶段:人机主动交互阶段,经过 2~3 年深入改造,完成网络系统、企业云平台和大数据处理中心升级改造,建设井上下 5G+WiFi 系统,实现井上 5 G+WiFi 全覆盖,井下采掘工作面 5G 信号覆盖,达到提能增效的升级改造目的;建设 UWB 精确定位系统,对井下辅运系统进行全面升级改造,实现井下辅助车辆精确定位与智能调度;对主煤流运输系统进行智能化升级改造,实现主煤流系统煤流感知、异物识别、智能运行;全面开展机器人集群系统建设,实现矿井辅助工种机器人作业、固定场所机器人巡检。

③ 智能化煤矿 3.0 阶段:自学习、自决策阶段,再经过 5~10 的建设,基于 AI、大数据分析、无人驾驶、煤矿机器人技术,建成矿井智能决策中心,通过矿井各系统的智能感知、智能决策和智能控制智能化要素,智能协调矿井各系统和生产环节协调运行,全面实现生产、生活、生态的协调统一。

智能化煤矿建设目标就是建立在工业物联网技术基础上,完成对矿山"人、机、环"数据进行精准化采集、网络化传输、规范化集成,从而实现可视化展现、自动化操作和智能化服务的矿山智慧体。

4.5.3 "柠条塔"智能化矿井的系统设计

4.5.3.1 "柠条塔"智能化网络系统设计

（1）大数据与云计算平台功能设计

数据采集平台具备多源异构数据接入能力，负责采集、转换和清洗各类实时生产、安全监测和业务管理数据。数据资源池基于分布式云平台架构，具备海量数据处理能力，负责各类结构化、半结构化、非结构化数据的集中统一存储。数据管理平台负责监控智能云数据中心的整体运行情况，为日常数据维护提供各类管理工具，确保智能云数据中心安全高效运行。数据服务平台向外部用户和系统提供数据共享和访问服务，通过严格的身份授权认证，有效保障智能云数据中心数据访问安全。

人工智能应用平台提供大数据分析、机器学习、模式识别、语义分析等人工智能分析工具，各类应用系统通过数据建模挖掘分析智能云数据中心数据，为生产控制和运营管理提供高效决策支持。通过数据治理平台将数据生命周期划分为数据定义阶段、数据存储、数据加载转换以及数据应用、数据归档阶段。在数据定义阶段，分析煤矿各业务系统特征描述，对其元模型进行设计，结合煤矿数据标准梳理业务术语、评价方法与煤矿智能化技术要求之间的关系，从而建立数据字典，构建业务数据主题域；在数据获取与存储阶段，对于业务元数据根据数据主题域构建逻辑数据模型，从而指导设计技术元数据提取过程中的计算、统计转换等规则，构架数据质量规则技术描述，将数据标准模板与设计的元模型进行映射，保证数据按设计模型进行存储；数据共享与应用阶段，一方面，通过元模型之间的组合和依赖关系描述数据间的复杂逻辑关系，另一方面，基于元数据进行数据关联度分析以及学院分析没实现数据对象影响范围，回溯其处理过程，实现数据全生命周期可见。通过煤矿大数据平台基于数据流或消息队列实现海量数据实时接入，借助分布式流计算引擎完成数据清洗，提供组态化数据分析挖掘工具对数据潜在因果关系进行挖掘，实现约束条件增加或算法优化，并提供一键数据服务创建功能生成约束相关数据服务。

（2）智能化综合管控平台功能设计

· 生产执行管理

以生产管理标准化、精益化、智能化为目标，构建一体化运营管理模式，打通业务流、资金流和数据流，实现生产运营的高效智能协同，全面提升煤矿安全生产管理效率和水平。

该系统主要包括：地测采管理、计划与调度管理、机电管理、安全管理、应急管理、环保管理、煤质管理、技术管理、班组管理和智能分析应用等功能。

· 生产集中控制

建设完善煤矿生产集中控制系统，集成分散运行的设备、安全监控系统、机器人监控系统等，实现煤矿生产一体化集中监控，系统主要功能包括数据通信管理、实时/历史数据管理、测点管理、报警管理、视频管理、智能分析、智能控制、人机交互与信息展示、系统管理、组态开发工具等。

· 安全决策分析管理

建立安全风险数据融合分析预警模型，综合各网格内地质构造、风险分布、实时风险监测、作业人员、安全巡检记录、隐患治理等数据信息，以蓝、黄、橙、红四级风险指数分析评价网格安全等级。融合"水害、火灾、有害气体、顶板"各专项风险数据,进行煤矿重大危险源的专项分析与预警预测,为企业专项风险治理及安全保障系统应用提供业务指导。应用安全指数评价体系实现全矿安全等级评价,并结合事故致因理论,诊断推理全矿或网格安全异常发生原因,准确定位风险异常发生源头,提供异常处置措施。

· 领导驾驶舱与个人工作台

基于个人职务、个人角色,实现个人事务、待办事宜、关注指标等信息的个性化融合展示,包括领导驾驶舱及个人工作台。

4.5.3.2 "柠条塔"智能地质保障系统设计

(1)煤矿空间数据管理

煤矿空间数据管理主要是指在井田范围内以空间三维坐标为基础组织起来的井上、井下地理空间基础信息,主要包括空间煤层、岩层、地表、地质构造、巷道以及构成采、掘、机、运、通生产系统的矿用设备、材料、配件、设施在井巷或地表空间布置位置和拓扑关系。在煤矿,这些空间数据是以矿井地测信息管理系统中地质数据库、测量数据库、储量数据库、水文数据库为基础采集和整理的,可直接访问数据库,实现井巷系统和煤层、岩层、断层等地质体等空间信息管理。以井巷导线点建立起来的井下空间参考,将作为采、掘、机、运、通等生产系统布置的坐标参考。

(2)矿山 4D-GIS 可视化

以 4DGIS 的数据规范为基础组织管理数据,以 3DGIS 可视化为数据的集成支撑,应用时间空间建模算法,基于浏览器实现矿井的可视化表现。具备时空体系一体化建模、矿山元素检索及定位、属性建模、路径回放、二三维联动、场景漫游、地质测量等功能。可与安全生产过程数据对接,实现安全生产运营过程的三维空间可视化。

(3)4D-GIS 场景下对作业现场远程监测和控制

支持在可视化场景下的远程监测,包括模拟数据显示、设备开停状态、运动动画等,并根据网络安全控制策略,实现对部分设备的远程控制。

(4)地理信息服务

4D-GIS 服务平台的基础设施层采用整个智能化矿井统一的虚拟化资源池,使用云管理系统进行统一管理和调度。平台层将 GIS 资源、GIS 服务进行统一管理和整合,为用户提供在线的空间信息应用平台。软件层基于平台提供的服务及服务组合,构建各种基于空间数据服务的云业务应用框架。

结合云计算、大数据、虚拟现实、WebGL 等技术,矿井云 4D-GIS 服务平台支持地图制作、空间数据管理、空间分析、空间信息整合、服务发布与共享等功能,实现企业空间数据的采集、管理和维护,为智能化矿井各个业务应用系统统一提供地理信息服务。

4.5.3.3 "柠条塔"快速掘进系统设计

"柠条塔"快速掘进系统的功能设计及实现如下所述:

① 智能超前探测系统:采用钻探、物探等技术与装备,对巷道待掘区域的地质构造、水文地质条件、瓦斯等进行超前探测,根据掘进过程中揭露的实际地质信息与工程信息对模型进行实时动态修正。

② 掘进设备导航和定位截割系统:掘进设备具有自适应截割、自动截割与遥控操作功能,能够实现记忆截割。

③ 锚杆、锚索自动化钻装系统：采用自动化钻锚功能钻臂，实现锚杆、锚索全断面机械化支护、自动化钻锚和质量自检测等功能。

④ 多机协同控制系统：采用掘进工作面设备群和人员精确定位系统，实现设备间相对位置的精确监测和安全防护，不同设备之间实现智能协同控制。

⑤ 装备状态监测及故障诊断系统：掘进、锚护、运输等设备具备完善的单机状态监测和故障自诊断功能。

⑥ 视频监测系统：掘进头和各转载点应设置高清摄像仪，具备视频增强功能。

⑦ 掘进工作面远程集控平台：融合掘进工作面环境（粉尘、瓦斯、水、有害气体）、视频监测和人员信息，进行掘进工作面真实场景再现，实现单机可视操控、成套设备"一键启停"和多机协同控制等。

4.5.3.4 "柠条塔"智能开采系统设计

"柠条塔"智能开采系统功能设计及实现如下所述：

① 采煤机智能截割系统：采煤机具备启停、牵引速度和运行方向的远程控制，实现运行工况及姿态检测、机载无线遥控、精准定位、记忆截割、"三角煤"机架协同控制割煤、远程控制、故障诊断和环境安全联动控制，鼓励利用机载视频、无线通信、直线度感知、智能调高、防碰撞检测、煤流平衡控制等技术，实现采煤机智能控制。

② 液压支架自适应支护系统：工作面液压支架具备远程控制、自动补液、自动反冲洗、自动喷雾降尘功能，实现自动移架、推溜，鼓励利用高度检测、姿态感知、工作面直线度调直、压力超前预警、群组协同控制、自动超前跟机支护、顶板状态实时感知、煤壁片帮预测、伸缩梁（护帮板）防碰撞、智能供液等技术手段，实现液压支架的智能控制。放顶煤液压支架采用割煤智能化结合自动放煤或人工辅助干预进行放煤控制。端头支架具有就地控制与遥控控制功能，与工作面液压支架联动，实现工作面端头区域安全支护。超前支架具有就地控制与遥控控制功能。

③ 刮板输送机智能运输系统：刮板输送设备具备软启动控制、运行状态监测、链条自动张紧、断链保护、故障诊断、自动控制和远程控制功能，实现刮板输送机的远程监测和控制；鼓励应用煤流负荷检测、工作面自动巡检机器人等技术手段，实现采、运协同控制。

④ 带式输送机智能运输系统：带式输送机应具备运行工况监控与综合保护功能，实时监测胶带运行工况，并将堆煤、烟雾、纵撕、跑偏、自动洒水、周边环境等监测信息实时上传到工作面智能集控中心，实现带式输送机的远程监测和控制；鼓励应用煤流量监测、异物识别、自动变频调速、自动巡检机器人、胶带空载、大块煤、人员违规穿越胶带等特征信息识别技术，以及自动巡检机器人，实现智能感知、自主调速、节能运行。

⑤ 顺槽监控中心：智能化采煤工作面智能集控中心具备对液压支架、刮板输送机、转载机、破碎机、带式输送机启停、闭锁控制功能，实现采煤机、液压支架、刮板输送机、破碎机、转载机、带式输送机、乳化液泵站、喷雾泵等工作面综采设备远程控制；地面监控中心具备工作面设备"一键启停"功能，实现在地面对采煤工作面综采设备进行远程监视。

4.5.3.5 "柠条塔"智能主煤流运输系统设计

智能主煤流运输系统的功能设计如下所述。

（1）远程监测华宁控制器数据

实现了华宁控制器数据的远程监控，华宁保护器接入参数包括：华宁保护器参数（如各个模块在线状态、终端电压);胶带保护信息(闭锁、跑偏、堆煤、烟雾、速度、纵撕、张紧、洒水)。

(2)远程监测控制给煤机

实现南翼 3-1 煤给煤机,北翼 3-1 煤给煤机集中控制;实现南北翼给煤机远程启停集中控制;实现南北翼给煤机集控室远程速度给定,防止胶带压死情况发生;实时监测给煤机运行情况,如电流、电压、输出速度等。

(3)实时监测电机滚筒温度振动信息

实时监测电机滚筒温度振动信息;实时记录电机滚筒温度振动信息;电机温度滚筒振动信息记录成曲线,可通过分析曲线来判定滚筒故障状况。

(4)远程一键顺煤流或逆煤流启停胶带

目前实现对柠条塔矿井主运输的 11 条胶带可远程在集控室内对各个胶带依次控制,对矿井主运输的主井 103 胶带、主井 102 胶带、主井 101 胶带、南翼 3-1 煤胶带、南翼 2-2 煤胶带、南翼 1210 胶带、东区一部胶带、东区二部胶带进行一键逆煤流或顺煤流启停。

(5)智能巡检机器人

智能巡检机器人在南翼 3-1 煤正常应用,机器人在巷道内往复运行巡检,搭载多种传感器,实时采集现场的图像、声音、烟雾、多种气体浓度、红外热像及温度数据等参数,并基于大数据分析预警技术与设备电控系统和各类保护联动,对设备运行故障超前预判、预警,减少故障停机和降低人员作业强度,避免安全事故发生。

(6)视频安防系统

视频安防摄像机带式输送机机头、机尾及转载点安装,能够达到实时监测,但没有实现胶带异物、人员行为等功能。

4.5.3.6 "柠条塔"智能辅助运输系统设计

智能辅助运输系统的功能设计如下所述。

(1)对机车管理-车辆电子档案建立

在系统平台上可对运输车辆建立电子档案,可登记车辆类型、车辆编号、车辆进矿时间、投用时间、投用年限、所属队组、故障记录、维修记录、制造商、主要部件规格型号等信息,并用图形化界面展示。

(2)对司机的管理-司机电子档案建立

在系统平台上可对司机建立电子档案,登记司机姓名、工号、照片、所属队组、驾照号码、身份证号码、联系方式、无事故驾驶时间,驾驶技能等级、入职年限等信息,并用图形化界面展示。

(3)井下地图形象化展示

系统平台可对井下地图进行展示,对运输巷道、轨道、车辆状态、道岔状态、交通信号灯状态、车场、风门等元素进行形象化展示。

(4)精准定位

系统可对井下车辆进行精准定位,可实现 UWB 和 RFID 两种定位方式。

(5)车辆基本信息显示

在软件平台上可查看每辆车的实际位置,车辆编号、车辆类型、车辆名称、运行方向、运行速度、驾车司机等信息。

（6）车辆靠近报警

当两车靠近时，机车司机室发出报警，提醒司机注意行车安全。

（7）防撞风门，机车预警可自动停车

当胶轮车将要通过风门时，司机室连续播报"前方有风门，请谨慎通行"，如果机车在安全距离内得不到司机的确认信息时，系统自动控制停车，确认信息需要司机手动按下司机室里遥控发射器的按键，给系统以回馈信息。

（8）防撞行人，机车预警可自动停车

在机车两司机室前方各安装一部红外探测仪，当行进中的机车前方有人时，司机室里报警"前方有行人，请减速慢行"或者自动控制停车，提高运输安全性。

（9）机车过弯道，声光提醒

在弯道处设置声光报警器，当机车将要通过弯道时，弯道处的语音喇叭播报"有机车通行，请行人避让"，同时，报警器有闪光灯闪烁，以提醒行人。

（10）报站及路况提醒功能

机车经过站台、拐弯路段、上下坡路段、主要岔口、风门、或一些特殊路况时，司机室的车载喇叭可以播报相关语音提醒信息。

（11）告警提醒

系统设有设备掉线告警、设备故障告警、闯红灯告警、低电量告警、超速告警、机车故障告警、保养到期告警等多种类型告警，有助于调度管理人员及时发现问题，及时处理问题。

（12）车载移动视频

车载移动视频功能即行车记录仪功能，在电机车机头的两个司机室上方各安装一台高清红外摄像机，用于行车监视与记录，视频画面可通过无线网络上传至地面调度室，在调度室可实时观看每辆车的运行工况，并将视频存储，存储时间不少于 1 个月，真正实现井下可视化运输调度管理。

（13）远程驾驶

系统支持调度人员或司机远程驾驶机车，通过计算机、防爆计算机可在调度室或者井下硐室操作驾驶机车完成运输任务。只需在装料点和卸料点匹配人员装卸货物，整个运输线路上无须司机随车。

（14）运行数据显示与查询

系机车运行数据可在软件平台上查看。系统平台会自动诊断井下硬件的在线/断线/故障状态，如果设备断线或故障，系统平台告警并记录。

（15）维修记录

井下运输系统设备的每次维修均可记录到系统平台上，可录入维修设备、问题故障、故障原因、维修部位、维修方法、维修人、维修时间等要素，可供以后参考或追溯。

（16）联网功能

系统能平滑地接入自动化集中控制信息平台，管理系统共享数据，具有 Web 发布功能，网络内任何一台电脑可以访问软件平台，软件平台可以和集团公司联网。

4.5.3.7 "柠条塔"智能压风与通风系统设计

（1）智能通风系统功能设计

· 矿井通风环境参数监测系统

① 实时正常通风时期与反风时期准确监测井筒、辅运大巷、回风大巷、工作面顺槽等主要井巷风速与风向。

② 实时监测矿井关键通风路线的风速风向、巷道风阻、路线总阻力、自然风压、三区阻力分布等关键通风基础参数。

③ 实时监测矿井通风网络关键回路通风构筑物压差,快速精确反演通风构筑物通风量。

④ 计算沿程巷道风阻,通风路线总阻力、自然风压、三区阻力分布等关键的通风基础参数。

⑤ 布置矿用无线激光甲烷传感器,实时监测掘进迎头、上隅角瓦斯浓度;无线传感器与无线网关配接,无线网关同时支持两个无线瓦斯传感器,保障更换无线瓦斯传感器期,不出现数据监测空挡。

⑥ 融合矿井安全监控系统,充分利用甲烷、一氧化碳、温湿度等环境参数监测数据,及设备运行状态数据。

- 矿井风量远程定量控制系统

① 矿井风量远程定量控制系统应由自动风窗、监控分站、传感器件、上位机软件等部分组成;

② 通过上位机软件可实现风量远程快速精确控制;

③ 自动风窗及配套传感器件能够在井下高尘高湿环境长期稳定运行;

④ 为适应爆炸性气体环境,自动风窗须以压缩空气为动力,所有传感器件防爆形式须为本质安全型;

⑤ 在供电或者通信中断条件下,可现场人工快速完成风窗面积调节。

- 风门自动化及远程控制系统

① 自动风门具有远程控制、就地自动、就地手动三种控制方式;

② 自动风门要求采用感光开启、延时关闭的就地自动控制方式;

③ 自动风门采用电控液压驱动;

④ 自动风门须具备液路/电控/机械三重闭锁功能;

⑤ 实时监测风门上风侧一氧化碳浓度与烟雾开关量信号,并能通过上位机软件实时报警。

- 高效全自动测风系统

① 高效全自动测风系统能够替代测风员,2 min 内完成全矿井快速准确测风;

② 多点运动测风,求取平均值,提高测风精度;

③ 测风装置能够长期在高尘高湿环境下长期稳定运行。

(2)智能压风系统功能设计

- 压风机变频调速技术要求

主要功能包括:根据工作面用风状态调整压风电机转速、故障监控、压风机自动启停控制功能等。

- 变频调速控制

在压风机房配置后台监控主机,对压风机房内的空气压缩机组进行变频调速集中控制,后台监控主机对空压机的开、关发出指令,实现空压机的自动、就地、远程控制。

4.5.3.8 "柠条塔"智能供电与供排水系统设计

（1）智能供电系统的功能设计

系统装备主要有三个层级组成分别为终端采集、主站分析、云端共享三部分。

① 电缆绝缘监测：通过实时采集电缆接地线和芯线中瞬时性高频暂态行波信号，对电缆的绝缘状态进行在线分析评估。

② 电缆故障测距：当电缆发生故障时，在故障点会产生故障暂态行波信号，并沿电缆传播。

③ 电网状态监测：根据分散在各变电站的 SCADA 系统，量测获取母线相电压、线电压、线路相电流、有功功率、无功功率、变压器相电流、有功功率、无功功率、电压器轴头，断路器开断状态等信息，实时了解电网运行状态。

④ 广域保护计算：当发生接地故障时，相关故障监测终端通过光纤将实时采集数据上传后台主站，进行综合判断接地情况，选出故障线路，给出保护动作信号，进行报警提示。

⑤ 重点指标分析：根据实时获取的电网运行状态信息，结合电网拓扑及设备参数，在线计算电网运行指标。

⑥ 调度操作预演：在线模拟倒闸操作、补偿设备投退操作、变压器抽头调整操作，每模拟操作一步，计算一次潮流，查看潮流分布情况，校核线路、变压器是否存在过载现象，母线是否存在电压越限现象。

⑦ 保护状态监测：通过各保护装置的通信接口，在线获取各保护装置运行状态，实现保护装置运行状态在线监测，及时发现异常运行的保护装置。

⑧ 故障录波分析：综合应用各监测终端的故障录波数据，按时序和电网拓扑结-255-构，有序查看各高频采集的录波数据，分析事故（比如越级跳闸）发生的原因，为疑难事故的治理提供科学依据。

⑨ 电气参数管理：绘制煤矿电网电气主接线图，建立各类设备参数库，配合接线图可查看各设备电气参数。

⑩ 保护定值管理：建立继电保护定值管理数据库，结合电气主接线图，查看各设备保护配置情况和定值信息，也可列表化查看展示各保护装置各项定值情况。

⑪ 保护配合校验：根据电网拓扑结构、保护装置类型、保护定值情况，在同一张图中绘制上下级保护动作特性曲线，查看上下级保护曲线是否有交叉，校验上下级保护配合关系是否合理。

⑫ 能耗监测分析：配合电气接线图，展示电能表安装位置，接入各电能表实时计量信息，实时查看各环节耗电情况，绘制能耗曲线，结合煤炭产量，计算单位产品能耗，分析高耗能原因，为降耗增效提供支撑。

（2）智能供排水系统的功能设计

① 生活供水系统功能：实现日用水与施救用水供水最优化自动控制、无人值守。地面系统具有水泵自动与手动控制功能；工艺参数采集功能；系统保护功能；消毒系统自动化功能；水质在线监测，当水质出现问题进行报警；动态显示功能与历史查询功能；进行用水量平衡分析，根据上下级计量，及时发现跑冒水现象。

② 消防供水系统功能：实现水压、流量、水位等参数的实时监测，水阀开度的自动调节，实现给水管流量的自动控制。系统能够与矿调度中心监控站通信，实现信息传递和交换；能

够监测水泵运行参数,出水管压力、流量、电动闸门位置、水池液位等实时数据显示,实现水泵控制及监测自动化,调度人员在控制中心即可掌握生产消防系统设备的所有检测数据及工作状态。

③ 组网功能:本系统 PLC 控制器提供 TCP/IP 的 RJ45 接口可挂接在矿井的网络交换机上,通过交换机与全矿综合自动化系统连接,并通过点表直接同上位机进行通信完成远程控制功能以实现"无人值守"。

④ 曲线式水位自动控制:本系统将固定档位式水位控制更改为曲线式控制,使 PLC 控制智能化。

4.5.3.9 "柠条塔"智能安全监控系统设计

"柠条塔"智能安全监控系统的功能设计如下所述。

(1) 智能融合安全监控系统

建设基于"一网一站"的智能融合安全监控系统,实现井下环境监控、人员定位、4G/5G通信系统、应急广播、有线调度系统、通风监控、水文监测、供电监测、视频监测等多功能的一站式高度集成、统一承载,系统数据通过"一网"接入高速环网传输通道,实现多个子系统的井下融合联动。

(2) 煤矿安全监测系统

采用激光检测、低功耗无线自组网、多系统融合联动等技术与装备,建设具备激光、红外等先进检测传感器、无线传感器、多参数一体化传感器等先进设备的监控系统,实现煤矿井下重点区域移动固定结合的全覆盖监测,实现系统低功耗、超远距离传输、高抗干扰能力。

(3) 动目标精确定位系统

采用精确定位技术,实现井下人、车等目标的精确定位、人员状态分析、考勤、调度管理,满足井下复杂巷道的全覆盖需求,具备三维轨迹数据展示及分析功能。

(4) 智能电力监控系统

运用机器人、先进传感、双网双系统冗余热备等技术,建设智能供电监控系统。系统具备地面调度中心对煤矿井上下各级变电所内的高开、移变、高爆、馈电等供电设备的遥测、遥控、遥信、遥调、遥视等五遥功能;具备故障录波与谐波分析功能,实现设备故障可追溯;能够实现变电所环境、安防、消防一体化监控,具备远程对讲与视频联动功能,智能识别、切换至故障位置。

(5) 冲击地压监测系统

采用多种技术对冲击地压相关参数进行实时监测,实现煤矿井下冲击地压的智能预测、预警。

(6) 水文监测系统

建设多参数实时水文动态监测系统,实时在线监测井下水位、水温、水压、水量等指标,具备井下水害智能预测、预警功能,并与排水系统联动。

(7) 智能火灾监控系统

建设束管监测、分布式光纤测温等系统,实现对井下采空区自然发火情况的实时监测、数据分析及上传;在电气设备、带式输送机等易发生火灾的区域,建设烟雾、一氧化碳、火焰等综合火灾监测设备,配备智能喷淋、自动喷粉喷气等自动防灭火装置,实现火灾参数的智能监测、分析、预测、预警及联动控制。

（8）智能粉尘灾害监控系统

实现对粉尘浓度的实时监测、数据分析、上传及超限自动报警，在矿井粉尘易超限区域建设呼吸性粉尘及总尘监测设备、智能喷雾装置及智能降尘装置，实现粉尘浓度智能监测及远程降尘控制。

4.5.3.10 "柠条塔"智能洗选系统设计

（1）集控系统

阀门、闸板、翻板等辅助设备全部参与集控，优化设备连锁启停控制，基于生产需要，自动调整煤量；根据煤量变化，自动调整胶带速度。

（2）重介系统

基于原煤灰分和原煤密度与粒度组成，自动生成可选性曲线，预测分选密度，实现循环悬浮液密度随原煤煤质变化自动设定；基于产品灰分反馈结果，自动调节循环悬浮液密度设定值，实现精煤质量稳定控制。

（3）浓缩系统

根据澄清循环水的分层状况，实时调节加药量及加药比例，实现浓缩工艺环节的有效浓缩。

（4）压滤系统

综合分析浓缩底流系统、压滤系统及上下游设备煤泥水浓度、流量等信息，自动生成入料、压榨、卸料等控制策略；对压滤机单机控制系统进行组网，实现压滤机群组智能排队、协同作业、移动监控。

（5）粗煤泥分选系统

利用粗煤泥灰分在线检测结果，实现基于粗煤泥灰分的干扰床分选密度智能设定；建设粗煤泥粒度检测装置，建立粗煤泥分选工况与粗煤泥分选评价条件。

（6）排矸系统

建设高效、环保、智能的排矸设备，减少手工选矸环节。

（7）巡检机器人

建设巡检机器人，快速自动充电，实现选煤厂设备运行工况巡检与环境监测。

（8）配煤配仓系统

基于历史数据，建立产品配煤数学模型，自动生成配煤方案；利用在线数据的自学习功能，自动修正产品配煤数学模型，实现配煤过程精准控制。

4.5.3.11 "柠条塔"智能化园区与经营管理系统设计

（1）智能园区系统的功能设计

· 信息发布

生活服务中的通知、公告、资讯等多渠道信息统一管理，通过"柠条塔智慧后勤"平台统一发布，将视音频信号、图片和滚动字幕等多媒体信息通过网络平台传输到职工的手机终端。

· 访客管理

访客可自助通过微信公众号搜索"柠条塔智慧后勤"发起访客申请，填写访客信息（访客信息、人脸照片、车牌号、来访对象、来访事由等信息），通过审批后，访客以人脸识别/注册个人身份二维码扫描/车牌识别等方式通过人行闸机/车行道闸的方式通过，并对访问权限进行管理。

· 维保处置管理

基于 GIS 地图平台,在系统中实现对维保报修的精细管理,进一步提高对维保治理的水平。

· 智慧订餐

在"柠条塔智慧后勤"平台上,职工可以在移动端提前订餐,食堂按需备餐。

· 预约服务

职工可以通过"柠条塔智慧后勤"平台进行专项服务自助预约功能,目前可以实现探亲房预约。

· 工作任务管理

生活管理中,通过"柠条塔智慧后勤"平台可以将每项工作分解成多个子任务,分配人可以通过手机终端进行任务的分派。

· 决策分析

利用数据可视化技术,对于系统中的人员信息,各类报修问题、订餐信息等进行分类、并结合时间维度、解决状态等进行综合统计,进行直观的展示。

(2)经营管理系统的功能设计

· 计划管理

实现煤矿生产、经营计划可控、在控。具体包括综合计划管理、计划申报管理、计划审核管理、计划完成情况管理模块。

· 统计管理

通过对煤矿各项指标的汇集、计算形成多样的自助报表,包括基础数据录入、生产类统计、综合类统计、统计分析。通过开展对标管理和指标分析,查找指标的不足和上升空间,促进提升煤矿各项指标。

· 全面预算管理

以全面预算为核心,依次通过预算编制、预算执行、预算考评等各环节完成年度的预算管理循环,在相应的管理阶段配以预算制度,并辅以相关的预算指标体系、规则以及预算管理权限,以实现对资源的有效配置。

· 经营管理

通过实时利润曲线与目标曲线的比较,找到经营差距。包括日利润、成本控制、实时成本统计分析、智能开票。通过实时经营指标的逐层攫取,发现实时生产过程中的问题。

· 经营决策管理

实现将各类业务系统数据进行抽取、转换、加载到数据中心,面向主题分析、深度挖掘并根据各个管理层关注的重要指标通过智能报表展示,实时掌握煤矿运营状况,科学预测煤矿生产经营情况。提供全矿所有业务领域、所有管理层级的决策分析主题,为各级决策、管理人员提供风险预警、指标监控以及报表统计工具。

4.5.3.12　"柠条塔"机器人集群系统设计

(1)工作面顺槽超前支护机器人

针对超前支架和转载机空间协调矛盾,研究双层转载机输送系统,下层过煤,顶部实现支架转运;运输巷"运-支"一体化方案设计,在转载机上方盖板上,设置了槽轨及转运小车,变阻碍为运输载体,构成了下部运煤、上部辅运的运-支一体化系统。

(2) 水仓自主化清淤机器人

煤矿水仓清淤排淤工艺各不相同,自主化清淤水下机器人的设计不仅要求具备单体设备排淤能力,还需根据矿井实际清淤排淤工艺进行配套工艺设计及控制策略调整,从而满足大多数煤矿对于矿井水仓清淤排淤自动化的需求。

目前自主化清淤水下机器人拟设计 4 中工艺配套方案:

① 大淤积厚度下的遥控式清淤排淤工艺设计;

② 大淤积厚度下的自动清淤排淤工艺设计;

③ 小淤积厚度下的日常自主清淤排淤工艺设计;

④ 排淤方式受限条件下自主清淤排淤工艺设计。

(3) 煤矿巷道喷浆机器人

煤矿巷道喷浆机器人通过智能喷浆决策系统自主检测智能控制并实施自主决策,实时监控臂架、喷枪的柔性运动状态,喷射末端关键节点喷射混凝土的泵送压力、流量及质量等关键参数,并通过多种传感器进行监测,实现喷射、泵送系统、外界环境(壁面条件)等关键部分整体性、闭环智能控制。

(4) 管道安装机器人

管道安装机器人会全部或者部分代替人工,实现双机械臂抓取管道、视觉定位安装位置、遥控操作等功能,实现井下风、水管路的自动安装功能。

4.6 "涌鑫安山"矿井的智能系统设计

4.6.1 "涌鑫安山"矿井概述

涌鑫矿业公司是由陕西陕北矿业有限责任公司、府谷县国有资产运营有限责任公司、府谷县东源煤焦有限责任公司和神木欣盛煤焦化有限责任公司共同组建的股份制企业。公司下辖两矿一厂,安山煤矿生产能力 390 万 t/a,沙梁煤矿设计生产能力考核成绩 120 万 t/a,涌鑫选煤厂属矿井型动力煤选煤厂,洗选系统工程采用重介浅槽分选工艺,设计原煤处理能力 400 万 t/a,入洗块原煤能力 300 万 t/a。

安山煤矿井田地处陕西省榆林市府谷县,井田面积 53.82 km²,地质储量 223.59 Mt,工业储量 192.99 Mt,设计可采储量 115.56 Mt,2018 年 10 月 31 日取得《陕西省煤炭生产安全监督管理局关于陕西涌鑫矿业有限责任公司安山煤矿生产能力核定结果的批复》(陕煤局复〔2018〕99 号),同意安山煤矿生产能力由 120 万 t/a 核增到 390 万 t/a。2018 年 5 月安山煤矿通过国家一级安全一产标准化矿井验收,2018 年 7 月跻身全国科学产能百强矿井。

矿井地质构造简单,地质类型划分为中等,无冲击地压现象。井田可采煤层 6 层,自上而下依次为了 22、31、42、51、52 上和 52 煤。其中,52 煤为全井田可采,煤层埋深 150 m 以内,煤层厚度稳定,为主采煤层。52 煤厚度 2.12~2.54 m,平均 2.38 m,煤层结构简单,煤层变异系数 $C_r=0.182\ 2$,属稳定性煤层。煤层倾角 1°~3°,煤层饱和抗压强度 24.82 MPa,干燥状态下抗压强度 35.03 MPa,软化系数 0.71。饱和抗拉强度 1.2 MPa,干燥状态下抗拉强度 2.9 MPa。饱和抗剪强度内聚力 $C=2.98$ MPa,摩擦角 $\varphi=35.9°$。顶板岩性大致稳定,伪顶约 0.1～0.2 m,炭质泥岩。顶板一般为粉砂岩、细粒砂岩、泥质砂岩或细粒砂岩与粉质砂岩互层,且以细粒砂岩和粉砂岩为主,中等稳定和稳定类型。

4.6.2 "涌鑫安山"智能化矿井的总体设计

加快推进煤矿智能化建设,是深入贯彻落实习近平总书记重要指示精神和能源安全新战略的重要举措,是推动煤炭工业转型升级、高质量发展的核心技术支撑,是实现煤矿减人增效、从根本上消除事故隐患,提高煤矿本质安全水平的有效手段。在国家和陕煤集团智能化矿井建设的整体框架和标准下,采用国内一流和世界先进的技术和装备,进一步提高矿井的信息化和自动化水平,降低劳动强度、改善工作条件、减少井下人员。实现数据的高度共享和业务流程的协同工作,统一传输、统一存储、统一数据处理平台。实现矿产资源开发与环境协调发展建设以人为本,融合良好的企业文化,促使矿山和谐全面发展,引领带动全国煤矿智能化建设,为能源领域"新基建"奠定基础。

为了打造智能化煤矿,对现有"涌鑫安山"矿井各系统进行改造,确定"经济实用,分类建设,分级发展,分步实施"总的指导思想。2021 年对现有煤矿智能化系统进行升级改造,夯实基础,为后期的智能化矿井建设做准备。2022 年对各系统进行丰富和完善,对矿井各系统较薄弱的环节进行进一步升级改造,运用先进技术和装备提升矿井整体智能化水平,争取达到国内领先水平。在此基础上,再对矿井系统中某些短板和环节进行改造和完善,消除困扰智能化矿井系统稳定运行的因素,让智能化矿井各系统相互平衡、相互支撑、协调发展,提高矿井智能化生产能力和生产效益,实现智能化赋能煤矿经济效益和安全生产,全面落实"机械化减人、自动化换人"的政策方针。

坚持"统筹规划,分步实施,全面推进,重点建设"的建设原则。明确建设目标,建立健全机制,由点到面,逐步推进完善矿井智能化建设。以采、掘、机、运、通系统智能化建设、高效可靠传输通信及大数据智能分析、机电设备智能诊断、环境智能感知为重点攻关突破,完善各个子系统升级改造,全面推进全系统的智能化升级。

4.6.3 "涌鑫安山"智能化矿井的系统设计

4.6.3.1 "涌鑫安山"煤矿工业大数据建设

(1)大数据存储

工业大数据存储与管理是针对工业大数据具有多样性、多模态、高通量和强关联等特性。针对工业大数据高吞吐量存储、数据压缩、数据索引、查询优化和数据缓存等特性,可以设计大数据存储模块。

(2)大数据治理

整个平台分为五块核心能力:数据资产、数据准备、数据服务总线、消息 & 流数据管理、数据监控管理。

(3)大数据分析

工业大数据具有实时性高、数据量大、密度低、数据源异构性强等特点,这导致工业大数据的分析不同于其他领域的大数据分析,通用的数据分析技术往往不能解决特定工业场景的业务问题。工业过程要求工业分析模型的精度高、可靠性高、因果关系强,这样才能满足日常工业生产需要,而纯数据驱动的数据分析手段往往不能达到工业场景的要求。

（4）工业大数据的预测与优化

在工业大数据预测与优化方面，主要设计并实现了设备预测性维修和异常检测的智能化方法，用于日常的煤炭生产。

其中，针对设备预测性维修，主要涉及时间单元的划分，伴随概率的计算、故障事故发生的次数和故障关联分析等不同算法模型，由此，实现设备预测性维修的智能化功能。

· 设备预测性维修

利用预测算法，实现设备预测性故障，进而进行维修工作。

· 异常检测

针对异常检测问题，主要通过时间序列分析、聚类算法分析、不同分类数据的关联性分析和不同类别的行为关联分析，最终实现生产过程中异常事件的智能化检测功能。

· 生产化优化

生产化优化主要通过工序的能力平衡、异常事件分析、缺陷事件分析和按因优化的方法，实现煤炭生产的过程优化。

· 人机协同

主要利用调度优化算法和人因关联分析算法，实现人机协同的功能。

（5）数据可视化

数据可视化是指将大型数据集中的数据以图形图像形式表示，并利用数据分析和开发工具发现其中未知信息的处理过程。数据可视化技术的基本思想，是将数据库中每一个数据项作为单个图元元素表示，大量的数据集构成数据图像，同时将数据的各个属性值以多维数据的形式表示，可以从不同的维度观察数据，从而对数据进行更深入的观察和分析。

· 支持大规模设备多源异构数据融合

对数据进行统一建模和管理，实现数据融合，提供数据服务，保证各系统所需数据统一调用。基于大数据平台为模型训练提供大量数据样本，应用 LSTM、ARIMA 等算法，实现数据纵向的挖掘分析，对异常工况进行预测。基于大数据平台构建数据特征图谱与安全知识图谱，建立以成因机理与大数据分析互馈的柔性预警模型，实现监测点异常早期筛选、自动锁定、回溯分析与趋势预测。

· 数据仓库与数据服务

根据业务对于煤矿数据集进行结构化划分，形成煤矿数据主题域。在形成数据集市的基础上，应用微服务架构，调用 Restful 和 RPC 协议，构建包括地质信息、生产执行、辅助运输、洗选加工、综合调度等智能引擎，实现业务逻辑组态化构建，满足智能化功能需求。

4.6.3.2 "涌鑫安山"智能化综合管控平台设计

（1）生产调度综合管理

生产调度综合管理主要实现煤矿调度室相关调度业务的管理，包括调度值班、调度日报、调度台账、报表管理等功能。

· 计划管理

计划主要包括产量年计划、产量季度计划、产量月计划、进尺年计划、进尺季度计划、进尺月计划、开拓进尺年计划、开拓进尺季度计划、开拓进尺月计划，以及其他各项指标的生产、销售计划。

· 基础信息管理

综采、掘进、开拓工作面管理:包括工作面面长、生产队组、设计长度等相关工作面基础信息。

队组管理:实现对煤矿综采、掘进、开拓生产队组的管理。

· 日常调度管理

综采:主要对当日各班次采煤生产情况进行管理,由各采煤区队对本班次的采煤数据进行提交,主要包括班前、班中、班后汇报情况以及当班刀数、产量等。

开掘开拓:对当日各班次开掘生产情况进行管理,由各开掘区队对本班次的开掘数据进行提交,主要包括班前、班中、班后汇报情况以及当班进尺等。

调度值班:值班跟班人员主要对各矿当日各班次值班、跟班人员进行管理,由各区队对本班次的值班、跟班人员进行提交等。

副井提升:小时提升主要记录各矿当日每小时的提升数据。

调度日志:对当日各班次领导值班、领导指示进行管理,由调度室值班人员对本班次的调度日志数据进行提交。

煤炭洗选:对洗煤厂当日各班次煤炭洗选进行管理,由洗选厂对本班次的洗选数据进行提交,主要包括运行时间、入洗原煤、洗精煤等等。

煤炭运销:记录当日的运销数据,如果矿井具备提供运销数据的条件,则通过接口方式直接提取数据,否则由各矿调度室进行手动提交。

事故汇报统计:非人身事故、工伤事故、死亡事故等生产安全事故信息维护,包括事故时间、班组、事故类型、过程与原因、处理措施维护。

煤炭库存:对当日的煤炭库存进行管理,能够设置多个煤仓以及划分原煤和精煤,由各矿调度对本班次的煤炭库存数据维护,主要包括原煤库存、精煤库存等。

重点调度:生产工作面安排、瓦斯治理、防治水、采场活动、重点调度工作面等。

人员出勤:统计各班组在册与下井出勤人员,对特殊工种与带班领导进行分类统计。

用电情况:对当日用电量进行管理,由矿调度室对用电情况进行提交,主要包括每班/每日/每月全矿生产用电量等。

调度管理:人员调度,设备调度管理。

专题调度管理:雨季三防、冬季三防等。

（2）报表统计分析

调度报表:包括综采产量、掘进进尺、开拓进尺、调度记录、出勤、生产调度日报、生产调度指标日统计表、生产调度指标月统计表、生产调度指标按季度统计表等。

生产调度对比、趋势分析:通过形象直观的图表,能够对所有的生产调度指标进行图表分析,用户可以选择任意的指标(如原煤产量、精煤产量、总进尺、煤炭销售、煤炭洗选等)和不同的图表(柱状图、饼状图等)方式来进行数据对比浏览。例如,事故分析报、原煤产量分析、总进尺分析、开拓进尺分析等。

（3）风险管控分析预警中心

全分级管控以风险管控为核心,围绕风险辨识、措施落实、风险监视、评估预警及异常处置的风险状态链,建立风险分级管控相关子系统,实现全方位、有效落地的安全风险防控机制。

（4）决策分析综合管控中心

通过统一标准规范、统一应用规范、统一数据接口及统一应用模式,集成融合煤矿基础主数据、地理地测空间数据、动态实时监测数据、日常安全生产经营管理数据,应用BI、大数据等分析模型,进行企业各指标态势分析及预测,建立煤矿安全、生产、经营应用分析专题。

（5）生产指标分析

· 生产效能分析

利用大数据技术采集分析煤矿井上下对影响生产的各类因素和影响时间进行分析评估,指导管理人员对经常影响生产的环节加强管理;分析矿井生产过程中能耗与产量的关联信息,指导管理人员对生产各环节进行优化控制,节约能耗,提高产量。

· 采出率分析

根据巷道布置、采煤方法、设备和工艺、顶底板岩性、地质构造和生产技术管理水平等因素,进行煤矿采出率分析及预测。采出率＝（储量－损失量）/储量;实际采出率＝实际产量/储量。

（6）经营指标分析

结合企业经营管理需求,应用多维分析、关联分析、趋势分析等方法,构建企业各主要经营指标包括吨煤成本、人均效能等分析模型,实现关键的同比与环比,并对未来一定周期的关键指标预测分析,辅助企业经营决策分析。

4.6.3.3 "涌鑫安山"快速掘进系统设计

（1）视频系统

摄像仪采用无线传输方式,带式输送机机头、远程监控台摄像仪采用有线传输方式,将掘锚机在工作面的位置状态及现场画面传送到后方掘进工作面远程监控操作台,使得操作人员能够对设备进行监控和操作,确保移动设备运动时无拖曳通信电缆以及音视频和数据的可靠、稳定、实时传输。通过摄像仪画面信息传输到地面,进行实时监测、多功能一体化基站,无线信号和人员定位的覆盖,实现移动人员之间的通信联络,以及与现有通信系统的互联互通。

（2）监测及远程监控

远程监控系统具有如下功能:采集数据上传至掘进工作面远程监控操作台和地面分控中心,实现掘锚一体机及后配套设备状态实时显示及控制。主要功能包括:

· 掘进机远程集控

采集数据上传至井下操作台和地面调度室（至地面光纤环网由矿方提供）,实现画面显示及控制功能;通过可视化系统具有远程监控功能。

· 掘进机定位截割

根据巷道实际条件,记忆截割路径及控制工艺,实现巷道全断面一个循环定位截割,巷道成形标准化。

· 可视化

安装高清视频系统,采用无线和有线传输方式相结合,将掘进机在工作面的位置状态及现场画面送达到后方操作台,辅助操作人员对设备进行监控和操作。

（3）设备状态监测

可实现对铲板星轮、第一运输机、第二运输机、截割电机、油泵电机工作状态的监控,对液压系统压力、油箱温度、油箱油位等指示,以及掘进机电气故障自诊和定期维修保养提示的功能。

（4）人员安全防护和环境监测系统

掘进工作面人员定位采用矿井现有 UWB 高精度定位技术，系统具有人员管理和精确定位的功能，基于精准定位的掘进面人员定位系统对掘进面内人员、掘锚机进行精准的位置监测，同时监测掘锚机运动状态，掘进进度信息。定位精度：一维 20 cm，二维 30 cm。要求具有以下功能。

① 集成矿方已有人员位置监测数据和工作面 UWB 定位系统数据，实时展示工作面人员数量、人员基本信息、人员位置信息，并在 GIS 图上（掘进巷道外 100 m 范围）展示人员历史轨迹、时间等信息。

② 接入掘进工作面环境监测传感器，实时展示掘进工作面关键位置的风速、风量、CO、CH_4、粉尘、烟雾等环境参数，与系统联动控制、实现安全预警和紧急闭锁等功能，确保工作环境安全可靠。

（5）系统改造

为了实现上述功能，需要对现有的 EBZ260M-2 型掘锚机进行硬件升级改造，加装激光测距装置，在现有的双锚掘进机基础上，配套跨骑四臂锚杆索钻车，解决自动化钻锚问题，实现掘锚平行作业。

4.6.3.4 "涌鑫安山"智能开采系统设计

（1）工作面智能控制系统

工作面智能控制部分主要由井下集控中心和地面分控中心组成。其中，井下集控中心主要由主控计算机、交换机、本质安全型操作台、电源和具备相应功能的软件等组成。地面分控中心主要由主控计算机、交换机和具备相应功能的软件组成。

（2）智能化系统接入功能

结合开采工艺，依据工作面顶板压力、倾角、液压支架姿态、采煤机运行状态等信息，将整个生产过程划分为不同的阶段，自动决策并控制液压支架中部跟机、斜切进刀、端头清浮煤、转载机自动推进等动作，实现了工作面自动连续生产。

由于工作面液压支架移架速度较快，为了防止采煤机截割液压支架伸缩梁和护帮板，可以采取多架护帮板依次顺序动作的控制策略，提前进行液压支架收缩和护帮板动作。根据液压支架具体动作流程，液压支架跟随采煤机自动操作：适应双向割煤工艺的跟机自动移架、自动推溜、自动伸缩梁。为了实现液压支架与采煤机动作的协同一致，将液压支架的动作分为移架、推溜、收护帮板、伸护帮板几个区域，区域的支架采取不同的控制策略，实现液压支架与采煤机的区域协同控制。

除此之外，还具有以下功能：

① 显示所有支架立柱压力、推移行程和控制模式。

② 显示所有支架控制器急停状态、通信状态、驱动器与支架控制器通信状态。

③ 显示工作面的推进度，包括班累计、日累计、月累计和年累计。

④ 在工作面电液控制系统的基础上，实现在集控中心对液压支架的远程控制。对任意支架进行远程控制，包括推溜、降架、拉架、升架，以及其他功能动作。

（3）智能化系统显示功能

具备采煤机工况显示功、输送机的工况显示、液压支架工况显示：各支架压力值、各支架推移行程、各电磁阀动作状态、主机与工作面控制系统通信状态等、泵站系统工况显示：泵站出口压力、泵站油温、泵站油位状态、液箱液位、乳化油油箱油位等、工作面设备保护信息显示，包括漏电、断相、过载、各种故障状态、数字信号的反馈等、工作面语音系统状态显示，包括喊话器闭锁状态显示、急停位置显示和喊话器断线位置显示等、具备当前故障显示功能和历史故障查询功能。

（4）智能化系统控制功能

智能化系统控制功能主要实现对液压支架、采煤机、工作面三机、输送机、泵站、智能喷雾系统等的集中控制。

液压支架远程控制：以电液控计算机主画面和工作面视频画面为辅助手段，通过本安操作台实现对液压支架的远程控制，远程控制功能包括液压支架单架及成组动作，满足成组动作选方向要求，控制延时不超过 300 ms。

采煤机远程控制：依据采煤机主机系统及工作面视频，通过本安操作台实现对采煤机的远程控制，远程控制功能包括采煤机滚筒升、降、左牵、右牵、急停、截割速度控制等动作，控制延时不超过 300 ms。

（5）智能化系统故障诊断功能

① 采煤机故障诊断要求：能够显示采煤机故障、开机率、位置错误等信息，具备采煤故障的记录和分析功能。

② 液压支架故障诊断要求：具备液压支架故障诊断功能，包括程序丢失、参数错误、输入错误、输出错误、通信错误、人机交互错误和安全操作装置故障等诊断功能。能显示液压支架故障性质及架位。

③ 具有工作面"三机"、带式输送机、泵站状态、各个供电回路运行状态、电流大小、电压大小以及漏电、断相、过载等故障状态诊断及显示等功能。

（6）智能化系统数据上传功能

集控中心能够将工作面各设备工作状态、运行参数故障信息等数据上传到地面调度室和分控中心。

（7）智能化系统运行报告分析功能

主要包括以下 2 个部分：

① 设备运行状态关键指标使用柱状图、曲线等图形来表示；

② 具备数据的班累计、日累计、月累计、年累计的报表生成功能。

4.6.3.5 "涌鑫安山"智能通风系统设计

（1）矿井通风环境参数监测系统

① 实时正常通风时期与反风时期准确监测井筒、辅运大巷、回风大巷、工作面顺槽等主要井巷风速与风向。

② 实时监测矿井关键通风路线的风速风向、巷道风阻、路线总阻力、自然风压、三区阻力分布等关键通风基础参数。

③ 布置矿用无线激光甲烷传感器，实时监测掘进迎头、上隅角瓦斯浓度；无线传感器与无线网关配接，无线网关同时支持两个无线瓦斯传感器，保障更换无线瓦斯传感器期，不出现数据监测空挡。

④ 融合矿井安全监控系统，充分利用甲烷、一氧化碳、温湿度等环境参数监测数据，及

设备运行状态数据。

（2）矿井风量远程定量控制系统

① 矿井风量远程定量控制系统应由自动风窗、监控分站、传感器件、上位机软件等部分组成；

② 通过上位机软件可实现风量远程快速精确控制；

③ 自动风窗及配套传感器件能够在井下高尘高湿环境长期稳定运行；

④ 为适应爆炸性气体环境，自动风窗须以压缩空气为动力，所有传感器件防爆形式须为本质安全型；

⑤ 在供电或者通信中断条件下，可现场人工快速完成风窗面积调节。

（3）风门自动化及远程控制系统

针对带式输送机会出现打滑、跑偏、托辊卡死、堆煤等现象，易导致胶带局部温度过高，造成矿井外因火灾。而处在进风流胶带一旦发生火灾，产生的有毒有害气体将会随风流进入采煤工作面、掘进工作面等用风地点，易造成较大的事故。因此矿井的风门自动控制系统不仅要实现行车、行人自动化，还要实现火灾判识与远程控制的自动化。要求具有正常生产时期感光开启、延时关闭、可靠闭锁、防夹车防夹人；灾变时期，自动感知烟雾和一氧化碳，及时报警，自动解除闭锁同时打开两道风门，短路排烟，防止有毒有害气体扩散蔓延等功能。系统组成及功能要求如下：

① 自动风门具有远程控制、就地自动、就地手动三种控制方式；

② 自动风门要求采用感光开启、延时关闭的就地自动控制方式；

③ 自动风门采用电控液压驱动；

④ 自动风门须具备液路/电控/机械三重闭锁功能；

⑤ 实时监测风门上风侧一氧化碳浓度与烟雾开关量信号，并能通过上位机软件实时报警；

⑥ 通过软件可远程解除闭锁同时打开两道风门；

⑦ 风门门体要求高强度轻量化耐腐蚀。

（4）高效全自动测风系统

① 高效全自动测风系统能够替代测风员，2 min内完成全矿井快速准确测风；

② 多点运动测风，求取平均值，提高测风精度；

③ 测风装置能够长期在高尘高湿环境下长期稳定运行；

④ 静止测风时，不影响车辆与行人通行；

⑤ 设置声光报警装置，提示设备运行状态；

⑥ 须具备井下电子屏幕显示功能，显示平均风速；

⑦ 须具备自动生成测风报表，自动上图功能。

（5）智能局部通风系统

① 在局部通风机吸风口、风筒出风口安设风速传感器，将风速、风量等数据传至监控中心，实现通风机风速、风量实时显示与监测。

② 主系统故障或停机时，智能局部通风系统的智能控制开关实现联机切换启动热备用风机供风，供风更可靠。

③ 改善作业现场工作环境。正常通风情况下，智能局部通风系统根据掘进工作面瓦斯

涌出量的大小自动控制风速调节风量,避免风量过大造成扬尘。

④ 依据掘进工作面需风量变频调速控制风筒出风量:风筒出风量高于需风量时降低频率,风筒出风量低于需风量提高频率,直到风筒出风量在合理范围内为止。

⑤ 掘进工作面需风量可以通过上位机软件直接设定。

⑥ 最大效率自控排放瓦斯。因意外停电或计划停风或瓦斯大量涌出而导致掘进工作面瓦斯超限时,利用智能局部通风系统可自动以最快速度、安全地排放瓦斯。

⑦ 防止"一风吹"。风机转速可控制,风量可调节;风机的全压启动为软启动,可避免因风机全压启动而引发的风筒故障。以及电流冲击引起的电源故障。

⑧ 局部通风机需要启动时,首先检查传感器的瓦斯浓度,如果浓度在允许范围内,可通过远程送电启动风机。

4.6.3.6 "涌鑫安山"智能洗选系统设计

(1)信息安全系统

有线网络接入安全包括防火墙安全防护、防火墙功能和防火墙安全区域。

无线网络接入安全:本方案针对无线 STA 接入采用 WPA-PSK/WPA2-PSK AES 加密认证结合 MAC 过滤(可选)的方式实现终端接入安全,只有 STA 在输入正确的认证密钥且在允许的 MAC 白名单内,才能接入无线网络。

无线加密方式分为三种:WEP、WPA/WPA2、WPA-PSK/WPA2-PSK。

(2)供配电升级改造

增加 PLC 控制模块,现有 125 个综保的 4~20 mA 信号接入 PLC,通过智能数据边缘站将电流、故障信息采集至服务器,故障信息通过报警实现与设备视频联动,采集电流信息并上传到在线监测系统。通过在线监测系统,结合振动、温度等信息,综合分析设备状态。

(3)选煤系统升级改造

更换现有电动补水球阀 DN100 为电控气动调节闸阀。利用密度计用于检测合格介质密度,通过检测合格介质泵出口密度,自动控制清水添加量,密度与补水实现智能连锁,密度高补水密度低加介。检测信号均输送至 PLC 控制系统,通过控制系统自动完成控制和调节。

(4)自动浓缩加药

煤泥水中煤泥的沉降速度与煤泥水的澄清效果受煤泥水的浓度、流量、浓缩池煤泥水的 pH 值,以及加药(絮凝剂、凝聚剂和火碱)量的多少和浓度有关,要求将溢出水浊度控制在合格范围以内,实现药剂在设定浓度下的自动配比,并按煤泥水的浓度、入池流量以及沉降速率自动加入,实现煤泥水自动配/加药的闭环自动控制,在线检测清水层高度。

(5)智能压滤

将 2 台压滤机通过 Modbus TCP 通信方式接入智能化服务器。2 台压滤机滤液管增加滤液流量计 2 个,用于判断进料结束。增加无线 AP 覆盖 1 套,覆盖压滤工作区域,增加 1 台 PAD 用于单人移动控制 2 台压滤机。

(6)仓储自动管理

在五联仓安装 3D 物位扫描仪,实时监测仓内物料各个点高度,以及整个仓内的物料容积。生成料仓内物料的实际分布状况的三维立体图像,并在远程电脑上显示出来。同时每个筒仓增加 1 台气体探测传感器和 1 台红外测温传感器,配置报警参数,超出配置参数在报警模块生成报警信息,并就近推送视频。

（7）三维可视化集控

建立 3D 可视化系统，实现在 3D 环境下展示全厂生产状态。对厂区、楼层、设备等实体进行三维建模，利用虚拟现实技术结合选煤厂的结构、设备布局以及监测数据，以缩放方式方便地观测设备状态或参数。3D 可视化展示系统建设范围如下：

① 地面生产系统所属建筑、结构模型。

② 选煤厂设备模型，包括：带式输送机、除铁器、破碎机、分级筛、重介浅槽分选机、离心机、磁选机、泵、给煤机、刮板输送机等核心生产设备。

建模范围分为两部分，一是选煤厂工业广场建模，用于展示选煤厂整体建筑分布情况；二是厂内工艺设备布局，对主要工艺流程区域的设备、工艺流程建立实际方位对应模型，清晰展示各设备、楼层、房间之间的关系。

（8）智能集控

① 将现有集控大屏拆除，横向布置新集控大屏，新大屏采用 15 m² 的 LED 全彩无缝拼接大屏，将现有 12 台电视布置在大屏 2 侧。

② 新增 1 套屏幕拼接处理器，保证视频联动过程中输入信号源进行全实时处理和数据一致性，图像无延迟、无离散化、不丢帧，实现了图像的完美呈现。

（9）大块煤矸自动识别

在 201 胶带上增加超限物料监测装置 1 套；新增 mobdus 通信模块 1 个。报警信号可以直接接入集控系统，拉斜报警停机处理，刮板变形可以设置报警级别，实现无人巡检。

超限检测系统胶带运输超限大块识别由前端采集模块和分析控制模块构成，前端采集模块主要由高清图像采集模组、胶带测速传感器组成，自带光源为图像采集提供稳定光照环境，胶带测速传感器采集实时带速；分析控制模块的核心组件是深度学习工作站，用于控制图像采集模组和测速传感器测速，并接收、处理分析二者的回传数据，自动识别裸露在煤流上方的超限大块。通过对胶带上的超大块物料进行大量的图像采集和标定，利用深度学习技术，使用标定的图样进行模型训练，来实现超大块物料的识别。系统具有自学习自提高的特性，随着检测数量的增多识别精度也会随之提高。

4.7　"孙家岔龙华"矿井的智能系统设计

4.7.1　"孙家岔龙华"矿井概述

陕西煤业化工集团孙家岔龙华矿业有限公司位于神木市孙家岔镇，是由陕煤业集团和陕西龙华集团共同出资设立的混合所有制企业，归属陕煤陕北矿业公司管理。

该公司根据陕西省计委以陕计交能〔1996〕751 号文件批准，积极准备 4.0 Mt/a 改扩建工作。2010 年 8 月 2 日，国家发改委以发改能源〔2010〕1693 号文批复孙家岔龙华煤矿 4.0 Mt/a 改扩建项目核准。孙家岔龙华煤矿改扩建项目于 2010 年 1 月开工建设，于 2013 年 12 月份通过验收。2018 年 11 月 5 日，陕西省煤炭生产安全监督管理局以陕煤局复〔2018〕101 号文批准孙家岔龙华煤矿产能由 4.0 Mt/a 核增到 8.0 Mt/a。

目前，矿井证照齐全，合法有效，组织机构健全，规范运行。矿井采用综合机械化采煤，配套生产能力为 4.0 Mt/a 的洗煤厂。矿井井田东西长约 10.7 公里，南北宽 7.9 公里，井田面积为 54.39 km^2。总资源储量为 726.48 Mt,设计可采储量 464.18 Mt。矿井可采煤层 9 层,自上而下编号依次为:1-2、2-2 上、2-2、3-1、4-2 上、4-2、4-3、5-1、5-2 煤层,主要可采煤层为 1-2、2-2 上、3-1、5-2,煤层倾角 0°～3°,平均为 1°,主要可采煤层中 1-2 煤平均厚度为 3.0 m,2-2 煤平均厚度为 3.2 m,3-1 煤平均厚度为 2.88 m,5-2 煤平均厚度为 2.83 m。

公司先后获得国家一级安全生产标准化矿井、全国煤炭安全高效特级矿井、全国安全文化建设示范企业、陕西省"五星级"厂务公开职代会等称号,名列全国科学产能榜中 21 名,成功纳入全国绿色矿山名录,公司党委荣获陕西省五星级非公有制企业党组织荣誉称号。

通过对矿井基本情况进行分析可知,该矿井生产技术条件较好,比较适宜开展煤矿智能化建设,但矿井煤层顶板、煤层底板、煤层自然发火、矿井瓦斯、水文地质、煤尘爆炸危险性的评价较低,这几项因素对矿井智能化建设具有一定影响。

通过调研,该矿井已经建设了万兆主干工业环网网络,服务器等基础设施,基本满足现有和将来井上下数据传输、存储要求。但是,矿井云服务平台等尚未完成建设。

目前,该矿井地质探测技术主要采用传统探测方法,地质数据仍采用人工手动更新方式。4 套掘进系统,仅有 1 套系统实现快速掘进,还不能开放远控权限,其他 3 套仍采用综掘设备行掘进,尚未采用掘锚一体机进快速行掘进。综采工作面实现智能化控制;主运输采用带式输送机进行运输,已实现多条输送带的集中协同控制,具备较完善的保护系统,但尚未完全实现无人值守;矿井辅助运输采用无轨胶轮车运输系统,车辆运行、调度等能够满足生产需要,但尚未实现井下网约车、无人驾驶功能。矿井主通风系统能够满足矿井生产要求,未实现风量、风速的智能调节;局部通风机实现远程集中调风功能。固定排水点具备无人作业条件,移动排水点仍需人工作业。井下中央变电所具备无人值守条件。矿井瓦斯含量高已建立完善的安全监控系统;矿井水文地质条件中等,已建设较完善的水文地质监测系统,但尚未与排水系统实现联动控制。矿井开采煤层为 I 类自燃煤层,建设了束管监测系统,但未建设光纤测温系统,同时监测数据尚未实现自动上传分析。分选系统基本实现了分选工艺、煤泥水处理等的自动化。生产经营管理实现了自动化,但相关决策仍受人为因素干扰,数据利用率不高。矿井建设了较完善的运输、通风、排水、分选和电力系统,但相关系统尚未完全实现互联互通,存在一定的信息孤岛问题。

通过以上对矿井现状的分析可以看出,该矿井生产技术条件较好,比较适宜开展煤矿智能化建设,矿井现有智能化建设水平未达标,矿井采煤、运输、通风、排水、分选和电力系统智能化程度较高,但掘进系统智能化水平低,矿井智能化建设有较大的提升空间。基于以上分析,该矿井的智能化升级改造,应重点建设真正意义上的矿井管控一体化平台,大数据中心、建设智能快速综掘系统,同时对分选系统进行智能化升级;积极推广使用井下巡检机器人,真正实现主运输系统和井下变电所的无人化;升级井下无线通信系统、人员定位系统为今后井下视频直播、井下网约车以及无人驾驶的实现提供必备的硬件环境。

4.7.2 "孙家岔龙华"智能化矿井的总体设计

以习近平总书记"四个革命、一个合作"能源安全新战略为指导,按照八部委《关于推进煤矿智能化发展指导意见》、陕煤集团、股份公司四化建设工作安排及智能化建设实施意见要求,围绕"智能矿井、智慧矿区、一流企业"总体目标,按照"总体规划、因矿施策、生产为主、协同推进、应用并重"的总体思路。

通过应用5G、机器人、工业物联网等先进技术，着力打造精品智能化工作面，少人高效快掘，智能巡检无人值守岗位，实现矿井主要生产环节信息化传输与自动化控制，矿区人、财、物数据信息交互共享。全面提升矿区端和矿井端信息化、智能化水平，促进公司智能、高效、安全、绿色高质量发展。

4.7.3 "孙家岔龙华"智能化矿井的系统设计

4.7.3.1 "孙家岔龙华"智能化网络系统设计

IP RAN是无线接入网（RAN）IP化的产物，通常指基于IP技术的移动回传网络。随着移动互联网的迅猛发展，无线接入网正朝着全IP化的方向演进，包括基站的IP化和移动回传的化。随着第三代合作伙伴计划对无线接入网IP化标准的大力推进，从2006年开始，主流设备厂家所提供的3G基站产品就具备较完善的IP协议支持能力。然而，由于移动回传一直依赖基于同步数字体系的多业务传送平台（MSTP）网络，因此难以满足无线接入网IP化和宽带化的发展要求。IP RAN作为基于路由器/交换机等数据设备所构建的动态IP承载网，成为实现移动回传化的重要技术选择。

2020年，由中信重工开诚智能装备有限公司为矿井搭建了一个覆盖全矿井的有线主干万兆工业环网，采用赫斯曼交换机组网。但是工业自动化网络和视频监控网络共用网络，在考虑国产替代和视频带宽的要求，建议在矿井三期智能化建设时将工业网升级为IPRAN工业环网，实现矿井2025年系统硬件自主可控率达到80%的目标。

5G＋WiFi移动通信系统通过新一代信息通信技术5G网络的建设与企业内外部生产要素高度融合，在生产、管理或服务过程中实现自主决策、自主执行和自主演进。利用该系统实现多媒体通信、多媒体调度、设备故障即时诊断处置、视频监控、业务系统承载接入、监控系统、有线调度系统、设备状态数据及控制信令数据传输、井下视频智能识别分析（MEC支撑）等业务。从而实现井下语音、视频、数据三大业务一网承载，各种专业的业务系统汇聚于一个平台。

融合通信建设能够融合多种通信系统，实现各系统的互联互通、调度指挥；扩大应急救援广播的覆盖范围，为应急救援提供快速通知、联络手段；实现对煤矿局部扩播资源的集成，实现井上下的扩播通信；实现安全监测、人员定位系统的语音联动。

地面通信网络建设中地面通信网络均采用标准TCP/IP传输协议，具有与井下主干网络、接入网络的以太网接口；且具备WiFi无线覆盖，支持光纤多模、单模、超五类双绞线等多种传输介质，部署网络防火墙设备，网络防火墙具备网络入侵监测功能，地面广域通信网络采用地面公网无线通信网络。

云计算平台建设可以具有实时监测功能；操作控制功能；报警功能；基于三维GIS的综合显示功能；基于二维GIS的综合信息"一张图"显示功能；自动控制系统的联动及远程管理控制功能；工作站多屏幕显示功能；支持移动终端；软件安全性设计；趋势分析功能；报表统计功能；无极缩放功能；事件记录功能；Web发布功能；冗余管理功能；时钟同步功能；在线帮助功能；基本数据运算、处理功能。

大数据分析、处理中心建设中，随着矿井智慧化的发展，新一代服务器的大量应用，服务器晶体管的集成密度越来越高，处理器的速度越来越快，发热量也急剧增长。当前高集成的刀片式服务器已经成为科学计算的主力，刀片式服务器在提供更高密度、更高计算能力的同时也带来了更多的功耗。需要一套可靠的机房基础设施作为支撑保障,确保高性能计算中心内各种电子设备的高效、稳定、可靠运行。

数据存储设备建设中未实现公有云、私有云初始资源存储。个别服务器采用非专业数据盘,可对其进行实现。应用平台软件建设中可根据安全生产实际需求,和智能化建设进度。组织建立基于云计算的决策支持承载平台和工业物联网 3DGIS 平台、展示平台等。数据服务建设中,矿井不具备全面的数据元分类属性范,可以针对这方面进行功能设计。

4.7.3.2 "孙家岔龙华"智能地质保障系统设计

通过对地表及地下进行精细化三维建模,可直观逼真地表达地表与地下的真实情况,实现地下作业环境及地质形态可视化管理。建模使用实际地理信息空间数据,采用表面建模(三角网、四边网)、数字高程模型(DEM)表面建模方式建模。综合利用智能地质保障系统平台提供的多种三维建模功能可完成各类:普通对象、巷道(管线)、地质专业对象、房屋树木、设施设备的三维建模。

(1)普通对象建模

智能地质保障系统平台提供多种类型的 3D 几何对象:3D 点对象、3D 折线、3D 曲线、3D 断层线、管(气)线、多面体、圆台、正多棱台、简单房屋(矩形)等。对线型对象,提供了修剪、延伸、两点断开线条、线条分裂(节点)、添加节点、删除节点、偏移、镜像、阵列、旋转等操作;对面、体模型提供纹理功能。平台提供的所有对象、几何对象均具备单机弹出属性框功能,可方便设置对象的几何参数、通用属性等。

(2)工业广场建模

智能地质保障系统平台提供房屋、植被建模功能,可用地表、地形与地貌数据建立三维地表模型。以工业广场设计图为参照,以建筑物长、宽、高、图片等各相关图文参数为数据基础,建设地表建筑物模型,构造三维工业广场模型。

(3)巷道、管线建模

智能地质保障系统平台提供二/三维一体化巷道(管线)功能,用户可在绘图区调用数据库测量数据自动生成巷道(管线),或将使用巷道(管线)绘制功能绘制的巷道(管线)分批或一键提交至数据库。

智能地质保障系统平台提供巷道关系自动处理功能,可自动建立巷道(管道)的空间和拓扑关系,完成巷道(管道)间的空间交叉关系(平面和上下)的自动处理;巷道(管道)的三维截面形态可任意指定,如圆形、矩形、梯形、圆弧拱形等;巷道二维图绘制完成后可一键切换至三维视图,即是巷道(管线)三维建模。巷道(管线)三维建模可直接在地质模型上做工作面和巷道(管道)设计。

智能地质保障系统平台提供单双线巷道设置功能,根据比例尺自动在单线和双线巷道之间进行切换;平台具备符合生产的巷道、硐室、绞车窝对象;具备自动标注掘进进尺、推采进度、采空区等。

智能地质保障系统平台提供符合煤矿实际巷道形态的属性设置功能,具体包括:

① 巷道关系:巷道空间、平面的贯通、过巷关系处理;

② 巷道类型:单线、等宽(中)、实际宽(中)、左基线、右基线;

③ 巷道截面:圆弧截面、圆弧拱截面、梯形截面、矩形截面、工字型截面、墙型洁面、公路截面、三角形截面;

④ 月停采线/掘进进尺。

（4）专业地质对象建模

· 工作面建模

在二/三维图形上,通过选择采煤工作面的各条巷道,即可构建一个完整的工作面模型,可在模型上自动生成每月的进尺、出煤量、面积、采空区等。

· 钻孔建模

通过对钻孔基础数据的处理,可直接生成钻孔的三维模型,能够直观地观察钻孔的空间几何形态。

· 断层、陷落柱、采空区、积水区建模

依据矿区采掘工程平面图上陷落柱、采空区、积水区位置,综合使用平台提供的各项三维建模功能,可对整个矿区的陷落柱、采空区、积水区进行三维模建模。

· 设备设施建模

将地表及井下的建筑物、构筑物、设施设备进行三维建模,如采掘机械、消防车、胶带、变压器、开关、水泵、管路、仪器仪表、视频监控等,实现可视化管理。同时可将各类设施设备的实时数据集成到模型中,实现在三维状态下对井下进行生产调度,对监测监控信息的管理。

· 地质体建模

支持多层地质实体模型建立,能直接计算圈定区域（矿井、采区、工作面）的体积、面积和储量,动态表达掘进和回采进度。实体模型可支持采掘工作面设计、设备选型、顶底板控制、生产计划和采掘进度安排。

（5）三维动画、漫游

智能地质保障系统平台提供有三维视图、漫游、三维动画功能,完成的三维模型可一键切换至三维视图,可任意角度旋转、拉近或拉远视觉进行观察,地表或地下模型可设置漫游对象（人物）与漫游路径设置漫游,设置完成后可进行三维动画播放漫游。

（6）数据管理

智能地质保障系统平台基础数据管理功能分为地质数据管理和测量数据管理两部分,通过基础数据管理各个功能模块,能对矿井从基建到生产过程中的地质、测量数据进行系统化管理,实现实时录入、查询、报表、分析计算、远程管理等功能。详细分述如下:

· 地质数据管理

地质数据管理包括基础数据管理、数据计算、地质报表等模块,可完成对地质资料进行录入、修改、存储、查询、计算、报表打印等功能。

① 基础数据管理。录入和管理在勘探和矿井建设、生产中获取的各种地质数据,如钻探成果、物探成果、煤质、钻孔结构、测斜、封孔、井巷见煤、地质构造等数据资料。

② 数据计算。对整个矿区的地质资料数据进行计算管理,完成地质资料数据的计算、结果保存与维护工作,可方便进行资料综合、测斜计算、煤层真厚计算、层间距统计、夹矸统计、含水层厚度统计、煤质统计等工作。

③ 地质报表。对整个矿区的地质资料数据进行报表化管理,可方便生成各种报表,完成地质资料数据报表保存、打印、输出与维护工作。平台支持的报表有:钻孔情况一览表、井下钻孔成果台账、钻孔测斜资料表、煤质化验成果表、煤芯煤样基础表、煤芯煤样整理表、大中型构造台账、井巷见煤点情况台账、剥离物（含矸）统计表、综合剥采比计算基础表、地质

构造素描卡片等。

- 测量数据管理

智能地质保障系统平台的测量数据管理包括测量数据录入、处理、报表、查询等模块,可满足煤矿地测部门对测量资料的录入、修改、查询、计算、报表打印等需求。通过数据的收集、录入,建立矿井测量数据库,通过计算机联网,实现测量数据资料共享;同时测量数据库的建立为地测制图软件提供必要的基础数据。自动成图模块可利用测量数据库生成各中采工图、巷道剖面图、巷道素描图等。

① 测量数据录入。测量数据的录入管理可录入管理采区信息数据、工作面信息数据、导线数据、导线数据浏览、导线数据生成巷道、巷道数据、联络巷数据、巷道数据浏览、水准数据、人员登记、钢尺登记这几部分。

② 测量数据计算。包括导线计算、水准计算、贯通预计、坐标转换、坐标方位角正反算、高斯投影坐标正反算、前(侧)方交会(角度)、后方交会(角度)、距离交会(测边)、巷道标定数据计算(贯通)、巷道开切位置计算(贯通)等。

③ 测量报表。生成各种测量数据报表与台账建立功能,完成台账建立、报表打印、保存维护等功能。

- 储量数据管理

智能地质保障系统平台具备矿山储量数据管理功能。储量数据管理可根据矿山生产建设的不同阶段,结合矿井地质条件与资源储量保有程度,协助矿井管理人员对矿井开采顺序进行合理布置,对资源储量类别进行有效利用。储量数据管理可为矿山生产建设提供技术依据,通过适时测定与修订资源储量估算参数,优化各类参数,既能有效保护和合理利用资源,又能保证矿山企业的经济效益。

储量数据管理包括数据录入、功能计算与矿级报表生成三个功能模块,各功能模块具体功能分述如下:

① 数据录入。数据录入功能模块主要用于储量数据录入管理,建立储量数据库,可完成的工作有建立基础代码库,包括有井口数据、标志层/煤层信息、水平标高数据、采区数据、工作面数据、新旧级别套改数据等储量基础数据库。储量数据录。目前,储量数据录入可以管理的数据包括:采出-损失量基础数据、回采煤量、准备煤量、开拓煤量、采区采出率、保护煤量、块段基础信息数据、台账数据、摊销台账、暂不能利用储量、"三下"压煤台账、当年动用储量、增减变动储量、总增减变动储量、当年煤生 69 表分母数据、当年煤生 70 表分母数据、资源储量统计数据、可采期计划采量设置,储量数据录入包括但不限于以上数据类型,智能地质保障系统平台提供二次开发功能,可根据实际需求对原数据类型修改或开发设计新的数据类型。

② 功能计算。功能计算模块主要调用储量数据录入模块中的数据,然后将根据实际情况,分别计算总:储量增减变动汇总、当年 69 表分母数据-生成、当年 70 表分母数据-生成、当年资源储量表数据-生成、储量数据转入下一年,计算块段储量、计算块段可采量、计算所有块段可采量、约束所有块段储量可采量小数后两位、更新本年度期初保有量、新旧级别套改等。

③ 报表生成。储量矿级报表生成模块主要针对整个矿区的储量资料数据进行报表管理,完成储量资料数据报表保存、打印输出与维护工作。

• 水文地质数据管理

智能地质保障系统平台提供的水文地质数据管理功能是智能地质保障系统平台通过OCX控件的功能延伸,可建设与矿井水文地质地测地理分析预测系统配套使用的数据库。

水文地质数据管理功能模块主要功能包括:水文地质数据录入、水文地质报表生成、报表及台账数据查询。

4.7.3.3 "孙家岔龙华"智能掘进系统设计

智能快速掘进机器人系统是集探、掘、支、锚、运、破、通风与除尘等掘进施工的各工艺环节于一体,集智能截割、自动运网、自动钻锚等技术为一体,有着一键启停、截割断面精准定形、定向掘进、掘锚平行、多机器人智能协同等先进功能,包含了巷道掘进过程一键智能截割、巷道全断面一次精准成形等多项技术。

根据其他矿区智能掘进系统的使用经验,本期工程考虑升级一套的掘进系统,实现自动化、智能化,达到减人增效目的。后期可以根据以上智能化掘进系统在孙家岔龙华煤矿的使用情况,对其他三套掘进系统进行智慧化建设,达到实现作业面远程控制的智慧化要求。

4.7.3.4 "孙家岔龙华"智能采煤系统设计

(1) 液压支架电液控制子系统

目前的系统功能是通过液压支架的电液控制系统实现液压支架设备需要的所有动作功能和刮板运输机的机尾、转载机的机头的张紧功能,还有包括顺槽转载机和可伸缩带式输送机机尾的自移功能。以及动力列车的自移功能。需具备液压支架状态测量功能。提供立柱压力,推移油缸行程,支架高度,支架状态等数据。

(2) 采煤机智能截割及其远程控制子系统

采煤机的工况较为复杂,目前采煤机的视频信号采用动力电缆的光纤传输系统,采煤机工况数据和远程控制操作采用了宽带动力载波系统。由于受到采用5G技术后可以替代这种复杂有线系统。实现无线网络覆盖的区域通信系统。保证了系统远程控制的可靠性。电缆的故障没有影响。

(3) 刮板运输机和转载机、破碎机控制子系统

目前煤流系统的工作面刮板运输机机头机尾,转载机机头,顺槽可伸缩带式输送机的变频电机控制和驱动部的性能工况控制,也都是供借助于动力电缆的控制芯线来实现的,控制信号容易受到变频电流高茨谐波电流的变化而影响。尤其是驱动部运行到低频脉冲的区间。采用带5G通信芯片的控制器直接与基站高速通信技术后,可以实现远程控制的快速反应,避免动力电缆变频谐波的干扰。

4.7.3.5 "孙家岔龙华"智能主运输系统设计

(1) 控制方式"多样化"

现场手动控制:现场操作人员通过现场按钮控制设备启、停,胶带保护投入,胶带间闭锁关系存在。现场操作人员通过现场按钮控制设备启、停,胶带保护不投入,胶带间闭锁关系不存在。集控室操作人员通过上位机运行界面控制胶带、给煤机的启停、故障复位、急停、开关远程送电等操作,实现井下的无人值守。胶带保护投入,胶带间闭锁关系存在。

(2) 设备状态"可视化"

现场设备配备一台本安显示屏,显示胶带、给煤机各运行状态包括:胶带机头保护状态、胶带沿线保护状态(具体到某一台保护)、运行返回状态、电机电流、电机温度、张紧力、煤仓

仓位、胶带停车原因等状态。集控室上位机实时监测胶带、给煤机的各种参数包括：胶带机头保护状态、胶带沿线保护状态（具体到某一台保护）、运行返回状态、电机电流、电机温度、张紧力、煤仓仓位、胶带停车原因、PLC 控制分站通信状态等信息。

（3）远端维护功能

技术人员可以在集控室通过专用软件，实现现场控制分站 PLC 程序的修改及内部数据检测。如果系统计算机或服务器可以设置连接 Internet 网络，技术人员可以通过远程协助软件，控制集控室计算机，实现上位机程序修改以及现场控制分站 PLC 程序的修改和内部数据检测。如果系统配备工业级 IP 路由器，利用 VPN 技术，技术人员可以通过登录特定账户，直接访问井下 PLC 修改程序和分析数据。

（4）历史记录查询及报表管理功能

上位机可以选择时间段查询选定设备的历史运行纪录，纪录内容包括设备单次运行时间、单次停车时间、单次运行时长、单次控制方式、单次停车原因、总共运行次数、总共运行时长、总共停车时长。查询内容以 Excel 表格形式显示，可以直接导出保存。上位机可以选择时间段查询选定设备的故障记录，纪录包括：故障发生时间、故障类型。故障类型包括：9 大保护、电机无返回故障、制动器无返回故障、给煤机无返回故障、电机温度超限、电机电流超限等。查询内容以 Excel 表格形式显示，可以直接导出保存。上位机可以查询选定时间段内的操作记录。查询内容以 Excel 表格形式显示，可以直接导出保存。上位机可以选择时间段查询选定设备的电机电流及电机温度，数据以曲线视图形式显示，便于管理者与设定值比较，快速判断电机近期的运行状态。曲线可以导出，格式为 Microsoft OneNote。

（5）具备多种保护功能

系统具有 2016 版《煤矿安全规程》第三百七十四条关于主运输胶带规定的保护的接口，包括堆煤保护、沿线拉绳保护、超温保护、烟雾保护、防撕裂保护、速度保护、跑偏保护、张紧力下降保护。除了具备上述规定的保护功能外，系统还具备电机电流超限提示、电机稳定超限提示、仓位超限提示，这些功能根据需要可以设置停负载，避免设备故障重载停车。

（6）网络发布功能

网络硬盘录像机（海康威视）可以作为服务器架设在办公网络或者 Internet 网络，内部网络可以通过 iVMS-4200 访问，Internet 网络或者手机用户可以通过"萤石平台"访问。不仅可以观看实时图像还可以查询历史视频。上位机软件（WinCC）可以将编辑界面发布到办公网络或者 Internet 网络，PC 用户或者手机用户可以通过浏览器直接输入 IP 地址，用户登录后访问指定信息。

（7）声音提示功能

胶带沿线安装语音通话设备，胶带开车时沿线语音给出"设备启动请工作人员注意"，保护动作时给出声光提示"×××保护动作"。集控室当胶带开车时上位机给出声音提示"××胶带启动"。当保护动作时提示"×××保护动作"，电流超限、仓位超限均给出相应提示。

（8）设备停车原因分析功能

胶带每次停车 PLC 会分析输入输出数据判断停车原因，并在上位机及现场操作箱显示屏显示停车原因，停车原因包括：正常停车、保护动作停车、顺启超时停车、闭锁关系停车、急停停车、通信故障停车。

（9）标准化设计易于维护

现场 PLC 控制柜及就地操作箱,硬件接线图纸统一设计,只需要根据现场情况,在操作箱显示屏或者集控室上位机设置参数,就可以实现不同胶带的控制。方便现场人员维护。

（10）智能优化控制功能

根据电机电流、煤量状态实现带式输送机的自动调速功能,胶带启动时可以人为干预是否启用顺煤流启动模式。

（11）智能故障预判分析功能

根据电机温度检测、电机电流检测、电机振动检测判断电机的运行状态提前预警电机的工作状态。根据现场传感器和巡检机器人检测数据,经过大数据云服务的分析处理,实现胶带运行状态的日检,及时分析胶带的运行状态,当胶带或电机出现故障时,将设备参数上传到专家分析数据云端,能够及时给出解决方案。

4.7.3.6　"孙家岔龙华"智能辅助运输设计

首先根据《煤矿安全规程》及《智慧矿山信息系统通用技术规范》(GB/T 34679—2017)无轨运输动态监控系统要求与实际需求,通过软硬件的升级,完善辅运系统,根据现有职能部门设置需求管理平台、任务管理平台、结算管理平台、报表中心等接入煤矿综合管控平台,综合分析系统中煤矿三维模型中与辅运相关的巷道(如运行巷道和运输巷道相连的禁入巷道)以及集成视频监控模块和环境监测数据,实现井下车辆速度监测、前后车安全距离监测、位置自动感知、车辆物资绑定、红绿灯信号自动控制、智能导航、实时语音调度通用材料运输集装化、故障监测、自动报警。

4.7.3.7　"孙家岔龙华"智能通风系统设计

（1）监控系统功能

实现井下通风动力不停止状态下两台主要通风机的自动切换控制,实现"一键式"自动倒机;可实时在线监测主要通风机的风压、风量和轴功率等主要性能参数;可实时在线监测配套电机的主要电气参数:电流、电压、功率、功率因数等;可实时在线监测轴承温度、径向轴向振动,电机绕组温度等运行参数,监测油站运行信号、风机开停信号、正反风信号、风门开闭信号、扇叶角度及喘振信号等;在线设置管理需求所进行的风量、负压、电压、温度、振动位移等报警上、下限两级设置。到第一级限值时,控制系统应发出报警,到第二级设置时,控制系统应发出报警并停机,同时启动故障自动倒机系统。能在监控中心同步显示风机及风门系统模拟运行画面;监测数据可实时显示、存储、查询、打印;报表自动生成、存储至少2年、查询、打印;本系统所测参数可现场就地显示、打印,具备可向矿井智能调度系统网提供远传数据的标准通信接口;建立专家故障诊断系统,控制系统自动对风机的电气故障、机械故障和性能故障进行分类,针对致命性故障和非致命性故障给出处理的专家建议,预先报警,直至做出相应的控制,确保风机运转,并保障井下始终不停风;故障信号的显示应明显,且声光具备;只有故障排除后或人工复位后,故障信号才能消失;在发生故障停机时,根据故障状态提示司机进行操作处理,具备故障时自动倒机功能;在 PLC 柜门设置选择开关选择本台风机工作方式,分别授权调度、现场集中自动、手动和就地方式。

（2）系统软件功能

• 系统管理功能

① 用户窗口管理:可以打开、关闭任何一个本组态软件的窗口。

② 登录用户:经过授权的操作员输入密码后,自动方式下可以操控风机,否则仅能浏览各个画面。

③ 注销用户:防止非法操作人员操控风机。

④ 修改密码:经过授权的操作员在登录后,可以修改自己的密码。

⑤ 用户管理:只有管理员才能对授权操作员进行增加、剔除等操作。

⑥ 退出系统:终止组态软件对系统的控制权、监视权。

- 运行状态功能

① 运行窗口:此窗口是上电后自动加载窗口,是系统的主窗口,反映风机设备的运行状态,如通风机是否处于运行状态,转向如何,风门的开闭状态、工作方式是自动还是手动、本次运行的持续时间,显示已运行风机电机的绕组和轴承的温度、风机主轴承的温度、振动位移值、风机的风量、风速、静压、效率、变频器参数等。自动方式下,经过授权的操作员可以操控两台风门的开闭、变频器启停、高压柜分合闸、风机的启停等。

② 实时报警:系统出现故障报警时弹出此窗口,可以进行当前报警信息查询,如报警时间、报警对象、报警类型、报警事件、报警界限值等,可进行报警应答,具有实时报警信息打印功能。

③ 历史报警:可以查询过去所有的、或某段时间内的已发生报警信息,如报警对象、开始时间、应答时间、结束时间、报警值和报警阈值,可以进行窗口打印。

- 风机数据功能

① 风量风速:反映两个风机的风量、风速实时数据和实时曲线,观察它们的变化趋势。

② 静压效率:反映两个风机的静压、效率实时数据和实时曲线,观察它们的变化趋势。

③ 历史数据:可以查询过去所有的、或某段时间内的已记录的风机风量、风速、静压、效率,可以进行窗口打印。

④ 风机电量:显示当前运行电机的电压、电流、有功、无功、周波和功率因数,对电流和功率绘制实时曲线,观察它们的变化趋势。

- 温度振动数据功能

① 电机温度:两个窗口分别对应 $1^{\#}$ 和 $2^{\#}$ 电机,对电机的绕组和前后轴承温度实时显示,并绘制实时曲线和历史曲线,供分析比较。

② 风机温度:两个窗口分别对应 $1^{\#}$ 和 $2^{\#}$ 风机,对风机的三个主轴承温度和振动位移量实时显示,并绘制实时曲线和历史曲线,供分析比较。

③ 历史数据:两个窗口分别对应 $1^{\#}$ 和 $2^{\#}$ 风机,对电机的绕组和前后轴承温度、对风机的三个主轴承温度和振动位移量,进行所有的、或某段时间内数据查询,可以进行窗口打印。系统共保存距当天 700 d 的数据,其中每小时的数据存储的是 1 h 的平均值,并记录了一天内各种监测数据的平均值以及 1 d 24 h 的各参数的变化趋势图。

④ 出口空气温度。

- 设备状态功能

① 显示风机及风门系统模拟运行画面;

② 实现高压供电系统状态和参数监控,实现变频装置状态和参数监控,能够反应风机轴功率和电机输出功率,及瓦斯浓度参数;

③ 电流、电压、有功功率、功率因数等电力参数监视;

④ 高压开关柜位置、合闸、分闸等状态量监视；

⑤ 供电故障信息（故障内容、故障值、发生时间等）记录；

⑥ 就地、上位机的操作控制。

（3）系统结构

主通风智能控制系统由 PLC 监控柜、现场监控主机（含监测软件）、现场传感器及通信网络及功能接口等组成。

4.7.3.8 "孙家岔龙华"智能供电系统设计

系统要求采用分层分布式模式，第一层为综合保护器，第二层为电力监控分站，第三层为调度监控中心。采用已规划工业以太环网作为主传输通道，电力综合监控站的数据必须通过内置的本安以太网模块接口接入主干环网交换机，智能开关以以太网方式接入电力综合监控站。硬软件接口服从全矿井综合自动化总体规划，便于系统维护和扩展。电力监控分站不单独设置服务器和监控操作站，由矿井调度中心服务器群虚拟实现。实现对全矿电力设备的各种实时数据进行组织管理，承担全所的实时数据处理、历史数据记录和事件顺序记录等任务，对矿电力设备运行状况进行安全监视。实现系统的自动化经济运行、各系统自动连锁保护、信息综合处理等高级监控功能。电力监控软件采用正版软件，能够进行二次开发的专业电力监控软件，提供专业监控平台和相关应用组件，与综合自动化平台间能够通过OPC方式无缝连接通信，实现电力数据共享和网络发布，并接受主平台控制。

系统具有"五遥"功能。

① 遥测功能：监控系统后台主机实时显示三相电压、电流、零序电压、零序电流、功率、频率、绝缘电阻、功率因数，有功电量、无功电量、设备温度等遥测量数据。

② 遥信功能：实时在线监测开关变位、定值变更、开入量状态、控制输出状态、各故障报警状态等信号量。

③ 遥控功能：高压开关的分合闸控制操作。

④ 遥调功能：可远程在线进行变压器档位调节；后台在线保护定值整定等操作。

⑤ 遥视功能：当变电所内的设备发生动作或者故障时，系统与视频监控系统联动，弹出该变电所的视频图像，便于集控人员及时得知设备状态发生变化的变电所信息。该功能可以根据实际需要开启或关闭，实现对防越级跳闸系统数据的接入和显示，同时具有通过光纤环网实现井上、下防越级跳闸的功能，要求跳闸范围为本变电所支线高压柜、进线柜，不得出现越级跳闸情况。

系统具有多种告警功能：具有自动开关变位告警、保护动作告警、电压电流越限告警、设备通信异常等告警功能，并有动画图像、文字窗口、声音告警提示。对不同类别的信息可以设定不同的告警方式，具有闪光、变色、鸣叫、语音、打印、调取视频画面、事故推画面等方式，供用户选择。此外，记录报警故障内容、时间、地点、数值等关键信息，供用户对设备运行状态及事故原因进行分析。

系统能够实时显示各种监测数据、图形、曲线和表格等功能，能够对开关分、合闸状态，开关运行中分、合闸操作、过流、断路、过压、欠压、漏电等保护跳闸的事件进行记录，并通过组态软件对这些数据进行统计、归类、存贮、处理，形成电力系统运行的动画模拟图。

系统具有查询功能，可分时段对监控设备进行故障记录查询，用表格形式列出需查询时间段的所有报警记录，包括报警设备、报警参数、报警时间、报警类型、报警内容等；可对各个监控开关的历史数据按时段进行查询,用曲线表示,如电压曲线、电流曲线、负荷曲线等。可对各个监控开关操作记录进行查询等。

系统具有设备管理功能,可在矿井巷道图中标注相应位置的电力设备,用于设备的统计和查询。此外,系统具有电计量考核管理功能,能够实现对各用电负荷的用电显示、记录、统计和报表打印。使管理者实时掌握全矿电能消耗及重要设备电能消耗,为节能降耗提供科学指导方案。系统操作具有分级权限管理功能,系统安全管理根据不同的用户需要,授予不同级别的操作权限。具有操作对象状态检验、显示和操作结果显示,具有操作过程数据和状态反馈、图形显示和过程记录。可设置操作限制条件,对违章操作自动报警;系统具有多级密码验证,每个操作步骤系统自动记录,生成运行日志,安全可靠。

根据用户不同需要,可对开关设备等进行挂牌操作。对挂牌的设备,有相应显示,而且不能对其进行相关操作。具有全系统对时的功能,包括系统对监控站、监控站对微机保护装置之间的对时校准。实时记录用户修改、设置、整定、远控等操作记录,开关定值参数可导出生成标准格式的文件。当变电所内开关发生动作或者发生异常时,可与工业电视视频信号实现联动,自动切换到该变电所,提示地面调度人员,并可通过广播系统发出语音警告。上位机操作界面设计中具有再次确认停送电闭锁功能,确保停送电安全。所有高压柜具有电缆沿线温度监控系统,增加相关设备及功能,实现对电力系统主电缆沿线温度的监控,具体监测范围按照买方要求具体实施。

所有电力无人值守场所安装井下声光报警装置,当系统发生故障及预警信息时进行声光报警提示。系统具有"五防"功能:防止误分、误合断路器;防止带负荷拉、合隔离开关;防止带电挂地线或合地开关;防止带接地线合隔离开关;防止误入带电间隔。已接入无人值守的照明综保、馈电开关,可根据实际规定时间进行漏电试验并记录、存储、打印,试验具体方式可手动和根据买方要求进行试验。停电及检修停电过程:提前办理停(送)电联系票,现场与相关单位及本单位的现场负责人联系,确认符合停电条件(待停电开关无负荷运行)及待停开关用途、编号,断开关断路器,将开关闭锁,将已停开关挂"有人工作,禁止合闸"警示牌,检查瓦斯含量<1%,打开开关,验电,放电,打短路接地线。送电时,要听从矿调度室安排的停送电顺序,严禁私自向各单位线路送电,停送电操作必须由两人完成,一人操作一人监护,严禁单独停送电。并坚持"谁停电谁送电"的原则,停电必须由持证值班配电工进行,其他人员严禁操作,停电前,必须向调度室汇报,说明停送电人员和范围,调度室负责向受停电影响单位通知,同意后,方可停电。

电力无人值守系统具有停(送)电联系票自动推送和审批功能,按照申请人、审批人、执行人结合买方具体主管部门相关人员和权限进行停送电联系票的审批。如电力无人值守系统发生故障时,例如系统已经挂牌停电了但现场没有停电,系统应通过现场声光报警并在上位机软件实现声光报警,并通知沿线相关作业人员,此时可以通过分站和现场控制器在经调度室或有关人员确认后可进行人工手动操作。自动化设备接入电源地面为交流 220 V/380 V,井下为交流 127 V/660 V。实现矿井地面及井下各变电所地沟内高压电缆及高压接线盒温度及漏电监测报警。电能计量表精度要求达到 0.5 级。能够实时显示电压、电流等参数信息,且误差不大于±2%。电力操作系统在突发断电后系统数据不能丢失,且要求系统具备软故障自动复位功能。在远程操作指令发出后,系统的响应时间不大于 1 s,现场设备不能出现误动作或拒动作。

4.7.3.9　"孙家岔龙华"智能排水系统设计

（1）多种控制方式

矿用本安型操作箱可以实现操作方式的转换、系统授权、显示故障信息、启停控制和手动控制设备功能。

① 自动方式：根据设定的上下限水位自动开启和停止水泵。

② 计算机控制（远控）：计算机下发命令开停水泵，低水位自动停止或可现场操作人员下停止命令。

③ 近控方式：通过井下操作台程序控制按钮开停水泵，低水位自动停泵或可现场操作人员下停止命令。

④ 纯手动方式：井下操作台不通过 PLC 控制水泵，而直接用面板上的开关来控制电机和出水阀。

当"操作允许开关"位于关位置时，面板上的所有按钮失效，"软启选择"主要是选择电机启动方式是"软启"方式还是"全压"方式。

（2）数据采集功能

通过超声波流量传感器采集主管路流量信号为：4～20 mA 或 modbus 通信。通过超声波水位传感器采集吸水井水位：量程为 0～10 m，信号为 4～20 mA。通过压力传感器采集泵出口压力及泵体内真空度信号为：4～20 mA。通过温度采集模块采集电机轴承及绕组温度信号为：PT100。通过 PLC 采集电动闸阀参数信号：无源接点或 4～20 mA。通过 PLC 采集开关运行状态信号：无源接点。PLC 预留与全矿井自动化平台的上传通信接口，支持 OPC 通信，并提供标准 PLC 点表。

（3）系统控制功能

系统通过水仓水位和每台水泵累计运行时间，在无人值守的情况下，按设定的规则，合理调度每台水泵自动启动或停止。在地面集控室，通过计算机控制每台水泵的启动、停止。在泵房通过现场的就地操作台上的按钮，通过按钮一键式控制各水泵的启动和停止。保留现有的分步手动控制方式，在 PLC 控制系统有故障时，依然能控制水泵运行。通过地面监控软件实现泵房变电所的高压开关柜的远程开、分合闸。

（4）显示功能

在地面控制计算机的显示屏上能够显示并记录：各水泵的工作状态、水仓水位、每台泵出水口的压力、每台泵的流量、入口真空度、各电动阀的位置、电机的工作电流、重要位置的温度等参数。在泵房操作台的触摸屏或现场仪表上能够显示：水泵运行状态、电机电流、启动时的真空情况、水仓水位。利用已有的传感器能够监测显示设备重要位置的温度。在地面监控软件上能显示、记录泵房变电所各个高压开关柜的各类电参数，并显示高压开关柜的开关状态、故障信息和保护状态信息等。

（5）保护功能

① 电机保护：当水泵启动和运行时，电机运行电流低于额定电流的 85% 或高于 120% 时，控制系统报警并停泵。

② 压力保护：当水泵启动和运行过程中，当出口压力低于额定压力时，控制系统停泵，并立即报警。

③ 温度保护：通过采集电动机轴承温度和定子温度，当温度超过 100 ℃时，控制系统立

即停泵并报警。

④ 流量保护：当排水管流量低于设定值，控制系统报警。

⑤ 阀门保护：出水闸门在开和关的过程中，长时间没有返回信号，控制系统立即停止阀门动作，并报警停泵。

⑥ 传感器自检：电流传感器、压力传感器和水位传感器等出现设备故障或断线的情况下，控制系统报警并显示传感器出现哪种故障。

⑦ 其他保护：对电动阀和电动闸阀等设备都有返回信号检测保护，当设备超时没有返回信号时，控制系统报警并做出相应措施。

（6）历史记录查询

记录各水泵的运行时刻和累计运行时间等参数；记录和查询电机电流、水仓水位实时数据曲线，便于设备分析。记录水泵的故障信息，并支持查询一年的设备故障信息。能够记录过去某时刻系统所处的运行状态，并记录操作员的操作过程。能通过矿局域网传送水泵控制系统的各种数据或运行图，使有权限的计算机能够查询。

（7）轮换工作功能

为了防止因备用泵及其电气设备或备用管路长期不用而使电机和电气设备受潮或其他故障未能及时发现，当工作泵出现紧急故障需投入备用泵时，而不能及时投入以至影响矿井安全，本系统程序设计了水泵自动轮换工作控制，控制程序将水泵启停次数及运行时间等参数自动记录并累计，系统根据这些运行参数按一定顺序自动启停水泵和相应管路，使各水泵及其管路的使用率分布均匀，当某台泵或所属阀门故障，系统自动发出声光报警，并在上位机上记录事故，同时将故障泵或管路自动退出轮换工作，其余各泵和管路继续按一定顺序自动轮换工作，以达到有故障早发现、早处理，以免影响矿井安全生产的目的。

（8）语音报警及通话功能

① 通话功能：按住"通话"按钮可实现对全线所有主站和分站的语音通话，松开按钮，通话停止；

② 打点功能：按住"打点"按钮可实现对全线所有主站和分站的打点报警，松开按钮，打点停止；

③ 语音播报功能：主站可根据外部接线控制情况，通过读取自身存储介质 SD 卡中的 MP3 音频文件，可实现本站单台语音播报或者全线语音播报；

④ 语音报警功能：设备启动、胶带保护动作时，信号器能进行语音报警；

⑤ 系统广播功能：语音主机可以接入工业以太网，地面监控室可以对胶带沿线所有信号器进行广播。

（9）实时视频监控功能

井下每个泵房配备两台高清网络摄像仪，摄像仪支持移动侦测、遮挡报警等功能，地面监控室值班人员能通过监控视频，实时了解井下泵房情况，监控视频能与机运集控中心大屏幕良好对接。

（10）机器人巡检功能

泵房增加机器人巡检，机器人携带烟雾传感器、高清摄像仪、热红外传感器、瓦斯气体检测仪等，能够 24 小时监视泵房参数，及时显示在上位机界面，当出现故障时给出声光提示。

（11）基于大数据云端的专家诊断功能

基于大数据云端建立专家数据库,当现场设备出现故障时,及时将数据反馈到数据库,经过专家诊断后,给出相应故障解决方案。

4.7.3.10 "孙家岔龙华"智能安全监控系统设计

（1）瓦斯灾害治理

矿井属于低瓦斯矿井,无瓦斯灾害。

（2）水害防治

具有水害智能仿真系统,并与矿井监测监控系统连接,实现水害的实时监测仿真与展示。

（3）火灾防治

矿井建设了束管监测就地抽气分析网络传输系统,实现对井下采空区自然发火情况的实时监测、数据分析及上传。

（4）顶板灾害防治

安装有顶板离层仪、锚杆测力计等装置,但监测数据还未实现自动上传、分析。

（5）粉尘灾害防治

采煤工作面、掘进工作面具备粉尘浓度自动监测装置,实现对粉尘浓度的实时监测、数据分析、上传及超限自动报警。

4.7.3.11 "孙家岔龙华"智能化园区和经营管理系统设计

① 通过三网联动智慧管理平台综合门户,建立统一的安全生产、物资、销售与经营等信息的综合资源集成门户。通过统一的信息资源平台,为公司决策层和业务操作层提供一个集中灵活的信息展现渠道和统一的网络应用入口。

② 通过统一身份认证与单点登录,根据用户权限,自动跳转至相应业务系统,并进行操作。

③ 使用统一移动应用平台,提供应用中心功能入口,用户可以根据不同角色按需分组、安装自己需要使用的移动功能,如安全生产业绩移动填报、销售移动分析等。

④ 实现三网联动智慧管理平台的基础数据的标准化,保证基础数据一致性,公共基础数据应包括物资编码、设备编码、产品编码、组织编码、人员编码、过程环节编码、工程项目编码、列支渠道编码、科目编码、工作地点编码等。

⑤ 集团、矿业公司、煤矿各级领导与业务人员通过安全生产、生产经营日清、物资供应、销售发运等各业务系统实现产供销财务各个环节的业务反映,实现产供销协同与业财融合,同时在各个系统之间实现数据共享与交换,如安全生产过程管理系统向生产经营日清管理系统传递原煤生产主要环节的业务量数据与工程量数据、物资供应管理系统向生产经营日清管理系统传递物资领用数据、安全生产过程管理系统向销售发运管理系统传递的洗选加工数据。建议基于企业服务总线和 ETL 实现系统之间的应用集成和数据集成。

⑥ 统一数据仓库,面向各级领导与专业部室提供综合分析与各主题分析。

4.7.3.12 "孙家岔龙华"智能选煤系统设计

（1）生产集控系统

选煤厂工艺系统的主要机电设备全部纳入集控,对煤流线上的参控设备进行集中联锁控制,对不参控设备进行远程控制或就地解锁控制。系统具有预告和设备禁启功能。可实现参控设备逆/顺煤流启/停灵活转换。事故处理功能,包括预告故障、启、停车故障,运行故障以及检测信号等故障的处理。故障诊断功能,借助 PLC 本身所具有的诊断功能,开发对系统主机、功能模块、通信线路等故障的诊断,并有历史记录。设备保护功能,对关键设备实现一级报警、二级停车功能,以保护设备、降低事故损失。监控系统的功能由上多台位监控计算机完成。建立互为备用的操作计算机,其中一台可作为工程师站,用于编程、修改参数、改变画面等操作。另外用于生产监控子系统的控制操作。同时,集控室室内除设置上位监控计算机系统、工业电视墙及主机外,要完善通信调度系统、完善专用可靠接地极一套。

(2)密度在线智能跟踪调整系统

根据选煤理论并利用数据挖掘思想和方法,进行重介分选过程工艺参数在线预测的知识挖掘,构建原煤密度组成实时预测模型,对来源和煤质都较为稳定的入洗原煤,利用在线灰分实时预测其密度组成,并通过拟合可选性曲线,预测精煤理论产率和三产品产量。

(3)洗水闭路循环自动控制

煤泥水处理同选煤厂技术经济指标和环境保护有着密切的联系,开展对选煤厂煤泥水系统的功能研究及应用,实现煤泥水系统的浓缩、沉淀、回收及自动闭环控制,符合国家的产业政策,是企业信息化的基础。

(4)压滤联机一建启动系统

建立精煤压滤、尾煤泥压滤机的多机联动系统,完成系统"排队、谦让"程序设计,实现入料、远方泵房、压滤机单机、滤液、运输系统一键启动。

(5)负载智能跟踪

洗煤在设计规范中的运输系统按照产品分配的 1.25 倍进行负荷选择,因此运输系统在煤质发生波动过程中皮鞭存在"大马拉小车"现象,带式输送机将始终按照额定功率运行,这样就导致了带式输送机长期运行在低于其额定负载的情况下,造成了电能损耗,这就为变频控制技术和永磁驱动系统的应用的节能改造提供了大量的空间。

(6)智能巡检系统

建设采集测温、振动等功能的巡检终端为主的感知层,以无线 AP 为中心的网络层,以选煤厂智能巡检软件系统为主的应用层,基于物联网技术的"三层合一"智能巡检系统。系统实时通过对数据的记录、统计、分析,完成对设备润滑、维修、更换等一系列管理活动的评估,及时发现问题并提出解决方案。以编码管理为手段,系统建立针对煤炭行业选煤厂的设备维修维护专家库,根据实时采集的现场设备运行情况,进行综合分析,参照已有专家库信息,形成解决方案并传输至巡检终端(PDA)上,对现场维修维护进行实时的专家技术支持,实现真正意义上的设备管理智能化。系统通过对巡检终端的二次软件开发结合无线 AP 网络和上层管理软件实现巡检工作的定人、定点、定量、定周期、定标准、定计划、定记录、定流程的"八定"巡查方式。

(7)煤质在线质量检测系统

积极推广在线灰分监测仪,机械化自动采样设备,商品煤汽车机械化自动采样装置,联合制样缩分装置。

(8)储装运(地销)管理系统

通过采用人工智能、物联网编码、视频抓拍、监控定位等技术,实现封闭式智能流程管理,提供多维度防作弊设计,完善原有的计量流程,弥补人工管理的不足、提高发运效率。建设"流程一体化、智能环保化"的高效储装运管理系统。

（9）浮选自动化系统

目前全面实现浮选自动化,在国内外尚无成功先例,主要原因集中在入料煤质(粒度组成、煤质特性)、入料浓度,浮选精矿、尾矿质量无法实现在线实时检测,还包括药剂的及时适应性。目前能够做到的主要是 PLC 控制系统根据"浮选入料流量"和"浮选入料密度"的变化及时调整加药量,保证自动加药的准确性和及时性,且可对自动加药量进行微调;在原煤煤质或浮选药剂发生变化时,只需适当调整吨煤泥加药量即可,相对降低工人劳动强度。

（10）装车自动化系统

在现有装车的基础上,探讨实现高效自动化装车,采取先进的仪表作为计量控制的切入点,完善车辆识别系统、定位系统、完善装车牵引、胶带运输、给煤设备控制系统,研发自动装车系统,实现远方自动化装车。

（11）选煤厂的计质计量系统

对全厂的物流进行全面的数量、质量检测,从入厂原煤、生产过程中各种中间物、各种生产工艺参数直到各规格出厂产品通过各种传感器或仪表自动检测,并通过 PLC 控制网络采集、上传给管理网络,形成各种形式的报表,供选煤厂领导和管理人员分析、判断、决策使用。

（12）视频随动

智能视频监控系统的硬件以工业型微机(工业型 MCS)为核心,与控制器(PLC 或回路调节器)及现场检测仪表等组成;其软件系统由层次化、模块化的应用软件和局部通信网络组成。

4.7.3.13 "孙家岔龙华"双重预防安全管控系统设计

安全双重预防大数据平台是基于《企业安全生产双重预防机制建设规范》(T/CSPSTC 17—2018)研发的。支持《煤矿安全风险分级管控和隐患排查治理双重预防机制实施指南》(DB 37/T 3417—2018)和《陕西省安全生产委员会办公室关于进一步加快实施安全生产风险分级管控和隐患排查治理双重预防机制建设工作的通知》(陕安委办〔2018〕20 号)。

系统功能包括:

① 集团公司"1＋2"安全风险辨识评估、二级公司"2＋2＋4"安全风险辨识评估、矿井"1＋8＋8"安全风险辨识评估。

② 集团公司"6＋3"隐患排查治理模式、二级公司"3＋1"隐患排查治理模式、矿井"1＋3＋1"隐患排查治理模式。

③ 安全标准化考核过程中进行风险辨识和隐患排查治理。

④ 风险分级管控:四色分级管控;全面支持基于1＋8＋8 相关考核评估表的自评模块;支持风险分级审核,对风险支持流程化管理;风险分级管控,根据不同风险等级设定不同的管控责任人;风险管控记录,支持风险的管控记录进行系统化管理;风险附件资料管理。

⑤ 隐患排查治理:全面支持1＋3＋1管控体系;支持矿上各专业和班组独立管控隐患;集团模式隐患排查体系;支持隐患下达,整改,复查流程化闭环管理;隐患附件管理;隐患奖罚记录。

⑥ 风险点,风险源作为核心贯穿整个安全系统。风险点采用层次化分类设计,逐级管理,统计分析隐患与风险。

⑦ 风险辨识,支持计算器模式评估,同时支持 LEC 法和矩阵法。

⑧ 风险地图、隐患地图。采用 GIS 图形化技术设置风险区域图,对风险和隐患可进行

快速的可视化定位与分析,快速查看明细风险和隐患信息。

⑨ 风险、隐患多维度的统计分析、报表、图形显示。

⑩ 风险、隐患预警,微信消息推送、首页滚动提醒、图表预警。

4.7.3.14 "孙家岔龙华"设备全生命周期管理系统设计

为了能够实现设备的动态、可视化管理,并能够以友好、直观的方式展示给用户,设备管理及在线监测系统设计有如下功能:设备档案管理,设备的调拨、转移、报废、变动管理,运行及维修管理,统计报表,备品备件管理等一系列管理事务;提供设备台账查询、设备卡片查询,设备管理员可以随时了解各种设备的调拨、转移、报废、变动、事故、维修、检验、技术资料、现在所处地点、运行状况、设备状态等所有信息;实现设备运行状态的在线监测,特别是大型固定设备的在线监测和主要设备的在线集中控制等,能够实现一级、二级管理层对在线检测的数据查询与观察,三级进行检测与控制等。

4.7.3.15 "孙家岔龙华"机器人系统设计

(1)带式输送机自动巡检机器人

带式输送机自动巡检机器人集合了高清视频采集、音频采集、气体采集、温度采集、热成像采集、激光轮廓扫描等先进功能,带有自动驱动,实现在固定轨道自动行走。

· 移动巡视平台

机器人本体搭载有本安型云台摄像仪和本安型双光谱云台摄像仪,实现人工巡检的"看",本安型双光谱摄像仪采用30倍光学调焦可见光摄像和10倍变焦720P像素红外热成像,安装于机器人本体前端,能够实时采集沿轨道方向的整体巷道现场工况,实现煤矿巷道现场的整体全方位可视化监控。

本安型双光谱云台摄像仪集成了云台、红外热像仪、可见光摄像机及补光灯,整体采用本安设计,实现了巷道内各个角度不同重点设备的图像采集,如带式输送机托辊、胶带面、电机、辊筒、巷道电缆和管路、仪表、阀t体等。

巡检机器人采用非接触式红外热像测温仪,通过捕捉设备辐射的热红外线,能够准确检测设备表面各个温度数值,并形成热视图像,直观展示设备温度分布情况,快速定位高温故障点。如滚筒、电机、带式输送机托辊的转轴温度。

搭载双光谱摄像机,直接显示检测胶带设备温度,通过温度值判断异常故障。

本安型云台摄像仪搭载在机械臂上,可实现上下胶带之间图像采集与分析。

利用麦克风阵列检测设备损坏,麦克风阵列原理:巷道同时有许多声源或包含许多振动发生部件的复杂声源情况下,为了确定各个声源或振动部件的声辐射的性能,区分托辊损坏声源,并根据他们对于生产的作用加以分等而进行的测量与分析。人们的听觉器官就是非常好的识别噪声源的分析器,配合头部扭动运动就相当于一个搭配了运动机构的双麦克风阵列,具有方向性辨别、频率分析等能力。采用16组麦克风阵列检测设备损坏声音识别。

搭载CD4气体传感器,用于检测环境中一氧化碳、甲烷、氧气等气体浓度,实现超限预警。

搭载高分贝扬声器,实现双向对讲功能及故障后,语音自动提示功能。

搭载烟雾探测传感器,检测环境中烟雾浓度,超限预警,防止火灾事故的发生。

搭载避障传感器,实现自主避障安全运行。

通过传感器实现自动换向、限位停止、定点校正功能。

采用高精度 3D 激光轮廓扫描仪实时监测巷道顶板、底板、侧帮变形。

• 无线通信

采用定向无线模式,在巷道内实现大数据无线传输及信号覆盖,实现对移动中机器人内部采集信息的实时回传。定向传输最远距离可达 2 km,传输速率最大可达到 30 Mbps。

• 自动充电

根据轨道长度预设电量值,当电量低于预设值时,机器人自动返回充电位置,到达充电位置后,限位开关闭合,主控制器给电源触点控制端发送充电命令,电源触点控制端开始对机器人进行充电。

采用本安型电源箱作为充电来源,在接触状态下,实时判断电量状态,当电量低于预设值,实现对机器人内部电池进行充电。

实现了机器人连续运行状态,实现了机器人自动补充电能,保证了安全性。

• 空间适用性

巡检机器人得益于全新的驱动结构设计和最先进的 WiFi 无线技术,能够广泛地适用于各种环境复杂、空间狭窄的煤矿巷道和生产站区进行智能巡检。巡检机器人水平拐弯半径仅 1.5 m,垂直拐弯半径 2 m,最大爬坡倾角可达 40°,能够在大倾角、长距离的煤矿巷道,代替巡检工长时间进行往复巡检工作;在设备密集、管路布置错综复杂、巡检通道狭小的场站区,或者有易燃、易爆、有毒腐蚀性气体等不适宜人工作业的危险环境,巡检机器人可以代替人工巡检,将轨道凌空架越,不占用地面空间,降低对设备运行和管路布局的影响,完成日常巡检工作。

• 轨道系统

采用工字型轨道。此轨道标准化型材,轨道表面有防锈处理,是巡检机器人的主体支撑轨道。现场轨道规定可采用带式输送机架固定方式或锚杆固定方式两种形式,固定间隔不大于 6 m。

(2)地面无人机巡检系统

M210 V2 系列飞行平台延续可靠耐用的机身设计,为严苛环境而生,旨在进一步提升空中作业生产力。M210 V2 系列设计紧凑,扩展灵活,智能控制系统与飞行性能显著优化,新增飞行及数据安全等功能,为多个行业提供专业解决方案。M210 V2 系列飞行高度 500 m,飞行半径 8 km,飞行时间 34 min,最大水平飞行速度 81 km/h(最大起飞质量 6.14 kg,工作环境温度为 −20～50 ℃)。

• Fida-Z30 可见光相机

Z30 配备 30 倍光学变焦镜头和 6 倍数码变焦功能,将百米之外的景物清晰呈现在你眼前。29～872 mm 等效焦距镜头让你在广角和远摄之间轻松切换。在检测电塔、风力发电机时,飞行器无须接近设备,在远处即可观测和记录设备细节。Z30 不仅提升了检测效率,降低操作难度,而且避免潜在的碰撞事故,让检测工作更安全。

• 便携双光版无人机

① 精确、全面的信息记录。可记录多维度信息,通过还原细腻生动的现场,为你提供及时的决策支持和全面的数据。

② 高性能图传。全新设计的 OcuSync 2.0 图传提供远达 8 km 的控制距离和 1 080p 高清画质。双频自动切换技术带来更强的抗干扰性,画面传输更稳定。

· 全面记录

在视频与照片上记录拍摄时的 GPS 坐标和时间,信息丰富,数据可信,便于后续归档及取证。

· 其他功能

拉近现场,但远离险境。便携变焦版在方寸之间集成 3 轴云台和 1/2.3 英寸 1200 万像素传感器,同时支持 2 倍光学变焦、3 倍数码变焦,让你在远处获取清晰的影像。高级辅助飞行系统(APAS)3 可自动规划飞行轨迹,帮助飞行器绕过航线上的障碍,让你在复杂环境下也能专注于任务执行。变焦版将性能与便携性提升至全新高度,让无人机成为你日常工作的得力助手。精密的飞行科技与行业定制软硬件结合,全面拓展视觉度与广度,为安防、巡检、建筑等领域的专业用户提供全局洞察力。飞行高度 500 m,飞行半径 8 000 m,飞行时间 32 min。从容应对多种任务。

· 密码保护

支持密码保护,输入密码方可获得飞行器操作与内置内存读取权限,保障设备与数据安全,防止敏感信息泄露。

· 智能避障

全新升级的 FlightAutonomy 提供全向感知 2 及智能避障功能。飞行器的 6 个面分别配备视觉或红外传感器,进行辅助定位与障碍感知,在狭窄、复杂的环境下提供更高的安全保障。底部新增 LED 补光灯,在低光环境下自动开启,协助视觉定位,并保障安全降落。

· 图传系统

将无人机画面通过 4G/5G 网络实时传输至指挥中心大屏,便于领导对现场的指挥。

4.7.3.16 "孙家岔龙华"VR 安全教育培训系统设计

(1)煤矿安全警示教育体验区

在煤矿安全事故体验区,通过穿戴 VR 头盔及使用操作手柄,可在逼真的煤矿 VR 虚拟现实场景中漫游交互,让体验者身临事故现场体验各类常见重大煤矿安全事故的发生过程,强烈的视觉及震撼体验冲击极大地。

该区可体验 9 种井下事故,分别为:片帮冒顶事故体验;井下火灾事故体验;井下透水事故体验;冲击地压事故体验;井下飞车事故体验;高空坠落事故体验;井下触电事故体验;机械挤压事故体验瓦斯爆炸事故体验。

(2)煤矿灾害应急救援演练区

在煤矿灾害应急救援演练区由煤矿 VR 急救训练和煤矿 VR 火灾应急避险演练 2 部分组成。VR 应急救援训练系统,可以有效地解决传统训练的不足,能真实模拟煤矿井下急救作业环境,可以使得救护队人员身临其境地进行规范的学习和训练操作。将心肺复苏训练和急救包扎训练的每一个细节拆分,把学习人员每一步的操作进行量化,实时监测记录各类数据(按压频率,按压幅度、人工呼吸次数、止血部位、包扎手法、包扎固定、生命体征等),系统经过数据综合分析给出科学的评价,从而帮助学习人员纠正错误,达到快速系统训练的目的。煤矿 VR 火灾应急避险演练,有效训练员工在虚拟火灾现场选择和正确操作使用不同灭火器材灭火的技能,身临其境体验瓦斯爆炸事故的发生过程;同时训练员工正确使用自救器,快速分辨避灾路线撤离火灾危险区域。

(3)煤矿岗位技能操作训练考核区

　　十五工种安全风险辨识及防控:打眼工;爆破工;采煤机司机;刮板输送司机;胶带输送司机;井下电钳工;掘进机司机;锚杆所支护工;耙装机司机;小绞车司机;支架工;转载机司机;井下探水工;信号把钩工;冲击地压。该系统分为学习和考核两种模式,在逼真的煤矿岗位3D虚拟现实场景中各安全风险以卡通的怪物形象出现,有火魔、电魔、瓦斯魔、水怪、机械怪、石头怪等,体验者通过VR一体机和操作手柄模拟手枪射击怪物的方式,身临其境体验和学习重点工种岗位的安全风险和防范措施。安全风险视频学习完毕后,在训练考核模块里体验者面前摆放有四杆枪,代表四个不同的防范措施选项,只有拿起正确的防范措施的枪才会射出真子弹消灭安全风险怪物,否则怪物会越来越近直至眼前并发威攻击体验者,惊险刺激增加了学习的趣味性,强烈的视觉及体感冲击极大地提高了安全警示教育的效果。

5 智慧矿区的智能化管理体系

5.1 绪论

5.1.1 智慧矿区建设的背景及意义

为深入推进煤炭行业供给侧结构性改革,推动企业结构优化调整,实现供需基本平衡和煤炭行业效益的提升,国家陆续推出相关政策,推进煤炭行业数字化转型建设,并明确了先进、少人、提效是智能化煤矿的主攻方向。

2016 年 6 月,国家发展改革委、国家能源局编制的《能源技术革命创新行动计划(2016—2030 年)》中指出"提升煤炭开采效率和智能化水平,研发智能化工作面等技术,到 2030 年重点矿区基本实现工作面无人化"。2020 年 2 月,国家发展改革委、国家能源局等八部委联合发布《关于加快煤矿智能化发展的指导意见》,提出"煤矿智能化是煤炭工业高质量发展的核心技术支撑,对于提升煤矿安全生产水平、保障煤炭稳定供应具有重要意义",这标志着煤矿智能化建设上升为一项国家层面的重点工作。2020 年 12 月,国家能源局、国家矿山安全监察局印发《智能化示范煤矿建设管理暂行办法》和《煤矿智能化专家库管理暂行办法》,规范了智能化示范煤矿在申报、建设、验收、监督及专家人员等方面的管理工作。2021 年 3 月,国务院发布了《中华人民共和国国民经济和社会发展第十四个五年规划和 2035 年远景目标纲要》,提出"要围绕强化数字转型、智能升级、融合创新支撑,促进数字技术与实体经济深度融合,赋能传统产业转型升级,在智慧能源等重点领域开展试点示范"。

根据上述计划、纲领和指导意见等文件精神,加快煤炭企业的"两化"融合建设,促进煤炭企业转型升级,已成为煤炭行业发展的必然趋势。在此背景下,煤炭行业各企业如何借助新一代信息化、智能化技术带动工业化跨越发展,进一步优化企业资源配置,降低企业运营成本,提高企业竞争力,已成为须解决的重要问题。

"十四五"期间,国内煤炭工业领域数字化转型将进入实施阶段。大数据、云计算、物联网等更为高级的数字化技术将在煤炭工业领域得到广泛应用。云计算、物联网、大数据、移动互联网和智能终端等新一代信息技术的应用将催生大量新业态、新模式和新产业,将有效促进煤炭企业的数字化转型,实现生产环节的工艺创新和过程创新,提高自动化生产水平和生产效率,实现管理环节的商业模式创新、管理方式创新、营销创新和品牌创新,提高煤炭企业生产效率和资源配置效率。在此条件下,基于现代管理理念和新一代信息技术,将物联网、云计算、大数据、人工智能、自动控制、移动互联网技术、机器人、智能化装备等与现代煤矿开发技术深度融合,建立智慧矿区,可以形成矿区全面感知、实时互联、分析决策、自主学习、动态预测、协同控制的完整智能系统,并实现矿区开拓、采掘、运通、洗选、安全保障、生态保护、生产管控等全过程智能化运行。

智慧矿区的建设,不仅有助于矿区企业基础网络、数据中心、技术平台、应用系统、保障体系和数据服务的逐步完善,而且整体上可以形成平台化技术架构、一体化应用系统、专业化组织保障和共享化数据服务,具有智能化生产、透彻化感知、可视化管理和数字化决策的能力。此外,通过智慧矿区的建设与深入应用,不但可以实现煤炭企业从传统管理模式向智能化管理模式的跃升,在国民经济各行业中达到先进的管理水平,还可以实现生产的自动化与远程化、资源的精益化、安全的智能化与超前化管控,对于加快推进煤炭行业数字化转型建设,进一步推动企业结构优化调整,促进煤炭行业供给侧结构性改革,实现煤炭安全、智能、绿色开发和实现企业经济效益、环境效益、社会效益的统一具有非常重要的意义。

5.1.2 陕北矿业智慧矿区建设概况

(1) 智能化管控平台建设

"十三五"期间,陕北矿业公司建立矿区端工业互联网平台,建设了"1+8"一体化区域协同管控云平台,实现了对8个下辖矿井的人、机、物的跨设备、跨系统、跨地域的全面互联互通,构建起互联互通的安全生产和服务体系,目前已实现130个数据源、106个系统接口的融合对接,15个通信协议标准化的转换和1 000余个物模型的构建。

以矿井地质"一张图"为基础,建设陕北矿业公司全范围的主要业务集成、重要数据共享、智能分析管控一体化的安全生产信息共享平台。该平台集成了综合调度、安全管理、生产技术等13个专业领域的应用服务,可以实时采集安全监控、人员定位、生产辅助自动化系统等7类子系统的数据,实现了陕北矿业公司以图管矿、预测预警、集中管控的目标。

(2) 智能采掘系统建设

截至2020年底,陕北矿业公司已建设完成了14个智能化综采工作面,分别包括红柳林矿井3个智能化综采工作面、柠条塔矿井3个智能化综采工作面、张家峁矿井3个(含14301薄煤层工作面科研项目)智能化综采工作面、韩家湾矿井1个智能化综采工作面、涌鑫安山矿井1个智能化综采工作面、中能袁大滩矿井2个智能化综采工作面和孙家岔龙华矿井1个智能化综采工作面。智能化综采工作面生产班平均作业人员减至5~7人,煤机自动化割煤速度平均可达7 m/min,自动化开机率平均保持90%以上。

红柳林全矿井3个综采工作面均实现常态化智能化生产,15205工作面是我国首个7 m大采高智能化综采工作面,工作面平均推进速度达到7 m/min,自动化平均生产率达到90.79%,最高自动化生产率97.7%,生产班平均人数不超过6人,实现了"少人则安、减人增效"。

韩家湾矿井214201工作面是全国首个中厚煤层"110工法+智能化"综采工作面。2020年3月份开始试采,日推进度最高达15 m。工作面以"切顶短臂梁"为理论支撑,采用切顶自成巷110工法,实现了采区内安全无煤柱开采。其中,工作面液压支架能够自动跟随采煤机完成降移升及推溜;采煤机通过记忆割煤功能可自动调整摇臂高度;利用采煤机LASC(澳大利亚综采长壁工作面自动控制委员会)惯性导航系统,实现了工作面自动调直功能;建立了集成单机控制系统的井下顺槽集控中心,实现了对主要设备的一键启停控制。通过"110工法+智能化"的融合应用,相比传统掘进工艺,韩家湾矿井214201工作面减少掘进费用235万元,多回收煤柱约8万t,增收经济效益约2 400万元,智能化生产班编制仅为 8 人,在提升经济效益的同时也降低了安全风险。

孙家岔龙华矿井 20112 工作面目前已实现采煤机记忆割煤、支架跟机自动化、远程一键启动等功能。支架电液控制器采用智能型网络控制器,集成了网络、视频、定位、传感等功能。

张家峁、红柳林、柠条塔、孙家岔龙华矿井分别建设了一个全断面掘锚一体化装备快速掘进工作面。该全断面掘锚一体化装备快速掘进工作面在保持进尺的前提下满足了掘支平衡。同时,各矿井在现有设备基础上持续优化支护及运输后配套装备。

张家峁快速掘进系统采用"掘锚一体机＋锚杆转载机组＋长跨距转载机组",通过建设掘进工作面数字化监控系统,实现了工作面三维可视化远程集控、全息感知与场景再现;通过安全监控、实时视频、人员精确定位(电子围栏)、无线通信等系统的后续建设,达到了远程监控掘锚一体机与锚杆钻机协同作业、可视化集中控制带式输送机等功能。截至 2020 年 10 月,月进尺突破 2 700 m,创出新高。

（3）智能化辅助运输系统建设

陕北矿业公司下辖各矿井均采取信息化技术手段管理井下运行的无轨胶轮车,目前都已实现现场测速、精确定位及无线通信等功能,张家峁矿井正在建设基于智能终端设备的井下网络约车和智能调度派车系统。

（4）智能化通风系统建设

陕北矿业公司下辖各矿井均已实现远程实时监测主要通风机运行状态和工况。其中,张家峁和韩家湾矿井已建成智能通风综合管控系统。该系统包含了图形化建模、实时网络解算、智能决策、风量远程定量化调节、多点移动式测风、局部反风和智能局部通风等技术,整体提高了通风管理的自动化、信息化和智能化水平。此外,该系统还能够超前感知预警通风事故,及时采取防灾减灾措施,防止风流异常和有害气体超标,避免了瓦斯、火灾、煤尘爆炸等事故的发生,提高了通风系统可靠性及抗灾变能力。

（5）智能机器人应用

在智能机器人应用方面,巡检机器人已在红柳林选煤厂实现应用;柠条塔矿井已应用带式输送机巡检机器人、管路安装机器人、危险环境侦查机器人;张家峁矿井已应用矿区无人机系统及扫地机器人;韩家湾矿井已应用带式输送机巡检机器人。目前正在建设安山变电所巡检机器人、中能带式输送机巡检机器人及变电所巡检机器人。

（6）智能安全监控系统建设

陕北矿业公司下辖 8 个矿井的安全监控系统目前已全部按要求完成升级改造,公司调度室可实时采集各矿井数据,随时掌握本矿井的安全生产环境信息。

此外,建设了陕北矿业公司及各矿井的双重预防机制信息化管理平台,对标最新标准化管理体系,引入"信息化＋安全管理"创新模式,将 24 类风险划分为 4 种状态,采用 7 种针对性措施进行预防与管控,结合安全监控、人员定位系统,向信息化终端智能推送各风险点风险和预防措施,目前已实现透明化、实时化、集中化的安全管控,形成了陕北矿业公司和矿井两个层面的双重预防信息"一张图"。

（7）智能化选煤厂建设

陕北矿业公司自 2018 年起,以张家峁矿井智能化选煤厂为标杆,陆续对其他单位选煤厂进行了智能化升级改造。截至 2020 年底,已完成红柳林矿井 1 000 万 t/a、韩家湾矿井

300 万 t/a 的智能化选煤厂改造项目;柠条塔矿井 1 800 万 t/a 和安山矿井 300 万 t/a 两座智能化选煤厂正在建设中。

（8）智慧矿区建设

陕北矿业公司推进经营、生活管理智能化应用,建设了产、供、销三张网络和煤炭产供销全过程财务实时管理平台,实现了制造、供应、销售等信息的数据一体化集成。

陕北矿业公司是陕西省首批"智慧工会"建设的试点单位,"智慧工会"包含工会维权服务、网上练兵、"双创"工作、职工之家建设、工会协调办公等功能模块,实现了"一键找到工会,上网就找到工会服务"的目标。

张家峁煤矿、柠条塔煤矿、红柳林煤矿通过车号识别系统、防冻液喷洒系统、装车智能化系统、整平压实系统、抑尘剂喷洒系统优化、集成,实现降低工作强度和安全隐患的效果,提升了工作效率。

柠条塔煤矿探索建设智能后勤系统,主办公楼引入智能机器人,实现迎宾接待、智能导览、人脸识别、语音交互。张家峁煤矿探索通过无人机技术,实现智能安防（地面安全检查）,覆盖范围增大,管理效率提高。

神南产业公司"煤亮子"平台利用区块链等先进技术,服务上游厂商 4 000 多家,下游终端客户 515 家,煤亮子商城上架商品 15 万余种,累计实现销售收入 23 亿元。

5.1.3　陕北矿业智慧矿区建设原则

为全面指导陕北矿业公司智慧矿区建设进程,统筹协调信息技术的应用与推广,经过深入诊断、分析矿区管理和信息化现状,结合陕煤集团公司发展战略目标与指导思想,陕北矿业智慧矿区的建设应主要遵循以下原则。

（1）统一标准和规范

系统的互联互通关键是对标准的遵循程度。无论是矿区或矿井的智能化建设,由于多种控制、监测、管理系统的并存,同时要实现业务整合及数据融合等建设,必须实行统一的数据标准、业务标准和流程标准。平台是标准的贯彻手段。

（2）统一规划和分步实施相结合

统一规划的目的是保证多系统建设的一致性和完整性,是从上至下的建设理论和思想。而分步实施是从下向上的,其难点在于保证"一张蓝图"绘到底的技术和能力。

（3）兼顾创新性和成熟性

充分考虑陕北矿业公司及下属矿井信息系统的现状,既考虑发展趋势和先进性,又要考虑采用成熟、实用、可靠的产品,同时兼顾经济性。既要能够满足当前需求,又要能够适应未来的发展需要。

（4）构建数据采集、融合和分析能力

扩大数据采集范围,推动业务数字化,建立数据共享共用机制,加快推动系统间、各层级、内外部数据的互联互通和共享聚合。此外,需要改造、整合现有各类软件,解决软件之间的数据互联问题,为决策提供数据支持。

此外,考虑到陕北矿业公司当前的信息化现状和信息化需求,并根据陕北矿业智慧矿区建设的战略目标,以及信息化建设过程中面临的风险与保障措施,在针对陕北矿业智慧矿区进行方案设计时,应遵循以下几个方面的原则。

（1）总体规划与陕北矿业公司战略相结合

要把支撑陕北矿业公司发展作为智慧矿区建设工作的出发点，把数字化规划作为企业发展规划的组成部分，建设"智慧矿区"，确保数字化发展与陕北矿业发展战略目标相一致。

（2）总体规划要与新"四化"建设相结合

总体规划要纵向实现陕北矿业公司与所属矿井的上下贯通，横向实现各业务系统的信息共享和数据交换。推动"机械化、自动化、数字化、智能化"新四化建设。

（3）总体规划要与云大物移智等最新技术相结合

利用云大物移智等最新技术，进行智能化矿区、智能化矿井等创新规划，实现信息精准化采集，网络化传输，可视化展现，智能化操作。

（4）总体规划要与"三个对标"相结合

总体规划要达到"与时代对标、与先进对标、与世界一流对标"，构建覆盖"陕北矿业公司-下辖矿井"各级管理与生产各个环节，并且国际一流、国内领先的全公司数字化转型支撑体系。

（5）智慧矿区建设工作与管理提升相结合

要把促进管理提升作为数字化智能化建设工作的切入点，坚持数字化智能化建设与企业管理的深度融合，充分发挥数字化转型对管理提升的促进作用。

（6）智能化建设与深化应用相结合

要把推进深化应用作为智能矿井建设的落脚点，坚持建设与应用并重，充分体现数字化转型效能，促进数字化智能化水平的持续提升。

（7）智能化发展与信息安全相结合

把保障信息安全作为矿区智能化发展的支撑点，坚持信息安全防护措施与信息系统建设同步规划、同步建设、同步运行，确保矿区智能化发展安全可控。

（8）智慧矿区实施与已有信息系统相结合

应尽可能地保护和利用已有数字化智能化投资和历史数据，充分考虑已有的系统架构及信息化软件系统功能，减少对下属各矿井生产和日常经营管理带来的不利影响。

5.1.4　陕北矿业智慧矿区建设的依据

目前，我国智慧矿区建设处于起步阶段，管理体系、技术架构和建设理念均不完全成熟和规范统一，依然存在网络通信协议和数据接口兼容性不足、先进装备与智能化技术配套融合不畅等问题，严重制约了智慧矿区的深入建设与快速发展。

为建设具有智能化生产、全面化感知、可视化管理、数字化决策的陕北矿业智慧矿区，需要借助煤矿智能化标准体系构建思路，按照信息化项目建设的标准化流程及方法，基于已有的相关国家标准和行业标准，作为陕北矿业智慧矿区建设的基本依据，这将有助于从根本上构建和完善具有通用性的智慧矿区顶层设计，并有利于陕北矿业智慧矿区建设的深入推进和广泛应用。总的来说，陕北矿业智慧矿区的建设不但要遵循煤矿智能化相关标准，而且要遵循信息化建设的已有标准。具体来说，在煤矿智能化建设方面，陕北矿业智慧矿区建设需要遵循如下所示的相关标准。

（1）矿区通用基础标准

首先，依据煤矿智能化相关标准的概念、术语、定义和标准范围，明确煤矿智能化的研究对象、数据来源、业务边界和层级关系。在此基础上,针对矿区及矿井侧存在的各类多源异构数据,具有统一的数据描述、数据定义和数据存储方式及规范;其次,煤矿主要生产环节的智能化功能性设计、保障类设计和配套厂区设计需要根据生产工艺、矿山地质环境等因素条件,进行规范化的功能性和适用性设计;最后,根据自身的地质条件和技术成熟度情况,具有一套适用于本矿区的技术及管理评价标准,以便能够客观地评价智慧矿区建设的智能化水平,指导矿区及各下辖矿井企业未来的智能化建设工作。

(2) 矿区平台软件的技术标准

针对矿区基础云平台及相关应用平台软件的建设,需要满足统一和规范的技术标准。首先,具备规范的数据标识、具有良好兼容性的通信协议解析和数据交互等标准;其次,针对大数据的预处理、大数据资产管理和大数据分析等方面,具有标准规范的数据管理流程、大数据分析流程、数据建模流程和数据共享流程等;再次,在云边端协同方面,具有统一、开放的边缘计算服务、云计算服务和云边端协调管理的服务标准;最后,针对矿区侧各类软件平台的应用,统一平台应用开发环境,规范平台软件交互规则、智能化应用服务规范和三维可视化等各类应用的软件开发方式。

(3) 矿山工业互联网标准

基于工业互联网的标准体系,矿山工业互联网需满足低时延、高可靠性连接等基本要求,并支持4G、5G和WiFi等不同网络的互联互通。在此基础上,满足矿区侧和矿井侧企业之间调度通信的技术标准、矿井侧定位的网络标准和矿区侧企业的信息安全标准,并规范矿区内定位服务系统接口协议、控制软件与网络协议的安全防御及相关技术要求。

(4) 矿区智能控制与装备标准

针对矿区内不同矿井的综采、掘进、机电、运输、通风、洗选、供电智能化系统及其装备、煤矿机器人机及传感器设备,按照《智慧矿山信息系统通用技术规范》《煤炭工业智能化矿井设计标准》《矿井感应通信系统通用技术条件》等智能化煤矿相关标准,规范矿区的智能化系统、共性关键技术、装备及检验规则的应用。

(5) 矿区安全监控标准

针对矿区内各煤矿地质环境、通防安全、电器设备、人员安全和应急救援的监测监控及管理,参照《煤矿安全监控系统通用技术要求》等国家和行业标准,对实现智能化过程中涉及的技术条件、性能指标、检验规则和实验方法进行规范标准。

(6) 矿区生产保障标准

针对矿区企业的决策管理及智能化信息系统建设,参照《智慧矿山信息系统通用技术规范》的国家标准、相关行业标准和地方标准,对智慧矿区的人员管理、工作流程管理、决策管理和信息系统应用管理模式进行规范管理。

在建设陕北矿业智慧矿区的过程中,除需要依据上述煤矿智能化建设标准之外,还需要遵循信息化建设的已有标准。信息化系统软件的研发是信息化建设和智慧矿山建设的重要组成部分。为了能够规范利用信息化系统软件的手段,实现智慧矿区的智能化应用,在信息化系统软件的研发过程中,还需要遵循如下标准及相关标准、规范和指南等。

① 《计算机软件开发规范》(GB 8566—88);

② 《计算机软件产品开发文件编制指南》(GB 8567—88);

③ 《计算机软件测试文件编制规范》(GB 9386—88);

④《信息处理　程序构造及其表示的约定》(GB 13502—92)；

⑤《软件维护指南》(GB/T 14079—93)；

⑥《信息安全技术　Web 应用安全检测系统安全技术要求和测试评价方法》(GB/T 37931—2019)；

⑦《信息安全技术　数据库管理系统安全技术要求》(GB/T 20273—2019)；

⑧《信息安全技术　政府网站云计算服务安全指南》(GB/T 38249—2019)。

5.1.5　陕北矿业智慧矿区建设目标

5.1.5.1　总体目标

陕北矿业智慧矿区通过全面数据采集、全过程的数据管理、混合云化架构、融合化应用系统，形成平台化技术架构、一体化应用系统、专业化组织保障、共享化数据服务，建设"运营一大脑，矿山一张网，数据一片云，资源一视图"和八大应用系统，形成"1＋3＋8"架构的覆盖生产、生活、办公、服务各个环节的煤矿综合生态圈。向上服务陕煤股份业务平台，对下实现矿井透视化管控、对外实现业务协同，对内实现融合分析，最终全面实现智能化生产、全面化感知、可视化管理、数字化决策的智慧矿区。智慧矿区建设总体目标如图 5-1 所示。

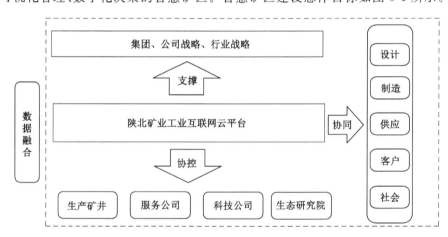

图 5-1　智慧矿区建设总体目标

智能生产(采掘)目标：所有采煤工作面(除沙梁外)全部实现智能化开采；掘进工作面实现智能化高效快掘装备系统；所有生产辅助系统全部实现智能化运行；固定岗位实现无人值守，机器人巡视；支、喷、钻等危险岗位实现机器人作业。

智能矿井目标：基于智能化综合管控平台，围绕监测实时化、控制自动化、管理信息化、业务流转自动化、数字模型化、决策智能化的目标，实现煤矿地质勘探、掘进、开采、运输、通风、排水、供液、供电、安全防控、园区管理、经营管理等各业务系统的数据融合与智能联动控制，红柳林、柠条塔、张家峁矿井实现高级智能化矿井，选择示范矿井打造行业标杆智能化示范矿井；韩家湾、涌鑫安山、中能袁大滩、孙家岔龙华矿井实现初级以上智能矿井。

智慧矿区目标：基于矿区智能化综合管控平台建设，围绕矿区"人、财、物"数据实时上传，实现数据共享、智能分析，为区域协同、生产安排、分布式调度、物资调配、业务管理、职工生活等提供智能解决方案，实现"生产智能化、运营精细化、管理标准化、决策科学化"的发展目标。

5.1.5.2 分项目标

陕北矿业智慧矿区以提升四项核心目标为中心开展智能化建设,构建生产、安全、资产、物资、项目、销售、经营、组织八个二级管控系统,全面实现生产、管理数字化、信息化目标。

四项核心目标:

(1)提升矿区核心管控能力

重点提升对矿区战略的控制及决策能力,对生产、运输、销售全过程的平衡协同能力,对物资采供及供应商和客户关系的统一管理能力,对人力资源的资源整合能力,对投资、资金、财务、成本的控制能力,对共享服务及其他专业业务的管理能力。

(2)建立信息化标准体系

重点推动建立统一的标准化业务流程、基础设施标准、技术支撑标准、安全保障标准、管理服务标准以及标准化考核体系。

(3)加强信息化运维服务能力

培养专业化的系统运维队伍,确保从开发到运维的平稳过渡及后续的高质量服务,保证信息化运维管理与服务能力的可持续发展。

(4)构筑专业信息化应用系统

实现纵向贯通、横向整合和信息共享,对各类资源实行数字化精细描述、信息化精准管理、科学化精确调度、流程化精益操作。

8个二级管控系统目标:

① 生产管控系统:通过业务标准化技管融合化建立知识库实现生产管理的状态明确、报警及时、超前预案和组织高效;

② 安全管控系统:通过清单检查知识化、人员履职数字化、处理提醒自动化实现安全管理的风险管控全面化、隐患处理及时化和安全责任全员化;

③ 物资管理系统:通过自有寄售一体化、统存统购统用、需求预测和库存控制实现降库存、调结构、保维修;

④ 资产管理系统:通过资源库、任务库、知识库实现设备资产管理的家底清楚、状态明确、共享共用、维护有序和预测有方;

⑤ 项目管理系统:通过流程管控、过程可视化、预警节点化实现项目管理的合规、透明和可控;

⑥ 经营管理系统:通过业务与财务的融合实现对内对外结算管理的合规、高效、有序和可控;

⑦ 销售管理系统:通过订单驱动实现销售管理的服务最优、质量达标和市场领先;

⑧ 组织管理系统:实现人力、党建、工会等组织体系运行的高效、便捷、科学、规范。

5.2 智慧矿区信息化基础设施管理体系

为规范陕北矿业智慧矿区信息化基础设施的管理,确保陕北矿业公司及各下辖矿井单位计算机网络与信息化系统安全、可靠、稳定地运行,提升陕北矿业公司总体的智能化管理水平,参照国家有关法律法规以及区域、企业自身的相关文件要求,建立陕北矿业智慧矿区信息化基础设施管理体系。该管理体系主要包括信息化终端设备管理、网络管理、信息化基础设施的施工管理和信息化基础设施管理标准的相关内容。

5.2.1 矿区信息化终端设备管理

5.2.1.1 矿区信息化终端设备的硬件管理

（1）矿区信息化中心机房的终端设备管理

首先，为保证终端设备能够正常、稳定地运行和使用，信息化中心机房需具有干净、整洁、温湿度适中的良好运行环境和工作环境，严禁携带或存放易燃、易爆物品、危险化学用品及其他无关物品；其次，明确指定信息化中心机房的相关负责人员和管理人员。其中，负责人员主要负责信息化终端设备的更新采购、审批及授权等管理工作。管理人员按照企业制定要求，负责对信息化中心机房的终端设备进行台账管理、设备操作与调试、设备及其电源线路维护、设备保养与日常维护、安全防护等工作；最后，管理人员对终端设备所发生的故障、可能引起的隐患及需要报废的硬件设备等问题，需及时上报，负责人员根据实际情况，进行及时处理。

（2）矿区非信息化中心机房的终端设备管理

为规范陕北矿业公司信息化中心机房以外其他各类终端设备的管理，首先需对终端设备的使用人员进行常用的基础操作培训管理，并明确终端设备的管理及负责人员；其次，非使用人员不能擅自外借、挪用和修理终端设备。如果有上述需求，需向负责部门的相关领导提出申请，按照企业制度审批授权；此外，使用人员在对各类硬件设备的使用过程中，需谨慎操作，不得在无领导授权或批准的条件下，由非专业人员或其他不相关人员单独操作设备或进行违规操作。当需要其他人员协助操作时，需在使用人员的授权下，监督操作。最后，负责终端设备的管理人员需定期对设备进行检测和维护，确保硬件设备能够正常使用。对于发生损坏、丢失等事故问题，需及时上报相关负责部门的领导，并按照有关规定进行进一步处理。对于需要报废的各类终端设备，也需按照设备管理制度，进行报废处理。

5.2.1.2 矿区信息化终端设备的软件管理

在对信息化终端设备软件进行管理时，首先需要定期对各类软件进行版本升级；其次，对各类软件的重要数据需要定期进行备份，备份的数据可以妥善保存；此外，针对矿区内的各类信息化终端设备，都需备有与系统软件、应用软件及关联的第三方软件（插件）相关的使用手册、操作指南、设计说明书、图表设计、程序备份等各类文档资料，以便相关使用人员能够查阅和使用设备终端。上述各类文档资料都需备份、归档，以免因文档资料的丢失、损坏和对文档数据的异常操作，造成终端设备无法使用。未经相关部门及领导审批，上述各类文档资料不能拿走、挪用和外传。当相关应用软件进行优化时，具体更新的功能设计、逻辑设计和程序变更，都应有相关文档的记录，并更新对应的文档版本，以备查阅。最后，未经相关部门及领导授权，不得擅自或随意在各类终端设备安装新的软件。当需要安装新的软件时，应进行病毒等方面的例行检测。所有应用程序应在检测确认无病毒的条件下，才能在设备终端进行安装和使用。

5.2.2 网络管理

5.2.2.1 网络设备管理

为保障网络设备的安全、稳定运行，陕北矿业公司及下辖各矿井单位机房必须建立相应的接地、防雷、防火、防水设施和 UPS 后备电源设备,并符合相关国家标准。重点机房必须安装温湿度、烟雾传感器及视频监控等设备,并做好机房出入人员登记、机房巡查记录、设备操作记录等。涉及国家、公司机密的信息化系统必须与其他内部网和互联网实施物理隔离。

陕北矿业公司及下辖各矿井单位机房应制定周密且切实可靠的网络备份和应急恢复方案,防止由于网络设备系统崩溃、硬件损坏等原因而引起业务中断。重要核心网络设备必须采用"双机热备"的方式,非核心网络设备可采用一备多的"冷备"的方式。

陕北矿业公司及下辖各矿井单位机房应做好网络与信息安全相关设备管理工作,掌握自有数据库、服务器、交换机、路由器、终端计算机及各类存储设备数量,安装硬件防火墙、上网行为管理系统、防病毒软件,并定期更新维护,认真做好各项网络与信息安全防护工作。

陕北矿业公司及下辖各矿井单位机房应针对服务器、网络设备、网络安全设备建立相应的日志服务器,历史纪录保持时间不得低于 12 个月;重要服务器、网络设备、网络安全设备日志应建立日志备份机制,并定期对运行日志、网络监控记录的日常维护和报警信息进行分析和处理。

陕北矿业公司及下辖各矿井单位机房在购买计算机时应随机安装正版操作系统和各类正版应用软件,办公区域的计算机必须安装必要的网络防病毒系统,对每一个计算机实现病毒防护的统一管理,对于没有连接网络的计算机也必须安全必要的单机防病毒软件,并定期查看杀毒软件是否正常升级。

5.2.2.2　网络资源管理

为加强陕北矿业公司及下辖各矿井单位之间的业务处理能力和陕北矿业公司的综合管控能力,参照《关于加快煤矿智能化发展的指导意见》《智能化示范煤矿建设管理暂行办法》和《煤矿智能化建设指南(2021 年版)》等相关文件,结合陕北矿业公司及下辖各矿井企业的实际地质条件等具体情况,针对通信网络的网络带宽、网络自愈时间和网络传输介质等内容需进行规范要求和管理。

首先,为保证通信网络数据的快速传输,应使用光纤或者超五类双绞线等不同类型的传输介质;其次,在矿井地面和井下应分别布设环形拓扑结构的网络,能够在地面工作区域、井下综掘工作面、综采工作面、运输大巷等不同区域覆盖 4G、5G 和 WiFi6 等主流的无线通信信号,至少能够达到矿井无线通信全覆盖的最低要求,以便满足各矿井日常工作和生活的需要;此外,利用上述网络通信方式,能够支持矿井井下、井下和地面之间的语音通话、视频通话等通信功能,为满足井下管理人员和安检人员的日常工作需要提供技术支持;最后,各矿井单位无论采用有线主干网络或是无线主干网络,都要求有线网络和无线网络能够互联互通。

针对通信网络的性能要求主要包括以下几个方面:首先,陕北矿业公司及下辖各矿井单位的有线主干网络传输速率应在 10 000 Mbps 及以上,而网络自愈时间应该满足 ≤50 ms 的基本条件;其次,不同制式的通信网络均需基于 IPv4 或者 IPv6 进行网络层级访问;此外,所有单个网络基站应能够至少支持 32 个用户的并发处理;最后,陕北矿业公司及下辖各矿井单位都应至少能够满足二级网络安全保护等级,部分重要系统需要满足三级网络安全保护的功能,具备主动防御与攻击检测等功能,从而保证各单位的网络能够抵御安全风险,提高网络的安全性和稳定性。

5.2.2.3　网络通信及协议管理

为有效缓解因网络通信协议兼容性不足造成的数据格式不统一、数据共享困难和信息孤岛等问题,需对各矿井单位的网络通信及协议应用进行规范化管理。

首先,各矿井单位需能够实现本地网络制式与标准以太网协议之间的转换;其次,各矿井通信设备所使用的网络通信协议应基于主流或常用的网络通信协议标准;此外,针对井下基站、广播等各类通信设备,应能够提供满足用户数据访问需求的通信接口,以便数据的共享与传输;最后,各矿井单位使用的各类通信设备应尽量具有针对不同常用网络通信协议的良好兼容性,以便能够实现矿区及矿井单位各类设备更便捷、更高效的互联互通。

5.3　智慧矿区数据管理体系

数据是陕北矿业及其下属矿井在持续经营活动中积累下来的一种资产形式,数据本身以及围绕数据所进行的活动必须得到管控,以确保在合理的成本范围内,数据价值充分发挥并进一步增值,实现矿区各企业投资回报的最大化。

5.3.1　数据管理目前所面临的问题

陕北矿业在长期生产、运营、管理的过程中沉淀了大量的核心业务数据,如技术装备、产品资料、合作伙伴、合同契约、企业资源、进销存、生产、工程建设、客户资料、营销策划内容、财务数据等。这些业务数据既是企业的关键信息,也是企业的核心资产。如果不对数据生命周期全过程进行有效管理,将会给企业的正常运行带来诸多问题,如下所述:

数据安全问题:数据的不恰当使用可能泄漏企业机密,导致企业在竞争中失利,危及企业生存和发展。目前,国内外对上市企业有相关法律要求,例如美国《Sarbanes-Oxley 法案》和我国《企业内部控制基本规范》,均提出公司的内控管理必须切实做到保护财务数据、维护系统安全、保护客户数据免遭盗窃与破坏,以提高公司披露的准确性和可靠性等。

价值发挥问题:面对众多信息系统,如果缺乏完整、一致的企业数据视图,业务部门将不知道企业内哪些系统拥有自己所需的数据。用户在不了解数据质量状况或明知数据不可靠的情况下,较难正常使用数据,并根据已有数据做出正确判别、决策及快速响应,从而影响数据价值的体现。

数据升值问题:在保障数据质量的前提下,对企业的大量历史数据采用商业智能、数据挖掘、预测等技术手段,能够从数据中发现事物发展的深层次规律,例如客户偏好、收入预测、客户流失倾向预测等,为企业提供经验总结和预见性的业务支撑。此外,良好的数据管理机制将在企业内形成良好的知识共享和传承体系,促进企业的人才培养和组织进步,实现数据增值。反之,数据的零散分布、数据歧义、低劣的数据质量,以及制度和平台的缺乏,将严重遏制数据价值的进一步发挥和增值。

成本效率问题:如果缺乏对数据的一致性理解,将影响跨系统、跨部门和跨专业的需求沟通和信息共享,提高企业的沟通成本和建设成本。此外,如果针对贯穿企业错综复杂的数据流缺乏直观和完整的认识,那么系统故障、数据问题的快定位难以实现;数据权责的不明确,将导致问题解决中系统之间、部门之间的相互推诿和扯皮。所有这些,都最终体现为信息系统对业务的支撑不力,业务部门将越来越质疑企业对信息化的投入。

综上所述,陕北矿业公司的数据从产生、加工、传递到使用、销毁的全过程,应得到专门管控,获得组织和制度保障,明确数据生命周期过程的相关权责,实施体系化、制度化、流程化、规范化和标准化的数据管理,确保数据生产和使用的全过程进行规范控制和管理。上述所述均涉及企业数据管理体系的范畴,其目的是最终实现数据对企业的投资回报最大化。

5.3.2 数据管理体系构成

数据管理体系框架自上而下由管控目标、管控对象、管控措施、组织/规范/流程和管控平台构成;整个管控体系应适应陕北矿业企业战略和总体业务目标需要,呈螺旋式上升、持续演进,是动态变化的。数据管理体系框架如图 5-2 所示。

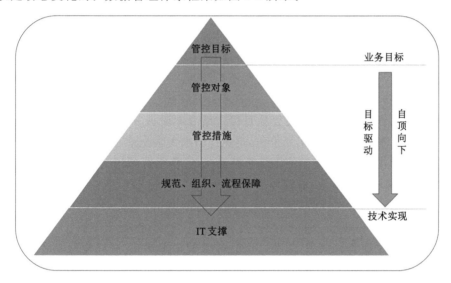

图 5-2 数据管理体系

（1）管控目标

管控目标提出建立统一的企业数据管理中心,明确数据职责和流程,以数据价值最大化为己任。为更好地服务于企业战略和业务目标,随着企业战略和业务的不断发展,数据管理在不同时期,数据管控目标会有变化,并且关注点不完全相同。

（2）管控对象

随着管控目标的演变,各时期关注的管控内容也会有相应调整,分阶段纳入不同类型、不同范围的管控对象。例如,初期重点管理企业数据中心的元数据和基本的数据质量;中期重点管理业务指标体系、业务需求并完善数据质量,将主数据、数据生命周期纳入管理;最后,管控范围从企业数据中心扩展至企业其他信息系统。

（3）管控措施

针对不同的管控对象,在不同阶段采取适宜的管控措施,例如:与需求流程结合的元数据变更管理、自检与第三方检查结合的数据质量监控、基于数据实时性需求的主数据同步、应用生命周期管理、数据生命周期管理、数据安全保障、数据审计、周期评估、总结报告等。

（4）组织/规范/流程/制度

建立可适应管控目标演进、责权明确的组织架构。结合企业实际情况及未来发展需要,制定有针对性的管控制度、规范,例如数据保密制度、元数据管理规范、数据质量管理规范、主数据管理规范。在此基础上,以规范为框架,梳理相关流程,例如元数据管理流程、数据模型管理流程、数据质量管理流程等。

（5）IT 支撑

采用信息技术手段建设数据管理平台,构建数据管理的相关能力,形成企业统一的信息视图,承载相关管理流程,对各管控对象进行监控预警,支撑故障处理、知识总结、评估优化等管控工作。IT 支撑平台的建设,首先应提高管控效率、降低管控成本,在此基础上实现数据增值。

5.3.3 数据管理体系建设原则

企业数据管理体系建设是系统工程,建设过程需遵循相关原则,以下是陕北矿业数据管理体系建设原则:

① 总体规划、分步实施:数据管理工作是长期的,应立足长远做总体规划,同时结合实际分步实施,避免不切实际的一步到位。

② 需求驱动、价值优先:各阶段管控目标应结合本阶段实际需要,合理安排资源,优先满足最迫切需求,体现对企业的实用价值,避免片面求大求全或激进。

③ 目标指引、整体带动:应始终围绕管控目标,完善组织、制度、规范、流程和支撑平台,实现目标驱动的整体上升效应;管控体系是演变的。

④ 借鉴和定制化:借鉴业界先进经验,采用成熟的实施方法,与本企业实际需求融合,确保先进性和实用性。

⑤ 先固化再优化:各种制度、规范、流程,形成后应先固化,并且有个适应期,在执行过程中积累经验、总结教训后再阶段性优化,避免随意调整。

5.3.4 数据管理体系建设关键点

陕北矿业企业数据管理涉及大量跨业务、跨部门、跨系统的工作,实施过程需重点保障以下关键点的具体落实:

（1）高层领导的重视和支持是数据管理体系建设的重要保障

从企业高层到基层,需要清晰认识到数据管理工作开展不仅仅涉及技术层面的问题,而是涉及各个方面。此外,数据管理是长期过程,不可能一步到位,需持续完善。因此,必须将其上升到企业战略管理层面,获得企业高层领导的重视与支持,确保数据管理目标和方向的正确性,相关资源能够及时到位,重大冲突或问题能够有效协调。

（2）职能集中化的数据管理组织是保证数据管理体系正常运转的关键

须建立一支专业而稳定的团队,负责企业内的数据处理与管理工作。该团队部分成员分布在业务条线上,实时支持业务线的管理和经营。另一部分成员集中在后台负责管理企业级的数据整合。两部分人员紧密沟通,统一行动。从数据管理的发展趋势来看,该团队必须进一步转型为固定的权责明确、职能集中的数据管理组织机构,赋予执行各种数据管理活动和数据增值服务的责任和权力,以便支撑业务发展战略和运营管理两方面的目标。

（3）数据管理工作需与企业的业务流程结合

数据管理要与企业业务目标实现密切关联,企业必须建立融合于业务流程的数据管理流程。须对数据建立清晰的职责和权限。为了实现业务目标，业务部门和技术后援部门都须对数据负责。

公司业务部门是数据的拥有方，对数据的业务含义、权属、时效、业务价值和经济价值直接负责；公司技术后援部门对数据的技术处理流程、数据处理工具和加工手段负责。公司业务部门和技术后援部门密切合作，为数据的生产、价值交付共同对公司及公司客户负责。

业务部门提供业务需求并保证需求的质量，提供清晰的业务指标定义和数据统计口径。技术后援部门须及时响应业务部门的需求，完成应用构建与部署，及时拉通服务流程、整合数据、监控应用运行、监控数据质量；另外，技术后援部门须根据业务部门的授权，及时响应公司外部客户的申告和投诉，第一时间处理任务工单，在后台按流程整合相关应用生成合法、有效数据并经业务部门分发给外部客户。

（4）数据管理需要企业文化层面的支持

数据质量保证与产品质量保证都需要企业文化的支撑。在数据管理的建设初期，可以考虑将数据质量纳入绩效考核的重要内容，以促进数据质量意识和控制文化的培育。陕北矿业的"118"企业文化体系中，"建设[精优制胜，品牌立企]的质量文化"就是对陕北矿业数据管理体系建设工作的鲜明企业文化支持。

（5）数据管理体系演进策略

企业数据管理体系在框架稳定的基础上不断迭代完善。根据陕北矿业企业数据管理现状，制定如图 5-3 所示的数据管理体系建设演进路线：初始建设期→扩展建设期→稳定优化期。

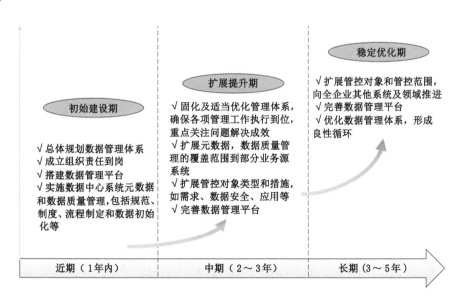

图 5-3　数据管理体系演进路线

5.3.5　数据管理实施内容

数据管理实施内容主要包括：构建数据服务管理、建立数据管理机制、构建主数据管理体系、数据架构管理、数据管控、数据质量管理、元数据管理、文档和内容管理，具体内容如下所述。

（1）构建数据服务管理

① 在大数据平台增加数据服务功能；

② 研究和设计总分一体化的数据服务架构；

③ 建立陕北矿业公司决策支持系统；

④ 在陕煤运销系统支撑下建立陕北矿业公司的销售分析系统；

⑤ 建立面向陕北矿业各业务部门的深度数据分析平台；

⑥ 建立客户信息深度挖掘平台，为订单式生产提供支撑数据。

（2）建立数据管理机制

数据管理机制的建立主要包括数据研发机制、数据安全管理、数据库运营管理的相关内容。

（3）构建主数据管理体系

陕北矿业主数据分为人事类（内部单位、员工）、外部单位类（客户、供应商）、财务类（银行、会计科目）、物料类（物料分类、物料代码、物料描述）、项目类、仓库类、生产层面类（工作面、基站、分站、传感器、巷道），共七大类主数据，如图 5-4 所示。

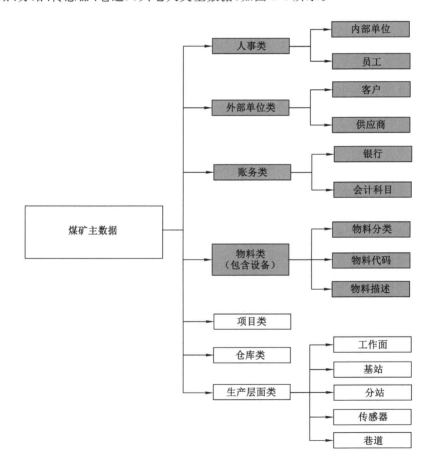

图 5-4　陕北矿业煤矿主数据

（4）数据架构管理

① 建立企业数据模型；

② 优化整合企业物理模型；

③ 定义企业数据架构；

④ 建立企业级数据交换平台。

（5）数据管控

建立数据管理标准，详见"5.3.6 数据管理标准建设"部分内容。

（6）数据质量管理

数据质量管理，是指对数据从计划、获取、存储、共享、维护、应用、消亡生命周期的每个阶段里可能引发的各类数据质量问题，进行识别、度量、监控、预警等一系列管理活动，并通过提高组织的管理水平使得数据质量获得进一步提高。

建立数据质量管理体系，改善数据质量，从而能够改善组织的质量。针对数据的改善和管理，主要包括数据分析、数据评估、数据清洗、数据监控、错误预警等内容；针对组织的改善和管理，主要包括确立组织数据质量改进目标、评估组织流程、制定组织流程改善计划、制定组织监督审核机制、实施改进、评估改善效果等多个环节。

数据质量管理体系的构建，主要包括了如下数据质量的管理方法：

① 定义和商定问题、时机和目标，以指导整个数据质量管理工作；

② 收集、汇总、分析有关形式和信息环境，设计、捕获、评估数据改善方案；

③ 按照数据质量维度对数据质量进行评估；

④ 使用各种技术评估劣质数据对业务产生的影响；

⑤ 确定影响数据质量的真实原因，并区分这些原因所影响的数据质量的级别；

⑥ 最终确定行动的建议，为数据质量改善制定方案，包括数据级和组织级；

⑦ 建立数据错误预防方案，并改正当前数据问题；

⑧ 通过改进组织管理流程，最大限度控制由管理上的缺陷造成的数据质量问题；

⑨ 对数据和管理实施监控，维护已改善的效果；

⑩ 将沟通贯穿管理始终，循环地评估组织管理流程，以确保数据质量改善的成果得到有效保持。

（7）元数据管理

元数据（Metadata）又称中介数据、中继数据，是用来描述数据的数据，主要是描述数据属性（property）的信息，用来支持如指示存储位置、历史数据、资源查找、文件记录等功能。元数据也是一种电子式目录，为了达到编制目录的目的，必须描述并收藏数据的内容或特色，进而达成协助数据检索的目的。

数据管理平台提供对基础静态的元数据模型进行自定义创建、维护、扩展、批量导入数据等功能，方便用户快速定义、实施大量通用基础的元数据。

（8）文档和内容管理

陕北矿业及其下属各煤矿在工作过程中产生大量文档和图纸、技术资料、职能管理资料等等，这些文档和图纸经过审批发布，最终流向生产或采购，整个环节存在变更反复。

企业生产图纸、关键文档、音视频等资料内容是企业的核心资产，管理过程中的任何事故，将严重影响企业生产和运营。传统文档和图纸分散存储，容易遗失难以管理；查找缓慢，效率低下;文档和图纸版本管理混乱;文档安全缺乏管控容易泄露;文档无法有效共享;文件分发、收回管控烦琐等问题。

文档和图纸内容管理系统,主要针对陕北矿业职能管理部门和业务部门,集中管理企业生产、研发、销售、内控等相关的图纸、技术文档、知识资料、音视频资料,提供取号管理、审批、变更、分发、借阅、废止,支持内容总成结构定义查询,实现资料、文档内容的全面管理。

上面已阐述了数据管理体系的构成、建设原则、关键建设内容;下面重点论述数据管理制度的构建,包括数据管理标准建设、数据保存管理、数据导入和修改管理、数据提取和发放管理、数据传输管理、数据容灾管理。

5.3.6 数据管理标准建设

智慧矿区建设的基础是工业大数据的管理体系构建,其核心就是基于煤炭工业生产特点构建智能矿井、智慧矿区大数据平台。因此,需要针对煤矿工业大数据平台,制定相应的管理标准。

大数据平台标准主要包括数据采集标准、数据资产管理、数据处理与分析、数据仓库及数据服务等方面的标准。其中,数据采集标准主要规范煤矿大数据平台的数据采集、集成和存储方式等方面的标准;数据资产管理规范用于对煤矿大数据主数据管理、元数据管理等方面进行规范;数据处理与分析标准规范煤矿大数据分析的流程及方法,包括煤矿流式数据快速分析流程,煤矿物理实体与数据实体的映像和相互关系等标准;数据仓库及数据服务规范大数据存储服务、大数据可视化服务、数据建模及数据开发、数据共享等标准。具体如下所述:

数据采集标准:主要规范工业互联网平台对各类工业数据的集成与接入处理相关技术要求,包括协议解析、数据集成、数据边缘处理等标准。

资源管理与配置标准:主要规范工业互联网平台基础资源虚拟化、资源调度管理、运行管理等技术要求,以及工业设备和工业资源配置要求等。

工业大数据标准:主要包括工业数据交换、工业数据分析与系统、工业数据管理、工业数据建模、工业大数据服务等标准。

① 工业数据交换标准:主要规范工业互联网平台内不同系统之间数据交换体系架构、互操作、性能等要求。

② 工业数据分析与系统标准:主要规范工业互联网数据分析的流程及方法,包括一般数据分析流程及典型场景下数据分析可以使用的工具、大数据系统等标准。

③ 工业数据管理标准:主要规范工业互联网数据的存储结构、数据字典、元数据、数据质量要求、数据生命周期管理、数据管理能力成熟度等要求。

④ 工业数据建模标准:主要规范物理实体(在制品、设备、产线、产品等)在网络空间中的映像及相互关系,包括静态属性数据描述,运行状态等动态数据描述,以及物理实体之间相互作用及激励关系的规则描述等标准。

⑤ 工业大数据服务标准:主要规范工业互联网平台运用大数据能力对外提供的服务,包括大数据存储服务、大数据分析服务、大数据可视化服务、数据建模及数据开放、数据共享等标准。

工业微服务标准:主要规范工业互联网平台微服务架构原则、管理功能、治理功能、应用接入、架构性能等要求。

应用开发环境标准：主要规范工业互联网平台的应用开发对接和运营管理技术要求，包括应用开发规范、应用开发接口、服务发布、服务管理以及资源管理、用户管理、计量计费、开源技术等标准。

平台互通适配标准：主要规范不同工业互联网平台之间的数据流转、业务衔接与迁移，包括互通共享的数据接口、应用进行移植和兼容的应用接口、数据及服务流转迁移要求等标准。

5.3.7 数据保存管理

针对智慧矿区的数据保存管理，要求如下：

对于与财务报告相关的各种业务数据，须保存至少 7 年。

重要的业务数据要保证物理上的安全，存放数据的介质必须放在安全的地方，非授权人员不得访问。

针对数据备份管理的具体内容，参见章节"数据容灾管理"相关内容。

5.3.8 数据导入和修改管理

数据导入指信息中心应数据拥有部门要求，通过后台数据库，将数据导入运行环境的操作。

数据修改指信息中心应数据拥有部门要求，对公司信息系统中的数据在后台数据库中进行的修改。数据修改包含数据内容的修改以及数据库结构的变更。

数据导入/修改必须遵循统一的数据导入/修改申请流程，具体流程参见《数据导入/修改流程》（附件一）。任何人不得在未经授权的情况下对应用系统数据库进行数据导入/修改的操作。

数据导入/修改流程中的申请、审批、操作工作需分别由不同人员承担。数据导入/修改操作只能由指定的信息中心人员执行，导入/修改权限须按照规范通过系统设定分配给指定人员。

数据库中的数据操作日志、《数据导入/修改/提取申请表》（附件三）、《数据导入/修改/提取汇总表》（附件四）须保存三年。信息中心负责人每半年委派人员将数据操作日志、《数据导入/修改/提取申请表》和《数据导入/修改/提取汇总表》进行核对，确保所有数据导入/修改均经过了有效的审批以及数据导入/修改是准确的。

5.3.9 数据提取和发放管理

数据提取指信息中心按照数据拥有部门的要求，对公司信息系统中的数据从后台数据库中进行的提取。

数据提取和发放须遵循统一的数据提取申请流程，参见《数据提取流程》（附件二）。任何人不得在未经授权的情况下，对应用系统数据库进行提取和发放操作。

数据提取中的申请、审批、操作及检查工作需分别由不同人员承担。数据提取的操作只能由指定的信息中心人员进行，提取权限应按照规范通过系统设定分配给指定人员。

数据库中的数据操作日志、《数据导入/修改/提取申请表》（附件三）和《数据导入/修改/

提取汇总表》(附件四)须保留三年。信息中心负责人每半年委派人员将数据操作日志、《数据导入/修改/提取申请表》和《数据导入/修改/提取汇总表》进行核对,确保所有数据提取均经过有效的审批,并且数据准确无误。

信息中心只能把提取出的数据发放给申请人,不能发放给其他人员。此外,对存放数据的介质,确保只有授权人员能够访问。

5.3.10 数据传输管理

针对数据传输需进行有效的控制,具体要求如下所述:

① 数据传输须有身份认证;

② 敏感数据传输需要保留相关记录。

当数据在系统之间自动传输时,系统中必须增加数据检查功能,确保所传输数据的完整性、准确性、合理性。

应通过对防火墙、路由器等网络设备的设置,限制访问权限及控制数据传输路径。

网络管理人员对数据传输路径的设置进行规范记录,并定期对网络设置进行评估,确保当前的设置能够满足数据传输的安全性需求。具体内容参见《系统配置与基础架构管理制度》。

传输路径需要变更时,必须提出正式申请。在获得批准后,方可进行变更。具体流程参见《系统配置与基础架构管理制度》。

与第三方连接中进行数据传输时,参见《第三方连接安全管理制度》。

在数据传输和传递过程中,信息中心应采取措施保护敏感数据,通过权限设置,防止对数据未经授权的访问、修改,以及通过数据加密,保证数据传输过程中不被非法获取。

5.3.11 数据容灾管理

在矿区侧信息化系统的应用过程中,为应对不可抗力自然灾害、网络大面积故障、硬件故障导致的意外情况,或因数据操作不一致造成的问题等情况,需要对信息化系统中存储的数据和缓存的数据进行备份管理。

备份管理工作应由信息中心安排专人负责。备份管理人员负责制订备份、恢复策略,组织实施备份、恢复操作,指导备份介质的取放、更换和登记工作。日常备份操作可由备份管理人员或机房值班人员完成。

5.3.11.1 备份策略

(1)备份频率

① 针对与业务相关的各种业务及财务、OA 系统数据须每天进行备份;

② 对于 GIS 数据、电子影像数据须每周进行备份;

③ 数据被大规模更新前后,须对数据进行备份;

④ 在操作系统和应用程序发生重大改变前后,须对系统和应用程序进行备份;

⑤ 备份数据保留时间:各种业务数据须永久保存。

(2)备份存储和备份介质管理

① 对数据、操作系统以及程序的备份,须保存在两份介质中,一份存放在本地,另一份存放在异地;

② 备份介质,无论是存放在本地还是异地,须确保存放场所的安全,保证只有授权人员可以访问;

③ 在备份介质上,须有唯一标识,标明备份的内容和日期;

④ 在本地和异地建立一份备份介质目录清单,用以记录备份介质的位置、内容和数据保留期限等。

(3) 备份恢复测试

备份介质中的数据须至少每个月进行恢复测试,以确保备份的有效性和备份恢复的可行性。

(4) 备份介质销毁

① 备份介质销毁必须经过相关管理人员授权后才可执行,并由专人对该销毁行为进行记录;

② 若备份介质中存放机密数据,在销毁之前,须对备份介质进行处理,使备份介质中的数据处于不可读取状态;

③ 备份介质销毁后,须在《备份介质登记表》中注明已销毁。

5.3.11.2　备份操作管理

备份申请及备份策略的制定,需要经过申请部门填写数据备份申请表,提出具体的备份要求,主要包括备份内容、备份周期等,须交由申请部门负责人及信息中心相关负责人审批后方可执行。

信息中心如需下属各站点配合备份工作,需要填写《数据备份通知表》,提出具体的备份要求,包括备份内容、备份周期等。在信息中心门相关负责人审批后,以通知形式下发至各站点数据备份负责人执行操作。

须按照数据的重要程度对不同备份对象进行分类,对不同的备份对象根据类别制定备份策略。

备份策略制定后,应制订相应的备份操作手册(包含备份失败的处理办法)指导备份工作。此外,备份操作日志也应进行备份。

备份操作人员须检查每次备份是否成功,并填写《备份工作汇总记录》,对备份结果以及失败的备份操作处理需进行记录、汇报及跟进。

备份对象发生变更后,应及时评估和调整备份策略、备份操作手册。备份策略的变更应得到申请部门以及信息中心相关负责人审批。

《数据备份申请表》和《备份工作汇总记录》必须由专人妥善保管,信息中心负责人每半年安排专人对备份工作进行审核,核对系统中的备份策略与备份申请是否吻合,以保证备份是按照要求进行的。此外,须核对系统中的备份日志与备份工作汇总记录,以保证备份的有效性、完整性以及出现的问题能得到适当的处理。

5.3.11.3　备份介质的存放和管理

所有备份介质一律不准外借,不准携带出本单位。任何人员不得擅自取用。若要取用,需经信息中心门相关负责人批准,并填写《备份介质借用登记表》。借用人员使用完介质后,应立即归还。由备份管理员检查,确认介质完好。备份管理人员及借用人员须分别在《备份介质借用登记表》上签字确认介质归还。

备份介质要每半年进行检查,以确认介质能否继续使用、备份内容是否正确。一旦发现介质损坏,应立即更换,并对损坏介质进行销毁处理。

长期保存的备份介质,必须按照制造厂商确定的存储寿命,定期转储。磁盘、磁带、光盘等介质使用有效期规定为三年,三年后更换新介质进行备份。需要长期保存的数据,应在介质有效期内进行转存,防止存储介质过期失效。

存放备份数据的介质必须具有明确的标识。标识必须使用统一的命名规范,注明介质编号、备份内容、备份日期、备份时间、磁带的启用日期和保留期限等重要信息(如有备份软件,可采用备份软件编码规则)。编码规则如下:

① 系统:SYS+机构代码+主机名+编号+备份日期+保留期限;

② 应用系统:系统名称+版本+机构代码+主机名+编号+备份日期+保留期限;

③ 数据库:数据库名称+机构代码+主机名+系统名称+编号+备份日期+保留期限;

④ 其他:文件名称+机构代码+主机名+编号+备份日期+保留期限+用途。

备份介质的运送(本地和异地备份介质)应由专责人员负责,备份介质的存放也应由专责人员负责。该人员必须不同于运送人员。本地和异地的备份介质均需填写《备份介质登记表》。

备份介质存放场所必须满足防火、防水、防潮、防磁、防盗、防鼠等要求。备份介质必须有由专人负责进行存取,其他人员未经批准不能操作。

存放生产数据的介质需要废弃或销毁时,应填写《介质冲洗/销毁登记表》,并履行审批、登记和交接手续,销毁时须双人以上在场,防止生产数据的泄漏。

5.3.11.4　备份恢复

信息中心负责人应制定相应的备份恢复计划,包括由于业务需求发起的备份恢复以及测试性的恢复计划。计划中应遵循数据重要性等级分类,保证按照优先级对备份数据进行恢复。

需要恢复备份数据时,需求部门应填写《数据恢复申请表》,内容包括数据内容、恢复原因、恢复数据来源、计划恢复时间、恢复方案等,由需求部门以及信息中心门相关负责人审批。

备份管理员需按照备份恢复计划制定详细的备份恢复操作手册,手册应包含备份恢复的操作步骤、恢复前的准备工作、恢复失败的处理方法和跟进步骤、验收标准等。

备份管理员应每个月对备份数据进行恢复测试工作,确保备份恢复工作能够按照备份恢复操作手册顺利进行,备份恢复测试应作明细的记录,填写《备份恢复测试表》根据测试结果更新备份恢复操作步骤。

信息中心应指派专人对《数据恢复申请表》《备份恢复测试表》以及备份恢复的系统日志记录进行保存和归档,信息中心相关负责人应每半年对上述文档进行审阅,确保备份恢复工作的合规性。

5.4　智慧矿区综合应用管理体系

5.4.1　智慧矿区综合应用管理思想及策略

建设智慧矿区一系列综合管理应用,要遵循国家和陕煤集团整体战略,基于矿区侧(陕北矿业)实际需求和管理模式,通过基础网络、数据中心、技术平台、应用系统、保障体系、数据服务的搭建和逐步完善,整体上形成平台化技术架构、一体化应用系统、专业化组织保障、共享化数据服务,最终全面实现智能化生产、透彻化感知、可视化管理、数字化决策的智慧矿区综合应用体系。智慧矿区综合应用管理思想如图5-5所示。

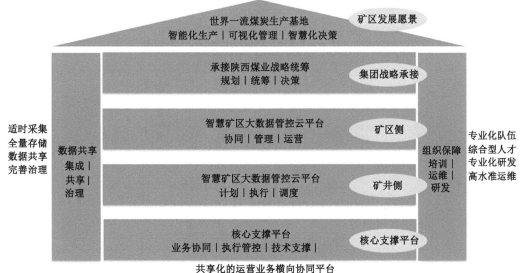

图 5-5　智慧矿区综合应用管理思想

　　陕北矿业智慧矿区建设将通过全面数据采集、全过程的数据管理、混合云化部署架构、融合化应用系统以及人性化的设计,达到支持多组织管理、业务一体化管控、快速决策分析等目标,对上支撑陕煤股份业务平台,对下实现透视化管控、对外实现业务协同,对内实现融合分析,最终实现以管理为核心、融合、分析、协同为手段的智慧内涵,即更低的成本、更高的效率与更好的效益。陕北矿业公司将以价值创造为引领,构建创新驱动、规划先行、技术支撑、梯度推进、全面协同的全新智慧化建设模式,率先搭建矿山大数据工业互联网平台,实现井下生产安全、控制、监测等5G技术全面应用,打造了以管理为核心、技术为支撑、效能为评价的实践之路。

　　智慧矿区综合应用建设采用统一系统架构,矿井侧四级业务体系为基础,根据矿区-矿井定位,构建两横八纵一平台。

5.4.1.1　总体架构

　　陕北矿业智慧矿区以矿山工业互联网平台为贯彻手段,建立8大业务管控平台,实现矿区内的业务协同与数据融合分析,同时为陕西煤业安全生产、物资供应、销售运输及财务共享平台提供数据支撑。陕北矿业智慧矿区对上支撑架构如图5-6所示。

5.4.1.2　两横八纵一平台

　　陕北矿业基于工业互联网平台,构建两横八纵一平台总体应用架构。陕北矿业工业互联网云平台与所辖矿井的云平台进行数据交互,满足不同级别业务需求的数据交互及云计算资源要求,矿井侧建立7大业务管理系统为矿区侧8大业务管控平台(组织管控平台纵向打通)提供业务支撑,实现矿业公司、生产煤矿两级智能化综合管控,并为矿区侧数字化决

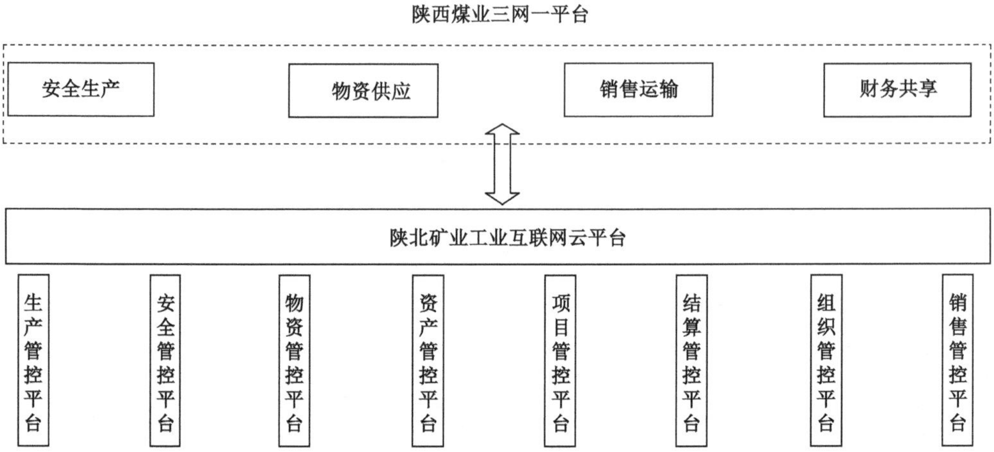

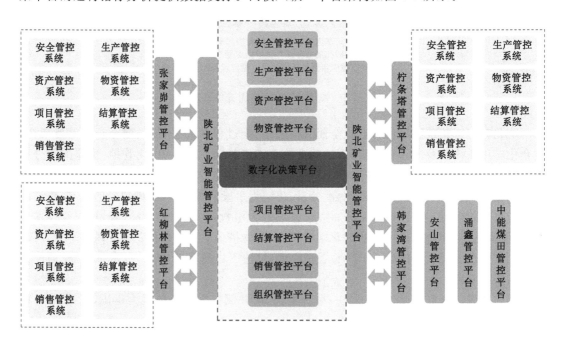

图 5-6 智慧矿区对上支撑架构

策平台的运行指标分析提供数据支撑。两横八纵一平台架构如图 5-7 所示。

图 5-7 矿区侧两横八纵一平台架构

5.4.1.3 矿区-矿井关系定位

建立智慧矿区综合应用系统,必然牵涉到与矿井侧应用的互动;矿区侧与矿井侧的所有互动都是基于生产管控这条纽带;矿区侧应用与矿井侧应用的关系定位见图 5-8。

矿区工业互联网平台与矿井侧工业互联网平台对接,为陕北矿业公司及所辖煤矿不同管理层级和专业场景提供数据服务、应用融合与技术研发。同时实现矿区对矿井侧的透视化协同管控:

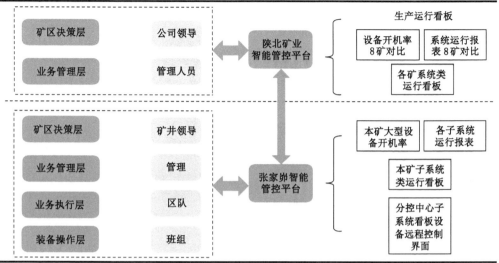

图 5-8　矿区-矿井生产管控体系

（1）透视

通过透视明确企业能力，以回采面、掘进面为主线进行采掘透视，包括现状、接续、本月影响、累计影响、日推进、月推进、日进尺、月进尺、采出率、设备情况等。

（2）分析

通过分析明确能力与需求的矛盾，对矿井储量、三量可采期、万吨掘进率、采掘比等指标进行统计分析，确保煤矿采掘平衡、均衡生产。

（3）协控

通过协控落实解决矛盾的方法。通过建立定额管理体系，衔接生产、需求、供应过程，实现生产过程、成本控制、物资供应、财务管控全要素的统一管控。

以上矿区对矿井侧的透视化协同管控构成了矿区-矿井平台决策管理体系，如图 5-9 所示。

5.4.1.4　矿井侧四级体系

矿井侧建立四级体系，分别为生产经营子系统、7 大业务管控系统、矿井侧工业互联网平台，数字化决策平台。矿井侧四级架构如图 5-10 所示。

其中 7 大业务管控系统对接相应的生产经营子系统，实现相同业务层级内数据融合统计分析与协同管控，矿井侧工业互联网平台对下实现不同业务间数据融合与协同管控，对上提供矿区侧数据支撑，同时为矿井数字化决策平台的运行指标分析提供数据支撑。

5.4.1.5　综合应用建设及管理策略

（1）关于矿区-矿井间应用的关系

矿区侧履行的是对各矿井的运营进行总体管理和决策的智能，其管理和决策的依据是各矿井的实际的、真实的生产、运营数据。

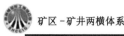

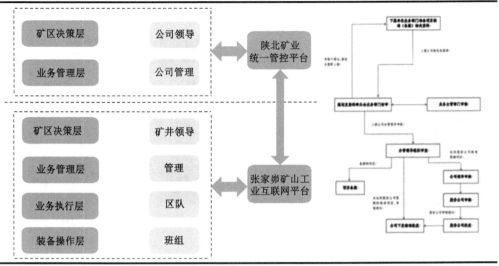

图 5-9　矿区-矿井平台决策管理体系

目前,矿井侧的应用主要围绕煤炭生产的掘(进)、采(煤)、洗(选)、机(电)、运(输)、通(风)、销(售)等这一条主业务流程进行,核心是完成从原煤生产到销售的实现,这是矿井侧的主业务线索;这条线索的业务系统是偏重生产运营端的。

在矿井侧,基于这条主业务线索的经营管理系统,各矿也建立了一些系统,但不全面,还缺一些数据的支撑,比如,张家峁的资产管理系统没有实际地运作起来,红柳林、柠条塔等矿的物资管理系统都是使用的西煤云仓这样的陕煤的第三方系统,数据获取和使用一定程度上受限。

因此,矿区侧要对各矿井的人(力)、机(电)、物(资)、环(境)、管(理)这五个维度进行全方位的管控和决策支持,则还需要针对各矿井的现状,在矿井侧构建物资管理系统、资产管理系统等基础管理系统,然后将这些数据汇聚至矿井侧的工业互联网平台并由此再汇聚至陕北矿业矿区侧的工业互联网平台。

矿区侧要对矿井侧应用的业务合规、运营异常、数据偏离及时监测、指导和纠正;因此,矿区侧各板块的应用平台要以此为优先策略。

(2)建设矿区侧应用系统的基本原则与策略

· 设计矿区侧应用系统的基本原则

首先是整体化原则。在构建与设计矿区侧应用系统中,要立足于企业实际发展状况,对网络信息管理系统的规划要从整体出发,对应用系统构建的经费预算、流程、服务功能、设计目标以及总体结构进行整体规划。

其次是可伸缩性原则。在设计矿区侧应用系统中,企业要通过引进先进的硬件与软件来提高应用系统的性能与功能,同时又不能破坏已有投资。可伸缩性必须是建立在技术先进性、流程标准化、功能合理性与开放性的企业网络结构的基础上。

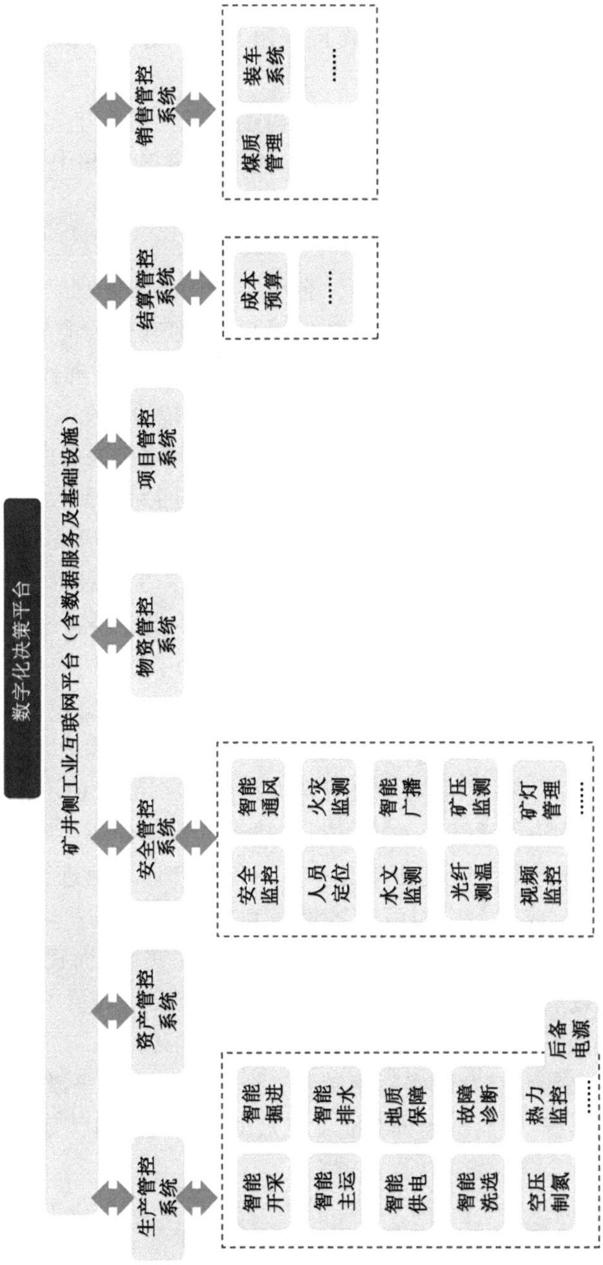

图 5-10 矿井侧四级架构

此外是网络安全原则。构建与设计矿区侧应用系统时,要以保障网络安全为基础,从而确保数据信息的保密性与安全性。首先要保证信息系统中的软件安全性,其次要保证数据的安全性。因为企业的经营与生产的所有数据信息都存储在矿区侧应用系统中,涉及企业许多的商业秘密与技术秘密,如果因为网络遭遇黑客、病毒以及非法用户的侵袭,而使得机密文件信息被盗或丢失,将会给企业带来不小的损失。因此在构建矿区侧应用系统时,还要加强网络安全系统的建立,建立防火墙、设置访问权限与建立身份辨认系统,以此来保障机密信息的安全性。

最后是高效实用的原则,对矿区侧应用系统的构建主要目的在于实现信息数据的快速传输与共享,从而实现企业经济效益最大化的目标。因此在构建过程中,要注意其实效性与功能性,紧密与企业生产与发展实际状况相联系。

• 健全矿区侧应用系统的策略

首先要创新观念,了解企业自身发展需求。企业实现信息化管理是未来市场经济变革的必然趋势,因此企业经营管理者要充分认识到发展规律,抱有长远的战略性目光,积极创新发展观念,积极引进先进的技术与管理手段,从而为实现信息化与现代化管理做好准备。

其次要认清企业发展的特点,根据实际发展情况,将应用系统的研发工作交给第三方机构或企业内部的研发团队,从而合理利用企业的信息资源。同时决策者要及时向第三方研发机构或者内部研发团队进行沟通与交流,确保最终研发出的应用系统与企业实际发展需求相吻合。

再次是要加强引进先进的技术人才。因为应用系统不论从前期研发还是后期运作,都需要技术人才的支持。因此企业要积极对人才的引进与培训工作,完善技术人才的知识结构,将技术人才资源与核心技术留在企业内部,提升企业的科研竞争水平。通过建设企业内部的人才资源团队,有助于后期维护应用系统的正常运行,加强各部门之间的沟通与协作,确保应用系统功能能够更加符合企业的发展需求,从而促进企业实现更加长远稳定的经营与发展。

最后要对企业资源进行合理利用。在日益复杂的市场经济环境中,企业可实现经济利润的空间是有限的,因此必须要对企业资源进行合理充分的利用,才能不断地降低企业经营成本。与此同时企业的经营决策者还要对成本与收益进行反复分析与对比,在构建应用系统中要分计划与分阶段对其进行资金的投放工作。不仅要有计划地进行前期建设,而且还要控制后期维护应用系统的成本。比如引进质量好、使用寿命长的机器设备,在日常工作中,要做好维护与检修工作,避免有价值或机密的信息资源丢失,从而提高信息资源的高效利用率,从而扩大企业的盈利空间,从而增强企业在复杂市场经济环境中的竞争实力。

总之,企业在构建应用系统时,要遵循应用系统设计与构建的基本原则,创新管理理念、加强与研发机构或团队的交流,与发展实际相结合。企业只有在竞争激烈与环境复杂的市场经济中,加强构建应用系统,才能不断提高企业发展的潜力与竞争优势。

5.4.2 安全管控

本节重点描述矿区侧安全管控涉及的指标数据监控及管理办法。具体的安全管控专用及监测指标包括:安全水平、事故等级数量、安全生产周期、风险等级数量、隐患数量、隐患状态数量、重点隐患数量和三违数量。

5.4.2.1 安全管控指标的管理原则

安全管控指标的管理原则如下所述:

① 科学性原则:安全管控指标必须通过客观规律、理论知识分析获得,以保证安全管控指标的概念和外延明确性。

② 系统性原则:安全管控指标体系的建立必须围绕着以煤矿安全管理系统安全这一目的,并具有一定的层次结构。

③ 普遍性与特殊性原则:建立安全管控指标过程中,既保证安全管控指标的普遍性,又要兼顾其特殊性。

④ 独立性原则:所选择的指标应能说明被评价对象的某一方面的特征,相互间不交叉。

⑤ 可操作性原则:有关安全管控指标的数据应易获取和计算。

⑥ 真实性原则:安全管控指标的考核必须坚持实事求是原则,严禁弄虚作假,以真实、完整反映陕北矿业各煤矿的安全管理工作现状、安全态势,严格把好安全管理关口,做到不安全不生产。

5.4.2.2 安全管控指标的设置

根据公司安全管控的特点,安全管控指标由考核指标及监测指标构成。其中,考核指标又分为通用指标及专用指标,通用指标的指标含义适用于各分支机构,专用指标按专业类别设置,由公司结合分支机构实际,根据内部管理需要补充设置。

安全管控指标主要包括安全管控涉及的通用指标、专用指标和监测指标的确定原则。其中,通用指标主要包括以下几部分内容:

① 年安全生产标准化等级矿井数量:安全生产标准化等级由经国家能源局、煤炭行业协会对煤矿统一评定。该指标包括年安全生产一级矿井数量、二级矿井数量、三级矿井数量三个数据。

② 隐患排查数量:当月/当日隐患排查数量。

③ 三违管理数量:当月/当日三违管理数量。

④ 风险管控数量:当月/当日风险管控数量。

⑤ 各等级风险事件的数量:当月/当日本年风险数量。

⑥ 隐患数量:月度隐患数量(连续 12 个月)。

⑦ 三违数量:月度三违数量(连续 12 个月)。

专用指标主要包括以下内容:

① 安全人员总数量:各煤矿安全人员数量,静态值;

② 各煤矿井下安全人员数量(实时);

③ 安全水平:基于综合安全管理数据构建评价模型,定量描述安全管控的水平,详细评价模型及业务规则须经陕北矿业安全监督管理部、生产技术部、机电物资管理部等部门协商并报股份公司、煤炭工业协会审核通过。

监测指标主要是指安全生产周期:各煤矿自上次事故以来的连续零事故生产天数,年初设定目标为已有天数+365。

5.4.2.3 安全管控指标数据的处理

针对安全管控指标数据的采集、保存、上传、下载、删除和发布等方面,制定如下管理办法。

(1) 数据采集

陕北矿业数字化决策平台负责采集安全管控业务数据。各业务指标的数据采集方法,见表 5-1。

表 5-1　安全管控数据采集

业务指标	指标数据项	更新周期	采集方式	数据来源部门	数据来源系统	备注
安全报警数	煤矿名称,今日安全报警数、本月安全报警数	年	MQTT	安全部,通防部	安全监测系统	
安全生产周期	煤矿名称,安全生产天数	日	静态数据	安全部,通防部	人工填报	天数+1
安全人员数量	煤矿名称,当前安全人员数量	日	接口	安全部	人员定位系统	
年安全生产标准化等级矿井数量	年安全生产一级矿井数量、二级矿井数量、三级矿井数量	月	人工填报			
隐患排查数量	煤矿名称,隐患数量本年累计值	日、月	接口/数据表	安全部	双重预防信息系统	参考张家峁云平台API,要对比显示整改情况
三违管理数量	煤矿名称,三违数量本年累计值	日、月	接口/数据表	安全部	双重预防信息系统	同上
风险管控数量	煤矿名称,风险管控数量本年累计值	日、月	接口/数据表	安全部	双重预防信息系统	同上
各等级风险事件的数量	本年累计值:重大风险数量、较大风险数量、一般风险数量、低风险数量	日	接口/数据表	安全部	双重预防信息系统	同上
隐患数量	煤矿名称,月度,隐患数量	月	接口/数据表	安全部	双重预防信息系统	同上
三违数量	煤矿名称,月度,三违数量	月	接口/数据表	安全部双重预防信息系统	同上	
安全水平	安全水平得分,满分100分	日、月	系统自动计算			陕北矿业下属的8个矿各自有一个得分,陕北矿业的得分由系统规则计算得到

（2）数据保存

以上各业务指标的实际业务数据,经采集后,统一保存到陕北矿业数字化决策平台中。

陕北矿业工业互联网平台每周/每月定时从数字化决策平台获取以上数据,以便于为其他系统提供数据服务。

（3）数据上传

对于以上业务指标中可通过系统接口自动完成的业务指标,数据源系统根据与陕北矿业数字化决策平台的数据接口标准每天/周/月定时将数据上传到陕北矿业数字化决策平台后台数据库。

对于以上业务指标中人工填报的数据项,各数据源部门指定专人定时将业务数据通过后台应用界面录入到陕北矿业数字化决策平台,或者提供原始数据由陕北矿业信息中心人员负责提交系统。

（4）数据下载

在数字化决策平台中,对有权限的用户提供数据下载功能（Excel、txt、PDF 等格式）。

（5）数据删除

在陕北矿业数字化决策平台中,对于录入错误的数据,系统提供删除功能,在删除前系统给出提示;删除时,系统记录用户的操作记录,以便追溯。

（6）数据发布

以上业务数据在更新后、发布前须由陕北矿业安全监督管理部等相关部门审批（线下）。

5.4.2.4　安全管控指标的调整

安全管控指标的调整主要包括两部分内容,如下所述:

安全管控指标数据在平时发布、使用的过程中,若因行业政策或公司规定需要调整,则需经公司安全监督管理部、公司分管副总审批后,再行调整、发布。

各项安全管控指标具有约束力及严肃性。除遇到对公司经营影响重大、不可抗拒的情况时（如自然灾害或外部环境发生巨大改变）,报经公司批准可酌情予以调整外,其他情况一律不予调整。

5.4.3　生产管控

本节重点描述矿区侧生产管控涉及的指标数据监控及管理办法。具体的生产管控专用及监测指标包括:智能化水平、年计划/实际产量、月计划/实际产量、日计划/实际产量、完成率、重要生产设备技术状态（设备总数、完好率、事故率、待修率）、运行状态（使用中数量、停机中数量、开机率等）、日井下人员数量、掘进工作面个数、采煤工作面个数、年安全生产标准化等级数量、生产系统报警（故障数、报警数）、安全监测报警（超员人数、超时人数、矿压/水文等监测）。

5.4.3.1　生产管控指标的管理原则

安全管控指标的管理原则如下所述:

完整性原则:安全管控指标反映的内容应全面完整,应以生产管控为中心,以安全为宗旨,以高效生产为目标,提高各煤矿的安全生产和智能化生产水平。

可行性原则:充分估计目标实现的可能性,指标编制应考虑周全,生产管控指标的基础数据应与煤矿核心生产执行系统对接;业务指标数量增长比例合理,以使指标的应用具有可操作性。

真实性原则：生产管控指标的考核必须坚持实事求是原则，严禁弄虚作假，以真实、完整反映业务生产过程、生产态势。

5.4.3.2 生产管控指标的设置

根据公司生产管控的特点，生产管控指标由考核指标及监测指标构成，其中考核指标又分为通用指标及专用指标，通用指标的指标含义适用于各分支机构，专用指标按专业类别设置，由公司结合分支机构实际，根据内部管理需要补充设置。

生产管控指标主要包括生产管控涉及的通用指标、专用指标和监测指标的确定原则，如下所述：

通用指标主要包括以下几个方面：

① 报警数量：所有生产相关设备报警数量。

② 当前带班领导：当日带班领导的姓名（清单）。"带班"的定义：井下，每个班必须有一个副总师（含总经理助理）以上的矿领导，带班下井。

③ 井下人数：当前井下实时人数。

④ 井下在用设备：当前井下正常运行设备的数量。

⑤ 井下安全人员占比：井下安全人员数量占井下人员总数的比例。

⑥ 原煤产量：原煤的计划产量和实际产量。

⑦ 生产进尺：即永久巷道采煤进尺数。

⑧ 开拓进尺：即临时巷道掘进进尺数。

⑨ 产量进尺：产量进尺＝生产进尺＋开拓进尺。

⑩ 本年采煤工效（t/工）：本年原煤产量/本年用工数。

⑪ 本年万吨掘进率（m/万 t）：总进尺/原煤总产量。

⑫ 井下主要设备开机率：总开机小时数/应开机小时数×100％。

⑬ 设备总数：设备总数量（设备数量的定义同设备台账）。

⑭ 设备完好率：完好率＝完好设备总数/设备总数。

⑮ 设备待修率：待修率＝待维修设备总数/设备总数。

⑯ 设备事故率：事故率＝事故设备总数/设备总数。

⑰ 采煤工作面个数：采煤工作面的个数。

⑱ 掘进工作面个数：掘进工作面的个数。

⑲ 年安全生产标准化等级矿井数量：年安全生产一级矿井数量、二级矿井数量、三级矿井数量。

专用指标主要包括内容：

智能化水平：基于综合生产管控数据构建评价模型，定量描述生产智能化管控的水平，详细评价模型及业务规则须经陕北矿业生产技术部、机电物资管理部等部门协商并报股份公司、煤炭工业协会审核通过。

5.4.3.3 生产管控指标数据的处理

针对生产管控指标数据的采集、保存、上传、下载、删除和发布等方面，制定如下管理办法。

（1）数据采集

陕北矿业数字化决策平台负责采集生产管控业务数据。各业务指标的数据采集方法，见表5-2。

表 5-2 生产管控数据采集

业务指标	指标数据项	数据采集方式	采集频率	数据来源部门	数据来源系统
报警数量	煤矿名称、今日报警数量、本月累计报警数量	数据接口	日、月	安全部，通防部	安全监测系统
当前带班领导	当前带班领导	数据接口	日	生产部	人工填报
井下人数	当前井下人数	数据接口	实时	智能部	人员定位系统
井下在用设备	井下在用设备	数据接口/数据表	实时	智能部	设备管理系统
井下安全人员占比	井下安全人员数量、当前井下人数	数据接口/数据表	实时	智能部，生产部	人员定位系统
智能化水平	智能化水平得分（百分制）	数据接口/数据表	日、月	机电部	系统自动计算
原煤产量	本日计划产量、本日实际产量、本月计划产量、本月实际产量、本年计划产量、本年实际产量	数据接口/数据表	日、月、年	生产部	龙软系统/工业互联网平台
生产进尺	本日计划生产进尺、本日实际生产进尺、本月计划生产进尺、本月实际生产进尺、本年计划生产进尺、本年实际生产进尺	数据接口/数据表	日、月、年	生产部	龙软系统/工业互联网平台
开拓进尺	全员效率年实际值、全员效率同比	数据接口/数据表	日、月、年	机电部门，生产部门	龙软系统/工业互联网平台
产量进尺	产量、掘进进尺、开拓进尺、掘进煤产量完成比例	数据接口/数据表	日	生产部	龙软系统/工业互联网平台
本年采煤工效/(t·工$^{-1}$)	年计划值、年实际值	数据接口/数据表	年	生产部	龙软系统/工业互联网平台
本年万吨掘进率/(m·万 t^{-1})	本年生产进尺、本年原煤产量	数据接口/数据表	年	生产部	龙软系统/工业互联网平台
井下主要设备开机率	本日主要设备的总开机小时数、应开机小时数	数据接口/数据表	日	机电部，财务部	综合管理系统
设备总数		数据接口/数据表	月	机电部	设备管理系统
设备完好率	完好设备总数	数据接口/数据表	月	机电部	设备管理系统
设备待修率	待维修设备总数	数据接口/数据表	月	机电部	设备管理系统

表 5-2(续)

业务指标	指标数据项	数据采集方式	采集频率	数据来源部门	数据来源系统
设备事故率	事故设备总数	数据接口/数据表	月	机电部	设备管理系统
采煤工作面个数	本月采煤工作面个数、本年采煤工作面个数	数据接口/数据表	月	智能部	智能工作面
掘进工作面个数	本月掘进工作面个数、本年掘进工作面个数	数据接口/数据表	月	智能部	智能工作面
年安全生产标准化等级矿井数量	年安全生产一级矿井数量	数据接口/数据表	年	生产部，安全部	人工填报

（2）数据保存

以上人工填报的业务数据，经采集后，统一保存到陕北矿业数字化决策平台中。

陕北矿业工业互联网平台每周/每月定时从数字化决策平台获取以上数据，以便于为其他系统提供数据服务。

（3）数据上传

对于表 5-2 通过系统接口自动完成的业务指标，数据源系统根据与陕北矿业数字化决策平台的数据接口标准每天/周/月定时将数据上传到陕北矿业数字化决策平台后台数据库。

对于表 5-2 业务指标中人工填报的数据项，各数据源部门指定专人定时将业务数据通过后台应用界面录入到陕北矿业数字化决策平台，或者提供原始数据由陕北矿业信息中心人员负责提交系统。

（4）数据下载

在数字化决策平台中，对有权限的用户提供数据下载功能（Excel、txt、PDF 等格式）。

（5）数据发布

以上业务数据在更新后、发布前须由陕北矿业生产技术部等相关部门审批（线下）。

5.4.3.4　生产管控指标的调整

生产管控指标数据，在平时发布、使用的过程中若因行业政策或公司规定需要调整，则需经公司生产技术部、公司分管副总审批后，再行调整、发布。

5.4.4　物资管控

5.4.4.1　物资管控指标的管理原则

物资管控指标的管理原则如下所述：

完整性原则：物资管控指标反映的内容应全面完整，应以物资管控为中心，以物资的运销存适当紧平衡为宗旨，以盘活矿井侧物资、高效利用矿区矿井侧物资为抓手促进企业降本增效。

可行性原则：充分估计目标实现的可能性，指标编制应考虑周全，物资管控指标的基础数据应与西煤云仓、陕煤大市场等系统进行对接；业务指标数量增长比例合理，以使指标的应用具有可操作性。

真实性原则:物资管控指标的考核必须坚持实事求是原则,严禁弄虚作假,以真实、完整反映物资的采购、领用、调拨等全生命周期管理过程。

5.4.4.2 物资管控指标的设置

根据公司资产管控的特点,资产管控指标由考核指标及监测指标构成。其中,考核指标又分为通用指标及专用指标。通用指标的指标含义适用于各煤矿,专用指标按专业类别设置,由陕北矿业公司结合各煤矿实际,根据内部管理需要补充设置。

5.4.4.3 物资管控指标的确定

物资管控指标主要包括物资管控涉及的通用指标、专用指标和监测指标的确定原则。其中,通用指标主要包括以下几个方面:

① 库存额:各类未领用物资的总金额;

② 库存中材料占比、配件占比:材料占比=材料金额/库存总金额,配件占比=1-材料占比;

③ 呆滞占比:呆滞库存/总库存金额;

④ 吨煤物资消耗:每一吨煤消耗的物资的价值;

⑤ 超定额需求物资:超过定额需求的物资的价值;

⑥ 调入未执行次数:原煤产量/企业全部职工总用工数;

⑦ 超清单采购金额:超过清单规定采购的总金额;

⑧ 本年设备大修费用:本年设备大修费用;

⑨ 抑购占比:采购请求被驳回的金额占所有申请金额之比;

⑩ 寄售补货未执行:寄售补货请求已提交但未执行的次数。

监测指标主要包括以下两个方面:

① 矿际重复采购金额:各矿间重复采购的金额;

② 矿内重复采购金额:各矿内重复采购的金额。

为尽量减少公司内部重复采购的发生,须在年初设定矿内、矿际重复采购金额上限,年内、年中、年末进行监测、统计、回溯。

5.4.4.4 资管控指标数据的处理

针对物资管控指标数据的采集、保存、上传、下载、删除和发布等方面,制定如下管理办法。

(1)数据采集

陕北矿业数字化决策平台负责采集物资管控业务数据。各业务指标的数据采集方法,见表5-3。

表 5-3　物资管控数据采集

业务指标	指标数据项	数据采集方式	采集频率	数据来源部门	数据来源系统
库存额	库存定额,实际库存金额	年	数据接口/数据表	财务资产部	物资管控系统
库存中材料占比、配件占比	库存中材料占比、配件占比	年	数据接口/数据表	财务资产部	物资管控系统

表 5-3(续)

业务指标	指标数据项	数据采集方式	采集频率	数据来源部门	数据来源系统
呆滞占比	近 5 年的呆滞占比(2016—2020 年)	年	数据接口/数据表	财务资产部	物资管控系统
抑购占比	近 5 年的抑购占比(2016—2020 年)	年	数据接口/数据表	财务资产部	物资管控系统
吨煤物资消耗	月份,物资消耗总金额、原煤产量	月	数据接口/人工填报	财务资产部,生产部	财务系统/手工台账
矿际重复采购金额	煤矿、本年度重复采购的金额	年	数据接口/数据表	财务资产部	物资管控系统
矿内重复采购金额	煤矿、本年度重复采购的金额	年	数据接口/数据表	财务资产部	物资管控系统
超定额需求物资	煤矿、本年度超定额需求	年	数据接口/数据表	财务资产部	物资管控系统
调入未执行次数	煤矿、本年调入未执行次数	年	数据接口/数据表	财务资产部	物资管控系统
寄售补货未执行	煤矿、本年调入未执行次数	年	数据接口/数据表	财务资产部	物资管控系统
超清单采购金额	超清单采购金额	年	数据接口/数据表	财务资产部	物资管控系统
本年设备大修费用	本年设备大修费用	年	数据接口/数据表	财务资产部	物资管控系统

(2)数据保存

数据都保存在物资管控系统中。

(3)数据下载

在数字化决策平台中,对有权限的用户提供数据下载功能(Excel、txt、PDF 等格式)。

(4)数据发布

表 5-3 的业务数据在更新后、发布前须由陕北矿业机电物资部等相关部门审批(线下)。

5.4.4.5 物资管控指标的调整

物资管控指标数据在平时发布、使用的过程中,若因行业政策或公司规定需要调整,则需经公司机电物资部、公司分管副总审批后,再行调整、发布。

5.4.4.6 物资管控指标的考核

为提高物资综合利用效率,减少矿内重复采购、矿际重复采购比重,须对各矿物资采购工作进行考核,设定重复采购金额限制、次数限制,具体办法由机电物资管理部会同财务资产部协商确定。

5.4.5　资产管控

本节重点描述矿区侧资产管控涉及的指标数据监控及管理办法。具体的资产管控专用及监测指标包括:到寿、到期(预警、报警)、吨煤大型设备修造比、用购比、大型设备过煤量、设备数量(总数、完好、事故、待修)、占比、资产增长率、资产负债率、大修费用、大部件流向和资产总额。

5.4.5.1　资产管控指标的管理原则

资产管控指标的管理原则如下所述:

完整性原则:资产管控指标反映的内容应全面完整,应以资产管控为中心,以提高资产管理水平、充分发挥资产效用、实现资产全生命周期管理、实现资产在整个公司及下属煤矿之间的共享共用,并实现资产的追踪。

可行性原则:充分估计目标实现的可能性,指标编制应考虑周全,资产管控指标的基础数据应与西煤云仓、陕煤大市场;业务指标数量增长比例合理,以使指标的应用具有可操作性。

真实性原则:资产管控指标的考核必须坚持实事求是原则,严禁弄虚作假,以真实、完整反映资产的采购、使用、维修、闲置、报废等阶段的全生命管理。

5.4.5.2　资产管控指标的设置

根据公司资产管控的特点,资产管控指标由考核指标及监测指标构成。其中,考核指标又分为通用指标及专用指标,通用指标的指标含义适用于各煤矿,专用指标按专业类别设置,由陕北矿业公司结合各煤矿实际,根据内部管理需要补充设置。

5.4.5.3　资产管控指标的确定

资产管控指标主要包括资产管控涉及的通用指标、专用指标和监测指标的确定原则。其中,通用指标主要包括以下几个方面:

① 期初资产(亿元):期初资产＝期初负债＋期初所有者权益。

② 资产负债率(%):它是用以衡量企业利用债权人提供资金进行经营活动的能力,以及反映债权人发放贷款的安全程度的指标,通过将企业的负债总额与资产总额相比较得出,反映在企业全部资产中属于负债比率。资产负债率＝总负债/总资产。

③ 资产增长率(%):总资产增长率是企业年末总资产的增长额同年初资产总额之比。本年总资产增长额为本年总资产的年末数减去本年初数的差额,它是分析企业当年资本积累能力和发展能力的主要指标。

④ 净资产收益率(%)是公司税后利润除以净资产得到的百分比率,该指标反映股东权益的收益水平,用以衡量公司运用自有资本的效率。指标值越高,说明投资带来的收益越高。该指标体现了自有资本获得净收益的能力。

⑤ 资产分布(亿元):总资产、各分类资产价值(房屋、建筑物、运输设备、文化生活设施、管理用具、其他),新增资产、报废资产、各类资产的分布。

⑥ 资产折旧(亿元):资产原值、累计折旧、净值。

⑦ 按资产类别统计数量、原值。

⑧ 资产状态:在用资产、租赁资产、闲置资产、报废资产。

⑨ 设备总数。

⑩ 运行中设备数。

⑪ 停机中设备数。

⑫ 设备在用率：运行中设备数/设备总数。

⑬ 大部件消耗费用：高价值部件消耗费用。

⑭ 生产设备大修费用本年定额。

⑮ 生产设备大修费用本年累计值。

⑯ 各生产区队大部件消耗费用。

⑰ 本年度分月份的大修费用。

⑱ 设备总数：按设备台账中的定义，设备的总数量。

⑲ 设备使用率：使用中设备总数/设备总数。

⑳ 设备完好率：完好率＝完好设备总数/设备总数。

㉑ 设备待修率：待修率＝待维修设备总数/设备总数。

㉒ 设备事故率：事故率＝事故设备总数/设备总数。

㉓ 设备报警数：设备本年报警数。

㉔ 各报警类型数量：分类型的报警数量（到寿报警数量、到期报警数量、续保报警数量）。

㉕ 各煤矿设备报警数量。

专用指标主要包括以下两个方面：

① 吨煤大型设备修造比：大型设备修造总金额/原煤吨数，用于衡量大型设备维修情况、寿命情况；

② 大型设备过煤量（万吨）：衡量大型设备的可靠性；比如，通过记录国产刮板输送机过煤量来测试其整机技术性能和可靠性，也可比较不同厂家、不同材料的设备的性能。

5.4.5.4　资产管控指标数据的处理

针对资产管控指标数据的采集、保存、上传、下载、删除和发布等方面，制定如下管理办法。

（1）数据采集

陕北矿业数字化决策平台负责采集资产管控业务数据。各业务指标的数据采集方法，见表5-4。

表 5-4　资产管控数据采集

业务指标	更新周期	采集方式	数据来源部门	数据来源系统
期初资产（亿元）	年	接口/数据表	财务部	资产管理系统
资产负债率（%）	年	接口/数据表	财务资产部	资产管理系统
资产增长率（%）	年	接口/数据表	财务资产部	资产管理系统
净资产收益率（%）	年	接口/数据表	财务资产部	资产管理系统
资产分布（亿元）：总资产、各分类资产价值（房屋、建筑物、运输设备、文化生活设施、管理用具、其他），新增资产、报废资产	年	接口/数据表	财务资产部，运输部，智能部	资产管理系统，主运输系统，辅助运输系统，设备管理系统

表 5-4(续)

业务指标	更新周期	采集方式	数据来源部门	数据来源系统
资产折旧(亿元):资产原值、累计折旧、净值	年	接口/数据表	财务资产部	资产管理系统 或财务系统
按资产类别统计数量、原值	年	接口/数据表	财务资产部	资产管理系统 或财务系统
资产状态:在用资产、租赁资产、闲置资产、报废资产	月	接口/数据表	财务资产部	资产管理系统 或财务系统
设备总数	月	接口/数据表	生产部,智能部	设备管理系统
运行中设备数	月	接口/数据表	生产部,智能部	设备管理系统
停机中设备数	月	接口/数据表	生产部,智能部	设备管理系统
设备在用率	月	接口/数据表	生产部	无系统,通过计算
大部件消耗费用	年	接口/数据表	财务资产部	财务系统
生产设备大修费用本年定额	年	接口/数据表	财务资产部	财务系统
生产设备大修费用本年累计值	年	接口/数据表	财务资产部	财务系统
各生产区队大部件消耗费用	年	接口/数据表	财务资产部	财务系统
本年度分月份的大修费用	月	接口/数据表	生产部,资产部,智能部	设备管理系统 资产管理系统
设备总数	月	接口/数据表	生产部,智能部	设备管理系统
设备使用率	月	接口/数据表	生产部	设备管理系统
设备完好率	月	接口/数据表	生产部	设备管理系统
设备待修率	月	接口/数据表	生产部	设备管理系统
设备事故率	月	接口/数据表	生产部	设备管理系统
吨煤大型设备修造比	年	接口/数据表	财务资产部,生产部,智能部	财务系统,设备管理系统
大型设备过煤量(万t)	年	接口/数据表	财务资产部,生产部	人工填报
设备报警数	实时	接口/数据表	通防部	安全监测系统
各报警类型数量	实时	接口/数据表	通防部	安全监测系统
各煤矿设备报警数量	实时		通防部	安全监测系统

（2）数据保存

数据都保存在资产管控系统中。

（3）数据下载

在数字化决策平台中,对有权限的用户提供数据下载功能(Excel、txt、PDF 等格式)。

（4）数据发布

表 5-4 的业务数据在更新后、发布前须由陕北矿业机电物资部等相关部门审批(线下)。

5.4.5.5　资产管控指标的调整

资产管控指标数据在平时发布、使用的过程中,若因行业政策或公司规定需要调整,则需经公司财务资产部、公司分管副总审批后,再行调整、发布。

5.4.6　项目管控

本节重点描述矿区侧项目管控涉及的指标数据监控及管理办法。具体的项目管控专用及监测指标包括:年专项资金月度计划额(万元)、项目总数、项目总额、完成率、超期(预警、报警)、合同数、合同额、完成率、超期预警(预警、报警)。

5.4.6.1　项目管控指标的管理原则

项目管控指标的管理原则如下所述:

完整性原则:项目管控指标反映的内容应全面完整,应以项目管控为中心,充分反映公司项目合同情况、科技专项资金情况、项目执行情况、工程形象进度等。

可行性原则:充分估计目标实现的可能性,指标编制应考虑周全,项目管控指标的基础数据应与合同管理、项目管控等系统做好对接;业务指标数量增长比例合理,以使指标的应用具有可操作性。

真实性原则:项目管控指标的考核必须坚持实事求是原则,严禁弄虚作假,以真实、完整反映物资的采购、领用、调拨等全生命周期管理工程管理、合同管理实际。

5.4.6.2　项目管控指标的设置

根据公司项目管控的特点,项目管控指标由考核指标及监测指标构成。其中,考核指标又分为通用指标及专用指标,通用指标的指标含义适用于各煤矿,专用指标按专业类别设置,由陕北矿业公司结合各煤矿实际,根据内部管理需要补充设置。

5.4.6.3　项目管控指标的确定

项目管控指标主要包括项目管控涉及的通用指标、专用指标和监测指标的确定原则。其中,通用指标主要包括以下几个方面:

① 本年专项资金:本年专项资金的总金额。专项资金计划一般是在每年的第四季度进行下一年度的专项资金计划项目申报。专项资金有计划额、完成额,矿井侧矿区侧都会关注这两个指标。

② 本年专项资金同比:(今年－去年)/去年。

③ 计划实施率:已实施的专项金额/总专项金额。

④ 完成率:已完成的专项金额/总专项金额。

⑤ 各类型专项资金金额:煤矿上的专项资金主要有三种类型:安全费、维简费和折旧费;资金计划一般有物资采购类项目计划、工程类项目计划、其他类项目计划等类型。

⑥ 计划实施率:资金计划实施的比例;已实施的专项金额/总专项金额。

⑦ 完成率＝已完成的专项金额/总专项金额。

⑧ 累计新签:新签项目的金额之和。

⑨ 合同总额(万元):年初以来合同的总金额。

⑩ 各矿合同金额完成率:完成率＝已支付的金额/所有合同总金额。

⑪ 所有项目报警总数:项目的报警(延期、超期等)信息条数。

⑫ 各类型报警数目:项目的各类型报警的条数,包括调整数目、延期数目、未通过数目。

⑬ 各调整项目清单简报:调整项目的信息简报,例:××项目因××追加费用20万元。

⑭ 各延期项目清单简报:延期项目的信息简报,例:××项目因××延期20 d,竣工时间延至2021-10-30。

⑮ 验收未通过项目清单简报:验收未通过项目的信息简报,例:××项目因××未通过验收,整改20 d后,组织验收。

专用指标主要包括以下内容:

"工程形象进度"就是用文字(结合实物量)或百分比简明扼要地反映已施工或待施工工程的形象部位和进度情况。它是考核施工单位完成施工任务的主要指标之一。一般是按分部工程填列,如土建工程的基础、结构、屋面、装修、收尾、竣工、交工等;安装工程的设备清洗、就位、安装、试车调整和交工等;线型工程的线型长度等。再如机械工程的设计、绘图、采购、校正、画线、切割、切削、组合、抛光、打底漆、喷面漆。

工程形象进度包括陕北矿业全公司的工程形象总体进度、各矿工程形象进度;陕北矿业每年具有上千数量的各类工程,目前没有一个统一的量化办法来计算所有工程的形象进度,只能有代表性地列举重大工程的形象进度。

5.4.6.4　项目管控指标数据的处理

针对项目管控指标数据的采集、保存、上传、下载、删除和发布等方面,制定如下管理办法。

（1）数据采集

陕北矿业数字化决策平台负责采集项目管控业务数据。各业务指标的数据采集方法,见表5-5。

表5-5　项目管控数据采集

业务指标	指标数据项	更新周期	采集方式	数据来源部门	数据来源系统
本年专项资金	本年专项资金(万元)	年	导入台账/人工填报	企管部,科技管理部	项目管理系统(待建)
本年专项资金同比	去年专项资金(万元),去年今年专项资金(万元)	年	导入台账/人工填报	企管部,科技管理部	项目管理系统(待建)
计划实施率	已实施的专项金额、总专项金额	年	导入台账/人工填报	企管部,科技管理部	项目管理系统(待建)
完成率	已完成的专项金额、总专项金额	年	导入台账/人工填报	企管部,科技管理部	项目管理系统(待建)
各类型专项资金金额	各类型专项资金金额	年	导入台账/人工填报	企管部,科技管理部	项目管理系统(待建)
计划额、完成额、计划实施、完成率	计划额、完成额、计划实施率、完成率	年	导入台账/人工填报	企管部,科技管理部	项目管理系统(待建)
累计新签		月	导入台账/人工填报	企管部,科技管理部	项目管理系统(待建)
合同总额(万元)	本年合同总额(万元)、去年合同总额(万元)、同比	年	导入台账/人工填报	企管部,科技管理部	项目管理系统(待建)

表 5-5（续）

业务指标	指标数据项	更新周期	采集方式	数据来源部门	数据来源系统
各矿合同金额、完成率	矿名,合同额,完成率	月	导入台账/人工填报	企管部,科技管理部	项目管理系统(待建)
全公司总体工程形象推进进度	陕北矿业公司总体工程形象推进进度	年	导入台账/人工填报	企管部,科技管理部	项目管理系统(待建)
各矿工程形象进度	矿名,工程形象推进进度	年	导入台账/人工填报	企管部,科技管理部	项目管理系统(待建)
所有项目报警总数		实时	导入台账/人工填报	企管部,科技管理部	项目管理系统(待建)
各类型报警数目	调整数目、延期数目、未通过数目	实时	导入台账/人工填报	企管部,科技管理部	项目管理系统(待建)
各调整项目清单简报	各调整项目清单简报	实时	导入台账/人工填报	企管部,科技管理部	项目管理系统(待建)
各延期项目清单简报	各延期项目清单简报	实时	导入台账/人工填报	企管部,科技管理部	项目管理系统(待建)
验收未通过项目清单简报	验收未通过项目清单简报	实时	导入台账/人工填报	企管部,科技管理部	项目管理系统(待建)

（2）数据保存

数据经采集后,统一保存到陕北矿业数字化决策平台中;陕北矿业工业互联网平台每周/每月定时从数字化决策平台获取以上数据,以便于为其他系统提供数据服务。

（3）数据上传

如表 5-5 业务指标所示,数据源系统根据与陕北矿业数字化决策平台的数据接口标准每天/周/月定时将数据上传到陕北矿业数字化决策平台后台数据库。

（4）数据下载

在数字化决策平台中,对有权限的用户提供数据下载功能（Excel、txt、PDF 等格式）。

（5）数据发布

表 5-5 业务数据在更新后、发布前须由陕北矿业企管部/科技管理部等相关部门审批（线下）。

5.4.6.5 项目管控指标的调整

项目管控指标数据在平时发布、使用的过程中,若因行业政策或公司规定需要调整,则需经公司企管部/科技管理部、公司分管副总审批后,再行调整、发布。

5.4.7 经营管控

本节重点描述矿区侧经营管控涉及的指标数据监控及管理办法。具体的经营管控专用及监测指标包括:营业收入（目标、完成、达成率）、利润（目标、完成、达成率）、净利润（目标、完成、达成率）（亿）、吨煤完全成本、吨煤商品煤成本、吨煤销售价、吨煤完全平均成本、吨煤商品煤平均成本、吨煤销售平均价(元)、盈利能力－成本费用利润率、净资产收益率、生产效率－原煤生产率、全员生产率（t/工）、年上缴税费总额（万元）。

5.4.7.1 经营管控指标的管理原则

经营管控指标的管理原则如下所述：

增长性原则：经营管控指标要以公司目标和战略规划为导向，保证公司持续发展，要具有一定的前瞻性、增长性。为体现指标反映的结果对完成公司的整体目标有明确的导向性，在制定利润指标时，要遵照盈利项目保持稳步增长、亏损项目一年扭亏的总体要求。

完整性原则：经营管控指标反映的内容应全面完整，应以业务经营为中心，以效益为目标，激发和调动各分支机构的经营积极性，逐步建立与完善分支机构自主经营、自负盈亏、自我约束、自我发展的经营机制。

可行性原则：充分估计目标实现的可能性，指标编制应考虑周全，经营管控指标的基础数据应与财务核算与其他业务核算衔接，增长比例合理，以使指标的应用具有可操作性。

真实性原则：经营管控指标的考核必须坚持实事求是原则，严禁弄虚作假，以真实、完整反映业务经营成果，以真正做到经营成果与经济利益挂钩，达到预定的经营责任制目标。

与预算适当分离原则：指标与预算存在联系，但适当分离。原有项目预算加新项目预算结果可能大于或小于年初下达指标，但不影响指标，预算仍按预算数据执行，绩效考核仍按下达指标执行。

5.4.7.2 经营管控指标的设置

根据公司自身业务经营管理的特点，经营指标由考核指标及监测指标构成。其中，考核指标又分为通用指标及专用指标，通用指标的指标含义适用于各分支机构，专用指标按专业类别设置，由公司结合分支机构实际，根据内部管理需要补充设置。

5.4.7.3 经营管控指标的确定

经营管控指标主要包括经营管控涉及的通用指标、专用指标和监测指标的确定原则。其中，通用指标主要包括以下几个方面：

① 本年营业收入（亿元）：指本年度内，以权责发生制（责任书另行约定除外）会计处理方式作为核算依据，汇总现有项目全年营业收入，即营业收入＝主营业务收入＋其他业务收入。

② 本年利润（亿元）：以账面利润＋视同完成利润（佣金、转移、承担公司成本、内部资金计息等）作为核算依据。

③ 本年净利润（亿元）：公司本年利润总额－本年所得税。

④ 净资产收益率（%）：本年净利润/净资产×100%。

⑤ 年上缴税费总额（万元）：公司本年度交纳的增值税、营业税、城建税、教育费附加、所得税等，包括在"管理费用"中核算的房产税、印花税、车船使用税、土地使用税等。

⑥ 本年产量（万 t）：本年原煤产量。

⑦ 本年生产进尺（m）：生产进尺＝掘进进尺＋开拓进尺。

⑧ 本年吨煤完全成本（元）：即完全成本/原煤产量。完全成本＝产品成本＋存货成本时，且把期间内在生产过程中所消耗的直接材料、直接人工、变动制造费用和固定制造费用的全部成本都归纳到产品成本和存货成本中去。

⑨ 本年吨煤商品煤成本（元）：即商品煤成本/商品煤产量。商品煤包括原煤、筛选煤和

洗选煤。

⑩ 本年吨煤销售价(元):即吨煤出厂价,陕北矿业吨煤销售价为下属八个煤矿吨煤销售价的均值。

⑪ 成本费用利润率(%)=(利润总额/成本费用总额)×100%。

专用指标主要包括以下两个方面:

① 两金占比(%):即应收账款、存货之和占流动资产的比重,即:(应收账款占比+存货)/流动资产×100%。

② 生产设备大修费用(万元):对生产设备进行大修、翻新等维修发生的费用。

监测指标主要包括如下内容:

全员效率等监测指标由人力资源部及相关部门根据公司总体业务发展规划、管理要求和分支机构的实际情况确定。监测指标年初暂定,年终按实际进行监测。其中,全员效率(t/工)=全部商品煤产量/企业全部职工总用工数。

5.4.7.4 经营管控指标数据的处理

针对经营管控指标数据的采集、保存、上传、下载、删除和发布等方面,制定如下管理办法。

(1) 数据采集

陕北矿业数字化决策平台负责采集经营管控业务数据。各业务指标的数据采集方法,见表5-6。

表5-6 经营管控数据采集

业务指标	指标数据项	更新频率	数据来源部门	数据来源系统	数据采集方式
本年营业收入(亿元)	年营业收入计划数、实际数、营业收入完成百分比	年	财务部	财务系统	接口/数据表
本年利润(亿元)	年利润计划数、年利润实际、利润完成百分比数	年	财务部	财务系统	接口/数据表
本年净利润(亿元)	年净利润计划数、实际数、净利润完成占比	年	财务部	财务系统	接口/数据表
净资产收益率(%)	本年值、去年值	年	财务部	财务系统	接口/数据表
年上缴税费总额(万元)	本年值、去年值	年	财务部	财务系统	接口/数据表
本年产量(万t)	年产量计划数、年产量完成数、完成率	年	生产部	共享平台.综合调度.生产经营月报上报.原煤产量	接口/数据表
本年生产进尺(m)	年生产进尺计划数、实际数	年	生产部	共享平台.综合调度.生产经营月报上报.总进尺	接口/数据表
本年吨煤完全成本(元)	月态势(每月的吨煤完全成本)、年均吨煤完全成本	月	生产部	财务部提供完全成本	人工填报/后台导入

表 5-6(续)

业务指标	指标数据项	更新频率	数据来源部门	数据来源系统	数据采集方式
本年吨煤商品煤成本(元)	月态势(每月的吨煤商品煤成本)、年均吨煤商品煤成本	月	生产部、销售部、企管部	财务部提供商品煤成本	人工填报/后台导入
本年吨煤销售价(元)	月态势(每月的吨煤销售价)、年均吨煤销售价	月	销售部	销售协调办公室	人工填报/后台导入
成本费用利润率(%)	年利润总额、年成本费用总额	年	财务部		人工填报/后台导入
两金占比(%)	本年值、去年值	年	财务部	财务系统	
生产设备大修费用(万元)	年目标、每月的实际值	月	财务部、人力资源部	财务系统,OA	接口/数据表
全员效率(t/工)	年目标、每月的实际值	月	财务部、人力资源部	财务系统,OA	接口/数据表

（2）数据保存

以上各业务指标的实际业务数据,经采集后,统一保存到陕北矿业数字化决策平台中;陕北矿业工业互联网平台每周/每月定时从数字化决策平台获取以上数据,以便于为其他系统提供数据服务。

（3）数据上传

对于表 5-6 中可通过系统接口自动完成的业务指标,数据源系统根据与陕北矿业数字化决策平台的数据接口标准每天/周/月定时将数据上传到陕北矿业数字化决策平台后台数据库;

对于表 5-6 业务指标中人工填报的数据项,各数据源部门指定专人定时将业务数据通过后台应用界面录入到陕北矿业数字化决策平台,或者提供原始数据由陕北矿业信息中心人员负责提交系统。

（4）数据下载

在数字化决策平台中,对有权限的用户提供数据下载功能(Excel、txt、PDF 等格式)。

（5）数据删除

在陕北矿业数字化决策平台中,对于录入错误的数据,系统提供删除功能,在删除前系统给出提示;删除时,系统记录用户的操作记录,以便追溯。

（6）数据发布

表 5-6 中业务数据在更新后、发布前须由陕北矿业企业管理部等相关部门审批(线下)。

5.4.7.5 经营管控指标的调整

经营管控指标的调整主要包括两部分内容,如下所述:

经营管控指标数据在平时发布、使用的过程中,若因行业政策或公司规定需要调整,则需经公司企业管理部、公司分管副总审批后，再行调整、发布。

各项经营指标具有约束力及严肃性，除遇到对公司经营影响重大、不可抗拒的情况时（如自然灾害或外部环境发生巨大改变），报经公司批准可酌情予以调整外，其他情况一律不予调整。

5.4.7.6 经营管控指标的考核与奖惩

（1）经营管控指标的考核

① 各煤矿的各项指标的实际执行结果必须经过陕北矿业财务部全面审核后，上报公司总会计师及总经理进行考核认定；

② 各项经营指标完成情况，由陕北矿业财务部负责全面审核；

③ 监测指标的完成情况，由财务部会同相关业务部门负责考核认定。

（2）经营管控指标的奖惩

陕北矿业公司根据股份公司相关规定，可对各煤矿就吨煤完全成本、吨煤商品煤成本、成本费用利润率、两金占比这些业务指标下达相应的奖惩细则，具体细则由陕北矿业公司财务资产部会同人力资源部等部门制定。

5.4.8 销售管控

本节重点描述矿区侧销售管控涉及的指标数据监控及管理办法。具体的销售管控专用及监测指标包括：计划/实际销量、完成率、库存、销售合同额、完成率、订单完成情况、原煤平均售价、商品煤销售价格、煤质数据、运输异常率。

5.4.8.1 销售管控指标的管理原则

销售管控指标的管理原则如下所述：

完整性原则：销售管控指标反映的内容应全面完整，应以销售管控为中心，以便对销售数据、煤炭流向、客户信息等数据进行高效分析和深入挖掘，从而在市场发生变化时能及时做到预判；此外，完善客户类型，为客户提供订单式生产与配送等服务，做到降本增效，提升陕北矿业公司在市场竞争中的抗风险能力及竞争力。

可行性原则：充分估计目标实现的可能性，指标编制应考虑周全，销售管控指标的基础数据应考虑与西煤交易系统、矿井端地磅与装车系统、运销系统、政府监管系统、陕煤集团财务系统、第三方质检系统等系统的对接、联动；业务指标数量增长比例合理，以使指标的应用具有可操作性。

真实性原则：销售管控指标的考核必须坚持实事求是原则，严禁弄虚作假，以真实、完整反映煤炭销售过程和态势。

创新性原则：通过指标设计，体现"智慧销售"理念，创新煤炭运销服务模式，延伸煤炭运销的价值服务链条。借鉴"物流透明"理念，整合煤炭物流运输资源，打造"煤炭数字化销售管控系统"，推动陕北矿业煤炭运销模式升级，实现"运销一体化""业务数字化""服务在线化""管理精细化""决策智能化"的能力。

5.4.8.2 销售管控指标的设置

根据公司销售管控的特点，销售管控指标由考核指标及监测指标构成，其中考核指标又分为通用指标及专用指标,通用指标的指标含义适用于各煤矿,专用指标按专业类别设置,由陕北矿业公司结合各煤矿实际,根据内部管理需要补充设置。

5.4.8.3 销售管控指标的确定

销售管控指标主要包括销售管控涉及的通用指标、专用指标和监测指标的确定原则。其中,通用指标主要包括以下几个方面:

① 本年销量完成情况(万吨):完成率＝实际销量/计划销量;

② 本年产品分类分布(万吨):精煤产量、块煤产量、原煤产量;

③ 本年运输方式分布(万吨):铁运销量、汽运销量;

④ 销售完成率:实际销量/计划销量;

⑤ 非电煤占比:非电煤产量/总产量;

⑥ 块煤占比:块煤产量/总产量;

⑦ 各矿本年库存情况(万 t):各矿年底煤仓库存;

⑧ 本年销售合同完成率:合同额完成率＝实际销量/合同销量;

⑨ 销售订单完成情况:订单额完成率＝已完成金额/订单总金额;

⑩ 本年吨煤销售价:原煤产量/企业全部职工总用工数;

⑪ 月度销量完成情况:月度实际销售/月度销售计划;

⑫ 客户数量分布:客户地域数量分布,即某个地域的客户数量/所有客户数量;公司性质数量分布,即某类公司性质的客户数量/所有客户数量;

⑬ 客户所在行业分布:客户所在行业的数量分布。

专用指标主要包括以下内容:

① 运输异常率:异常运输次数/全年运输次数。

② 各矿自行统计异常运输次数、全年运输次数。陕北矿业运输异常率＝$\sum$ 各矿异常运输次数 / $\sum$ 各矿年运输次数。

监测指标主要包括以下内容:

① 煤质情况:包括发热量,全硫,全水,灰分等煤质指标。

② 各矿年初下达本年煤质计划,每月也有煤质计划;各矿的洗煤厂/销售公司会进行煤质检验。煤质报表举例如表 5-7 和表 5-8 所示。

表 5-7 2021 年 9 月份煤炭产品煤质计划指标汇总表

规格	粒度	全水/%	灰分/%	全硫/%	挥发分/%	低位热值大卡/kg	限下率/%
4^{-2}、5^{-2}原煤		≤13	≤18	≤0.5	≥33	≥5 300	
原煤洗选加工各产品为:							
4^{-2}、5^{-2}混煤	0～25 mm	≤13	≤18	≤0.5	≥33	≥5 300	
原煤洗选加工各产品为:							
洗大块	100～160 mm	≤12	≤6	≤0.4	≥36	≥6 300	≤9
洗中块	25～100 mm	≤12	≤6	≤0.4	≥36	≥6 300	≤12

部门负责人:

销售中心

2021 年 8 月 27 日

表 5-8 陕北矿业月度煤质报表(陕北矿业公司 7 月煤质报表)

序号	项目\单位	混煤发热量			原煤发热量			洗中块限下率/发热量		
		本月	计划	较计划	本月	计划	较计划	本月	计划	较计划
1	红柳林	5 812.00	5 750.00	+62	5 655.00	5 600.00	+55	6.80	10.00	−3.20
2	柠条塔	5 823.00	5 750.00	+73	5 823.00	5 700.00	+123	13.20	13.50	−0.30
3	张家峁	5 653.00	5 547.00	+106	5 483.00	5 473.00	+10	7.40	12.00	−4.60
4	龙华	5 266.00	5 250.00	+16	—	—	—	11.30	15.00	−3.70
5	韩家湾	5 027.00	4 800.00	+227	—	—	—	13.60	15.00	−1.40
6	安山	4 358.00	4 500.00	−142	—	—	—	5 654.00	5 300.00	+354
7	中能	4 855.00	4 800.00	+55	—	—	—	—	—	—
8	沙梁	4 265.00	4 500.00	−235	—	—	—	5 610.00	5 300.00	+310

5.4.8.4 销售管控指标数据的处理

针对销售管控指标数据的采集、保存、上传、下载、删除和发布等方面,制定如下管理办法。

（1）数据采集

陕北矿业数字化决策平台负责采集销售管控业务数据。各业务指标的数据采集方法,见表 5-9。

表 5-9 销售管控数据采集

业务指标	指标数据项	更新周期	备注	采集方式	数据来源部门	数据来源系统
本年销量完成情况（万 t）	计划、实际、完成率	年		数据接口	销售部	龙软调度日报
本年产品分类分布（万 t）	本年精煤产量、本年块煤产量、本年原煤产量	年		数据接口	销售部	龙软调度日报
本年运输方式分布（万 t）	本年铁运销量、本年汽运销量	年		数据接口	销售部,运输部	龙软调度日报
计划销量、实际销量、完成率、非电煤占比、洗块煤占比	煤矿、计划销量、实际销量、完成率、非电煤占比、洗块煤占比	月,年	生产数据接口说明（龙软）.docx	数据接口	销售部,生产部	龙软调度日报
各矿本年库存情况（万 t）	煤矿,库存(万 t)	年	导入经营月报:张家峁 2021 年 1 月月报表新(含产量 & 销售 & 掘进 & 综采 & 洗选 & 库存).xlsx	数据接口	销售部,生产部	龙软报表
本年销售合同完成率	合同销量,已完成销量	月,年		数据接口	销售部	矿井端地磅与装车系统

表 5-9(续)

业务指标	指标数据项	更新周期	备注	采集方式	数据来源部门	数据来源系统
销售订单完成情况	已完成金额,订单总金额	月,年		数据接口	销售部	矿井端地磅与装车系统
煤质情况	煤矿,本年煤质情况:发热量,全硫,全水,灰分	月,年	导入煤质月报:××矿煤质统计表.xlsx	数据接口	销售部	运销系统
本年吨煤销售价	本年月份、吨煤销售价、吨煤年平均销售价	年		数据接口	销售部	运销系统
运输异常率	煤矿、运输异常率	月,年	找销售协调办公室	数据接口	运输部	运销系统
月度销量完成情况	计划、实际	月,年		数据接口		运销系统
客户数量分布	客户数量分布	月,年		数据接口		运销系统
客户所在行业分布	客户所在行业分布	月,年		数据接口		运销系统

(2)数据保存

数据都保存在销售管控系统中。

(3)数据上传

各外围系统(龙软报表系统、西煤交易系统、矿井端地磅与装车系统、运销系统、政府监管系统、陕煤集团财务系统、第三方质检系统)的数据通过接口协议汇聚到陕北工业互联网大数据平台。

(4)数据下载

在数字化决策平台中,对有权限的用户提供数据下载功能(Excel、txt、PDF 等格式)。

(5)数据发布

表 5-9 中业务数据在更新后、发布前须由销售协调办公室等相关部门审批。

5.4.8.5　销售管控指标的调整

销售管控指标数据在平时发布、使用的过程中,若因行业政策或公司规定需要调整,则需经公司机电物资部、公司分管副总审批后,再行调整、发布。

5.4.9　组织管控

本节重点描述矿区侧组织管控涉及的指标数据监控及管理办法。具体的组织管控专用及监测指标包括:生产效率-原煤生产率、全员生产率(t/工)、双创专利数、季获奖(总数、国家级、省部级、集团级)、月岗位人数(管理、技术、生产、服务人员)、月职称人数(初级、中级、副高、正高、其他)、月年龄人数(35 岁以下、35 岁至 45 岁、46 岁至 55 岁、55 岁以上)、月学历人数(高中、大专、本科、硕士、博士、其他)、月人员结构人数(采掘一线、井下辅助、地面辅助、机关部门、期末总数)、工会情况数据。

5.4.9.1　智慧矿区管理的组织架构

陕北矿业公司是陕煤集团在陕北国家能源基地规划建设的大型煤炭生产企业。公司下属红柳林、柠条塔等 7 家矿业公司(8 对生产矿井)、产业发展公司 1 家煤炭生产服务企业、神南煤炭科技孵化公司等 9 个单位;有 2 个研发中心(煤炭绿色安全高效开采国家地方联合工程研究中心神南分中心、神南再制造中心)和 1 个研究院(黄河流域煤炭产业生态治理技术研究院)。拥有优质煤炭产能 7 000 万 t/a,煤炭生产服务能力 2 亿 t/a,科技孵化基地 1 000 m²。连续三年人均煤炭产量 1 万 t,年盈利超 100 亿元。

矿区侧各职能部门的职责如表 5-10 所示。

表 5-10　矿区侧部门职责

部门	职责
生产技术部	采、掘、机、运、通的技术管理,测量、地质、瓦斯防治、防治水、新技术、新工艺等
机电物资管理部	机电技术管控,物资管。拟订部门内的制度、流程;指导矿上完善机电、运输的制度、流程,并监督实施;每年开展安全生产标准化工作;每季度进行相关资料检查。具体范围包括:供电、节能、信息化、设备、运输、选煤厂
安全监督管理部	监督落实安全管理规划;推进安全管理体系建设和制度优化;落实现场,月度、季度,动态考核检查工作;督促问题的整改及处理
规划发展部	① 专项资金管理,包括安全、维简、大修、土地复垦与科研费用的管理核对;② 数据统计,综合统计包括产量、产值在内的日常生产经营数据;③ 计划排产,包括年度、季度、月度生产计划的制定与完成情况监督;④ 内部协作,进行分级管理,编制半年度工作重点报告
基本建设管理部	矿区侧、矿井侧基建工程管控
企业管理部	负责公司的改革改制、资产重组等工作。负责公司的战略规划制订和投资分析管理工作。负责公司和子公司资质管理、工商管理、组织机构代码的管理、商标管理、对外经营资格管理等工作,并对以上证书进行申请、变更、年检、升级和维护等工作
行政办公室	在公司董事长、党委书记的直接领导下,负责党政日常事务和董事会相关事务。矿区及矿井侧行政办公管理、规划、协调、控制、组织、宣贯
财务资产部	财务管理、资产管理
科技管理部	公司科技制度管理、科技创新管理、技术改造项目审批,科技专项资金管理
生态环保部	
人力资源部	职工全生命周期管理(入职、离职、退休、调入、调出)、薪酬体系建设、培训考核业务
调度中心	计划、计划跟踪、过程管控、报送信息的统计、报表分发 统计报表(产销、进尺、库存数据)、部门业务协调、应急指挥等
工会	按照工会的有关法律章程开展工会工作;维护职工的合法权益和民主权利,做好民主管理和民主监督工作
审计室	负责公司内控管理制度体系的完善和日常运行管理,负责组织制定、健全、完善、修订公司各项管理制度和相关规定;负责对制度在执行过程中出现的相关争议事项进行协调和仲裁
销售协调办公室	销售政策制定与发布;销售管控;煤质检验、煤炭销售统计、销售现场装车、企业品牌建设
党委宣传部	党委宣传工作管理
党委工作部	党委工作管理
纪检监察部	党委纪检与廉政监察

5.4.9.2 组织管控指标的管理原则

组织管控指标的管理原则如下所述：

完整性原则：组织管控指标反映的内容应全面完整，应以组织管控为中心，支撑建立一套完善的能辐射到全体成员企业的组织管理体系，支持全公司协同运作的组织管理信息系统，以协助管理飞速提升，引领行业先驱。

可行性原则：充分估计目标实现的可能性，指标编制应考虑周全，组织管控指标的基础数据应逐步涵盖组织机构管理、人员信息管理、人员变动管理、人员合同管理、薪酬管理、社保福利管理、绩效管理、时间管理、招聘管理、教育培训管理、人力资本规划、能力素质管理、问卷调查管理、档案管理、组织分析报表、全员应用服务、智慧党建平台、智慧工会平台、Elearning系统等管理系统的核心业务指标；业务指标数量增长比例合理，以使指标的应用具有可操作性。

真实性原则：组织管控指标的考核必须坚持实事求是原则，严禁弄虚作假，以真实、完整反映人力资源管理、组织架构管理、工会管理、党建管理、学习培训管理等组织管控过程及态势。

5.4.9.3 组织管控指标的设置

根据公司组织管控的特点，组织管控指标由考核指标及监测指标构成。其中，考核指标又分为通用指标及专用指标，通用指标的指标含义适用于各煤矿，专用指标按专业类别设置，由陕北矿业公司结合各煤矿实际，根据内部管理需要补充设置。

5.4.9.4 组织管控指标的确定

组织管控指标主要包括组织管控涉及的通用指标、专用指标和监测指标的确定原则。其中，通用指标主要包括以下几部分内容：

① 双创项目数：公司双创项目数；

② 双创效益（亿元）：创新创业经济效益；

③ 双创专利数：创新创业取得的技术专利的数量；

④ 科技成果：专利、著作、软件著作权、科技成果、奖项、标准；

⑤ 双创项目数；

⑥ 双创人数；

⑦ 双创全员率：双创全员率＝双创人数/煤矿总人数；

⑧ 双创项目本年专利数：煤矿、双创本年专利数；

⑨ 双创项目本年获奖：矿、双创本年获奖总数、国家级数量、省部级数量、集团级数量；

⑩ 科技投入比率：科技投入比率＝科技投入金额/营业收入；

⑪ 原煤效率：原煤产量/原煤生产用工数；

⑫ 全员效率：原煤产量/企业全部职工总用工数；

⑬ 期初人数：陕北矿业公司年初人数、各矿年初人数；

⑭ 煤矿各年龄段职工：35岁以下人数、35岁至45岁人数、46岁至55岁人数、55岁以上人数；

⑮ 煤矿各学历段职工：高中学历人数、大专学历人数、本科学历人数、硕士人数、博士人数、其他学历人数；

⑯ 煤矿职工各职称段职工：初级人数、中级人数、副高人数、正高人数、其他职称人数；

⑰ 煤矿各工作地点职工：采掘一线人数、井下辅助人数、地面辅助人数、机关部门人数；

⑱ 煤矿各岗位职工：管理岗位人数、技术岗位人数、生产岗位人数、服务岗位人数；

⑲ 工资结构；

⑳ 科技孵化：在孵化企业数，毕业企业数，入孵项目产值；

㉑ 科技投入：投入强度＝研发费用/总收入；展示如下指标：年份、投入、投入强度；

㉒ 会员结构：年龄结构、职称结构；

㉓ 智慧工会活跃情况：智慧工会系统登录人次、闯关人数；

㉔ 审计业务：审计业务分类：工程审计、其他。

专用指标主要包括以下两个方面：

① 年安全生产标准化等级矿井数量，指标描述见章节"安全管控指标数据的处理"内容；

② 竞拍周期执行价变化情况：竞拍周期执行价，指标定义同西煤交易系统中的竞拍业务。

注：目前西煤交易主要实现煤炭的拍卖过程管理，未与运销实现系统对接。目前拍卖信息及竞拍结果主要通过人工参与方式进行传递。

监测指标主要包括如下内容：

① 涉诉案件：涉诉案件待处理案件数量、新增案件、处理案件。

② 涉诉案件情况严重牵涉到公司的企业公民形象和企业社会声誉，每个煤矿在年初要制定涉诉案件总数、分项考核要求，要对各煤矿的合同过程管理严格监督，确保公司合同稳妥执行，尽量减少涉诉案件。

5.4.9.5 组织管控指标数据的处理

针对组织管控指标数据的采集、保存、上传、下载、删除和发布等方面，制定如下管理办法。

（1）数据采集

陕北矿业数字化决策平台负责采集组织管控业务数据。各业务指标的数据采集方法，见表 5-11。

表 5-11 组织管控数据采集

业务指标	更新周期	采集方式	数据来源部门	数据来源系统
双创项目数	年	人工填报		科技管理系统（待建）
双创效益（亿元）	年	人工填报		科技管理系统（待建）
双创专利数	年	人工填报		科技管理系统（待建）
科技成果	月	人工填报		科技管理系统（待建）
双创项目数、双创效益(亿元)、双创人数、双创全员率	年	人工填报		科技管理系统（待建）
双创项目本年专利数	年	人工填报		科技管理系统（待建）
双创项目本年获奖	年	人工填报		科技管理系统（待建）
科技投入比率	年	数据接口/数据表	财务部	财务系统

表 5-11(续)

业务指标	更新周期	采集方式	数据来源部门	数据来源系统
原煤效率	月	数据接口/数据表	生产部、人力资源部	财务系统
全员效率	月	数据接口/数据表	生产部、人力资源部	财务系统
陕北矿业公司期初人数	年	数据接口/数据表	人力资源部	人力资源系统
各矿期初人数	年	数据接口/数据表	人力资源部	人力资源系统
煤矿各年龄段职工	年	数据接口/数据表	人力资源部	人力资源系统
煤矿各学历段职工	年	数据接口/数据表	人力资源部	人力资源系统
煤矿职工各职称段职工	年	数据接口/数据表	人力资源部	人力资源系统
煤矿各工作地点职工	年	数据接口/数据表	人力资源部	人力资源系统
煤矿各岗位职工	年	数据接口/数据表	人力资源部	人力资源系统
竞拍周期执行价变化情况	月、年	数据接口/数据表	销售协调办公室	西煤交易系统
工资结构	月、年	人工填报	人力资源部	绩效管理系统(待建)
科技孵化	月、年	人工填报	科技管理部	项目管理系统(待建)
科技投入	月、年	人工填报	科技管理部	项目管理系统(待建)
会员结构	月、年	人工填报	工会	智慧党建系统
智慧工会活跃情况	月、年	人工填报	工会	智慧党建系统
涉诉案件	月、年	人工填报	企业管理部	审计管理系统(待建)
审计业务	月、年	人工填报	审计部	审计管理系统(待建)

（2）数据保存

数据保存在陕北矿业数字化决策系统中。

对于以上业务指标中可通过系统接口自动完成的业务指标,数据源系统根据与陕北矿业数字化决策平台的数据接口标准每天/周/月定时将数据上传到陕北矿业数字化决策平台后台数据库。

对于表 5-11 业务指标中人工填报的数据项,各数据源部门指定专人定时将业务数据通过后台应用界面录入到陕北矿业数字化决策平台,或者提供原始数据由陕北矿业信息中心人员负责提交系统。

（3）数据下载

在数字化决策平台中,对有权限的用户提供数据下载功能(Excel、txt、PDF 等格式)。

（4）数据删除

在陕北矿业数字化决策平台中,对于录入错误的数据,系统提供删除功能,在删除前系统给出提示;删除时,系统记录用户的操作记录,以便追溯。

（5）数据发布

表 5-11 中业务数据在更新后、发布前须由陕北矿业人力资源部/企业管理部/审计部/工会等相关部门审批(线下)。

5.4.9.6　组织管控指标的调整

组织管控指标数据,在平时发布、使用的过程中若因行业政策或公司规定需要调整,则需经公司企业管理部/科技部/人力资源协商后报公司分管副总审批后,再行调整、发布。

5.4.10 智慧矿区管理的测评

上文已阐述了陕北矿业经营管控、生产管控、安全管控、物资管控、资产管控、项目管控、运销管控、组织管控八个板块的业务关键绩效指标(KPI)的选取、构建、数据采集与使用策略及具体实施方法,从而为后续这八大板块的信息系统构建奠定了关键业务方向。

此外,每个板块的业务指标的选取、数据构建工作是一个不断丰富、动态调整的过程。对于每一个板块业务指标的选取和延展,须进行相关测评工作,以便选取、构建、输出、使用合适的业务指标,支撑相应管控系统的建设。

对各板块的业务关键绩效指标(KPI)的测评工作包括了测评启动、信息收集与分析、测评指标的确定、测评工具的使用、测评内容的确定、测评方案的编制等方面,具体内容如下所述:

(1)测评启动

各管控系统在建设的初期,应组织相应的主责管理部门及其下属矿井召开 KPI 指标评审启动会,对 KPI 的范围、适用性、计算公式、数据来源、数据阈值等进行集中讨论。

(2)信息收集与分析

KPI 指标评审启动会后,陕北矿业各板块业务管理部门即公司下属矿井做好业务指标适用性、数据来源方面的信息收集工作,梳理清楚业务指标上下游数据情况,并分析这些指标的应用会给各板块的业务推进与管理带来哪些正面及负面的影响。

(3)测评工具和表单准备

陕北矿业须准备相应测评工具和表单,包括经验法工具、德尔菲法工具等;测评表单要求载明业务板块、测评内容及权重,并给出结果一致性检验等相关要求。

测评工具可以有多种,八大业务板块建议用一到两种通用的、成熟的测评工具,过多的尤其是未经大量验证的工具会存有结果一致性方面的问题。

(4)测评输出的文档

测评完成后,须出具测评报告;测评报告可根据测评启动会讨论结果由陕北矿业或下属煤矿为主来编制,自检通过后报上级领导审核。

(5)测评双方的职责

八大业务板块的 KPI 指标分别包括矿区侧和矿井侧的 KPI 指标。对矿区侧的 KPI 指标的评测主要由矿区侧同级职能部门以及矿区侧主管领导来审核,同时可参考下属矿井对口部门及相关领导的意见。矿井侧的 KPI 指标主要由矿井侧职能管理部门以及基层有业务区队、生产班组制定,因此矿井侧的 KPI 指标的评测主要由矿井侧主管领导、矿区侧业务主管部门领导、陕北矿业公司主管领导来评测。

(6)测评对象的确定

测评对象包括:KPI 指标及其应用场景,具体内容如下所述:

① 具体业务指标的定义、适用部门、适用业务领域、适用业务系统;

② 具体业务指标的量程、量纲、取值范围、精度;

③ 具体业务指标的上下游系统;数据输入方式(接口、系统导入、人工录入或导入),若为人工录入/导入,则须明确由什么角色在什么场景下录入;

④ 具体业务指标的数据异常说明,即该指标在何区间代表何含义;

⑤ 具体业务指标的采集、保存、上传、下载、删除和发布管理细则等；

⑥ 其他。

（7）测评指标的确定

确定对每个板块 KPI 指标的测评指标，评测指标选取、确定要符合如下原则：

① 相关原则（与评测目的相关）；

② 明确原则（界定清楚、表述准确）；

③ 科学原则（内容的取舍应该有依据）；

④ 独立原则（内容之间各自独立）；

⑤ 实用原则（操作简便、经济实用）。

具体来讲，我们要设计的测评指标应具有如下特性：

① 测评指标是实际测评的东西；

② 测评指标是内容的具体体现；

③ 指标与内容是相对的；

④ 指标应该具有可操作性；

⑤ 可观察或可度量的；

⑥ 评价指标与预测指标。

测评指标的设计方法：

① 参照测评内容的设计方法；

② 注意区分绩效指标和预测指标。

在确定测评指标时，要注意如下两点：

① 关键绩效指标主要针对工作绩效；是组织内部自上而下的分解过程，与组织目标保持一致，须反映工作的核心特征和价值。

② 绩效指标和预测指标是两个不同的概念，不可等同使用。

（8）测评内容的确定

要对每个板块的 KPI 及其主要业务需求进行仔细测评。测评分为诊断和鉴定性的测评、预测性的测评。

① 诊断和鉴定性的测评内容主要考虑准确、完整。

② 预测性的测评内容主要考虑与效果指标的关联性。

在准备测评内容时，会碰到测评范围模糊或者边界不清的情况，此时可用如下筛选方法来确定测评内容：

① 经验法；

② 德尔菲法；

③ 不同测评内容权重的决定。

（9）测评方案的编制

由陕北矿业各职能部门牵头编制相应板块业务的 KPI 测评方案提纲，并给出关键内容，给出方向性、指导性的业务控制点。

由下属矿井各归口部门补充测评方案，编制详细的业务要素，业务操作规程、操作步骤，检查无误后提交给陕北矿业进行统筹。

陕北矿业职能部门与下属矿井就以上测评方案初稿进行全面沟通，形成测评方案终稿。

（10）测评过程管理的工作流程

① 工作分析；

② 理论归纳（推演）；

③ 调查评判；

④ 预试修订。

（11）测评和结果记录

测评结果须及时、忠实、全面记录；测评结果须保存在陕北矿业及下属矿井文件管理系统中，并由具有相应权限的人访问、修改。

（12）文档的审查

KPI设计文档、KPI评测文档、评测会议纪要等关键文档须经陕北矿业企业管理部、审计室等相关部门进行定期审查，以满足相关合规性要求。

（13）测评报告编制的过程管理

测评完成后，须编制测评报告，包括测评报告的编写、复核、审核、签发、发布这几个环节。

（14）结果确认和资料归还

评测结果须经被评测一方确认；经评测方、被评测方会签由陕北矿业公司领导核准发布。评测完成后，各方的资料应及时归还。

5.4.11　智慧矿区管理的考核

考核管理是组织管理尤其是人力资源管理的核心，也是绩效管理较为重要的环节，是构建激励机制，建塑企业文化，打造企业核心竞争力的需要。

煤矿企业的考核管理不同于传统人力资源领域的绩效管理，不是只侧重对员工的个人绩效进行考核、评价、激励与提升，而是将企业看作一个整体，涵盖影响企业绩效的多个方面和价值链的全过程。企业考核管理系统通过平衡计分卡，建立公司的考核指标体系，以PDCA绩效闭环为管控主线，将战略、计划和绩效管理融合为一体，推动各项目标、指标和行动方案的落地，从而有效地驱动企业的整体绩效，并为公司高层、部门和员工建立高效的管理沟通机制与协作平台，保证企业在战略的指导下能够有效持续地发展。

矿区侧企业的考核体系是激励与反馈的综合体。该考核体系是一个多元评估体系，或者说是一个信息反馈体系。这些信息的来源主要包括：来自上级监督的自上而下的反馈；来自下级的自下而上的反馈；来自同级不同部门之间的反馈。根据这些信息渠道，可以采用纵向考核的方式进行考核。纵向考核就是自上而下的单位或部门考核，包括矿领导考评和职能部门考核。

考核管理系统的考核原则如下：

① 公平、公正、公开、突出绩效的原则；

② 过程考核和结果考核相结合，以结果考核为主的原则；

③ 采用纵向考核的方式进行考核；

④ 分层次分系统考核的原则；

⑤ 奖优罚劣的原则。

5.4.11.1　考核管理概述

考核管理系统(以下称"本系统")按照公司规定,对有关考核对象进行考核。

在实际的系统应用过程中,用户可以按照考核表模板和评分表,多人进行评分,进而自动计算评分结果,自动完成生产绩效考核,并支持考核的实际情况的编辑、修改等操作。

本系统考核对象是根据工作性质不同,将矿属各单位主要分为4类考核对象。第一类考核对象是井下生产单位(例如:综采队等);第二类考核对象为井下辅助单位(例如:瓦斯抽放队等);第三类考核对象为生产服务单位(例如:生产技术部门);第四类考核对象为机关部室(例如:财务部等)。根据实际情况,第一类考核对象和第二类考核对象的考核标准基本相同,第三类考核对象和第四类考核对象的考核标准基本相同。

本系统的考核主要包括以下几个方面:

(1)考核项目、主管领导的动态考核

考核项、权重、执行机构的动态管理,煤矿企业可以根据自身特点,建立符合实际的考核标准;主管领导、权重设置,适应煤矿企业领导调动、更换,支持一个单位多个主管领导,一个领导可以主管多个部门。

(2)纵向考核

实现纵向考核的功能,为逆向评议提供接口服务。根据权限进行领导评议、基础评议和专业评议。

(3)考核明细管理

根据权限设置,可以产科每月的专业考核明细、领导评议明细等内容,便于考核管理。

(4)考核结果公平、公正、公开

同类给单位与本垒打平均分比较,根据差分对其奖罚。

总的来说,考核和奖罚密不可分。有考核必然有奖罚,考核是奖罚的依据,奖罚需要按考核结果实施。因此,考核要体现公平、公正、公开,要提醒奖优罚劣。系统根据各单位的考核结果,汇总得到最终的考核结果,同类各单位与本类的平均分比较根据差分对其奖罚。

考核管理应基于以下几个方面的功能要求:

(1)年度绩效目标设置

根据公司的战略目标和年度计划建立年度绩效指标,并按部门进行指标的分解。在此基础上,部门将指标做进一步分解,最终落实到每一名员工,这样就形成了覆盖全公司范围的绩效指标体系。公司绩效指标设置可以与陕煤集团考核指标结合起来并相互融合,形成完整的公司KPI绩效指标体系。

(2)工作计划管理

为实现分解到部门的绩效目标,部门领导需要制定部门的工作计划,审批通过后与下属员工交流和确认每个人的工作计划。部门领导定期根据部门工作目标和工作计划的执行情况,对下属员工的个人工作计划进行适当的调整,员工确认后按照调整后的计划执行。

(3)绩效数据采集

通过集成接口方式采集ERP和生产管理等系统中与绩效指标相关的数据。无法采集到的数据由数据产生部门直接录入,并进行录入数据的审核,以保证数据的质量。

(4)绩效日常监控

监控公司、部门和员工绩效指标目标设定值和实际达成情况的偏差,在超过设定偏差值时系统将自动报警,并发送邮件给当事人员和主管领导,及时找出偏差的原因,进行补救处理或进行目标和计划的调整。对目标设定值和计划的调整需要通过审批后才能有效,调整完成后按新的目标设定值和计划进行执行和监控。

(5)绩效评估与反馈

各级主管人员根据工作计划定期追踪直属员工的工作进展情况,对员工的工作表现进行评价考核。考核结果经下属员工确认后,能够输出给人力资源系统,作为员工薪酬和绩效管理的依据。每个月各部门根据业绩完成情况,确定差距并找出解决办法,编写绩效报告。在年度末,根据本年度业绩完成情况,各部门编写年度业绩报告。

5.4.11.2 考核功能设计

首先,建立考核单位和考核人员基本信息。依据考核要求,设置考核规则和条件,按照考核的单位、人员和考核要求,自动生成考核表,按照实际情况编辑修改后报领导审批。

其次,按照考核表模板和评分表,多人进行电子化审核、评分,自动计算考核分值,按照实际情况编辑修改后报领导审批。

考核内容应主要包括:煤质考核、机电工程验收考核、土建考核、生产进尺考核、生产安全事故考核、回收率考核、煤炭产销量考核等。

通过考核表、计算方法,可实现系统的快速配置,以便满足不同考核工作的要求。在考核表生成后,个人可根据实际情况进行确认和申诉说明。

矿区侧企业在实施考核管理工作之前,依据上级单位的考核管理制定规定和结合本单位的实际情况,由领导层制定考核规则。然后,依据考核规则,抽取不同业务范围的具体规则内容。在此基础上,结合国家、上级单位、第三方机构和本单位的规章制度及法律法规,构建考核管理的具体规则及量化标准。矿区侧煤矿企业可以依据"所属企业审计监督考核细则""基础管理工作考核评价""安全工作考核计分办法""生产技术部考核内容评分表""项目考核目标""年度经营业绩考核指标"和"财务考核指标考核细则"的规定的考核条件,进行生产绩效考核工作。在此基础上,生产绩效考核会针对考核的单位、部门和个人进行考核。因此,在生产绩效考核前,需要录入单位和个人的相关信息。当完成生产绩效考核后,矿区侧生产技术部门业务人员及领导依据考核评分内容,自动生成考核表。其中,考核评分内容是参照考核表模板和评分表而获得的。在自动生成考核表的过程中,需要建立考核人员基本信息,按照考核规定和考核规则,通过自动查询,进而生成考核表。此外,按照实际情况,相关业务人员可以编辑、修改考核表后,上报业务负责人及领导审批。

5.4.11.3 考核对象基本信息

通过系统输入涉及考核管理业务的相关单位、考核人员的基本信息,为考核管理应用提供数据支持。

5.4.11.4 考核规则

针对不同类别的考核内容,参照"所属企业审计监督考核细则""基础管理工作考核评价""安全工作考核计分办法""生产技术部考核内容评分表""项目考核目标""年度经营业绩考核指标"和"财务考核指标考核细则"的规定的考核条件,进行生产绩效考核工作。

5.4.11.5 考核表生成

当完成生产绩效考核后,依据矿区侧生产技术部门业务人员及领导考核评分内容,系统可自动生成考核表。

5.4.11.6　确认/说明

按照公司要求和实际情况,确认考核数据及考核结果。针对考核的一些特殊情况或问题,可在系统中进行说明,并推送给相关部门负责人或领导。

5.4.11.7　审核

依据用户权限,针对量化考核的结果,生产部门负责人及领导进行考核过程数据和考核结果的审核。

5.4.11.8　审批/发布

支持上报相关业务负责人或领导的审批。审批后,按照规则推送信息到有关人员,考核文件在 OA 系统正式下发、存档。

5.4.11.9　统计/查询

矿区侧企业通过考核结果及过程数据,进行统计分析。此外,具有访问权限的人员可以针对考核结果及考核过程中产生的相关考核数据进行查询。

5.4.11.10　考核相关表单

见附件五——《考核相关表单》。

5.4.12　矿山工业互联网混合云平台管理

5.4.12.1　平台数据监控管理

利用矿山工业互联网混合云平台系统应当对数据上传、保存、导入、修改、提取、传输、服务生成及发布等过程进行全程监控;同时,工业互联网平台与各外围系统对接的数据的统计信息也必须能在平台数据监控管理模块中体现。

需要监控的数据包括但不限于如下内容:

① 总表数:统计工业互联网平台中数据表总数量;

② 占用存储量:统计工业互联网平台中磁盘和内存存储大小,以 GB 为单位;

③ 数据服务:统计 API 发布总数,和近 24 h 访问失败数;

④ 数据源统计:统计并分块显示各个数据源内接入的数据库数量和占存储量大小;

⑤ 数据表信息维护率:统计目前数据表信息维护率;

⑥ 离线数据同步任务:统计目前离线数据同步任务数量(异常离线任务数/总离线任务数);

⑦ 实时数据同步任务:统计目前实时数据同步任务数量(异常实时任务数/总实时任务数);

⑧ 离线开发工作流程:统计目前 ETL 数据开发工作流程任务数量(异常工作流程任务数/总工作流程任务数);

⑨ 数据质量任务:统计目前数据质量规则任务数量(异常实时任务数/总实时任务数);

⑩ 异常任务:显示运维中心种运行状态为"失败"的任务;

⑪ 关注任务:显示当前用户关心的任务列表;

⑫ 任务告警:统计离线数据同步任务、实时数据同步任务、数据开发工作流程、数据质量各项任务告警数量及列表展示;

⑬ 开发工作任务异常监控:近 7 d/近 30 d,开发工作任务异常趋势分析。

5.4.12.2 平台应用管理

基于矿区侧矿山工业互联网混合云平台,矿区侧的各类应用进行数据集成、应用集成、服务集成;即:通过矿山工业互联网混合云平台完成各类软件应用的 SSO(单点登录)、鉴权、主数据订阅、服务注册、服务发现与监控、服务治理等管理要求。

(1)SSO(单点登录)管理

所有纳入云平台管理的应用系统必须通过单点登录系统进行统一身份认证,用户只需一次性提供凭证(在一定周期内仅一次登录),就可以访问多个应用。

客户端登录时,系统服务流程如下:

① 使用用户名、密码登录。根据用户名做 MD5 加密,生成加密字符串(用户名不变),根据加密字符串对密码进行 AES 加密;

② 返回 token、授权应用名称、授权应用地址、授权应用代码。跳转指定子系统应用地址;

③ 获取登录用户信息、角色信息;

④ 第三方应用根据用户信息、角色信息进行实际业务处理。

(2)鉴权管理

云平台禁止非授权用户进入相应业务系统。对于有某系统使用权限的用户,用户登录云平台门户系统或者直接从应用系统访问地址进入,系统都会将用户请求先由 SSO 系统验证通过后才可使用。

用户登录云平台门户系统后,可看到所有的应用系统,点击相应的应用系统进入该系统功能;能否进入该系统,以及进入该系统后又能使用哪些功能,都是事先在各应用系统做好了角色和权限分配。

登录用户信息、用户的角色信息都保存在主数据系统中;各应用系统的功能及其权限信息都保存在各具体业务系统中。

(3)主数据订阅

当主数据发生任何变化时(包括新增、修改、删除),主数据的这些变化都必须同步到各个业务系统中。

主数据订阅功能基于消息中间件服务器实现,即消息发布服务器将订阅消息发送到消息中间件服务器,该消息中间件服务器通过异步的方式将订阅消息发布到各个消息订阅者终端。

消息中间件服务器通过消息路由来向消息订阅者终端发布推送订阅消息,消息路由是根据业务需求,如订阅内容、订阅权限、订阅方式、订阅认证方式等因素而开发实现。消息路由应当适应不同的订阅推送机制,每当一个业务消费系统发生订阅内容、订阅权限等任何变更,后台应当自适应地匹配相应的消息队列、消息通道,这样便于业务系统的个性化订阅与推送。

工业互联网平台提供直观的管理界面,便于后台管理员建查看、管理主数据订阅情况。

(4)服务注册

每当新建一个微服务,云平台必须提供注册功能,并加入服务列表。

新注册服务模块必须能及时地被其他调用者发现。不管是服务新增和服务删减都能实现自动发现。

(5)服务监控

云平台必须对各类微服务进行监控,包括:用户端监控、接口监控、资源监控、基础资源监控。

① 用户端监控:即监控用户的业务功能,比如"我的待办""我的申请"等。

② 接口监控:即业务提供的功能所依赖的具体 RPC 接口的监控。比如,某个服务是公共接口服务,对此服务的调用情况的需要进行监控,以便评估不同时点下业务请求的数量和质量。

③ 资源监控:即某个接口依赖的资源的监控。比如用户关注了哪些人的关系服务使用的是 Redis 来存储关注列表,对 Redis 就要进行的资源监控。

④ 基础资源监控:即对服务器本身的健康状况的监控。主要包括 CPU 利用率、内存使用量、I/O 读写量、网卡带宽等。对服务器的基本监控也是必不可少的,因为服务器本身的健康状况也是影响服务本身的一个重要因素,比如服务器本身连接的网络交换机上联带宽被打满,会影响所有部署在这台服务器上的业务。

(6)服务治理

云平台应当使用微服务框架开发的应用托管在服务中心后,启动应用实例会将微服务注册到服务中心,用户可以针对微服务进行相关的治理;云平台支持如下服务治理策略:

① 负载均衡:当出现访问量和流量较大,一台服务器无法负载的情况下,可以通过设置负载均衡的方式将流量分发到多个服务器均衡处理,从而降低时延,防止服务器过载。

② 限流:对服务实例设置限流,对当前服务实例的每秒请求数量超过设定的值时,当前服务实例就不再接受其他对象的调用请求。

③ 容错:容错是服务实例出现异常时的一种处理策略,出现异常后按照定义的策略进行重试或访问新的服务实例。

④ 降级:降级是容错的一种特殊形式,当出现服务吞吐量巨大,资源不够用等情况,可使用降级机制关掉部分不重要、性能较差的服务,避免占用资源,以保证主体业务功能可正常使用。

⑤ 熔断:当由于某些原因导致服务出现了过载现象,为避免造成整个系统故障,可采用熔断来进行保护。

⑥ 错误注入:错误注入策略用于测试微服务的容错能力,可以让用户知道,当出现延时或错误时,系统是否能够正常运行。

⑦ 黑白名单:黑白名单是为了改变网络流量所经过的途径而修改路由信息的技术。

5.4.12.3 平台通用监测管理

矿山工业互联网混合云平台必须采用集成化的手段来检查、监控云平台中的系统软件、硬件的运行情况,主要包含这些内容:服务器监控、网络监控、性能分析、智能报警、自诊断服务、弹性伸缩、负载均衡、持续集成工具。

(1)服务器监控

主要是对服务器主机进行亚健康监控,以超融合一体机为例来说明。

超融合平台可自动识别并展示亚健康主机(有假死风险或已处于假死状态下的主机),对于已经判断为亚健康的主机,在进行虚拟机开机或 HA 时对其进行降级处理。针对集群扩容、主机替换等场景,检测硬件状态,避免硬件故障导致节点频繁宕机或系统假死,降低因硬件问题带来的业务风险。

注意事项：

① 仅支持硬件类故障导致主机假死的识别与处置。

② 如果是内存故障导致的假死问题，在主机开启 & 重启时，如果没有踩到故障内存 位置，那么将不会自动释放主机，需用户手动释放。

（2）网络监控

网络监控主要用于监控系统的网络请求，获取网络请求相关的性能参数，方便开发、测试、产品等人员对应用进行分析。

利用混合云一体化管理软件，可以通过图形化界面直观地看到网络运行情况。

（3）性能分析

性能分析流程如下：

① 检查 RT：响应时间。

② 检查 TPS：每秒完成事务数。

③ 检查负载机资源消耗，是否有性能问题：CPU 使用率。

④ 检查 Web 服务器的资源消耗：检查 CPU 的使用率；检查内存的使用情况；检查磁盘使用情况；检查占用的带宽；分析 Web 页面的响应组成。

⑤ 检查中间件的配置问题。

⑥ 数据库服务器资源消耗分析：检查 CPU 的使用率；检查内存的使用情况；检查磁盘使用情况；数据库监控。

⑦ SQL 分析：定位不合理的 sql 占比；索引是否正常应用；检查共享 sql 是否合理范围；检查解析是否合理；检查数据 ER 结构是否合理；检查数据热点问题；检查数据分布是否合理。

⑧ 检查碎片整理。

（4）智能报警

云平台的一体化硬件中心有智能报警功能，可对云平台的软、硬件故障进行合理配置并应用；系统管理员应该对此加以认真学习并熟练掌握使用方法。

（5）自诊断服务

在平常的日常运维过程中，可以通过系统诊断功能在云平台上执行一些常见的 Linux 命令以快速排查问题。具体参考云平台一体机供应商提供的操作手册。

（6）弹性伸缩

现在，所有与云平台 IAAS 服务提供商都提供了资源弹性伸缩服务，弹性伸缩服务能根据不同的业务需求与策略，自动调整应用的弹性计算资源，最终达到优化资源组合的服务能力。通过自动伸缩和计划伸缩这两种工作模式，应用便能在无运维人员介入的情况下实现自动调整计算资源，当访问量上涨时增加计算能力，而当访问量下降时减小计算能力，既保障了系统的稳定性与高可用性，又节约了计算资源成本。

具体弹性伸缩增减某个服务的磁盘/CPU/网络资源的功能可参考具体一体机供应商提供的操作手册。

（7）负载均衡

使用软件负载均衡或者硬件负载均衡，能让云平台对外提供高性能的 Web 服务。

（8）持续集成

使用流程且成熟的持续集成工具,为云平台提供基础而稳定的开发持续集成服务。

5.5 智慧矿区系统运维管理体系

按照八部委《关于加快煤矿智能化发展的指导意见》、国家能源局《煤矿智能化建设指南(2021年版)》、陕煤集团、股份公司四化建设工作安排及智能化建设实施意见要求,围绕陕北矿业公司智能化建设专班工作方案要求,陕北矿业公司所属各矿业公司正积极按照智能化建设专班工作方案和既定目标推进智慧化矿山建设。目前由于各矿业公司存在智慧化建设专业技术人员缺乏、运维稳定性不强、规范运维标准性不高等实际问题,如果不能有效转变智慧矿山管理模式和理念,将严重影响陕北矿业公司智慧化建设的整体推进。

2021年6月15日,国家能源局颁布的《煤矿智能化建设指南(2021年版)》明确要求:"鼓励创新专业化运维服务模式,建立健全智能化煤矿运维保障体"。为构建世界一流的智慧矿山运行体系,促进陕北矿业公司及下辖各矿井单位智慧矿山系统深入融合,实现智慧化系统有效管理,借鉴国内智慧化矿山建设、运维管理方面的模式和经验,结合陕北矿业公司智慧矿山建设实际,需构建符合企业现状的智慧矿区系统运维管理体系。

(1)系统及设备故障管理

针对陕北矿业智慧矿区建设过程中各类硬件设备和软件系统的故障管理问题,首先需对相关设备的运行环境(例如操作系统环境和硬件设备环境)及设备结构进行初步的评估,并制定设备运行状态的不同等级,为高效的设备安全管理提供必要的条件;其次,针对常见不同类别的设备故障和软件系统故障,应制定出故障处理的预案,明确故障处理的基本流程。对于特殊类别的设备故障或系统故障,应参照故障处理预案和基本的故障处理流程,委托第三方技术力量,协助排查和解决上述故障问题;此外,针对所有设备和系统故障的处理应该具有台账信息的记录和整理。如果发现硬件设备或软件系统的故障较难及时解决,需要及时向上级部门和单位汇报具体的故障情况及临时处理预案,以便最大限度减小各类故障对日常生产工作的影响;最后,针对故障频发的硬件设备或系统软件,需与相关技术保障人员进行沟通和协调,以便通过技术改造或产品等方法,减少硬件设备和信息化系统故障频发等各类相关问题。

在矿井各类抢险、抢修工作对应的信息系统应急响应方面,要求不少于$2 人 \times 24 h/d \times 7 d/周$。此外,在夜间值班时,每天安排一人负责值班。如需要抢修故障,需根据故障级别安排相应的技术人员,具体的值班时间段应为当日18:00至次日8:00。

(2)日常运维管理

根据陕北矿业公司所属矿业公司的实际情况和需求,运维队伍选派不少于16人的工程技术人员和施工人员,配备运维必要的维修、维护工具、耗材、辅材等进驻现场,提供现场技术、劳务服务。日常维护工作时间应为$8 h/d \times 7 d/周$(每周一至周日8:00—18:00)。

日常运维管理除上述日常维护工作之外,还包括日常巡检工作。日常巡检分为定时巡检、不定时巡检和特殊情况巡检。根据巡检结果应填报相应巡检记录表。任何人在进入机房、变电所等关键地点时需填写出入登记表,如实填写到访目的,及设备操作记录。

定时巡检:运维人员按规定的时间(每天)对井上下的各工业控制系统、监测系统、控制线缆、机房、服务器、软件平台进行现场巡检。要求:地面1~2人/次,井下不少于2人/次。

不定时巡检：根据应用系统存在的问题，在原规定的时间外相应增加的现场巡检。

特殊情况巡检：运维管理范围内的各应用系统有程序更新、业务变更、升级、业务切换以及其他特别需要时，对运维管理范围内设备进行的现场检查。

（3）权限及密码管理

在陕北矿业智慧矿区的建设过程中，针对各类信息化软件系统，应该对权限访问与密码设置具有严格的管理要求，以便保证软件系统及数据的安全性和保密性。

在权限管理方面，管理员应该由负责智能化建设及管理的相关部门的人员承担，主要负责信息化软件系统的日常管理和维护工作，并具有授予访问权限、修改权限、添加权限等权限管控的权利。在权限管理的过程中，如果需要进行权限变更，填写权限变更的申请表，在获得相关部门领导审批通过的情况下，可以进行权限变更，并做好权限信息台账的记录。如果需要新增访问权限，需要通过相关部门领导的授权和日常操作的培训。对于不同的信息化软件系统，应该明确列出权限信息的清单，不同管理人员之间允许交叉行使不同的权限和职责。对于具有权限管理的人员，不得将软件系统的用户名、密码等敏感信息擅自传播或者泄露，防止非预期使用。

在密码管理方面，首先密码的设置规则应该具有较高的安全性；其次，密码应该定期进行修改和更新；此外，对于服务器和重要的软件系统的用户名和密码应该指定专门的人员进行设置，并且由这些专门的人员将密码装入密码信封，封存后交给密码管理员进行登记、存档和管理。如果密码信封已经拆封，在密码使用完成之后，需要立即设置新的密码，进行封存和管理。当涉及用户名和密码使用和管理的人员调离该岗位后，应明确指定接替人员进行密码管理工作，并需要重新更新用户名和密码，并做好保存和管理工作。最后，针对相同软件系统的用户名和密码，应由至少两人共同设置、管理和使用，以便保证密码信息的正常使用。

（4）系统监控管理

为了能够高效、协同和统一管理陕北矿业公司下辖各矿井的各类信息化系统，需要对各矿井单位的信息化系统进行统一监控和管理，以便陕北矿业公司能够利用智能化技术及时发现和解决煤炭生产过程中出现的各类问题，保证各矿井单位的安全生产，从而深入推进"两化"融合建设，完成陕北矿业智慧矿区的建设工作。

系统监控管理主要包括软件系统应用监控、网络系统监控和日常监控管理三个方面。

首先，在软件系统应用监控方面，针对各矿井单位不同软件系统中的重要数据需要全天候监控和管理。如果接收到来自各矿井单位的安全隐患和事故等告警信息，能够对各类告警信息进行分类管理和跟踪处理，将告警信息发送到负责相关业务的部门领导，并视具体情况向上级单位主动发出告警信号。此外，对于软件系统中的重要数据要进行跟踪、保存和管理，为陕北矿业公司做出关联分析和预警决策等工作提供数据支撑。通过软件系统平台，需能够方便、清晰地展现各矿井单位日常生产工作的运行状态。在数据监测的过程中，对于各类数据的采集和处理等操作，均不能影响正常的业务执行和设备运行。

其次，在网络系统监控方面，各矿井单位对路由器、交换机、防火墙等网络设备应进行监控和管理，能够支持网络节点的自动发现，并可以定制网络监控的策略。根据被管理的类型及属性，可以定时采集例如 CPU 利用率、端口利用率、端口丢包率和端口流量等的具体网络性能指标，并持续监测。针对监控网络中发生的网络流量异常等各类异常事件和故障问题，应提供报警功能。

最后,在日常监控管理方面,监控系统工作人员需定期备份监测数据。在交接班时,必须将监测记录与计算机软件系统的数据进行核对,方可交接。如果需要系统测试,监控系统工作人员需提前做好测试预案,保证监控系统运行正常。如果在软件系统监控过程中发现故障或者隐患等问题,需及时向相关部门领导汇报。如果故障或者隐患等问题持续时间超过规定时间,则需向上级单位或部门进行及时汇报。

（5）运维保障管理

信息化运维保障管理是陕北矿业公司及下辖各矿井单位信息化健康、持续运行的有力保障。运维保障管理应依托 IT 运维平台建设,建立统一的信息化运维体系,构建"集中管理、分级负责"的管理体制,提供 24 小时的规范化 IT 运维服务。此外,依托第三方技术力量,实时响应各协议单位的系统使用需求,保证问题能够迅速处理,从而实现从 IT 基础设施管理向 IT 服务流程管理转变,从被动式服务向主动式服务转变。

在运维保障管理的过程中,应建立一整套科学的管理制度,例如运维管理办法、应急预案、考核办法等制度、规定,以保障运维体系切实发挥其实用性、高效性。完善运维保障管理制度,是运维体系稳定运行的根本保证,可以实现运维管理人员按章有序地进行维护,减少运维中的不确定因素,更有效地提高工作质量和水平。此外,通过严密的激励和考核机制,形成对信息系统操作人员、运维管理人员日常工作的科学评价,既调动其积极性,又提升工作效率,从而促进陕北矿业公司及下辖各矿井单位运维保障管理的良性发展。

5.6　智慧矿区网络与信息安全管理体系

为规范陕北矿业公司及下辖各矿井单位的计算机网络和信息系统管理,确保陕北矿业智慧矿区的顺利建设,保障智慧化建设过程中计算机网络与信息系统安全、可靠、稳定地运行,提升陕北矿业公司信息化总体安全管理水平,依据国家标准《信息安全技术　网络安全等级保护基本要求》（GB/T 22239—2019）、《信息安全技术　数据安全能力成熟度模型》（GB/T 37988—2019）、《信息安全技术　信息系统安全管理要求》（GB/T 20269—2006）、《信息安全技术　信息系统灾备服务规范》（DB 37/T 2636—2014）以及《陕北矿业公司计算机网络与信息安全管理办法》等相关文件要求,建立陕北矿业智慧矿区网络与信息安全管理体系。

（1）网络与信息安全管理

首先,陕北矿业公司及下辖各矿井单位应按照《信息安全技术　网络安全等级保护基本要求》等国家标准和相关制度文件要求,建立网络安全等级保护工作责任制,全面梳理本单位网络系统,并做好自建网络系统的定级备案、等级测评、安全整改等相关工作。

其次,陕北矿业公司及下辖各矿井单位的网络与信息系统如需要委托专业机构进行系统运行和维护管理时,应严格审查其资质条件、市场口碑和信用状况等,并且需与其签订正式的服务合同和保密协议。

再者,陕北矿业公司及下辖各矿井单位需在每季度对网络与信息系统进行一次安全检测和漏洞扫描,在经过充分的验证测试后对必要的安全隐患和系统漏洞进行修补工作,修补前需要做好数据备份和回退方案,确保各类信息系统能够正常、稳定地运行。

此外,各矿井单位的网络设备、服务器等终端设备如果发生破坏案件,或遭到黑客攻击,影响到重要信息系统的正常运行,应按照应急预案及时处置,防止扩散、保存好相关记录,并于1小时内将事件向陕北矿业公司网络与信息安全办公室报备。

最后,各矿井单位在新建或改造网络与信息系统前,技术方案要报送陕北矿业公司机电物资管理部审核。审核通过后,才能新建或改造网络与信息系统。

（2）网络接入管理

陕北矿业公司及下辖各矿井单位的网络接入应符合"谁主管、谁负责,谁接入、谁负责"的总体原则,遵从"基于需求""集中化""标准化"及"可控"等具体原则。各矿井单位应完善管理机制,通过规范申请、审批等过程,实现安全的网络互联。

各矿井单位生产网、办公网、信息网内客户端必须安装防病毒软件及网络准入控制软件,用户不得擅自更改或删除安装的网络服务软件。

各矿井单位应实行信息发布责任追究制度,所有信息的发布必须按规定办理审核、审签手续,必须真实有效且符合中华人民共和国相关法律法规。凡发布虚假、反动、色情、泄密等内容,将追究信息报送和审核者的责任。对陕北矿业公司造成重大经济损失,将追究责任人相应的法律责任。

（3）数据安全管理

陕北矿业公司及下辖各矿井单位应采取积极有效的防范措施,防止数据被非法使用、窃取、篡改和破坏,充分保证信息系统的安全运行。如果任何单位和个人发现违规使用数据的行为,都有权阻止或举报。

各矿井单位应按照数据的分类和特点,分别制定相应的备份策略,包括日常备份、特殊日备份、版本升级备份以及各类数据的保存期限、备份方式、备份介质、数据清理周期等。

各矿井单位对于在用的信息系统要建立用户访问管理制度,对于不同类别不同级别的各类管理及使用人员采取密码分级管理,设定密码有效期限,对密码存储采用非明文二次加密技术防止各类密码泄露事故的发生。对停止运行的废旧信息化系统,应当做好系统中有价值及涉密信息的销毁、转移等善后工作。

各矿井单位计算机用户未经允许,不得擅自复制、传播和发布公司内部资料和非对外公开的信息,自觉维护公司的信息安全;不得以任何手段干扰和妨碍其他用户正常工作;不得对本网络和其他网络用户采用非法手段进行攻击;不得故意制作、传播计算机病毒等破坏性程序。对于通过互联网传输的涉密或关键业务数据,要采取必要的技术手段确保信息传递的保密性、准确性、完整性。

6 创新性工作

党的十九大报告提出,加快建设制造强国,加快发展先进制造业,推动互联网、大数据、人工智能和实体经济深度融合。习近平总书记提出"四个革命、一个合作"能源革命重要战略思想。在此背景下,陕煤陕北矿业公司坚持世界眼光、国际标准、国企担当、抢抓机遇、乘势而上,全力推进智能矿井、智慧矿区、一流企业的建设工作。具体来说,创新性工作内容如下所述。

(1)强化战略引领,做好顶层设计

陕北矿业公司以八部委《关于加快煤矿智能化发展的指导意见》为指导,贯彻落实陕煤集团、陕西煤业"系统智能化、智能系统化"工作要求,确立了"安全生产为基、智能智慧提质"工作思路,以智能化项目研究、智能化示范矿井建设、智慧矿区打造为抓手,强化专班推进,加强与王国法院士团队、华为煤矿军团、中煤科工集团、中国矿业大学、西安科技大学及行业龙头企业、各领域专家展开合作,深入探索实践了绿色智能开采新模式,将智能化建设作为厚植煤炭产业发展优势、重构产业模式、赢得发展先机的重要战略举措。

· 明确目标

结合公司及所属各矿井实际现状,确定了智能矿井、智慧矿区发展目标:2021年,红柳林、柠条塔、张家峁3家单位通过国家智能化示范煤矿验收,韩家湾、涌鑫安山、中能袁大滩、孙家岔龙华达到初级智能化煤矿水平;张家峁智能煤矿巨系统项目通过科研成果鉴定,成为首个全系统智能化矿井。公司建成智慧中心、智能化数字决策系统、智能化数字移动管理系统,并按照"两横八纵一平台"整体架构完成一期项目的部署投用,智慧矿区取得阶段性成果。2022年,红柳林、柠条塔、张家峁3家单位达到高级智能化煤矿水平,其余四家煤矿达到中级水平,陕北矿业公司形成智能化示范煤矿集群;智慧矿区按照规划方案完成全部项目建设工作,企业初步达成数字化转型,实现"智能感知、智能决策、自动执行"的智慧化管理体系。

· 规划先行

当前,陕北矿业公司"十四五"发展规划已经通过专家评审,智慧矿区建设是其中的重要篇章之一,也是引领企业数字化转型升级、实现高质量发展的核心支撑。规划明确按照"统筹规划、分类施策、有序推进、标杆示范"的原则,由"系统智能化"发展为"智能系统化"的总体目标。今年以来,公司先后下发了智能化建设工作专班方案、智能化工作推进专项活动文件,联合西安科技大学编制了智慧矿区蓝图规划和建设方案,联合中煤科工编制了采掘主要设备统一选型标准,所属各矿井编制了智能矿井建设方案,神南产业编制了智慧企业建设方案。公司上下形成层次分明、相互衔接、规范有效的实施措施和管理体系,明确了智能矿井、智慧矿区阶段建设目标和总体发展规划。

(2)强化自主创新,增强核心实力

• 智能矿井关键技术取得了新突破

智能采煤、掘进是智能化煤矿建设的关键点。目前，智能化采煤常态化运行。所有采煤工作面全部建成智能化综采工作面，生产班平均作业人员减至 5～7 人，智能化开机率平均保持在 93％以上。红柳林 15205 综采工作面是第一个 7 m 大采高智能化综采工作面，当前正在研发基于多维度数据模型的大数据精准控制开采技术，实现由传统的记忆截割技术向"三维空间感知"和"自主规划截割"的技术跨越；张家峁 14301 综采工作面是世界首套 1.1 m 硬煤薄煤层智能化综采工作面；柠条塔正在实施采煤工作面机器人群高效协同作业研究，将建成国内首套智能快速采煤机器人群，形成采、支、运高效协同的智能化示范综采工作面；韩家湾"110 工法"＋智能化综采工作面，实现了智能化采煤与资源高效利用双突破。大力推行智能化快速掘进技术。年底前公司建成以国产设备为主的 7 套智能化全断面掘锚一体系统，实现智能化快速掘进装备全面升级迭代，已有快掘系统平均月单进水平超过 1 500 m，最高月进尺达到 2 702 m。

生产辅助应用技术也取得了关键进步。打造智能矿井"大脑"示范标杆。红柳林、柠条塔、张家峁建成基于煤矿工业互联网总体架构，以煤矿工业大数据为数字底座，实现业务集成、综合管控、辅助决策、智能联动的智能化综合管控平台。贯通信息传输"最后一公里"。各矿井全部建成万兆工业以太环网＋全域 4G 无线通信网络。红柳林、柠条塔、张家峁采掘工作面、固定机房硐室已完成 5G 场景试点应用。各矿井至公司通过百兆专线互联实现数据无缝衔接、安全风险预警与实时视听通信。智能化系统全面辅助生产作业。公司 221 个固定机房硐室均已实现远程监控，主煤流运输系统实现顺逆煤流一键启停，辅助运输车辆实现智能调度以及物料运输全流程信息化管控。红柳林、柠条塔、张家峁、韩家湾建成三维可视化智能通风系统，实现风网动态实时解算与避灾路线智能规划。红、柠、张三家单位按照国家智能化供电及能耗监测示范煤矿目标，推进项目建设。掌握"4"项核心技术。张家峁研发了辅助燃油物料车和锂电池驱动人车无人驾驶系统及智能调度系统。柠条塔研发了机器人协同调度平台以及涵盖采掘、巡检、工程、救援等不少于 40 种关键作业岗位的机器人集群应用与示范工程。红柳林研发了集成地面综合安防、园区人车监控、重要物资及危险品监控、井下人员异常行为检测等主要功能的全域 AI 视频监控分析系统。神南产业公司研发了全国首家煤炭生产综合服务 B2B 体系的"煤亮子"平台，当前服务上游厂商 4 000 多家，下游终端客户 515 家，上架商品 15 万余种。

• 智慧矿区蓝图规划明确了新目标

按照陕煤集团"智能矿井、智慧矿区、一流企业"的发展目标，陕北矿业公司在全力推进智能矿井建设工作的同时，进一步确定了智慧矿区建设蓝图规划和建设方案，遵循"统一标准和规范""统一规划和分步实施相结合""兼顾创新性和成熟性""构建数据采集、融合和分析能力"的四项基本原则，建成"运营一大脑，矿区一张网，数据一片云，资源一视图"整体布局以及八大业务管控系统，形成覆盖安全、生产、经营、管理、环保、组织以及园区生活服务等各个环节的煤矿综合生态圈，达成对上支撑陕煤集团、陕煤股份业务管理平台，对下实现对各矿井纵向全透明业务管控，对内实现各业务关键指标融合分析和智能化移动协同管理，对外实现制造商、供应链、客户群、社会价值流协同管理，最终全面形成监测实时化、生产自动化、运营精细化、管理标准化、决策智能化、执行科学化的智慧矿区。

• 标准体系建立取得了新成效

陕北矿业公司持续总结智能矿井、智慧矿区建设经验,不断提炼智能化示范项目技术成果,逐步完善由系统智能化向智能系统化发展的标准体系。今年以来,张家峁在已有成果基础上进一步发展智能化煤矿管理体系,打造智能化劳动组织新模式,成为全国智能化管理新模式煤矿示范。陕北矿业公司全面启动"对标、经营、人力资源、安全、生产技术、绿色生态环保、智慧矿区、党建质量、企业文化"九大管理标准体系建设工作,力争再打造一批具备行业引领水平的示范标杆项目。

(3)强化示范工程,分类推进实施

陕北矿业公司针对"分布区域广、产能差异大、管理体制各不相同"的特点,分矿区、矿井两侧搭建了矿山工业互联网平台和煤矿智能综合管控平台,在7对矿井中选取基础条件好、规模效益好的红柳林、柠条塔、张家峁先行打造智能化样板工程和成熟应用项目,形成了可复制可推广的陕北矿业智能矿井建设模式,以点带面推动公司智能矿井整体发展步伐。

• 打造了"两级"智能信息平台

以陕北矿业公司为整体,统筹兼顾各煤矿不同特点,建设矿区侧矿山工业互联网平台,实现跨地区、跨矿井、跨系统的多维度实时数据汇聚监测、关键指标可视化分析以及智能化辅助决策。在红柳林、柠条塔、张家峁建设矿井侧智能综合管控平台,实现系统集成、智能感知、自主学习、预警联动、专业调度与高效协同。

• 打造了管理贯通的智慧矿区典型应用

陕北矿业公司通过与高等专业院校联合攻关,打破了各厂商之间、矿区与矿井之间的数据屏障,统一了全矿区智能化、信息化系统数据接口标准。公司今年建成智慧中心,部署完成生产管控、物资管控、资产管控、智能化数字决策、智能化数字移动管理等系统,对各矿井智能综合管控平台进行统一集成,建成矿区级"数据湖",实现远程视频监控、现场实时连线、动态预警分析、重要数据看板、三维数字孪生、智能辅助决策、数字移动管理等功能,汇聚数据3 200余万条,监控17项管理业务的180余项关键指标。

• 打造了国内领先的全系统智能化示范煤矿

以前煤矿各个系统的智能化、信息化建设往往缺乏统一规划,造成各系统间数据不能互联互通,易于形成信息孤岛。为了解决这个问题,实现煤矿大数据的全域融合,陕北矿业公司在张家峁矿井先行示范建设全系统智能化矿井,按照总体规划的"138"架构,建成投用13大业务系统、50个子系统,从生产系统到智能园区共同构建立体式全方位综合智能生态系统。红柳林、柠条塔矿井按照统一建设思路,以全矿井智能化为目标,打造成为国家高级智能化煤矿。

• 打造了国内领先的智能化选煤厂示范工程

张家峁建成三维可视化控制的全定制化智能选煤厂,集成智能视频监控、多源采集与融合分析、运输设备自适应调速、三维可视化信息采集等系列功能,通过智能化减人提效每年可产生经济效益2 350万元,并荣获中国煤炭加工利用协会"优质高效选煤厂"称号。柠条塔建成国内首套远程智能化铁路装车系统,通过融入物联网、大数据、云计算、数字孪生、工业自动化等关键技术,能够自动控制和调节装车放料,相较以前每列装车减少用时35分钟,工作人员总数减少2/3。红柳林AI智能装车"机器人"是国内首套基于仓下狭窄空间开发的全过程无人化高效汽车装车系统,具备感知、决策、行动和交互能力,实现了车辆进场后全过程作业的高效运转。

（4）强化保障措施，确保建设质量

① 抓好组织保障。成立了陕煤陕北矿业有限公司及所属各矿井两级智能化建设工作专班，形成完整的管理体系。公司智能化建设领导小组负责全面指导智能矿井、智慧矿区建设工作；公司业务部门负责协调、推广、督导、考核等工作。所属各矿井作为建设项目实施主体，逐级落实责任、健全考核机制，全面推进煤矿智能化建设工作。

② 抓好资金保障。陕北矿业公司持续加大智能化建设和科技创新资金支持力度。2021年公司智能化建设投入资金超过8亿元，科技创新投入资金超过3亿元；"十四五"期间预计投入资金30亿元，确保公司智能化建设和科技创新有充足的资金保障。

③ 抓好人才保障。陕北矿业公司将充分利用当前智能化项目实施建设时机，选拔高素质优秀人才，打造技术骨干团队，从项目建设前期的方案论证、设备选型、厂家交流到技术规格书编制、设备及系统调试、项目验收等各个环节参与其中，让项目建设与人才培养同步进行，边干边学，边学边用，培养一批与智能矿井、智慧矿区相匹配的懂管理、精业务、会技术的高素质人才队伍，让智能化建设成效和专业化人员成才同步实现。

④ 抓好激励保障。陕北矿业公司将智能化建设工作纳入年度绩效考核。各矿井建立常态化督导、考核、问责机制，以建设目标为导向，量化考核指标，加大考核问责激励。今年以来，公司组织开展智能化建设专项活动，实行月初计划、月底检查、次月兑现的激励机制，激发各单位推动智能化建设的积极性和主动性。

（5）构建智能化管理体系

基于智能化项目建设的需求和煤炭企业平稳运行的要求，构建了陕北矿业智慧矿区的智能化管理体系。该体系主要包括智慧矿区信息化基础设施管理体系、智慧矿区数据管理体系、智慧矿区综合应用管理体系、智慧矿区系统运维管理体系和智慧矿区网络与信息安全管理体系。通过上述管理体系的构建，可以保证陕北矿业智慧矿区信息化系统的平稳运行，也对其他矿区的智能化建设能够起到推广应用的作用。

7　结论与展望

陕煤集团陕北矿业有限公司智能矿井及智慧矿区的建设通过全面数据采集、全过程数据管理、混合云化部署架构、融合应用系统以及人性化的设计,达到支持多组织管理、业务一体化管控、快速决策分析等目标,对上支撑陕西煤业股份有限公司业务平台,对下实现透视化管控,对外实现业务协同,对内实现融合分析,最终实现了以管理为核心,以融合、分析、协同为手段的智慧内涵,进而实现公司更低的成本、更高的效率与更好的效益。陕煤集团陕北矿业有限公司以价值创造为引领,构建创新驱动、规划先行、技术支撑、梯度推进、全面协同的全新智慧化建设模式,率先搭建矿山大数据工业互联网平台,实现井下生产、安全、控制、监测等 5G 技术的全面应用,打造了以管理为核心、技术为支撑、效能为评价的实践之路。

7.1　陕北矿业智慧矿区建设的关键技术成果

近年来,陕煤陕北矿业公司累计完成创新项目 8 100 余项、科研项目 116 项,核心知识产权 20 余项,专利 330 项,获省部级技术奖项 51 个。仅在陕北矿业智慧矿区建设方面,关键技术成果如下所述[25]。

7.1.1　统一的数据系统接口标准和大数据体系建立

统一的数据接口标准和大数据体系实现各业务系统间共用基础信息的源头统一、实时共享,保证数据的规范性、一致性、及时性和安全性。同时,为未来的数据抽取、汇总、分析和决策提供准确、一致、相关联的基础数据。

（1）多协议转换接口开发

支持市场上主流的现场工业通信协议（串口、网络、通信中间件以及软件 API 等）、多种业界常用的协议标准（TCP/IP 协议、OPC UA 协议、DDENET 协议、FTP 协议、Modbus、ODBC）以及其他非标准串行通信协议多种数据接口方式。

（2）数据资产管理

实现数据的统一存储和管理,基于大数据进行业务分析和应用,实现数据共享、融合,支撑业务系统集成应用。

（3）数据分析

利用数据分析技术,对采集的各类煤矿基础数据、动态监测数据进行加工、整理,形成实时比对柱状图及其他比对形式,达到任务完成率实时掌握、一目了然的目的。此外,根据状态提示、操作提示、故障提示,对发现异常后造成周边环境 安全、设备及影响生产的可能性进行预警,能够在分析界面展示出上下级设备、系统、流程、影响因素的分析结果,并 可根据事态级别大小,预演分析结果并推送至不同层级人员,进而建立影响矿井安全生产的重要因素构建多种分析模型。

7.1.2 基于大数据分析的矿山智能预警方法研究

基于陕北矿业公司安全监测系统,全面梳理整合基础信息,实现大数据深度应用。

① 基于云平台的泛在连接,建设边缘云和5G＋边缘计算,采集矿压、地下水位和流量、瓦斯、温度、湿度、一氧化碳等数据,构成矿山监测大数据,针对煤矿隐患、事故、重大危险源、煤矿综合风险指标、煤矿事故风险指标、重大危险源等多维在线分析及关联关系挖掘,为煤矿决策提供支持。

② 研究矿井水害形成机理,以矿井长期水文监测数据为驱动,采用大数据与人工智能探索水害预警新途径;利用粒计算将瓦斯和矿压数据进行信息粒化,然后利用人工智能技术对瓦斯和矿压进行预测,实现精准预测、智能预警和超前预警;研究无网格SPH方法的计算效率、精度和收敛性,以及在水害预警和矿压预警中的适用性。

7.1.3 矿山工业互联网网络安全方法研究

矿山工业互联网系统是典型的信息物理融合系统[26],容易受到网络干扰或攻击,而矿山行业的网络安全发展速度远远落后于信息化建设速度。

① 针对矿山工业互联网网络安全需求,利用离散事件系统监督控制理论,研究其安全与控制问题。

② 基于随机Petri网对矿山工业互联网系统进行可信性分析和评估,并研究其安全传输机制与加密方法、多方合同安全计算等。

③ 针对恶意软件在矿山工业互联网系统中的传播问题,研究其传播机制,为控制恶意软件传播提供技术支撑。

7.1.4 基于5G的矿山数字孪生系统研究

基于大数据基础支撑平台汇聚的感知数据,通过5G技术进行实时传输,从而构建矿山综采工作面物理实体的数字孪生模型,精确表征数字孪生模型的时空演化特性与映射重构性能,实现矿山综采工作面生产过程远程智能监测、设备性能实时监控和生产场景三维可视化。

（1）开采工艺数字孪生

模拟综采工作面在各种场景下的效果,从而避免不成熟、有潜在风险的开采工艺,把开采流程适应时间减至最短。通过预先调设多个开采参数,能在投产之前对工艺有效性及安全性进行模拟测试和设计验证。

（2）开采过程数字孪生

对综采工作面智能化生产进行监控,对变化的生产条件进行采煤工作面运行参数调整,实现完全自主化运行,代替人工的现场生产控制。

（3）设备性能数字孪生

通过在线收集采煤设备和工作面系统的运行数据,对设备的性能状态、能耗峰值及停机风险进行分析和预测,从而实现综采工作面设备的预测性维护,即通过监测数据来判别故障趋势,提前介入维护以减少停机时间,利用数字模型快速查证故障致因并给予及时维护。

（4）生产管理数字孪生

模拟煤矿开采工艺,对开采效果进行预测评估,从而提高煤炭开采效率。另外,通过对工作面场景、采煤机械和整个开采流程的数字化模拟,管理人员能以虚拟场景来测试新流程、新工艺,从而选出可行的优化开采方法,做出最佳决策。

（5）采煤安全数字孪生

通过数字孪生场景对生产现场进行实时监控和反馈,提前发现瓦斯超限、突水前期、顶板来压及设备冲突、行为异常等事故征兆,自动执行预警和相关安全措施预案,从而提前避免事故发生,保证智能开采工作面的生产安全性、连续性和稳定性。

7.2 陕北矿业公司智慧矿区建设展望

7.2.1 价值目标

① 安全。零伤亡,本安型。

② 高效。矿井端实现智能化生产系统＋机器人辅助工作系统;矿区端实现"产供销＋人财物＋责权利"网络化、智能化集成管理运行;各矿井实现入井单班百人限员目标（"0—1—4—6—8—10":固定岗位 0 人值守、运输系统 1 人操作、片区安检员 4 人、采煤工作面 6 人、掘进工作面 8 人、采掘常规检修 10 人）。矿井平均产量为 1.5 万 t/（人・a）,单日入井人数不超 100 人、150 人 2 个标准。

③ 清洁。煤炭定制化产品实现非电力用煤供给占产能 70%;煤炭服务产品实现辐射 500 km、50 多家矿井,服务上中下游供应链企业 3 000 家;煤炭科技产品实现孵化企业 100 家,成熟 10 项煤炭企业核心技术;煤炭绿色大数据产品实现服务黄河中游煤炭产业生态治理及产业生态发展。

④ 绿色。绿色矿区建成形成示范;立体式生态系统建设形成示范。

⑤ 质量。《卓越绩效评价准则》成熟运行;数字型企业运行体系全面运行;煤炭服务、孵化技术等非煤炭产品销售收入超过煤炭产品销售收入;"6 个融合"一体化发展模式在新矿区实施。

7.2.2 未来发展新模式

陕北矿业公司智慧矿区实现产业生态圈"6 个融合"一体化发展模式:矿区多个矿井一体化系统规划、设计和建设;矿区一、二、三产业门类系统研究规划设计;实现立体式生态型矿区;矿区以价值创造并流动的"数字经济",不是目前有"部门墙""业务墙""企业墙""产业墙"各自为战的园区,是"融合"不是"聚堆";是"政、产、学、研、用"深度合作机制的园区,是多学科集成的园区,不是各自设置规划及研发创新的园区;是规划推动起来难度很大,需要国家层面政策支持的园区,不是一个企业和行业能完全推进目标实现的园区。

附　　件

附件一　数据导入/修改流程

数据导入/修改流程如附图1所示,说明如下:

数据拥有部门提交《数据导入/修改/提取申请表》,申请表中需要具体描述导入/修改原因、导入/修改内容。申请表须经过数据拥有部门负责人审批。

信息部数据维护人员收到申请表后,应与申请部门再次核对申请表内容,若是数据导入申请,对要导入的数据来源进行检验,确保其有效性和安全性;然后,分析导入/修改可行性及后果,若可以导入/修改,进一步提供导入/修改方案。方案中须提供准确、完整的检查办法和对错误数据录入/修改的处理办法。最后,把这些结果提交信息部负责人审批。

信息部负责人根据数据维护人员提供的意见决定是否接受数据导入/修改申请。如不接受申请,出具理由,并告知申请部门;若接受申请,须进一步根据导入/修改方案的复杂程度,确定是否需要先在测试环境中测试,以保证数据导入/修改方案的准确性。

如果需要测试,要先在测试环境下进行方案测试。数据维护人员须在数据导入/修改之前对所影响的数据先做备份。然后,依据最终确定的数据导入/修改方案在运行环境中执行具体的数据导入/修改。

数据导入/修改完毕后,数据维护人员通知申请人检查数据导入/修改结果是否与需求一致。若数据导入/修改符合要求,申请人填写《数据导入/修改/提取申请表》中的验收结论;若数据导入/修改不符合要求,数据维护人员重新检查和修改数据导入/修改方案,经信息部负责人审批后进行下一步工作。

数据维护人员填写《数据导入/修改/提取汇总表》,记录数据导入/修改的申请编号、申请部门、导入/修改原因以及导入/修改内容和申请人反馈意见等。

将《数据导入/修改/提取申请表》和《数据导入/修改/提取汇总表》归档保存。

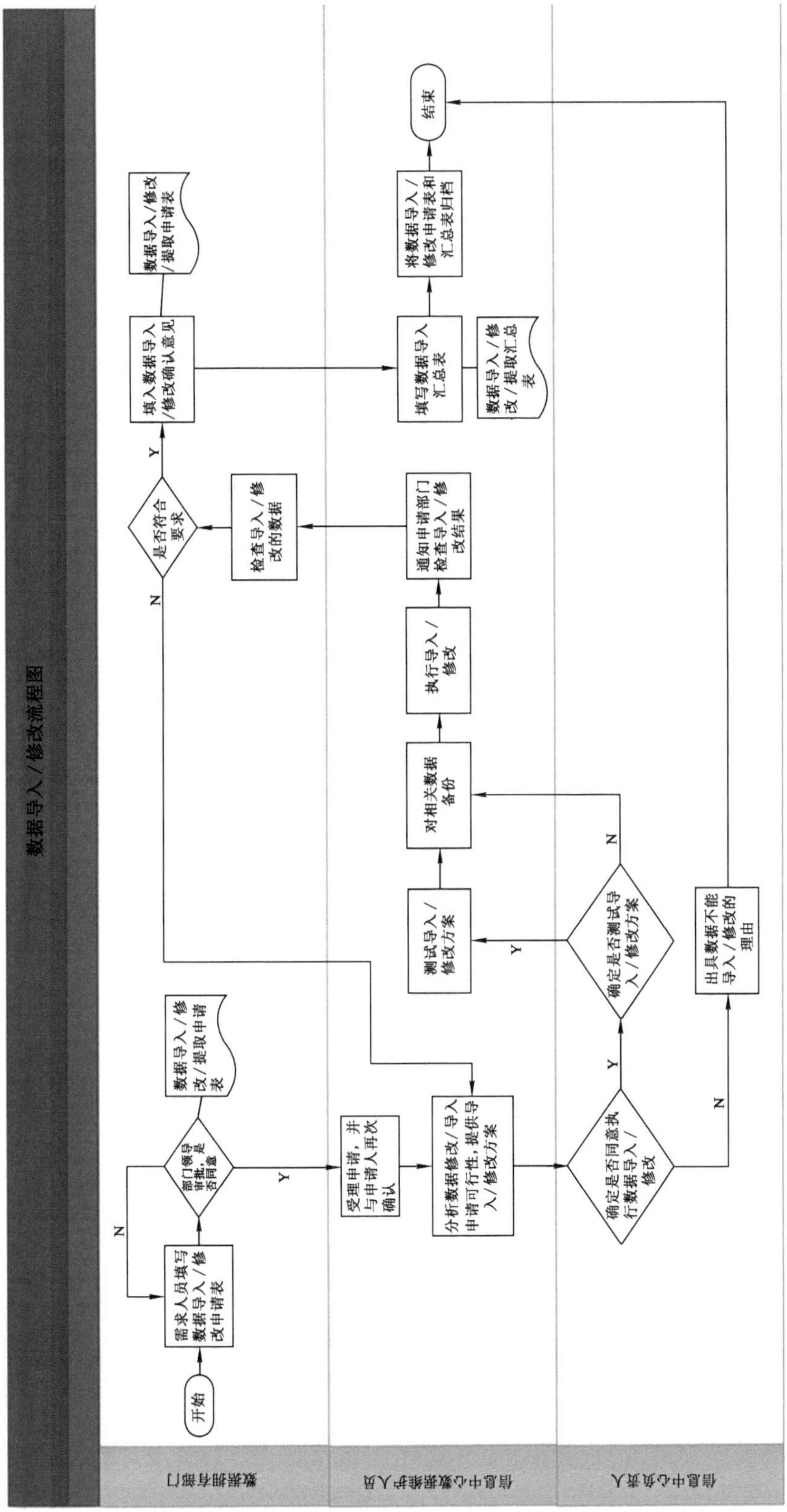

附图 1　数据导入/修改流程

附件二　数据提取流程

数据提取流程如附图 2 所示，说明说下：

数据拥有部门提交《数据导入/ 修改/ 提取申请表》，申请表中需要具体描述提取原因、提取内容。申请表须经过需求部门负责人审批。

信息部数据维护人员收到申请表后，应与申请部门再次核对申请表内容。然后，分析提取可行性，出具提取方案，提交信息部负责人审批。

信息部负责人根据数据维护人员提供的意见决定是否接受数据提取申请。若不接受申请，出具理由，并告知申请部门；若接受申请，数据维护人员在运行环境中执行具体的数据提取工作。

数据提取完成后，通知申请人检查数据提取结果是否与需求一致。若数据提取符合要求，申请人填写《数据导入/修改/提取申请表》中的验收结论；若数据提取不符合要求，数据维护人员重新检查和修改数据提取方案，再次执行操作。

数据维护人员填写《数据导入/修改/提取汇总表》，用以记录数据提取的申请编号、申请部门、提取原因以及提取内容和申请人反馈意见等。

将《数据导入/修改/提取申请表》和《数据导入/修改/提取汇总表》归档保存。

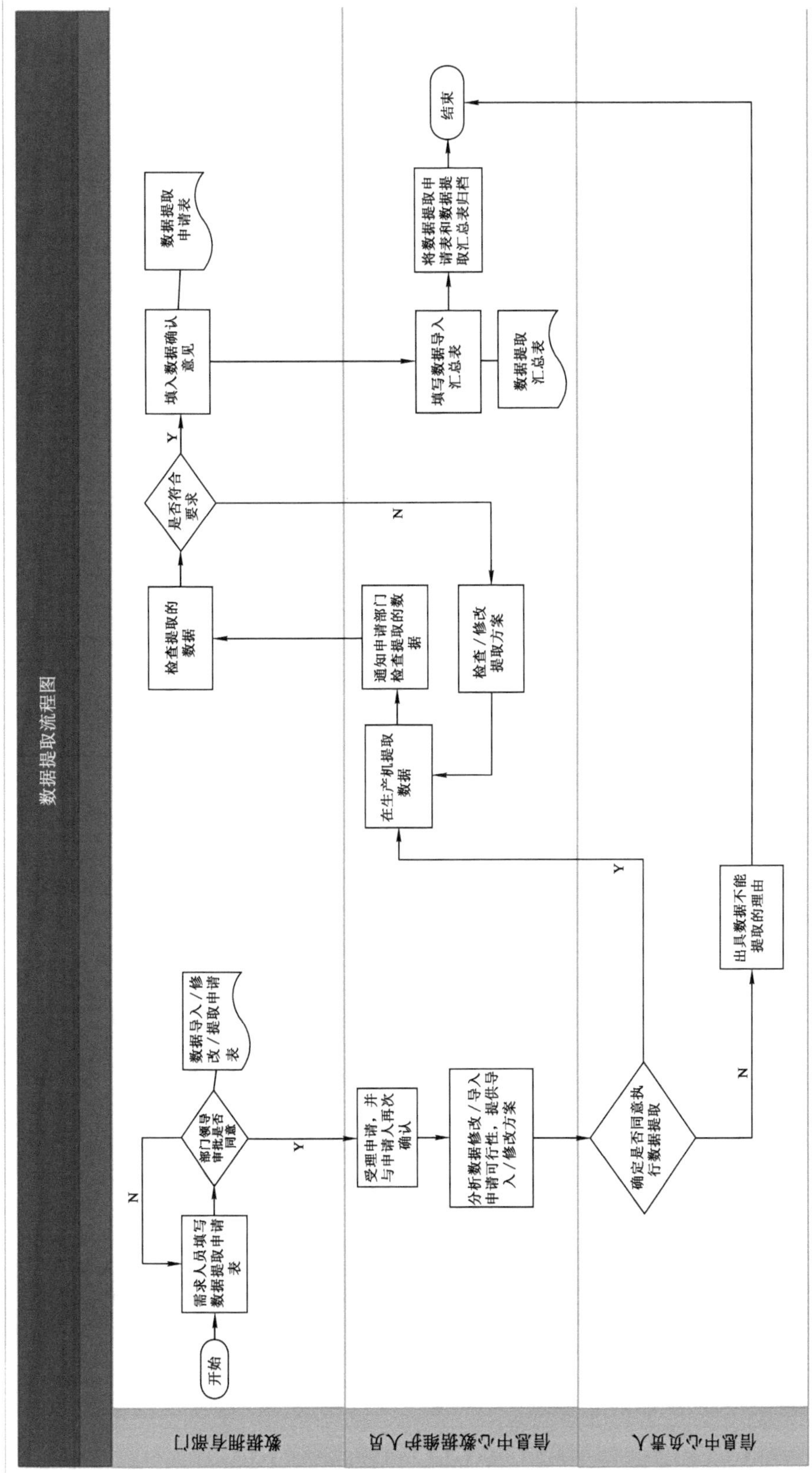

数据提取流程图

附图 2　数据提取流程

附件三　数据导入／修改／提取申请表

详见附表1。

附表1　数据导入／修改／提取申请表

应用系统名称			申请表编号		
申请部门			申请人		
申请提交时间		年　　月　　日	建议完成时间		年　　月　　日前
任务类别			□数据修改　□数据提取　□数据导入		
申请描述栏					
数据导入／修改／提取原因： 数据导入／修改／提取内容： 数据拥有部门负责人签字： 日期：					
申请操作审批栏					
【可行性分析和影响】： 【数据导入／修改／提取方案】： 信息中心数据维护人员签字： 日期： 【审批意见】： 信息中心负责人签字： 日期：					

数据测试/备份栏(数据提取时此栏不填)
【数据测试】:
【数据备份】:   信息中心数据维护人员签字: 日期:
数据导入/修改/提取结果验收栏
【验收结论】:   申请人签字: 日期:

附件四 数据导入/修改/提取汇总表

详见附表2。

附表2 数据导入/修改/提取汇总表

申请表编号	系统简称	申请提交日期	提交部门	申请人	任务类别	申请描述	导入/修改/提取结果	操作日期	操作人	申请部门反馈	意见备注

审核人：

附件五　考核相关表单

（1）区队安全质量标准化考核评分表

矿井侧须对各区队进行安全质量考核，考核评分表可由各矿井自行制定（此处以通修队为例）。

① 通修队安全质量标准化考核评分表，如附表3所示。

附表3　通修队安全质量标准化考核评分表

检查时间：　　　　　　检查地点：　　　　　　参加人：　　　　　　得分：

序号	项目内容	评分方法（20分）	扣分	存在问题
1	瓦斯监测分站设备、电器、缆线等无失爆	出现一处失爆扣4分，两处失爆本次考核不得分		
2	瓦斯监测分站等电器设备须达到完好标准	一台不完好扣0.5分		
3	各类电气设备的接地系统，接地母线、连接导线、极板、螺丝、连接、埋设等符合规定	一项不合格扣0.5分		
4	电气设备完整齐全，台台上架，摆放整齐，标志牌、完好牌、入井合格证齐全，内容规范清晰	一台不符合要求扣0.2分，无入井合格证扣1分		
5	制氮设备完好，保护齐全，动作灵敏可靠	一处达不到要求扣0.5分		
6	自动风门设备齐全完好，动作灵敏可靠	一处达不到要求扣0.5分		
7	制氮设备的运行有配套的各类记录（交接班、运行、检修）	缺少一项扣0.2分，未填写或填写不规范扣0.2分		
8	各类司机和维修工必须经过技术培训，考试合格，持证上岗	发现一人次扣0.5分		
9	巷道中压风自救装置齐全完好、可靠，无漏风现象	每发现一台扣0.5分		
10	各工作面瓦斯电闭锁齐全完好，动作灵敏可靠	发现一处未接或不动作扣1分		
11	各类喷雾、压风自救管路按标准吊挂，固定牢固，布置美观，无漏风、漏水现象，反光贴、阀门、管件统一	一处不合格扣0.2分		
12	各种小线按标准吊挂，无缠绕、交叉现象，捆扎间距统一	一处不合格扣0.5分		
13	通风系统：正压计、负压计、全压计等检测仪器仪表齐全可靠	一处不合格扣0.5分		

② 人员入井、下工地考核表,如附表 4 所示。

附表 4　人员入井、下工地考核表

××年入井、下工地考核表

序号	部门	姓名	入井指标	下工地指标	实际完成	考核结果	备注
1	工程部		4		4		
2	工程部		4		4		
3	工程部				6		
4	安全部				6		
5	安全部		4		4	季度风险抵押兑现下浮 80%	
6	安全部		4		4	季度风险抵押兑现下浮 80%	
7	安全部		4		8		
8	机电部		4		8		

③ 领导入井、下工地考核表,如附表 5 所示。

附表 5　领导入井、下工地考核表

领导下工地入井情况月报表

序号	姓名	职务	规定下工地次数	实际完成次数	规定入井次数	实际完成次数	备注
1		董事长	2	2	2	3	
2		总经理	2	2	2	4	
3		副总经理	4	4	4	4	
4		财务总监	2	2	2	5	

④ 安全目标责任考核表,如附表 6 所示。

附表 6　安全目标责任考核

××年安全目标责任考核表

小项	考核内容	分值	考核情况
	全年考核情况		无重伤以上事故,实现了全年工作目标
1	(1) 设置安全管理机构,配齐安全管理人员; (2) 建立健全安全生产责任制; (3) 制定各项安全管理制度,落实各项安全环保技术措施	10	根据项目进度,完善了工程、机电、安全等安全管理机构,补充机关专业技术人员,安全生产责任制,安全管理制度相对完备
2	(1) 与参见单位签订安全管理协议; (2) 安全管理工作奖惩按安全责任的认定落实	10	与各参加单位签订了安全管理协议,奖惩工作按协议执行

××年安全目标责任考核表

小项	考核内容	分值	考核情况
3	(1) 开展生产系统安全风险评估,并形成书面报告; (2) 矿井二期工程施工前按要求建立安全监测监控系统; (3) 三期工程实施前形成双回路供电系统、全风压通风系统、永久排水系统和强排系统; (4) 矿井主要系统形成后由公司统筹管理	10	(1) 完成; (2) 安全监测系统完善了临时前往; (3) 双回路供电、通风系统按时形成、强排系统未完成; (4) 完成
4	(1) 制定过程控制标准和考核管理实施细则,执行管理人员"双带班"制度; (2) 开展安全基础管理和环保基础管理	10	(1) 执行良好; (2) 按期开展,常态化
5	创建优质工程;杜绝工程质量事故	10	无工程质量事故
6	(1) 每月至少组织一次安全检查,每月至少组织一次井上下全面安全大检查; (2) 落实整改安全隐患,做好安全信息报送; (3) 每月召开一次技术例会,安全办公会议; (4) 反"三违"活动	10	(1) 按期执行; (2) 执行良好; (3) 执行良好; (4) 执行较好、有奖罚
7	安全设施、环保工程、职业健康"三同时"制度	10	执行良好
8	(1) 制定安全培训计划; (2) 作业人员持证上岗情况	10	(1) 执行良好; (2) 执行良好
9	创建企业特色安全文化(开展各类安全主题活动、组织一次安全警示教育活动等)	10	各类活动开展较好
10	(1) 与专业救援队伍签订应急救援协议; (2) 编制安全环保应急救援预案; (3) 每季度组织一次综合性应急演练; (4) 建立创伤急救系统,组建驻矿救护中队	10	(1) 与专业救护中心签订了协议; (2) 编制了应急预案; (3) 按期进行演练; (4) 未完成
合计		100	

考核人:　　　　　　　　　　考核时间:　　　　　　　　××矿业有限公司:

⑤ 安全基础管理考核评分表,如附表 7 所示。

附表7　××年选煤分公司安全基础管理考核评分表

项目	小项	考核内容	标准分	评分办法	责任部门
一、安全管理（410分）	应急管理30分	否定项：未按期组织应急演练不得分	30	扣30分	
		按规定修订完善各类突发事件综合应急预案，每年至少组织一次综合应急预案演练或专项应急预案演练，每半年至少组织一次现场处置方案演练	15	查资料，一处不符合扣3分	调度中心
		按照《生产安全事故应急预案管理办法》要求，应急预案应当至少每3年修订一次。若主要负责人员、生产工艺或技术、周边环境、生产经营方式、应急组织指挥体系以及法律法规、标准等发生变化时应及时对应急预案进行修订	10	查资料，一处不符合扣3分	调度中心
		定期对应急预案进行贯彻、学习、考试	5	查资料，一处不符合扣2分	调度中心
二、生产技术管理（170分）	生产管理70分	否定项：生产系统出现停产3天以上	70	扣70分	
		加强生产计划，协调、组织管理，当日值班人员要按照生产计划任务，协调各部门、各环节，无重大影响	10	查资料，现场检查，一处不符合扣1分	调度中心
		调度部门要加强日常生产调度，定期分析、总结生产计划完成情况，对异常情况及时作出处理措施，保证生产正常进行	20	查资料，现场检查，一处不符合扣3分	调度中心

检查人签字：_____　　被检查单位签字：_____

日　期：

⑥ 矿山救护队质量标准化考核检查表，如附表8所示。

附表8　二季度矿山救护队质量标准化考核检查表

被检单位：　　　检查人员：　　　　　　　　　　　　　　检查时间：2020年6月30日

项目	评定内容	存在问题	扣分	扣分合计	实际扣分	实得分
一、救护队伍及人员（5分）	（1）组织机构； （2）救援人员		0	0	0	3
二、救援培训与训练（5分）	（1）队员入队前基础培训，队员每年复训情况； （2）指挥员培、复训情况； （3）训练计划、记录	二季度一般技术性操作挂风障、建造木板密闭墙、建造砖密闭墙均未开展	0.5	1	1	4
		二季度未开展高温浓烟演习训练	0.5			
三、救援装备、维护保养与设施（15分）	（1）救援装备； （2）技术装备维护保养； （3）救护队设施	值班小队1号队员信号喇叭不完好	0.1	0.7	0.7	14.3
		备班小队苏生器不气密	0.1			
		中队无演习巷道	0.5			

项目	评定内容	存在问题	扣分	扣分合计	实际扣分	实得分
四、业务技术工作（15分）	（1）业务知识及战术运用；（2）仪器操作：四小时正压氧气呼吸器、两小时正压氧气呼吸器、瓦斯鉴定器、一氧化碳检定器、压缩氧自救器、自动苏生器	业务理论考试平均成绩：94.07分	0.3	2.8	2.8	12.2
		值班小队4号队员自动苏生器应知错误1处	0.5			
		备班小队6号队员瓦斯鉴定器应会错误1处	0.5			
		值班小队3号队员瓦斯检定器应会错误1处	0.5			
		备班小队7号队员一氧化碳检定器应会错误1处	0.5			
		值班小队2号队员自救器应知错误1处	0.5			
五、救援准备（5分）	（1）闻警集合；（2）入井准备		0	0	0	5
六、医疗急救（8分）	（1）急救知识及心肺复苏操作；（2）伤员急救包扎模拟训练	心肺复苏按压错误22次	4.4	6.8	4.8	3.2
		心肺复苏吹气错误8次	1.6			
		急救包扎止血牌未填写	0.2			
		绷带打结位置错误3处	0.6			

⑦ 参检人员业务能力考评评分表，如附表9所示。

附表9　××有限公司参检人员业务能力考评评分表

参检人员：　　　　　　　　　　　　　　　　　　　　　　　　　　　　　　日期：

序号	考核方面	考核内容	小计得分
1	参加安全互检	入井参加安全互检加3分	
2		迟到扣1分	
3		缺席扣3分	
4	检查隐患数量及质量情况	如主查、复查人员均检查发现同一条一般隐患，每人加1.5分	
5		如主查、复查人员均检查发现同一条重大隐患，每人加3分	
6		如主查、复查人员其中仅一人检查发现一条一般隐患，检查发现人员加3分，未检查发现人员扣1.5分	
7		如主查、复查人员其中仅一人检查发现一条重大隐患，检查发现人员加6分，未检查发现人员扣3分	
8		提出问题错误或被推翻，一条扣1分	
9		出现一处错别字、单位符号错误扣0.5分	
10		对安全程度扣分标准提出增加条款被采纳每条加2分；修改条款被采纳每条加1分	
		得分合计	

考核人签名：

⑧ 矿井安全互检、双向考核得分统计表,如附表 10 所示。

附表 10　矿井安全互检、双向考核得分统计表

被检查矿井:××煤矿　　　　　　　　　　　　　　　　　　　检查时间:2020 年 9 月 30 日

项目	安全环境(100分)			操作过程注意事项(100分)			操作前、后检查确认(100分)			得分情况	
	检查问题条数	总扣分	平均扣分	考核人数	总扣分	平均扣分×3平衡	考核人数	总扣分	平均扣分×3平衡		
主查	96	52	17.33	15	72.00	14.40	15	83	16.60	主查能力得分	105.00
复查	66	37	12.33							复查能力得分	12.33
矿井	安全环境得分		85.17	操作过程注意事项得分		85.17	操作前、后检查确认得分		83.40	平均管理得分	84.72

说明:1. 检查能力得分=100+安全环境检查扣分－安全环境复查扣分;

　　　2. 复查能力得分=安全环境复查扣分;

　　　3. 矿井平均管理得分=(操作前检查、操作后检查确认得分+操作过程注意事项得分+安全环境得分)/3。

⑨ 安全互检双向考核安全环境检查登记表,如附表 11 所示。

附表 11　××煤矿安全互检双向考核安全环境检查登记表

地点(路线):　　　112204 胶运顺槽工作面(掘进)　　　人员:记录人:

　人员:记录人:

　检查陪同人员:

　人员:

安全隐患扣分汇总:

1. 主查检查问题及隐患共计 16 条,按照《安全程度扣分标准》扣 12 分。

2. 复查检查问题及隐患共计 17 条,按照《安全程度扣分标准》扣 8.5 分,与主查不重复问题及隐患共有 13 条,按照《安全程度扣分标准》不重复问题及隐患扣 6.5 分。

3. 被查存在问题及隐患共计 29 条,按照《安全程度扣分标准》扣 18.5 分。

整改意见:按照"五落实"原则进行整改。

被查单位意见:

备注:本书本一式两联,一联公司存档,一联交被检查矿井。

⑩ 煤矿安全互检双向考核安全环境检查登记表,如附表 12 所示。

附表 12　××煤矿安全互检双向考核安全环境检查登记表

检查地点(路线):112207 工作面

(复)查人员:＿＿＿＿＿＿＿＿＿＿＿＿＿＿　记录人:＿＿＿＿＿＿＿＿＿＿＿＿＿＿

检查陪同人员:

参加人员:

安全隐患、问题及扣分:

序号	安全隐患或问题	专业	是否重复	扣分
1	机头超前架护帮未打到位			0.5
2				0.5
3				0.5
4				0.5
5				0.5
6				0.5
7				0.5
8				0.5
9				0.5
10				0.5
11				0.5
12	136#～137# 错在架		是	0.5
13	92～94 初撑力不足			1
14				0.5
15			是	0.5
16				8.5
17				

参 考 文 献

[1] 陈晓晶,何敏.智慧矿山建设架构体系及其关键技术[J].煤炭科学技术,2018,46(2): 208-212,236.

[2] 罗香玉,李嘉楠,郎丁.智慧矿山基本内涵、核心问题与关键技术[J].工矿自动化,2019, 45(9):61-64.

[3] 李梅,杨帅伟,孙振明,等.智慧矿山框架与发展前景研究[J].煤炭科学技术,2017, 45(1):121-128,134.

[4] 徐静,谭章禄.智慧矿山系统工程与关键技术探讨[J].煤炭科学技术,2014,42(4):79-82.

[5] 马荣华,黄杏元,蒲英霞.数字地球时代"3S"集成的发展[J].地理科学进展,2001,20(1): 89-96.

[6] 张瑞新,毛善君,赵红泽,等.智慧露天矿山建设基本框架及体系设计[J].煤炭科学技术, 2019,47(10):1-23.

[7] 陈静,杨永杰,曹庆贵.基于非线性回归的煤矿系统动力学模型分析及应用研究[J].现 代矿业,2014(1):9-12.

[8] 汪莹,蒋高鹏.RS-SVM组合模型下煤矿安全风险预测[J].中国矿业大学学报,2017, 46(2):423-429.

[9] 李仲学.面向知识经济与可持续发展的矿业观[J].中国矿业,1999,8(6):7-10.

[10] 孟磊,丁恩杰,吴立新.基于矿山物联网的矿井突水感知关键技术研究[J].煤炭学报, 2013,38(8):1397-1403.

[11] 霍中刚,武先利.互联网+智慧矿山发展方向[J].煤炭科学技术,2016,44(7):28-33,63.

[12] 李梅,邹学森,毛善君,等.互联网+煤层气元数据管理系统关键技术研究[J].煤炭科学 技术,2016,44(7):80-85.

[13] 张科利,王建文,曹豪.互联网+煤矿开采大数据技术研究与实践[J].煤炭科学技术, 2016,44(7):123-128.

[14] 李树刚,马莉,杨守国.互联网+煤矿安全信息化关键技术及应用构架[J].煤炭科学技 术,2016,44(7):34-40.

[15] 王国法,李占平,张金虎.互联网+大采高工作面智能化升级关键技术[J].煤炭科学技 术,2016,44(7):15-21.

[16] 孙继平.煤矿信息化与智能化要求与关键技术[J].煤炭科学技术,2014,42(9): 22-25,71.

[17] 杨韶华,周昕,毕俊蕾.智慧矿山异构数据集成平台设计[J].工矿自动化,2015,41(5):

23-26.

[18] 张旭平,赵甫胤,孙彦景.基于物联网的智慧矿山安全生产模型研究[J].煤炭工程,
    2012(10):123-125.

[19] 王国法,王虹,任怀伟,等.智慧煤矿 2025 情景目标和发展路径[J].煤炭学报,2018,
    43(2):295-305.

[20] 王国法,赵国瑞,任怀伟.智慧煤矿与智能化开采关键核心技术分析[J].煤炭学报,
    2019,44(1):34-41.

[21] 庞义辉,王国法,任怀伟.智慧煤矿主体架构设计与系统平台建设关键技术[J].煤炭科
    学技术,2019,47(3):35-42.

[22] 崔亚仲,白明亮,李波.智能矿山大数据关键技术与发展研究[J].煤炭科学技术,2019,
    47(3):66-74.

[23] 谭章禄,韩茜,任超.面向智慧矿山的综合调度指挥集成平台的设计与应用研究[J].中
    国煤炭,2014,40(9):59-63.

[24] 吴群英,蒋林,王国法,等.智慧矿山顶层架构设计及其关键技术[J].煤炭科学技术,
    2020,48(7):80-91.

[25] 吴群英,郭佐宁,牛虎明,等.智慧矿区建设战略布局及关键技术[J].中国煤炭,2020,
    46(12):45-53.

[26] TYSZBEROWICZ S,FAITELSON D.Emergence in cyber-physical systems:potential
    and risk[J].Frontiers of information technology and electronic engineering,2020,
    21(11):1554-1566.

[27] 孙文德.公安信息化应用管理体系及与其相适应的公安工作机制探讨[J].公安研究,
    2005(4):26-30.

[28] 国家能源局.国家能源局关于印发《智能化示范煤矿验收管理办法(试行)》的通知[A/
    OL].(2021-12-07)[2022-03-17].http://zfxxgk.nea.gov.cn/2021/12/07/c_1310417597.htm.